현대의 전쟁과 전략

한울
아카데미

이 도서의 국립중앙도서관 출판예정도서목록(CIP)은 서지정보유통지원시스템 홈페이지(http://seoji.nl.go.kr)와
국가자료종합목록 구축시스템(http://kolis-net.nl.go.kr)에서 이용하실 수 있습니다.
CIP제어번호: CIP2020041137(양장), CIP2020041138(무선)

국방대학교 군사전략학과 전략연구총서 1

현대의 전쟁과 전략

Modern War and Strategy

국방대학교 안보대학원 군사전략학과 엮음

박영준·기세찬·박민형·손경호·손한별·이병구·박창희·김영준·김태현·노영구·한용섭 지음

한울
아카데미

　국방대학교 군사전략학과 교수진들이 쓰고 엮은 전략연구총서 제1권을 우리 사회에 내놓게 되었다. 국방대학교 안보대학원 군사전략학과는 1955년 국방대학교 창설과 더불어 편제되었고, 2020년 현재 11명의 전임직 교수가 국방대학교 안보과정 및 학위과정에서 국가안보, 전쟁연구, 국방정책, 군사전략 관련 교육과 연구를 수행하고 있다.

　전쟁연구, 국방정책, 군사전략 분야의 연구와 교육은 미국, 중국, 러시아, 영국, 프랑스 등 강대국들에서는 군사교육기관뿐 아니라 일반 대학에서도 학문적으로나 정책적으로 중시되어 왔다. 다만 국내 일반 대학에서는 이 분야 관련 교육과 연구가 미흡한 실정이다. 물론 사관학교와 각 군 대학 등 군 관련 교육기관에서는 기본적으로 교육과 연구가 이루어지고 있지만, 일반인들이 접하기에는 쉽지 않은 것이 실정이다.

　국방대학교 군사전략학과 교수진은 정부 각 부처 고위공무원 및 육해공군 고위 장교들을 대상으로 한 안보과정 교육뿐 아니라 육해공군 중견 장교들 및 일반 학생을 대상으로 한 학위과정 교육을 담당하면서 사실상 전쟁과 전략연구 분야의 국내 연구를 주도해 왔다고 자부한다. 이러한 전문성을 바탕으로 그간 교수진들은 청와대 국가안보실을 비롯하여 국방부와 합참, 외교부, 통일부 등 주요 안보부처와 언론 등에 대한 정책자문 역할도 활발하게 수행해 왔다.

이러한 연구와 정책자문의 경험을 바탕으로 군사전략학과 교수진은 국가안보, 국방정책, 전쟁 및 전략연구 분야에서 수행한 연구 성과들을 사회에 제공하여, 국가 차원의 정책개발과 학문발전에 기여하겠다는 취지에서 전략연구총서 제1권을 기획하게 되었다. 여전히 한반도가 정전상태에 머물러 있고, 그에 더해 동북아 주요 국가들의 전략경쟁이 격심해지는 상황 속에서 현대 전쟁의 양상을 분석하고, 다각도에 걸친 국가안보전략을 제시하는 과제는 이 분야 연구자와 정책결정자에게 중요한 과제가 아닐 수 없다. 아무쪼록 집필진들의 연구가 이 분야에 대한 국가적 관심을 환기하는 데 일조가 되었으면 한다.

이 같은 취지에 공감하여 출판을 맡아주신 한울엠플러스(주)와 이 책에 실린 원고들의 단행본 전재(轉載)를 허락해 준 최초 게재의 학술저널 관계자들에게 깊이 감사드린다. 또한 바쁜 업무에도 불구하고 이 책을 위해 새로운 원고를 작성해 주신 한용섭 교수님과 노영구 교수님을 비롯한 학과 교수님들, 각 원고를 깔끔하게 편집·정리해 준 석사과정 김동은 해군 소령에게도 각별한 고마움의 뜻을 전한다.

이 책은 2020년 8월 말로 본 학과의 교수직을 퇴임하신 한용섭 교수님에 대한 헌정본의 의미도 담겨 있다. 한용섭 교수님은 1978년 서울대학교 정치학과를 졸업하고, 행정고등고시 합격을 통해 국방부의 민간 관료로서 공직생활을 시작하셨다. 관료로서 한 교수님은 연례적으로 실시되는 한미 국방장관회담(SCM)의 성공적인 개최와 1991년 남북기본합의서와 한반도비핵화공동선언의 체결 과정 등 국가안보정책 현장에서 큰 공헌을 하신 바 있다. 학문적 열정도 남다르셨던 교수님은 뜻한 바 있어 바쁜 공직생활 가운데에서도 미국 하버드대학 케네디스쿨에서 석사학위를, 그리고 미국 랜드(RAND) 대학원에서 안보정책학 박사학위를 취득하셨다. 국방부 공직 경험을 거쳐 1994년 국방대 군사전략학과 교수로 임용되신 이후, 지난 26년간의 교수 재직 기간 동안, 한 교수님은 정책 경험과 학문적 전문성을 바탕으로 국방정책, 군비통제, 평화체제, 다자안보협력, 미국 안보정책 분야에서 수많은 연구 업적을 남기셨고, 후학들을 기르셨다. 또한 국가안전보장문제연구소 소장과 국방대 부총장을 역임하면서 안보연구의 수준을 격상시켰음은 물론이고, 대학 발전에도 크게 이바지하셨다. 이 전략연구 총서는 한용섭 교수님의 그간 학문적 성취와 교육적 헌신에 대한 후배 교수들의 감사를 담은 결과물이기도 하다.

아무쪼록 이 총서 발간을 통해 앞으로도 국방대학교 군사전략학과 교수진은 국가안보, 국방정책, 전쟁 및 전략연구 분야에서 더 한층 국가와 사회에 기여하는 연구를 수행할 것을 다짐해 본다.

2020년 10월 1일
집필진을 대표하여
박영준

1부
–
아시아·태평양 지역의 현대 전쟁

1장
중국 국민정부의 항일유격전*

기세찬 | 국방대학교 군사전략학과 교수

1. 머리말

중일전쟁기 중국의 항일유격전이 전쟁 승리에 매우 중요한 역할을 했다는 것은 재론의 여지가 없다. 사실 중국공산당군의 항일유격전과 관련해서는 상당한 연구 내용이 축적되어 왔고 또한 그 기여도도 매우 긍정적으로 평가되어 왔다. 하지만 국민정부군의 항일유격전에 대해서는 큰 의미를 두지 않았으며, 그 평가도 미미했다. 여러 가지 이유가 있겠지만 그중 하나는 중국공산당이 항일유격전의 주체이며, 우한(武漢) 함락 이후 중국공산당군의 항일활동이 대일항전에서 매우 중요했다는 점을 강조하기 위한 것이 아닌가 생각된다. 이 글의 목적은 그동안 실증적인 연구와 평가가 부족했던 중국 국민정부의 유격전 전략과 그 실천의 분석을 통해 항일전 승리에 있어서 국민정부의 역할을 재평가하고자 하는 데 있다.

중국의 중일전쟁사에 관한 연구는 대체로 '적후항일유격전쟁'과 '적후항일

---

* 이 글은 필자의 논문 「국민정부의 항일유격전에 관한 연구」, ≪사총≫, 제82권, 155~180쪽을 일부 수정한 것이다.

유격 근거지'에 집중되어 있었다. 그러다가 개혁개방정책 이후 국민정부군이 일본군의 속전속결 전략을 저지했던 역할을 긍정적으로 평가하는 시각이 제기되면서, 중국의 새로운 연구자들은 "국민당과 공산당은 각자 그들 자신의 영역에서 전쟁을 이끌었고, 국민당의 '정면전장(正面戰場)'과 공산당의 '적후전장(敵後戰場)'은 상호 의존적인 성격이 있었으며, 전쟁 초기에는 국민정부군이, 전쟁 후기로 갈수록 중국공산당군이 전장에서 지배적이 되어갔다"라는 시각을 제시하기 시작했다(曾景忠, 1993: 77; 馬振犢, 1992: 10; 張憲文, 2001: 10~14; 劉大年·白介夫 編, 1997: 3~5).

　　이러한 분석틀 안에서 중국의 연구자들은 우한 함락 이전에는 국민정부군이 치른 정면전장의 정규전 성격을 강조했으며, 우한 함락 이후부터는 중국공산당군이 위치한 적후전장에서의 항일유격전을 강조했다. 물론 일부 연구자들은 우한 함락 이후에도 국민정부의 항일전이 매우 대규모적이고 조직적으로 전개되었다는 사실들을 밝혀내고 있다(張設華·邢永明, 2002; 李鵬, 1999). 하지만 그것은 어디까지나 정면전장에서 일본군과의 정규전을 강조한 것이지 중국공산당군이 주로 수행했다고 주장하는 유격전을 대상으로 한 것은 아니었다.

　　중국의 연구자들이 중일전쟁의 전역을 '정면전장'과 '적후전장'으로 구분하여 '적후전장'에서 중국공산당군의 항일전 기여도를 매우 긍정적이고 높게 평가하고 있지만, 사실 중국 이외의 다른 국가에서는 '정면전장'과 '적후전장'이라는 개념을 찾아볼 수 없다. 다만 이 두 용어가 군사적 측면에서 국민당 전역과 공산당 전역을 분리하려는 의도에서 사용되었다면, 중국에서 언급하는 '정면전장'은 중국군과 일본군이 대치하고 있는 전선을 기준으로 대체로 전방부대의 작전지역과 관심지역을 포함한다고 볼 수 있으며,[1] '적후전장'은 일본군의 점령지역 중에서 일본군의 치안이 불안정하거나 아예 일본군의 영향력

---

1)　한국군 교리에서 전장은 관심지역과 작전지역으로 구분된다. 작전지역은 작전을 수행하기 위해 지휘관에게 권한과 책임이 부여된 지역이며, 관심지역은 현행 및 장차 작전에 영향을 미칠 수 있는 적 부대가 위치한 지역이다(육군본부, 2000: 3, 15).

이 미치지 못한 지역을 가리킨 것이었을 것이다.[2)]

중국 측의 주장대로 전장을 '정면전장'과 '적후전장'으로 구분한다 하더라도 국민정부군의 항일활동은 '정면전장'뿐 아니라 '적후전장'에서도 매우 적극적인 형태를 띠었다. 본문에서 구체적으로 규명해 나가겠지만, 국민정부는 일본군이 점령 중인 2개 지역(魯蘇 및 冀察)을 별도의 유격 전구로 분리하여 적후 유격작전을 집중 실시하도록 했으며, 통계적으로 보아도 1940년 말 기준으로 중국공산당군은 총 26만 명(팔로군 22만 명, 신4군 4만 명)이었지만, 국민정부군은 유격전 부대만 하더라도 80만 명 이상이었다(劉鳳翰, 1992). 따라서 항일유격전에 대한 국민정부군의 적극적 태도 여부를 재평가하고, 기존의 시각을 재검토하기 위해서는 국민정부군의 항일유격전 전략과 그 실천에 관한 심도 있는 검토가 필요하다.

이 글은 먼저 전쟁 중기로 들어서면서 국민정부가 왜 항일유격전을 실시할 수밖에 없었는지에 대한 배경과 함께 우한 함락 이후 국민정부가 대일 전략 방침을 어떻게 변경했는지 검토한다. 다음으로 유격전을 강화하기 위한 국민정부의 유격전 체제 정비 과정을 유격전 지휘 계통과 유격간부 훈련을 중심으로 살펴보고, 끝으로 각 지역별로 국민정부군의 항일유격전 실시 현황을 파악해 본다.

---

2) 일본은 화베이(華北)지역에서 치안구(점령구), 준치안구(유격구), 비치안구(해방구)로 구분하여 치안 강화 운동을 추진했는데, 중국에서 주장하는 '적후전장'의 범위는 아마도 중국공산당군이 일본군을 상대로 유격전을 펼칠 수 있는 준치안구(유격구)와 비치안구(해방구) 정도가 해당될 것이다.

2. 중국의 대일 유격전 실시 배경

1) 우한 함락 이후의 전장 상황

중일전쟁 발발 후 1938년 11월 광저우·우한 함락까지 일본군은 강력한 화력과 기동을 바탕으로 대부분의 전투에서 승리하여 중국 동남해 연안의 주요 도시들을 점령했지만, 결정적인 전투로 중국군의 저항 능력을 궤멸시켜 국민정부를 붕괴 또는 굴복시킨다는 전쟁 목적을 달성하지는 못했다. 중일전쟁은 전쟁 초기 일본 육군 작전부장 이시하라 간지(石原莞爾)가 우려했던 대로 장기화를 피할 수 없게 되었다. 결국 일본은 무력만으로 중국을 점령할 수 없다고 판단하여 광저우·우한 점령 이후의 대중국 전략 방침을 변경하게 된다.

1938년 9월 6일 중지나파견군 사령관 하타 슌로쿠(畑俊六)가 제출한 '우한·광저우 작전 후의 정세 판단'은 이러한 상황을 잘 반영하고 있다. 그는 "일·중의 개전 이래 중국군은 수차례의 타격을 받았으나 중국군의 주력은 존재하고 있고, 국민정부도 통제력을 유지하여 장기 항전을 기도하고 있다. 전쟁이 장기화됨에 따라 일본 국내의 경제 상황이 낙관적이지 않으므로 대내적으로 국가 총동원 체제를 정돈하고 점령지역의 자원을 적극 활용하여야 한다. 군사적인 면에서 전진 한계점에 도달했으므로 전장을 확대하지 않아야 하며 군사적인 면보다는 정략·모략이 필요하다"라고 했다(防衛廳防衛硏修所戰史室, 1975: 280~282).

일본 정부의 전쟁 방침 변경에 따라 일본 육군도 장기전을 수행하기 위해 1938년 12월 6일 다음과 같은 작전 방침을 하달했다. "당분간 그 기초 작업인 치안 회복을 제일의 목표로 삼고 그 외 제 시책을 시행하여 이것에 부응시킨다. …… 특히 중대한 필요가 발생하지 않는 한 점령지역 확대를 기도하지 않고, 이것의 안정 확보를 주로 하는 치안 지역과 항일 세력 궤멸 시책을 주로 하는 작전지역으로 나눈다"(防衛廳防衛硏修所戰史室, 1975: 289). 이러한 일본 육군의 작전 방침은 이후 점령지역의 확대를 중단하고 점령지의 치안 확보를 우선 목표로 한다는 것으로, 전쟁 초기의 속전속결 전략, 즉 몇 개월 내에 중국을 궤멸시킨다는 전략을 포기하고 장기적인 태세로 전환한 것이다.

일본은 전쟁 초기에 속전속결 전략을 달성할 수 없었는데, 이는 국민정부군이 대부분의 전투에서 패했지만 전략적 차원에서는 일정 정도 성공했음을 보여준다. 하지만 중국 측은 많은 대가를 치러야만 했다. 중국군의 직접적인 피해는 차치하더라도 1938년 11월 광저우··우한 함락에 이르러서는 중국의 연강·연해 상공업의 중심지를 모두 일본군에게 점령당하여 전쟁을 지속할 만한 역량이 매우 부족해졌다.

1938년 말까지 일본군이 점령한 지역은 중국 영토의 23%에 불과했으나, 이 점령지역들은 중국의 정치·경제·문화의 중심지였다. 국민정부는 해안선을 떠나 서남·서북의 내지로 이동했지만, 이 지역들(陝西·甘肅·寧夏·四川·廣西·雲南·貴州·新疆)은 쓰촨(四川)을 제외하고는 모두 경제적으로 낙후된 빈곤지역이었다. 국민정부는 91%의 관세, 97%의 기기 제조 공업, 75%의 제분 공업, 75%의 방직공업을 상실하게 되어 재정수입이 감소했고, 중국 연해·연강지역의 공업 시설 역시 일본군에게 거의 파괴당했다. 교통 면에서 일본군은 주요 철도 간선(津浦·正太·同蒲·京滬·滬抗·江南) 및 핑한로(平漢路) 북단을 통제했는데, 이는 중국 철도 전체 길이의 84%였다(張憲文, 2001: 584~585). 일본군은 병력은 부족했지만 주요 수송로를 장악하고 있었기 때문에 부대를 비교적 빠르게 이동시킬 수 있었다. 반면, 중국은 내지의 교통 상황이 열악하여 각 전구 간의 병력 전환이나 협동작전이 제한을 받았고, 전투 근무 지원도 용이하지 않아 각 전구별로 독립적인 전투를 진행할 수밖에 없는 상황이었다.

2) 대일 유격 전략의 수립

대일 전쟁을 지구전으로 가져가야겠다는 생각은 이미 전쟁 발발 3년 전부터 국민정부군 수뇌부에 의해 구상되기 시작했다. 장제스(蔣介石)는 1934년 7월 루산(廬山) 군관훈련단 강연에서 "우리의 피와 살로 우리의 국방을 대체하고 우리의 피와 살로 적의 총포에 저항한다면, 비록 모든 전투에서 패할지라도 나는 최후에는 반드시 전쟁에서 승리할 것이라 믿는다. 왜냐하면 이러한 종류의 혁명 전술을 사용한다면 그들이 중국의 1개 성(省)을 점령하는 데 최소한 1개월이 걸릴 것이고, 통계적으로 그들이 중국의 18개 성을 점령하자면 최소한 18개월이 걸릴 것이다. 이 18개월의 시간 동안에 국제 형세의 변화가 (그들에게) 이익으로 돌아가겠는가"(蔣總統思想言論集編集委員會, 1966: 274)라고 언급했다. 이는 장제스가, 중국 인민이 고난을 감수하고 일본과 장기전으로 나아간다면 국제 정세의 변화로 인해 중국이 최후의 승리자가 될 수 있음을 주장한 것이다.

이러한 대일 지구전의 사고방식은 국민정부의 전략 문서에도 구체적으로 나타난다. 1935년 3월 중국의 독일 군사고문단장으로 부임한 팔켄하우젠(Alexander von Falkenhausen)은 1935년 8월 20일 장제스에게 '현 시국에 대응하기 위한 대책(應付時局對策)'안을 제출했다.[3] 이 문서는 국민정부 내에서도 극비문서로 취급되었다. 이 '현 시국에 대응하기 위한 대책'안에 따르면, 팔켄하우젠은 "지금의 중국 육군으로는 현대전을 담당할 수 없다. 하지만 그렇다고 지구전을 이용하여 일본군에 대항할 수 없다는 것은 아니다"라고 주장했다.

지구전의 구체적인 수행 방법에 대해서 그는, 지구 저항은 "차례차례 저항하고 싸우면서 퇴각하여 공간의 양보를 통해 시간의 연장을 획득하는 것"을 말하며, "아군이 우세할 때는 때때로 적과의 접전을 유도하나, 아군이 열세할 때는 적이 만약 강력하게 공격한다면 어떤 한 지역에서는 당면의 적을 지체시

---

3) 팔켄하우젠은 중국의 의화단 운동 때에 참전했고, 베를린 대학에서 일본어를 공부하여 1912년에는 일본에서 무관 임무를 수행했다. 따라서 그는 일본의 상황을 잘 이해하고 있었으므로 장제스의 군사고문단장 역할에 매우 적합한 인물이었다고 할 수 있다.

키고 다른 방면에서는 주력 결전의 승리를 유도하거나, 차후 적에 대한 결전의 기도를 쉽게 달성할 수 있도록 아군에게 유리한 선으로 적 작전을 유도하는 것이다"라고 주장했다(軍事委員會軍令部第一廳第四處, 1939; 明德專案連絡人室編印, 1970: 30). 이는 팔켄하우젠이 중국 육군의 무기체계 등을 고려하여 현실적으로 중국군이 일본군을 상대로 정상적인 정면 대결을 수행할 수 없음을 지적하고 중국군에게 지구전을 수행할 것을 조언한 것이라 할 수 있다.

그러나 국민정부가 대일 전쟁을 장기 지구전으로 가져가야 한다고는 생각했지만, 구체적인 전략·전술에서 유격전을 우선적으로 고려한 것은 아니었다. 국민정부는 전쟁 초기에 오히려 정면 방어를 통해서 전쟁을 장기화 하고자 했었다. 그러나 1938년 5월 '쉬저우(徐州) 작전'의 실패는 작전환경적인 면에서 국민정부가 유격전을 도입하지 않을 수 없게 만들었다.

쉬저우 작전은 국민정부가 일본군의 주력을 쉬저우로 유인하여 우한 방위를 준비하는 데 필요한 시간을 확보하기 위해서 계획한 작전이었다(蔣緯國, 1978: 41). 반면, 일본군은 16만 여 명의 병력을 투입해 쉬저우에서 중국군을 포위 섬멸하여 전쟁 종결의 기회로 삼고자 했다. 1938년 5월 15일까지 일본군은 쉬저우에서 중국군에 대한 포위망을 완성했고(蔣緯國, 1981: 266), 국민정부군은 5월 15일 쉬저우를 포기하고 소부대 단위로 일본군의 포위망을 벗어났다(秦孝儀, 1981: 266). 쉬저우 작전에 투입된 국민정부군은 대략 60만 명이었는데 대부분의 부대들이 허난성·안후이성의 산지와 장쑤성(江蘇省)의 북부, 산둥성의 중남부에 잔류하게 되었다(蔣緯國, 1981 :162). 이 잔류 부대들은 지휘·통신·군수 지원 등의 문제로 정규전을 수행할 만한 여력이 되지 못했기에 소부대 단위로 근처 산악지대에서 항일유격전을 수행하게 되었다. 이때에 이르러서는 국민정부군 지휘부도 당면한 현실을 인정할 수밖에 없었다. 결과적으로 국민정부군의 대일 유격전은 애초부터 계획적이고 조직적으로 수행된 것이 아니라 전쟁 진행 상황에 따라 불가피하게 시행된 측면이 있었다.

한편, 쉬저우 함락 직후 옌안에 있던 마오쩌둥(毛澤東)은 항일전쟁연구회에서 '지구전에 관하여'라는 주제로 유명한 강연을 한다. 이 획기적 논문의 요지는, 항일전쟁은 "왜 지구전인가? 최후의 승리는 왜 중국의 것인가? 그 근거는 어디에 있는가?"라는 질문에 대해, 중일전쟁은 "반식민지, 반봉건적 중국과 제국주의적 일본 사이에 20세기 30년대에 진행되는 결사적 전쟁"이기에 모든 문제의 근거가 바로 여기에 있으며, 전쟁의 성격, 추이, 결과 및 투쟁의 방법과 형식이 모두 여기에서 결정되는 것이라고 주장했다(마오쩌둥, 2002: 124~217).

마오쩌둥은 항일전쟁의 역사적·단계적 파악에서부터 일본과 중국 쌍방의 장점과 단점을 다음과 같이 규정했다. 일본 측은 ① 강력한 제국주의 국가이다. 이것은 일본 침략전쟁의 기본 조건이다. 중국이 신속히 승리할 수 없는 이유는 일본의 제국주의 제도, 강한 군사력, 경제력 및 정치적 조직력에 있다. ② 제국주의적 전쟁의 성질은 '퇴보성'·'야만성'이며, 이것이 일본 패배의 필연적인 중요한 근거이다. ③ 물량 면에서 부족하다. ④ 국제적인 지지를 받지 못한다. 반면, 중국 측은 ① 반식민지, 반봉건적인 국가이다. 전쟁을 피할 수 없으며 중국이 신속히 승리할 수 없는 근거이다. ② 근 100년 동안의 해방운동의 축적, 전쟁의 정의성·진보성이 있다. 이로부터 전국적 단결, 적국 인민의 동정, 세계 다수 국가의 원조를 쟁취할 수 있다. ③ 땅이 넓고 자원, 사람이 많아 장기적 전쟁이 가능하다. ④ 전쟁의 진보성·정의성이다. 이것은 국제적으로 광범위한 원조를 획득하는 근거이다. 이상의 이유를 근거로 마오쩌둥은 다른 당파가 주장하는 망국론·속승론은 근거가 없으며, 전쟁은 지구전이 될 것이고, 최후의 승리는 중국에 있다는 결론에 도달한다.

마오쩌둥은 지구전을 3단계 과정으로 예측했다. 제1단계는 일본 측의 전략적 진공, 중국 측의 전략적 방어의 시기(방어단계), 이 단계는 아직 종결되지 않았고, 일본은 광저우·우한·란저우 등 세 지점을 점령·연결하고, 그 이외의 일부 지역 점령 가능성도 있다. 전쟁 형태는 운동전이 주(主)이고 유격전과 진지전이 보조이다. 제2단계는 일본 측의 전략적 수세, 중국 측의 전략적 반공 준비의 시기(대치단계)로서 가장 어려운 시기가 되겠지만 전환의 계기가 될 것이다. 중국이 독립국가가 되느냐, 식민지로 전락하느냐 하는 것은 제1단계에서 대도시의 상실 여부에 있지 않고, 제2단계에서 전 민족적 노력 여하에 달려 있다. 이 단계에서는 유격전이 주(主)이고 운동전이 보조가 된다. 제3단계는 중국 측의 전략적 반공, 일본 측의 전략적 퇴각의 시기(반공단계)이다. 승리는 국제 역량의 원조와 일본 내부의 변화로 인한 지원에 근거해야 한다. 이에 국제적 선전과 외교 활동의 역할은 중요하다. 전쟁 형태는 운동전과 진지전이 주이고, 유격전이 보조가 된다.

전쟁 중기에 접어들면서 마오쩌둥의 지구전론은 항일전쟁의 성격·추이·결말에 대해서 매우 설득력 있게 분석했으며, 중국 인민에게는 안이한 낙관론을 경계하고 승리의 확신을 갖게 했다는 점에서 큰 의의가 있다고 할 수 있다. 아울러 마오쩌둥의 지구전론은 국민정부의 대일 전략·전술에도 일정 정도 영향을 미쳤던 것으로 보인다.

국민당의 장제스도 우한 함락 이후 1939년 11월부터 전선에서 소강상태가 지속되자 이 시기를 이용하여 난웨(南岳)·시안(西安)·우궁(武功) 등지에서 여러 군사회의를 개최하여 새로운 대일 전략을 모색하기에 이른다(虞奇, 1975: 305). 이 회의들 가운데 1938년 11월 25일부터 28일까지 후난성의 난웨 헝산(衡山)에서 개최된 '제1차 난웨군사회의'가 가장 큰 의의가 있었다. 장제스는 11월 25일 개막식 훈시에서 노구교사건에서 우한·웨저우를 상실한 시기까지를 제1기, 이후부터를 제2기로 보아야 한다면서, 제1기 항전의 목적이 일본군을 창장강 유역으로 유인하는 것이었다면 제2기 항전은 수세에서 공세로, 패배에서 승리로 전환하는 시기라고 주장했다(蔣總統思想言論集編集委員會, 1966: 253~254). 회의 3일째에 장제스는 회의 참석자들에게 "폐인이용(廢人利用)"·"폐물이용(廢物利用)"·"폐시이용(廢時利用)"·"폐지이용(廢地利用)"이라는 네 가지 구호를 실천해 줄 것을 당부했다(秦孝儀, 1981: 162~171). 이 네 가지 구호는 일본과의 전쟁에서 승리하기 위해서는 중국이 소유한 인력과 물자의 역량을 최대한 발휘하고 시간과 공간을 잘 이용해야 한다는 의미로서, 일본과 장기 소모전을 추구하고자 하는 의도가 깔려 있었다.

회의 마지막 날인 11월 28일 장제스는 군대의 재건에 대해 다음과 같이
말했다.

전국의 부대는 이후로 3기로 나누어 순서대로 돌아가면서 정돈과 훈련(整訓)
을 하도록 계획하고 기한 내에 완료한다. 그 방법은 현재 전국에 보유한 부대의
3분의 1은 유격 구역에 배치하여 적군의 후방에서 유격전을 실시토록 하고, 3분
의 1은 전방에 배치하여 대치한 적과 항전을 실시하고, 3분의 1은 후방으로 보내
정돈과 훈련을 실시한다(秦孝儀, 1981: 174~176).

이 내용에서 장제스가 전국의 부대를 세 부류로 나누어 3분의 2는 정규전
과 유격전을 수행하고 3분의 1은 정돈과 훈련을 실시하려 했다는 것을 알 수
있다. 여기서 주목할 점은 전군의 병력 중 3분의 1을 유격전에 할당한 것으로,
차후 국민정부군의 항일전에서 유격전이 정규전만큼 중요하게 수행될 것임
을 보여주는 것이다(기세찬, 2010: 598).

국민정부 군사위원회는 난웨군사회의 직후 이 회의에서 토의된 바를 기초
로 1939년 1월 다음과 같은 새로운 작전 방침을 하달했다.

국군의 일부는 적 점령지역 내의 역량을 강화하여 적극적으로 광범위한 유격
전을 전개시켜 적을 억제 소모시킨다. 주력은 저간(浙贛)·샹간(湘贛)·샹시(湘
西)·웨한(粵漢)·핑한(平漢)·룽하이(隴海)·위시(豫西)·어시(鄂西)의 각 중요선에
배치하고, 최선을 다해 현재의 태세를 유지한다. 부득이 시에는 가능한 한 현지
선 부근에서 적을 견제하여 시간의 여유를 확보하고, 신전력 배양의 완성을 기다
려 다시 대규모의 공세를 개시한다(中國第二歷史檔案館, 2005: 66)

이 작전 방침은 국민정부군이 일본군에게 유격전을 적극적으로 전개하고,

새로운 전력이 완성된 후 전반적인 대일 반격작전을 시행하겠다는 것이다. 이는 전쟁 중기 이후 국민정부군의 항일전 수행 방침이 실제 유격전 중심으로 전환되고 있음을 보여준다.

3. 국민정부의 유격전 체제와 훈련

1) 유격전 체제의 정비

장제스가 제1차 난웨군사회의를 통해 전략 방침을 변경하고 전쟁 2기부터 유격전을 강화하라고 지시했지만, 그렇게 변경된 전략 방침은 이전의 군 편제와 체제로는 수행하기 어려웠다. 그래서 국민정부 군사위원회는 난웨군사회의 직후 이 회의에서 토의된 바를 기초로 1939년 1월 새로운 전구별 담당 지역과 임무를 확정하여 하달했다. 군사위원회는 전후방 8개 전구와 2개의 유격 전구 및 직할부대로 구분하여 총 241개 보(기)병 사(師)와 40개 독립 보(기)병 여(旅)를 97개 군(軍)과 32개 집단군으로 편성했다. 새로 확정된 전구별 담당 지역과 주요 임무는 〈표 1-1〉과 같다.

〈표 1-1〉에서 보는 바와 같이 각 전구별 임무는 정규전보다는 방어와 유격전을 통한 일본군의 소모에 그 중점을 두고 있다. 여기서 특히 주목할 점은 유격전을 위해 특별히 2개 지역(魯蘇 및 冀察)은 별도의 유격 전구로 분리했고, 일본군과 대규모 대치 중인 전구를 제외한 다른 전구들에게는 지속적으로 일본군을 타격하는 유격전 임무를 부여하고 있다는 것이다. 이러한 국민정부군 제2기 전구 편성과 임무 등을 통해서 볼 때, 국민정부군은 우선적인 작전 목적을 현 전선의 유지에 두었고, 동시에 각 전구별로 광범위한 유격전을 전개하여 일본군을 견제 및 소모시키고자 했음을 확인할 수 있다(기세찬, 2010: 600).

<표 1-1> 전구별 담당 지역 및 주요 임무

전구	사령장관	담당 지역	주요 임무
제1전구	웨이리황 (衛立煌)	위징(豫境)·환베이(皖北) 일부	난양(南陽)·린루(臨汝) 및 룽하이(隴海)선에 주력을 배치하여 일본군 방어
제2전구	옌시산 (閻錫山)	산시(山西)· 산시(陝西) 일부	중티아오산(中條山)에 주력을 배치하여 일본군의 황허(黃河) 도하 저지
제3전구	구주퉁 (顧祝同)	쑤난(蘇南)· 환난(皖南)· 저(浙)·민(閩)	연강 거점을 유지하고 일본군의 함선을 타격하여 수송을 방해
제4전구	장파쿠이 (張發奎)	광둥(廣東)	유격전을 전개하여 적 타격
제5전구	리중런 (李宗仁)	환시(皖西)· 어베이(鄂北)· 위난(豫南)	징사(荊沙, 漢宜公路)·샹판(襄樊, 襄花公路)에 주력을 배치하여 일본군 방어
제8전구	주사오량 (朱紹良)	간(甘)·닝(寧)· 칭(靑)·쑤이위안(綏遠)	후방 지역 방어
제9전구	천청(陳誠) (薛岳 代理)	궁시베이(贛西北)· 어난(鄂南, 양쯔강 이남)·샹성(湘省)	저궁(浙贛)·샹궁(湘贛)·웨한(粤漢) 각 중요선에 주력을 배치하여 일본군 방어
제10전구	장딩원 (蔣鼎文)	산시(陝西)	후방 지역 방어
루쑤(魯蘇)전구	위쉐중 (于學忠)	쑤베이(蘇北)·산둥(山東)	유격 전구
즈차(冀察)전구	루중린 (鹿鍾麟)	지차(冀察)	유격 전구
군사위원회 직할		·	·

자료: 기세찬(2010: 66~67); 蔣緯國(1978; 13~21).

    장제스는 부대 개편과 관련해 제1차 난웨군사회의에서 전투근무지원부대의 확충, 경비 절감, 젊은 고위 장교들의 계급 하향 조정, 철저한 통일 군대 건립 등을 지시했었다(蔣總統思想言論編集委員會, 1966: 158~159). 군정부는 장제스가 제안한 방안을 기초로 1년을 기한으로 3개 기수로 나누어, 전투에 참가하는 모든 부대를 대상으로 개편과 재훈련을 실시하기로 계획했다. 1개 기

수는 60~80개 사(師)로 편성하고, 매 기수의 훈련 기간은 4개월로 정했다(曹劍浪, 2004: 406). 1938년 말부터 1939년 4월까지 제1기 총 26개 군과 27개 사를 정돈·훈련시키고자 했으나 다소 지연되어 7월 말에 완료되었다. 제2기의 정돈과 훈련은 1939년 8월 1일부터 11월 말까지 실시했고, 실시한 부대 수는 총 40개 군이었다(張憲文, 2001: 588). 동시에 국민정부군은 정규전을 실시하는 각 전구에 별도의 유격전 부대를 두도록 했다. 군사위원회는 제1차 난웨군사회의에서 토의되었던 대로 각 전구의 3분의 1 병력을 적 후방에서 적을 교란·습격하여 각 전구 내의 유격작전 임무를 담당하라고 지시했고, 노소전구 및 기찰전구는 적후 유격작전을 집중하여 실시하도록 했다.

이런 광범위한 유격작전을 수행하기 위해서는 유격작전을 총괄하는 별도의 조직이 편성되어야 했다. 국민정부는 유격전 체제를 강화하기 위해 군 조직뿐만 아니라 당(黨)·정(政)·군(軍)의 조직 체계를 확립해 갔다. 먼저 1939년 3월 각 전구에 장제스를 위원장으로 하는 전지당정위원회(戰地黨政委員會)를 설립해 유격작전을 강화하고 함락 지역의 정무(政務)를 담당하도록 했다(何應欽, 1990: 332). 그리고 군령부와 군정부에 유격 담당 부서를 개설했다. 군령부 제1청 예하에는 유격 업무를 담당할 제12과를 설치했고 군정부 예하에는 유격조를 설치했다. 이어서 7월에는 '유격구 당정군 일원화 및 통일지휘 방안'을 규정하여 전지당정위원회를 보강하여 이 기구에서 유격 업무를 총괄토록 했고, 1940년 1월에는 유격구 총지휘부를 설치했다(洪小夏, 1999: 271~272).

이러한 조치들은 유격전을 수행하기 위해 중앙과 지방의 지휘를 통일한 것으로, 정치 계통에서는 전지당정위원회 - 전지당정위원회분회 - 전지당정위원회구회로, 군사 계통에서는 군사위원회 - 전구 - 유격구로, 행정 계통에서는 행정원 - 성(省)정부 - 현(縣)정부(行政督察專員公署) 순서로 지휘 체계를 확립했다. 그리고 이 세 조직 간의 지휘통제는 전구사령장관이 전지당정위원회분회 주임을 겸임토록 하여 전지당정위원회분회가 성정부를 지휘토록 했고, 성정부는 유격구 당정위원회구회를 지휘했고, 유격구 사령관은 당정위원회구회 주임을 겸임했다. 이러한 국민정부의 유격전 체제의 특징은 중앙과 지방의 정치·군사·행정상의 지휘 통일을 기하면서도 지방에서 유격부대가 정규부대와는 별도로 작전을 실시토록 한 것이라 할 수 있다.[4]

2) 유격전 교육과 훈련

광범위한 유격작전을 수행하기 위해서는 별도의 유격작전에 관한 교육과 훈련이 선행되어야 했다. 그러나 국민정부군의 장교는 대부분 정규전 위주의 교육을 받은 군관학교 출신으로 유격전 경험이 중국공산당군 간부에 비해 상대적으로 부족했다. 전국 유격간부 훈련 업무를 총괄했던 군훈부장 바이충시 (白崇禧)는 유격간부 훈련의 중요성에 대해 다음과 같이 언급했다. "나는 서남·서북 유격간부 훈련반 외에도 중앙에 유격간부 훈련반을 설치하고, 또한 모든 군사학교, 육군대학부터 각 군관학교, 각 병과학교에 이르기까지 당국 및 각 전술 교관 모두 이 문제에 집중해, '유격전 요강'을 연구 토의해야 한다고 생각한다", "유격전의 전술 사상을 통일하고, 보편화하고 나면 1년 안에 수만 명의 유격간부를 양성할 수 있을 것이다"(白崇禧, 1940; 洪小夏, 1999: 258). 바이충시의 발언은 두 가지 의미를 내포하고 있다. 하나는 이전까지 국민정부군에게 통일된 유격전에 관한 전술 교리가 없었다는 것이고, 다른 하나는 유격전 교육을 실시할 수 있는 유격간부 훈련반을 증설하여 더 많은 간부를 양성해야 한다는 것이다. 바꿔 말하면, 당시 국민정부군 내에는 유격전에 관한 교리와 교육 체계 등이 매우 미비했다는 사실을 보여준다. 바이충시가 건의했던 '중앙유격반'은 설치되지 않았지만 당시 국민정부군 내에서 유격전에 관한 교리와 유격간부 훈련을 매우 중요하게 생각했음을 알 수 있다.

국민정부가 처음 설립한 유격전 관련 교육기관은 후난성의 난웨 헝산에

---

4) 국민정부의 유격전 체제 계통표는 기세찬(2010: 604~605) 참조.

설치한 '군사위원회 유격간부 훈련반'이었다. 이 유격간부 훈련반은 중국공산당의 건의에 따라 국공 양당이 협조하여 1939년 2월 15일 난웨 헝산에 설치했다. 이때 중국공산당에서 예젠잉(葉劍英)을 대표로 한 30여 명을 파견하여 훈련반 각 과목의 교관을 담당토록 했다. 이 훈련반은 군사위원회 직속으로 두어 제31집단군 사령인 탕언보(湯恩伯)가 주임을 겸임하고 공산당군 예젠잉이 부주임을 담당했다. 훈련반을 교육 대상은 각 전구의 대대장급 이상 장교와 고위 사령부의 중간 참모 인원으로 정했다. 군 단위별로 전술 지식이 비교적 양호하고 작전 경험이 있는 장교를 훈련시켰고, 훈련 종료 후에는 원 소속 부대로 복귀시켜 유격부대를 조직하여 적 측·후방에서 유격작전을 수행하도록 했다(洪小夏, 1999: 259). 훈련반의 교육 기간은 1개 기수별 3개월이었고 주요 교육 내용은 유격 전술과 폭파 기술이었다. 난웨 유격간부 훈련반 제1기 수료 후 군훈부는 창장강 이북이 유격간부 훈련을 위해서 시안(西安)에 '서북 유격간부 훈련반'을 창설하기로 결정했다. 난웨 유격간부 훈련반은 '군사위원회 군훈부 서남 유격간부 훈련반'으로 개칭하여 이후 창장강 이남의 유격간부 훈련을 전담하도록 했다.

서남 유격간부 훈련반은 1939년 2월부터 1940년 초까지 모두 3개 기수를 교육시켰으며 수료한 교육생은 총 2000여 명이었다. 제3기 졸업 후 중국공산당 대표단은 철수했고, 국민정부군 자체적으로 제7기까지 배출했다. 제1기부터 제7기까지 총교육 인원은 5659명이었다(洪小夏, 1999: 259). 제7기 수료 후 1942년 초 서남 유격간부 훈련반은 이름을 '군사위원회 서남 간부 훈련반'으로 변경했다. 훈련반의 주요 임무는 영국과의 협동작전 수행이었고, 적 후방 유격작전을 수행하는 돌격부대를 배출하는 것이었다. 3개의 돌격대대를 배출했고, 전쟁 종료 직전 해체되었다. 서북 유격간부 훈련반은 장제스가 주임을 겸하고, 톈수이행영(天水行營)5) 주임 청첸(程潛)이 부주임, 후쭝난(胡宗男)이

---

5) 국민정부는 우한 함락 이후 남전장(창장강 이남)과 북전장(창장강 이북)으로 나누고, 구

교육장, 탕언보(湯恩伯)가 총교관을 담당했다. 서북 유격간부 훈련반은 1939년 8월 17일 교육을 시작했고, 1940년 4월까지 총 4개 기수를 배출했다. 매 기수의 교육 기간은 3개월이었고, 4개 기수의 교육 인원은 총 2500여 명이었다(曹劍浪, 2004). 이 외에도 군사위원회는 각 전구, 집단군, 군, 유격구별로 유격간부 훈련반을 조직해 자체 유격간부를 양성하도록 지시했다.

유격간부 훈련반의 교육 내용은 군사교육과 당의교육(黨義敎育), 정치교육 등 크게 세 가지로 이루어졌다. 군사교육은 적후 유격전의 군사기술과 작전 능력 배양을 목적으로 전체 훈련 시간의 60%를 차지했다. 과목은 학과(學科)와 술과(術科)로 구분되었다. 학과는 유격 전술 등 이론 과목을 교육했고, 술과는 각종 유격전투 연습 등 실습교육을 했다. 정치교육은 정치공작 등의 과목이 포함되었다. 이 과목의 교육은 유격간부에 대한 적 후방 민중 동원, 정권 건설, 선전 교육 등의 정치공작 능력을 제고시키기 위한 것이었다. 당의교육은 항전건국강령, 군인정신교육 등의 과목이 있었는데, 목적은 유격간부의 정치의식, 전투 의지 등의 정치 소양을 배양하는 것이었다(洪小夏, 1999: 260). 대다수의 졸업생들은 국민정부의 적 후방에서 유격전을 전개하고, 정면전장에서는 돌격작전 부대로 운용되었으며, 또한 각 전구, 군 등에서 자체 유격간부를 양성하는 데 활용되었다.

국민정부는 이외에도 영국, 미국과 합동으로 유격활동을 위한 특수전 간부를 양성하기도 했다. 영국과의 협력은 기간이 짧고 활동 면에서도 비교적 미미했기 때문에 여기서는 미국과의 협력 위주로 살펴보겠다. 1943년 4월 중미 양국은 '중미특종기술합작협정(中美特種技術合作協定)'을 체결했는데, 그 목적은 일본군에 대한 중국군의 정보수집 능력과 적후 항일유격전 능력을 향상하는 데 있었다. 미군 측은 훈련 기술, 장비 기재, 군사 교관 등을 지원해 주었고, 중국 측은 훈련 기지와 인력 그리고 훈련 대상을 제공했다. 중미 양측은

─────────────

이린행영(桂林行營)과 톈수이행영(天水行營)을 설치해 각 전구의 작전을 지휘토록 했다.

1943년 7월 '중미특종기술합작소'를 조직하여 본격적으로 중국군의 특수전 간부 양성훈련을 도와주었다. 이 훈련소는 안후이, 후난, 허난 등 총 11개 지역에 설치되었고, 각 훈련소에는 미군 위관 및 영관급 장교 2~3명이 교관 요원으로 파견되었다. 안후이성 서현(歙縣) 시웅촌(雄村)에 최초 설치된 '제1반'의 경우만 하더라도 1943년 6월부터 1945년 2월까지 7개 기수, 총 1만 5885명을 교육시켰다. 이곳에는 미군 J. H. 마스터스(J. H. Masters) 소령과 찰스 파킨(Charles M. Parkin) 소령이 파견되었다(洪小夏, 1999: 264~268). 중미 군사협력을 통해 양성된 국민정부의 유격 및 특수전 병력은 4만여 명에 달했다. 특히 미군은 유격 전술뿐만 아니라 신무기와 장비를 전수해 줌으로써 전반적으로 중국군의 유격간부 수준과 항일유격전 능력을 향상시켜 주었다.

4. 국민정부군의 대일 유격전 실시 현황

1) 유격부대의 구성과 규모

앞에서 국민정부가 대일항전을 지속하면서도 일본군의 전투력을 소모시키기 위해 유격전 체제를 정비하고 유격간부를 양성하는 데 심혈을 기울였다는 것을 확인할 수 있었다. 여기서는 국민정부군 유격부대의 구성과 종류에 대해서 검토해 보도록 하겠다. 국민정부군의 유격부대는 지역별·임무별로 매우 다양하게 구성되었던 것으로 보인다. 국민정부군 유격전의 선구적 연구자인 홍샤오시아(洪小夏)에 따르면, 국민정부군의 유격부대는 정규유격군, 지방유격대, 특공(特工)계통유격대, 특종유격대로 구성되었다(洪小夏, 1999: 116~117). 다만 그가 설명하고 있는 특종유격대는 정규군과 작전을 같이하면서 적 후방에서 정찰·감시·수색 임무를 수행한다는 점에서 한국군의 수색부대나 특공부대와 유사한 개념으로, 유격부대로 보기에는 어려움이 있다. 따라서 여기서는 정규유격군, 지방유격대, 특공계통유격대 세 종류를 중심으로 살펴보겠다.

　　먼저 정규유격군이다. 정규유격군은 두 개의 유격 전구와 각 전구에 소속되어 있는 부대로, 가장 정규군에 가까운 특성을 보이는 유격군으로서 중앙에서 계획했던 부대들이다. 정규유격군의 기원은 세 가지이다. 첫째, 전쟁 초기 방어작전에서 실패한 후 중국 정규군이 일본군의 후방 지역에 그대로 잔류하여 항일유격전을 수행한 부대들이다. 제1전구의 경우 완푸린(萬福麟)의 제53군은 전쟁 초기 평한선(平漢線) 전투에서 패한 후 허베이(河北) 지역에 잔류했고, 스유싼(石友三)의 제69군과 한더친(韓德勤)의 제89군은 진포로 전투에서 패한 후 각각 산둥 북부와 장쑤 남부에 잔류했다. 유격군의 규모가 가장 컸던(1938년 말 28만 명) 제2전구의 경우, 웨이리황(衛立煌)의 제14집단군은 산시(山西) 지방이 일본군의 수중에 들어간 후 정규 작전보다는 대부분 유격전을 수행했다. 제5전구는 무한전역에서 패배한 후 제21집단군이 다볘산(大別山)에 잔류하여 유격전을 이끌었다. 이 부대들은 국민정부군의 정규군이 유격부대로 전환한 것이다. 둘째, 나중에 중앙에서 일본군의 후방 지역에 새로이 파견한 부대들이다. 국민정부군은 적 후방의 군사력을 강화하기 위해 후방 및 정규군의 부대를 재편성하여 일본군이 점령한 지역, 즉 윤함구로 부대를 이동시켜 유격전을 실시하도록 했다.[6] 셋째, 지방의 민병을 정규유격군으로 편입한 부대들이다. 적 후방 유격전이 지속됨에 따라 정규유격군의 수가 부족하게 되자, 각 정규유격군은 지방의 보안단·보안대 등 민병 성격의 부대를 정규군에 편입했다.[7]

---

6)　예를 들면, 국민정부 군사위원회는 평한선 패배 이후 제97군을 허베이로 파견하여 항일유격전을 수행하도록 했고, 제51·제57군은 쑤베이와 루베이(魯北)에 파견했다. 1938년에는 제38·제96군을 제2전구 지역인 산시로 증원시켰고, 제84군은 제5전구로 증원시켰다. 이러한 유격부대의 중앙 증원은 1942년까지 계속 이어졌다.

7)　예를 들면, 허베이의 스유싼 부대는 먼저 2개 성정부의 보안단을 재편하여 제181사를 창설했고, 나중에는 제69군으로 확대했다. 기북(冀北)민군사령관 쑨뎬잉(孫殿英)은 민병을 거느리고 평한선의 유격전에 참전한 후 제5군을 창설하고 후에 제24집단군으로 발전시켰다.

다음은 지방유격대이다. 지방유격대의 구성원과 성분은 매우 복잡했다. 계층 면에서는 대체로 ① 전구 조직 및 지휘 계통의 유격부대, ② 지방 보안무장대, ③ 민중 유격대 세 가지로 분류할 수 있다. 경비 지원 면에서 보면 ①은 군정부의 승인을 받아 중앙에서 지급했고, ②는 지방정부에서 비준하여 지급했고, ③은 군·관에서 어떠한 경비도 지원받지 못했다. 부대 구성원 면에서는, ①은 정규군을 개편하거나 지방 무장부대나 민중 유격대를 훈련시켜 부대로 재편성했고, ②는 성정부의 보안무장대, 현의 보안단(대) 등으로 편성되었고, ③은 신사층·지식인·농민 등의 자발적인 조직으로 구성되었다. 예를 들면, 허베이는 이러한 지방유격대의 활동이 최초로 전개된 지역으로 다음의 두 가지 특징을 보인다. 첫 번째는 허베이성 정부가 직접 민군을 통솔하여 항일유격전을 실시한 것이고, 두 번째는 민간에서 자발적으로 조직을 구성하여 항일유격전을 펼친 것이다. 허베이성의 지방유격대 규모가 1939년 6월 대략 2만 8880여 명이었던 점을 보면 그 규모는 정규유격군에 비해 크지 않았던 것으로 보인다. 마지막으로 특공계통유격대이다.

이 부대들은 주로 일본군 점령지역에서 일본군 부대를 습격하거나 철도와 같은 주요 시설물 파괴, 첩보 수집 등의 임무를 수행했다. 대표적인 부대로는 별동총대(別動總隊) 충의구국군(忠義救國軍), 혼성대(混城隊), 철로파괴대, 별동군 등이 있다. 이 부대들은 일본군 후방에서 특수전 임무를 수행하기 위해, 국민정부군 중앙에서 편성한 부대들이다. 별동총대는 중국공산당군의 유격전술을 모방하여 적 후방의 첩보 수집과 유격작전을 수행하기 위해 창설했으며, 1937년 허베이와 상하이 전역에서 활동했고, 1938년에 해체되었다. 충의구국군은 1937년 8월 상하이에서 창설되어 저장성(浙江省) 지역에서 철로 파괴 등 여러 특수작전 임무를 수행했다. 혼성대는 1940년 봄에 창설되었는데, 그 목적은 국민정부군이 부분적인 공세 작전을 수행할 때 적진에 은밀히 침투하여 제5열의 임무를 수행하는 것이었다. 별동군은 1941년 태평양전쟁 발발 이후 영국군 및 미국군과의 연합 특수작전을 수행하기 위해 편성된 부대로 일

<표 1-2> 국민정부군의 유격군 규모

(단위: 만 명)

구분	1937	1938	1939	1940	1941	1942	1943	1944	1945
제1전구	2	5.5	3	4	9	16	15	8	1
제2전구	3	28	45	50	38	20	20	18	18
제3전구		5.5	4	5	4	3	3	3	2
제4(7)전구	0	0	2.5						
제5전구	4	9	8	7	8	7	6	8	3
제6전구	0	0	0						
제8전구	0								
제9전구	0	3	4.1	2	3	1.5	1.5	4	
제10전구	0	0	0	0	0	0	0	0	16
노소전구	0	0	7	8	9	9	7	5	0
기찰전구	0	0	6	6	4	6	7	0	0
합계	9	51	79.6	83	75	62.5	59.5	46	40

주: 표 안의 '0'은 유격부대가 없다는 의미이며, 공백은 유격부대가 있었다고 추정되나 그 수가 매우 적거나 자료의 결핍으로 파악이 안 되는 곳이다.
자료: 洪小夏(1999: 140~141).

본 해군, 상선, 공군 및 그 점령지역의 군수공장 및 기타 주요 산업시설들을 파괴하는 임무를 수행했다.

〈표 1-2〉에서 알 수 있는 바와 같이 국민정부군의 정규유격군은 1937년부터 1939년까지 급속하게 증가했는데, 이는 중국 영토가 일본군에 점령당한 규모와 비례하여 증가한 것이다. 그리고 1939년과 1940년을 기점으로 유격전이 활발하게 진행되었으며, 1940년 말을 기점으로 최고조에 달해 유격군만 총 83만 명에 이르렀다. 이후 1941~1942년부터 조금씩 감소했고, 전쟁 막바지인 1945년에는 40만 명 수준을 유지했다. 40만 명이라는 규모는 비록 1940년의 83만 명에 비해 절반 수준으로 떨어졌다고는 하나 여전히 경시할 수 없는 숫자이다.

2) 유격전 현황

국민정부군의 대일 유격전 실시 현황을 분석한 앞 장의 결과에 따르면, 국민정부군의 유격작전 부대의 규모와 횟수는 중국공산당군과 비교해도 뒤지지 않을 정도였다는 것은 확실하다. 이하에서는 국민정부의 주요 유격구를 중심으로 그 설립 정황과 활동 상황을 살펴보겠다.

먼저 제2전구의 진쑤이유격구(晉綏遊擊區)이다. 진쑤이유격구는 국민정부 주요 유격작전 지역의 하나이다. 타이위안(太原) 함락 후 국민정부 군사위원회는 한커우(漢口)에서 회의를 열어 제2전구부대는 황허강 이남으로 퇴각하지 않고 바로 현지에서 유격전을 수행하도록 지시하고, 위반자는 군법에 따라 처리했다. 군사위원회는 제1전구 사령관 웨이리황(衛立煌)이 제2전구 부사령관직을 겸하도록 하고, 제14집단군을 지휘하여 산시로 들어가 산시의 전력을 강화하여 산시 근거지를 확보하도록 했다. 우한 함락 이후 전선이 교착되자 항전 2기 전략 방침에 따라 군사위원회는 제2전구 및 산시의 각 부대에 유격전과 정규전을 병행하고, 중티아오산(中條山)·루량산(呂梁山)·타이싱(太行山), 산시(陝西)지구에 유격 근거지를 건립하라고 지시했다(張憲文·曹大臣, 2005: 173).

다음은 기찰전구(冀察戰區)와 소노전구(蘇魯戰區)이다. 기찰전구는 국민정부 군사위원회가 제1차 난웨군사회의 이후 유격작전을 강화하기 위해 특별히 일본군의 후방에 설치한 유격 전구(適後遊擊戰區)이다. 1939년 1월에 설립했으며, 허베이 유격 총사령관 루중린(鹿鍾麟)을 전구 총사령관에 임명하고, 스유싼(石友三)을 부사령관으로 삼았다. 부대는 제68군(石友三), 제97군(朱懷冰), 신편제5군(孫殿英), 제94사, 신편제24사, 1개 기병여단으로 편성되었고, 일부 지역 부대를 합하여 병력은 총 10만여 명에 달했다(張憲文, 2001: 759~760). 소노전구는 1939년 1월에 정식으로 창설되었고, 유쉐중(于學忠)과 한더친을 각각 사령관 및 부사령관으로 임명했다. 총병력은 15만 명이었다. 임무는 산둥성 남부 산악지대와 장쑤성(江蘇省) 북부 호수와 늪 지역에 유격 근거지를 구축하고 군민을 동원하여 항일유격전을 전개하는 것이었다(張憲文·曹大臣, 2005: 173, 176).

마지막으로 제5전구의 어위완(鄂豫皖) 유격기지이다. 어위완 유격기지는 다훙산(大洪山), 퉁바이산(桐柏山), 다볘산 등에 유격 근거지를 조성했는데, 다볘산 근거지가 중심이 되었다. 다볘산은 중원과 화베이, 화둥(華東)의 결합부로서, 우한 전투 시에 군사위원회는 이미 제5전구 8개 사 이상의 병력으로 다볘산에 유격 근거지를 설립하여 안후이성과 허베이성 동부에서 바로 유격 작전을 수행하도록 지시했었다. 이 지시에 따라 제5전구 사령관 리쭝런(李宗仁)은 제7군과 제48군을 근간으로 지방 민병대를 통합하여 어위완변구유격부대(鄂豫皖邊區遊擊部隊, 후에 어위완유격병단으로 개칭)를 설립했다. 제21집단군 사령관 랴오레이(廖磊)를 변구유격 총사령관으로 임명하고 안후이성 정부 주석을 겸하도록 했으며, 다볘산에 유격기지를 건설하는 임무를 부여했다. 1944년 말, 군사위원회는 다볘산 유격구의 전력을 강화하기 위해 산둥성 대부분과 장쑤성 및 허난성 동쪽의 제10전구를 추가하고 리핀시안(李品仙)을 사령관에 임명하여 전구 내의 당·정·군의 모든 업무를 총괄하도록 했다. 8년 항전 기간 중 어위완 지역의 유격전은 일본군의 서남부로의 남하를 억제하고, 일본군의 병참선을 파괴했으며, 왕징웨이(汪精衛)의 괴뢰정부를 타격하는 등의 중요한 임무를 담당했다(張憲文, 2001: 763~766).

국민정부군의 전역에서 특이한 점은 중국공산당군처럼 유격전만을 수행하지 않았다는 것이다. 그 이유 중의 하나는 전쟁 기간 내내 국민정부군은 일본군으로부터 주요 도시를 방어해야 할 책임이 있었기 때문이다. 따라서 국민정부군은 일본군에 대한 기습과 습격 작전에서는 유격전을 단독으로 시행했지만, 대규모 전투에서는 정규전과 유격전을 배합했다는 특징이 있다. 국민정부군의 배합 전략을 보여준 대표적인 전역은 1939년 9~10월에 있었던 제1차 창사(長沙) 작전이다. 이 작전에 일본군 10만여 명, 중국군 24만여 명이 참가했다.

1939년 9월 일본 대본영은 후난성 일대의 중국군을 격멸하기 위해 제11군에게 국민정부군 제9전구를 격멸하여 적군의 항전 기도를 좌절시키라는 명령을 하달했다(防衛廳防衛研修所戰史室, 1975: 379~380). 한편, 국민정부군 제9전구 사령관 쉐웨(薛岳)는 전구의 부대를 야전병단, 결전병단, 경비병단, 예비병단 4개로 편성했다. 그는 일부 부대를 야전병단으로 편성하여 적 교통·통신의 파괴, 적 치중대 습격, 적 보급선 절단 및 추격 임무 등을 부여했다. 주력은 결전병단으로 명명하고 결정적 작전 시에 운용하도록 했는데, 이 중 일부 병력을 유격대로 차출하여 매복 전술을 운용하도록 했고, 일부는 민간 복장으로 적 후방에 침투시켜 적의 각급 지휘관을 사살 및 생포하고 적 통신장비들을 파괴하여 적을 혼란에 빠뜨리도록 했다. 그리고 전투력이 양호한 일부 부대를 경비병단으로 삼아 지속적으로 국부 공격을 실시하여 적을 타격하도록 했고, 예비병단은 담당 지역에 견고한 거점을 구축하고 이를 기반으로 적과 결전 시에 결전병단을 증원토록 했다(中國第二歷史檔案館, 2005: 1080~1081). 이와 같은 제9전구의 작전 목적과 부대편성을 통해 판단해 보면, 국민정부군은 정규전과 더불어 유격전을 크게 확대하여 창사 전역에서 배합전을 수행하려 했다는 것을 알 수 있다.

창사 작전은 장시성 북부에서부터 시작되었다. 9월 14일 일본군 제106사단은 중국군 우측의 조공(助攻) 방향에서 공격을 시작했고, 북부 방면의 일본군 주력은 9월 18일부터 제11군 사령관 오카무라 야슈지(岡村寧次)의 직접 지휘 아래 정면의 국민정부군을 공격했다. 쉐웨는 2개 단 병력으로 일본군을 견제하고 주력은 창사로 후퇴, 매복시켰다. 그리고 일본군이 통과할 것으로 예상되는 지역의 가축, 식량 등 먹을 것을 모두 운반시켜 후방으로 보내는 한편, 도로를 파괴하여 일본군의 전차·포차의 기동을 곤란하게 했다. 일본군은 창사로 진격 중에 부단히 국민정부군의 습격을 받아 피해가 극심했다. 9월 28일 일본군의 제6사단 및 우에무라 지대는 공격 도중 국민정부군의 매복 부대로부터 습격을 당해 심각한 타격을 입었다. 29일 제6사단의 일부가 창사로부터 약 30㎞ 거리에 있는 융안시(永安市)를 일시 점령했으나 국민정부군 제60사와 제195사에 저지당해 더 이상 전진할 수 없었다(郭汝瑰·黃玉章, 2002: 956~957). 일본군은 전선에서 진격이 좌절되고 전장 상황이 불리하게 되자 10월 1일부터 철수하기 시작했다. 중국 제9전구 각 부대는 반격 및 추격 작전을 벌여 점령 당했던 지역을 수복했다. 10월 10일 전후 일본군 주력이 모두 퇴각하여 전선 은 전전의 태세를 회복했고, 제1차 창사 작전은 종결되었다.[8]

　이상에서 살펴본 바와 같이 국민정부의 대일 유격전 활동은 그 공간 면에 서 중국공산당군보다 광범위했으며, 일본군의 전투력을 많이 소모시켰고, 정 규 작전을 보조했다. 특히 산시·안후이·산둥 등지에서는 정규군이 비교적 많 았는데도, 작전에 따라 짧은 시간에 일본군 후방으로 공격하는 작전도 수행했 다. 그러나 전쟁 후기로 갈수록 국민정부의 유격부대와 근거지는 점차 축소 되었는데, 그 이유는 일본군이 유격 근거지의 소탕 작전을 매우 강력하게 시 행한 측면도 있지만, 태평양전쟁이 발발하여 중국이 연합군 측에 가담하면서 사실 유격전이 전쟁 승패에 미치는 영향이 크지 않았기 때문이기도 하다.

5. 맺음말

　이 글은 기존 연구가 중국국민정부군의 항일유격전에 큰 의미를 두지 않 았고 그 평가도 매우 미미했다는 점에 착안하여, 국민정부의 유격전 전략과 그 활동을 분석해 봄으로써 중일전쟁에서 국민정부군의 유격전 실태와 항일 전 승리와 관련한 성과를 규명해 보고자 했다.

　1937년 7월 말 화베이에서 대대적인 침공을 단행한 이래 일본군은 1938년 말까지 대부분의 전투에서 승리하여 중국 동남해 연안의 주요 도시들을 점령

---

8)　제1차 창사 작전에 관한 세부적인 작전경과는 기세찬(2010: 609~612) 참조.

했다. 하지만 결정적인 전투로 중국군을 붕괴 또는 굴복시킨다는 전쟁 목적을 달성하지는 못했다. 이에 일본은 전쟁 초기의 속전속결 전략을 포기하고 장기적인 태세로 전환하여, 점령지역의 확대를 중단하고 점령지의 치안 확보를 우선 목표로 한다는 방침으로 변경했다. 국민정부도 일본군의 공세 한계점 도달과 전쟁 초기의 경험을 통해 얻은 일본군과의 전력 격차 등을 감안하여 반격 작전이나 정면대결보다는 유격전을 통한 일본군 전력의 지속적인 소모로 전략 방침을 바꾸었다.

이를 위해 국민정부는 군 편제를 조정하고 유격전 전담 전구를 창설하는 등 나름대로 대일 유격전 강화를 위해 고심했다. 국민정부군은 광범위한 유격작전을 수행하기 위해서 유격전 경험이 풍부한 중국공산당군의 도움을 받아 주요 간부들을 우선적으로 교육시켰고, 태평양전쟁 발발 이후에는 영국, 미국과 합동으로 유격 활동을 위한 특수전 간부를 양성하기도 했다. 국민정부군의 유격부대는 지역별·임무별로 매우 다양하게 구성되었는데, 대체로 정규유격군, 지방유격대, 특공계통유격대로 구분된다. 일부 부대들은 일본군 후방 지역에 잔류하여 항일유격전을 실시했으며, 또 다른 일부 부대들은 일본군 점령지역에서 일본군 부대를 습격하거나 첩보 수집, 주요 시설물 파괴와 같은 임무를 수행하기도 했다. 유격전 방법 면에서 중국공산당과 가장 큰 차이를 보이는 것은 중국공산당군이 관할 지역에서 습격이나 단순 폭파, 파괴 공작 등 주로 소규모 부대 들을 동원해 항일유격전을 시행했다고 한다면, 국민정부군은 이러한 활동들과 더불어 대규모 전역에서 정규전과 유격전을 배합하는 전술을 추구했다는 것이다.

결론적으로 국민정부군의 유격전은 항일전의 주요 투쟁 형태로서, 상황에 따라서는 정규전과 유격전을 병행하는 등 그들이 가진 자산을 매우 융통성 있게 사용한 전술이라 할 수 있을 것이다. 전쟁 초기 일본군과 1년 5개월의 전투를 통해 국민정부군이 막대한 피해를 입었음에도 불구하고, 이후 살아남은 국민정부군의 부대들은 항일유격전 등을 전개하여 일본군 전력을 지속적으로 소모시키면서 국민정부를 붕괴시킨다는 일본의 전략을 수정하는 데 일정 정도 기여했다.

참고문헌

기세찬. 2010. 「중일전쟁 중기(1939년~1941년) 국민정부의 항전전략과 실천」. ≪역사와 담론≫, 제56집.
마오쩌둥. 2002. 『마오쩌둥선집 2』. 김승일 옮김. 범우사.
육군본부. 2000. 『작전술』. 육군본부.

Falkenhausen, Alexander von. "法肯豪森呈蔣中正應付時局對策." 『蔣中正總統文物』. 台北: 國史館 所藏.
郭汝瑰·黃玉章. 2002. 『中國抗日戰爭正面戰場作戰記』. 南京: 江蘇人民出版社.
軍事委員會軍令部第一廳第四處. 1939. 『抗戰參考叢書』.
劉大年·白介夫 編. 1997. 『中國復興樞紐-抗日戰爭的八年』. 北京: 北京出版社.
劉鳳翰. 1992. 「論抗戰期間國軍遊擊隊與敵後戰場」. ≪近代中國≫, 第6期.
馬振犢. 1992. 『慘勝』. 桂林: 廣西師範大學出版社.
明德專案連絡人室編印. 1970. 『邱清泉將軍留德陸大報告暨總顧問法肯豪森將軍講錄』. 台北: 編者出版.
防衛廳防衛研修所戰史室. 1975. 『支那事變陸軍作戰』 2. 東京: 朝雲新聞社.
虞奇. 1975. 『抗日戰爭簡史』 上冊. 台北: 黎明文化事業公司.
李鵬. 1999. 「評抗戰中期的國民黨戰場」. ≪南昌航空工業學院學報≫, 第12期.
張設華·邢永明. 2002. 「評相持階段初期正面戰場中國軍隊的抗戰」. ≪石河子大學學報≫, 第3期.
蔣緯國 總編. 1978. 『國民革命戰史』 第3部 第4卷. 台北: 黎明文化事業公司.
蔣緯國 總編. 1978. 『國民革命戰史』 第3部 第5卷. 台北: 黎明文化事業公司.
蔣緯國 總編. 1978. 『國民革命戰史』 第3部 第6卷. 台北: 黎明文化事業公司.
蔣總統思想言論集編集委員會 編. 1966. 『蔣總統思想言論集』 卷12. 台北: 蔣總統思想言論集編集委員會.

蔣總統思想言論集編集委員會 編. 1966. 『蔣總統思想言論集』 卷14. 台北: 蔣總統思想言論集編集委員會.

張憲文. 2001. 『中國抗日戰爭史』. 南京: 南京大學出版社.

張憲文·曹大臣. 2005. 『圖說中國抗日戰爭史(1931~1945)』. 上海: 學林出版社.

曹劍浪. 2004. 『國民黨軍簡史』 上. 北京: 解放軍出版社.

中國第二歷史檔案館. 2005. 『抗日戰爭正面戰場』. 南京: 鳳凰出版社.

曾景忠. 1993. 「中國抗日戰爭正面戰場研究述評」. ≪抗日戰爭研究≫, 第3期.

秦孝儀 主編. 1981. 『中華民國重要史料初編: 對日抗戰時期』第二編 作戰經過(二). 台北: 中央文物供應社.

秦孝儀 主編. 1981. 『中華民國重要史料初編: 對日抗戰時期』第二編 作戰經過(一). 台北: 中央文物供應社.

秦孝儀 主編. 『中華民國重要史料初編: 對日抗戰時期』第二編 作戰經過(一).

何應欽. 1990. 「抗戰时期軍事報告」. 『民国叢書』第二編 第32册. 上海: 上海書店.

洪小夏. 1999. 「抗戰時期國民黨敵後遊擊戰爭研究(1937~1945)」. 南京大學博士學位論文.

2장

베트남전쟁의 재평가와 현대 전략적 함의*

박민형 | 국방대학교 군사전략학과 교수

1. 머리말

2020년은 한국이 베트남전에 군을 파병한 지 56주년이 되는 해이다. 1964년 4월 23일 미국의 존슨 대통령은 "더 많은 깃발(more flags)"의 기치를 내걸고 한국 측에 베트남전 파병을 요청했고 이에 한국 정부는 7월 31일 국회의 동의를 얻어 1964년 9월 비전투부대인 1개 이동외과병원과 태권도 지도 요원 등 130여 명을 파병했다. 그 후 파병 규모가 점차 커지면서 전투부대로까지 확대되어 1973년 3월까지 32만 3864명을 베트남에 파병했다.

물론 당시 한국군의 베트남 파병에는 다양한 요인들이 작용했다. 그중 핵심적인 요인들은 첫째, 박정희 정부의 정통성 문제, 둘째, 반(反)공산주의 정서, 셋째, 6·25전쟁에서 우리를 도와준 우방에 대한 보답, 넷째, 북한에 대한 억제력인 주한미군을 한국에 계속 주둔시키기 위한 조치 등으로 볼 수 있다(국방부 군사편찬연구소, 2013: 92). 이유야 어찌 되었든 한국은 베트남전 파병을 통

---

*   이 글은 2014년 「파병 50주년 시점에서 재평가한 베트남전쟁의 현대 전략적 함의」, ≪국방정책연구≫, 통권 제103호, 189~221쪽에 발표했던 것을 일부 수정한 것이다.

해 많은 것을 얻을 수 있었다. 우선, 군사적으로는 실전 경험이라는 소중한 자산을 얻을 수 있었으며 미국으로부터 많은 신형 장비와 무기를 확보하여 전력 증강을 꾀할 수 있었다. 경제적으로는 수출량이 급증하여 국가 발전의 기틀을 마련할 수 있는 기회를 제공받았다. 1965~1973년까지 베트남과의 무역에서 약 2.83억 달러를 벌어들였고 대미 수출액도 크게 증가해서 1962~1966년까지 연평균 수출 증가율이 43.9%에 달했으며, 1967~1971년까지는 33.7%에 달했다(국방부 군사편찬연구소, 2013: 105). 이는 베트남전 파병이 1970년대 이후 한국의 경제발전에 매우 중요한 동인으로 작용했음을 증명한다고 할 수 있다.

이렇듯 베트남 파병은 한국 근현대사에 있어서 많은 의미가 있는 중대한 사건이었다. 따라서 베트남전 종전 이후 여러 학문 분야에서 베트남전에 대한 많은 연구가 진행되어 왔다. 그런데 베트남 파병 56주년을 맞은 현시점과 최근 새롭게 부각되고 있는 제4세대 전쟁·비대칭전쟁이라는 새로운 전쟁 패러다임 등을 고려할 때, 베트남전을 재고찰해 현시대적 군사전략 또는 국방정책적 함의를 찾는 것은 매우 의미 있는 과정이다. 특히, 여전히 남북으로 분단되어 있는 한반도의 정세와 비대칭전력의 강화를 추구하고 있는 북한의 위협에 직면하고 있는 안보 상황을 고려할 때 베트남전에 대한 재고찰은 한국의 안보에 있어서 중요하다고 할 수 있다. 즉, 이는 기존의 정규전적 사고에 의거해서 베트남전을 분석했던 것과는 또 다른 의미의 분석이 될 수 있으며 전략적 마인드를 재환기하는 계기를 제공할 수 있을 것이다.

현재의 한반도 안보 상황 또한 이런 연구의 필요성을 강화시켜 주고 있다. 2018년 평창동계올림픽 이후 한반도는 평화에 대한 기대감이 고조되었다. 남북 정상회담은 물론 북미정상회담까지 연이어 열리면서 이런 분위기는 더욱 공고하게 되는 듯했다. 하지만 2019년 2월 하노이에서 열린 제2차 북미정상회담이 기대했던 것과는 달리 이른바 '노 딜(No Deal)'로 종료되면서 한반도에서 무르익을 것 같았던 평화 분위기는 점차 경직되어 가고 있다. 심지어 2020년 6월 16일 북한이 개성 남북공동연락사무소를 폭파함으로써 다시금 한반도는 안보 불안 속으로 빠져들고 있다. 지금까지 많은 대북 전문가들은 김정은에 대해 "잔인하고, 즉흥적이며, 무모하고, 위험하며, 불안하고, 폭력 의존적"이라고 평가해 왔으며 "김정은 체제가 불안정하고 앞으로 더 불안해질 수 있다"라는 진단을 내놓기도 했다. 이는 안보적으로 내부적 불안정을 타개하기 위해 외부적 분쟁을 야기한다는 오래된 명제를 다시금 곱씹어 보게 하는 부분이라고 할 수 있다. 현재 다시 발생하고 있는 안보 상황은 이런 명제가 언제든지 재차 현실화될 수 있음을 보여주며, 따라서 한국은 이에 대한 철저한 대비가 필요할 것이다.

일반적으로 전쟁 연구의 궁극적 목적은 그를 통해 대응전략을 도출하는 것이다. 이에 이 연구는 앞에서도 언급했듯 제4세대 전쟁의 전형적 사례로 평가받고 있고, 1975년 베트남의 공산화로 막을 내린 베트남전쟁이[1] 아직까지 분단되어 있는 현시대의 한반도 안보에 주는 전략적 함의를 되짚어 보고자 한다. 최근에 각광을 받았던 제4세대 전쟁에 대한 논의는 제4세대 전쟁의 정의에서부터 시작된다. 그러나 이 연구는 이런 개념적 논의보다는 이를 바탕으로 왜 압도적 부와 기술을 가진 국가가 그보다 약한 국가에게 패배했는지를 분석하고 이것이 한반도 안보에 주는 전략적 함의 도출에 집중하고자 한다. 이를 위해 제4세대 전쟁의 개념적 정의는 토머스 햄즈(Thomas X. Hammes)의 주장을 바탕으로 삼고자 한다.[2] 즉, 정치적·경제적·군사적으로 불균형한 정치적 집단 내지 국가 간의 상호 또는 다자간 분쟁에서 전면전에 의한 직접적

---

1) 베트남전쟁을 '인도차이나전쟁'으로 명명하기도 하는데 이는 프랑스로부터 독립하려던 베트남·라오스·캄보디아와 프랑스 간의 1946년부터 1954년까지 전쟁을 일컫는 것으로, 프랑스의 입장에서 세 국가와의 전쟁을 표현할 때 적당하다고 할 수 있으며 베트남 지역에서만의 전쟁을 의미할 때는 베트남전쟁으로 표현하는 것이 더 타당하다고 할 수 있다.
2) 제4세대 전쟁에 대한 논의는 국내외적으로 이루어졌다. 그 대표적인 것이 제4세대 전쟁의 개념을 가장 먼저 제시한 윌리엄 린드(Willam Lind)라고 할 수 있는데, 그는 몇 가지 요소를 바탕으로 전쟁을 1세대부터 4세대까지 분류했다. 자세한 내용은 Lind(1989) 참조. 국내 연구로는 조한승(2010); 김재엽(2010); 이성만(2010) 참조.

인 군사력 파괴보다 가용한 수단과 자원 네트워크를 통해 정치적 수행 의지 파괴를 전략적 목표로 수행하는 전쟁 형태를 제4세대 전쟁으로 정의하고자 한다(Hammes, 2006).

전사를 통해 현대적 함의를 도출하기 위해서는 다음과 같은 과정을 거쳐야 한다. 우선 전쟁을 유발한 요인을 분석하고, 전쟁 전략을 분석한 후 전쟁수행 과정을 통해 이런 전략의 적용 과정을 살펴본다. 이후 전쟁의 승패 요인을 분석하고, 이를 바탕으로 전략적 함의를 도출하는 것이다. 이 연구도 이런 과정을 거쳐 진행된다. 즉, 우선 베트남전쟁의 원인을 살펴본다. 전쟁은 전쟁 그 자체를 위해 수행하는 것이 아니라 특정 목표를 달성하기 위해 수행되는 것이므로 모든 전쟁은 발발 배경이 있다. 전쟁 원인 분석이 이루어지고 나면 전쟁을 수행한 북베트남의 전략을 분석한다. 이 글의 논점이 상대적 약소국이었으나 전쟁에서 승리한 요인을 밝힘으로써 그 전략적 함의를 도출하는 것이므로, 전략 분석의 요체는 상대적으로 열세한 전력으로 베트남 공산화에 성공한 북베트남의 전략에 집중하는 것이다. 특히, 전략의 분석은 정치사회적 수준과 군사적 수준으로 구분하여 분석한다. 이후 베트남전쟁의 경과와 전쟁의 승패 요인을 분석하고, 마지막으로 결론을 대신하여 한반도 안보에 주는 현대 전략적 함의를 제시하겠다.

2. 베트남전쟁의 배경과 원인

전쟁이 하나의 동인으로 발생하는 것은 아니다. 물론 전쟁을 야기하는 핵심적 요인이 있을 수 있으나 그 근저에서는 정치·사회·군사·문화·국제정치 등 다양한 분야의 요인들이 결합하여 전쟁을 야기한다고 할 수 있다. 이 글에서는 수천 년 동안 수탈의 역사를 경험한 베트남이 어떤 이유로 세 번에 걸친 전쟁을 치르게 되었는지를 살펴보고자 한다.

베트남의 역사 속에는 1000여 년 동안(기원전 179~기원후 938)의 중국에 의한 피지배와 프랑스에 의한 100년(1859~1954)에 가까운 피지배의 경험이 자리 잡고 있다. 이처럼 외국 세력들의 지배를 받는 기간 동안 베트남 민족은 지배세력에 복종하기도 하고 그들의 탄압과 억압에 맞서 저항하기도 했는데, 이런 과정 속에서 의식적으로는 민족의식과 저항 의식이, 전략적으로는 게릴라전 전략이 베트남 사회에 뿌리 깊이 자리매김했다고 할 수 있다.

특히, 약 100년에 걸친 프랑스의 식민통치는 베트남을 정치·경제를 포함한 모든 분야에서 뒤처지는 국가로 만들었고, 여기에 세계경제 대공황까지 겹쳐 당시 베트남 국민들은 굶주림과 가난으로 큰 고통을 겪었다. 게다가 홍수와 기근, 전염병까지 겹쳐 1945년 한 해 동안 베트남 북부 지역에서만 무려 200만 명 이상의 아사자가 발생했다(최용호, 2004: 38~39). 이런 상황은 베트남 사람들의 독립에 대한 열망, 즉 반식민 민족주의 운동이 발생하게 된 계기로 작용했는데 이와 함께 공산주의 운동도 조직적으로 확산되기 시작했다.

이런 역사적 경험을 바탕으로 하고 있는 베트남의 민족주의는 제1차 세계대전을 계기로 표면화되었다. 세계대전 중 프랑스에 의해 강제로 징집되어 유럽으로 파병되었던 수만 명의 젊은이들과 프랑스로 유학했던 젊은이들이 베트남으로 돌아오면서 새로운 시대적 조류를 베트남 땅에 전파했는데, 이런 사상의 기류가 민족주의와 민족주의를 외형상으로 내세운 공산주의로 표출되기 시작했다. 사실, 1920년대까지만 해도 베트남 민족주의자들은 프랑스 식민 정부와의 협조를 통해 온건한 개혁을 추진했다. 그러나 프랑스는 그들의 요구를 전혀 수용하지 않았으며 이로 인해 점차 반(反)프랑스적 성격의 지하조직이 형성되었고 민족주의를 지향하는 세력들도 등장했다.[3]

프랑스는 제2차 세계대전 기간 중인 1940년 8월, 일본과의 조약 체결을

---

3) 예를 들어 1930년 코민테른의 동남아 대표였던 호찌민에 의해 창설된 공산당의 경우 민족주의 운동 차원에서 민족해방을 추구한다는 목표를 지향하고 있었다.

〈표 2-1〉 베트남 통일 과정

연도	주요 사건	비고
1940.8	일본에 의한 실질적 지배	
1941.5	호찌민 베트남독립동맹(越盟) 결성	베트민(Vietminh)
1945.9	호찌민 베트남민주공화국 선포	
1946.2	프랑스 베트남 재점령	
1949.3	프랑스에 의한 베트남 통일정부 수립	제1차 전쟁 기간 중
1954.7	제네바 평화협정 체결(프랑스군 베트남 철수)	남북분단(북위 17도)
1955.10	미국에 의한 베트남공화국 수립	분단 고착화
1960.12	남베트남 내 민족해방전선(NLF) 결성	공산주의자 주도
1961.1	NLF의 군사 조직 베트콩(Viet Cong) 창설	인민해방군
1964.8	통킹만 사건(북베트남 미군 함정 공격)	
1973.1	파리 평화협정 체결(미군 베트남 철수)	
1976.1	베트남사회주의공화국 수립	적화통일

통해 동남아시아에서 일본의 정치, 경제적 우위를 인정함으로써 베트남은 실질적으로 일본의 지배하에 들어가게 된다. 이는 베트남의 대프랑스 저항운동에 중요한 전환점이 되었다. 거의 절대적으로 보였던 식민세력이 일본의 무력 앞에 무너진 사건은 베트남 국민들에게 "자신들의 독립이 막연한 꿈이 아니라 반드시 이룰 수 있다"라는 인식의 싹을 심어주었으며, 이때부터 베트남 민족주의 운동이 활기를 띠기 시작했다.

1941년 5월에는 베트남 공산당이 중국에 망명해 있던 민족주의자들과 연합전선을 형성하여 반일 투쟁 조직이자 베트남 민족주의 운동의 핵심 세력이라 할 수 있는 베트남독립동맹(越盟)을 결성했다. 이 단체는 프랑스와 일본을 상대로 독립을 추구한다는 것을 명분으로, 민족주의자를 포함한 많은 세력이 결집한 독립운동 단체로 시작되었다. 그러나 조직 형성 과정에서 공산주의자들이 주요 역할을 담당함으로써 이 조직의 핵심은 공산당이라 할 수 있었고 조직을 통제하는 것도 공산당이었다. 일본의 무조건항복이 있은 직후인 1945년 9월 2일, 호찌민은 '베트남독립선언문'을 발표하고 베트남민주공화국(the Democratic Republic of Vietnam) 수립을 선포했다. 제2차 세계대전 종전 직후 프랑스는 베트남에 대한 자신들의 지배력을 회복하기 위해 노력했고 결국 프랑스는 베트남 전역을 재점령하게 되었다. 그러나 이런 프랑스의 시도는 베트남민주공화국 수립 이후 베트남을 장악한 호찌민 세력의 강한 반발에 부딪히는데 이것이 베트남전쟁의 시발점이 된다.

이렇듯 베트남전쟁은 반식민주의를 중심으로 민족주의와 공산주의가 결합하여 외세를 몰아내고자 하는 동인이 가장 크게 작용했다. 그러나 앞서 이야기했듯이 베트남독립동맹은 공산당이 조직의 핵심을 장악하여 공산주의적 성격이 매우 강했다. 물론 오늘날 베트남 지도층 인사들은 호찌민에 대해 "그는 오로지 조국의 독립과 자유를 위해 일생을 바친 분이었다. 그가 공산주의 운동에 몸담고 있었지만, 그것은 조국의 독립과 자유를 위해 공산주의를 이용한 것이다. 따라서 그는 공산주의자이기보다는 민족주의자였다"라고 주장하기도 한다(국방부 군사편찬연구소, 2004: 18). 그러나 호찌민은 프랑스식 교육을 받고 성장하여 1911년 프랑스로 건너가 요리사 등으로 일하면서 프랑스 좌익계 인사들과 교제하며 사회주의사상에 심취했고, 1917년 12월 파리에 정착한 후에는 프랑스사회당에 입당하여 본격적인 사회주의자로 활동했다. 1923년에는 모스크바에서 열린 코민테른 제5차 회의에 참석했고 1924년 12월 베트남으로 돌아와 민족주의자들과 접촉하면서 본격적인 공산주의 운동을 시작했다. 그는 베트남 내의 공산주의자들이 지역별로 분열되자 코민테른의 지령에 따라 1930년 2월에 이를 월남 공산당으로 통합하기도 하는 등 공산주의자로서의 활동에 전념했다(국방군사연구소, 1996: 20). 따라서 호찌민은 민족주의적 성격을 지닌 공산주의자로 평가하는 것이 더욱 타당하다고 할 수 있다.

반면 이 같은 민족주의 의식이 강하게 확산되고 있을 때 프랑스와 미국은 그들을 대신할 베트남 정부를 세우기 위해 노력했다. 프랑스는 응우옌왕조의 마지막 황제였던 바오다이(保大, Bao Dai)를 내세워 1949년 베트남 통일 정부를 수립했고, 미국은 친미 보수주의자였던 응오딘지엠(Ngo Dinh Diem)을 내세워 1955년 10월 베트남공화국을 수립했다. 그러나 이런 외세와의 결합은 민족주의적 성향을 내세운 호찌민 세력과는 비교가 안 될 정도로 국민적 지지를 받지 못했고, 특히 국민의 70% 이상을 차지하는 농민들의 지지를 받지 못했다. 게다가 지엠 정부의 독재와 관료들의 부패까지 겹쳐 베트남 국민들은 더욱더 민족주의를 지향하게 되었다.[4] 당시 남베트남 농촌을 시찰한 미국의 농업전문가 울프 라데진스키(Wolf Ladejinsky)에 의하면 농촌에는 토지개혁은 물론 조세 기능을 담당할 행정력도 없었으며 농민들은 지엠 정권의 토지개혁에 관심이 없었고 호찌민 세력이 1956년 총선에서 승리할 것으로 믿고 있었다고 한다(Walinsky, 1977: 227~230). 결국 이런 정치, 경제적 혼란 속에서 반정부 세력에 대한 탄압을 지속했던 남베트남에는 다양한 반정부주의자들이 중심이 된 연합 세력이 형성되었고 이들에 의한 새로운 혁명운동이 전개되었다.[5]

한편, 자유 진영을 대표하는 미국의 경우에는 1949년 중국 본토가 공산화되면서 공산주의의 국제적인 확산에 대한 우려가 커졌다. 이에 미국 정부는 1949년 12월 30일 NSC-48/2를 채택하여 공산주의 확장 저지, 인도차이나반도에 대한 개입, 중국공산당 정부의 불승인, 동남아시아에서의 반공 연합 체제 형성 등의 내용을 담은 새로운 아시아 정책을 발표했고(서상문, 2007: 55), 인도차이나반도가 공산화되는 것을 막기 위해 제1차 베트남전쟁을 수행하고

---

4) 지엠 정권은 국방과 공공 치안에 위협을 준다고 생각되는 모든 사람들을 수용소에 무기한으로 수감할 것을 명령했는데, 그 주 대상은 남베트남에 남아 있는 혁명 세력, 통일 선거를 요구하는 집단, 가톨릭 세력에 대항하는 종교 집단 등이었다.

5) 남베트남 정부는 자신의 정권에 위협을 주는 세력들을 탄압했는데 그들의 대부분은 항불전쟁에 참여한 후 남쪽에 남아 있던 세력과 제네바협정에 근거하여 통일 선거를 요구하는 집단, 그리고 가톨릭 세력에 대항하는 종교 세력들이었다.

있던 프랑스를 지원했다. 그러나 프랑스는 전쟁에서 패배하여 철수했고 그 후 미국은 베트남에 직접 개입하게 되었다. 결국, 미국의 프랑스 지원을 통한 전쟁 개입은 도미노 이론에 근거한 심리적 위협, 즉 공산주의 확산이 가장 중요한 요인으로 작용했다고 볼 수 있으며 결과적으로 미국의 봉쇄정책이 인도차이나로 확대된 것이었다.

3. 북베트남의 전쟁 전략 분석

베트남전쟁 당시의 미군 사령관인 윌리엄 웨스트모어랜드(William C. Westmoreland)는 "베트남의 공산주의자들은 전통적인 혁명전쟁을 수행했다"라고 회고했다(서머스, 1985: 100). 즉, 북베트남과 민족해방전선(NLF)은 단계적인 전쟁수행을 통해 적을 전쟁 피로에 빠지게 하고 이로 인해 스스로 수렁에서 탈출을 시도하게 하는 방식으로 전쟁을 수행했다. 북베트남의 민족해방 전략은 우선 대중조직을 규합하고 그 기반 위에 정치·군사의 통합 전략을 구사하여 남베트남정권을 전복시킨 후 연립정부를 구성하여 협상에 의해 통일한다는 것을 주요 내용으로 하고 있다. 이는, 적은 군사적 우위에 있으나 정치적 정당성이 결핍된 전쟁을 치르고 있으므로 자신들의 정치적 정당성의 강점을 강화하기 위해 장기 항전을 실시해 외세와 그를 추종하는 세력을 타도하고 민족·민주 연합정권을 수립한 후 궁극적으로 민족통일을 이룩한다는 것이다. 이 같은 전쟁수행 방식은 호찌민의 혁명 전략과 보응우옌잡(武元甲)의 인민전쟁 5단계 전략으로 표출되었으며 이런 전략의 근저에는 지속적인 정치심리전이 병행되고 있었다.

1) 정치사회적 수준의 전략

북베트남군의 정치사회적 수준의 전략적 핵심은 정치심리전이라고 할 수 있다.[6] 물론 전쟁에서 정치심리전만으로 승리하기는 어려울 수 있다. 그러나 정치심리전을 통해 적에게 공포심, 불안 등을 야기하고 아군에게는 전쟁수행 및 필승의 의지를 강화시켜 전장의 분위기를 자신들에게 유리하게 만들 수는 있다. 이런 점을 잘 이용한 것이 바로 북베트남이었다. 북베트남은 주민들의 적극적인 협력 없이는 게릴라전 감행과 자신들이 원하는 시간과 장소에서의 전투, 이른바 '전선 없는 전장'을 만들 수 없다는 것을 잘 알고 있었다. 따라서 북베트남은 주민들의 지지를 중요시하고 이를 위해 온갖 수단과 방법을 동원하여 맹렬한 사상적 선전 공세를 실시했다.

베트남전쟁 기간 북베트남군의 전략 및 전술을 기획한 보응우옌잡이 제시한 인민전쟁 5단계 전략 중 최초 두 단계인 예비 1, 2단계도 정치심리전이었다. 예비 1단계는 정치심리전 제1기로 선전 및 정치전을 통해 인민 내부에 대중의 지지를 확보하고 인민을 계열화된 투쟁 속으로 끌어들여 세포조직을 형성하는 단계였고, 예비 2단계는 정치심리전 제2기로 기본적 조직 과업이 진행되는 것과 더불어 대중조직을 수평, 수직으로 형성 및 확대시키고 자체 방위를 위해 무장선전대를 창설한다는 것이었다.

보응우옌잡은 전쟁 승리의 요체는 전쟁 의지의 관리에 있다고 주장했다. 따라서 그는 상대방의 전의를 꺾는 데 우선 집중했으며 결국 이런 전의 상실은 북베트남에게 전쟁의 승리를 가져다주었다. 실례로 베트남전에 참전했고 베트남 인민무력부의 영웅 칭호를 가지고 있는 보티엔충(Vo Tien Trung) 전 베트남 국방대학교 총장은 베트남전에서 북베트남이 승리한 결정적 요인 네 가지를 지적했는데 그중 세 가지가 심리적 요소와 관계된 것이었다.[7]

---

6) 여기서 말하는 정치심리전은 공산주의의 정치선전 전술을 의미한다.

북베트남 정치심리전의 주제는 크게 여섯 가지로 분류할 수 있다. 첫째, 과거 식민지 시대의 반민족적 관료체제와 봉건적 사회체제에 대한 비난과 저항 선동, 둘째, 식민지시대 기득권층의 권력·금력·부정부패에 대한 저항 선동, 셋째, 구제주의 식민지 세력인 프랑스와 이를 대신하고 있는 신제국주의 세력인 미국에 대한 저항 선동, 넷째, 혁명전쟁에 반대하거나 방해하는 자들에 대한 처단, 다섯째, 남베트남 내의 계층·종교·빈부 간의 갈등에 편승하여 체제 전복 선동, 여섯째, 외국군에 대한 반감을 유발하여 민족감정을 자극하고 연합군 및 남베트남 정부와 베트남 국민 간의 이간 획책 등이다(문영일, 2002: 103~104).

북베트남은 실제 전장에서 이 주제를 바탕으로 정치심리전을 구현했는데 우선, 조직과 활동 거점을 확보하고 사회적·정치적 불안을 조성하고 조직 확대를 위한 주민 무장을 강행했다. 이를 바탕으로 미국을 포함한 연합군의 철수를 선동했으며 모략 및 허위 조작을 바탕으로 전쟁 공포증을 유발하고 사회적 혼란을 획책하기도 했다. 이렇게 수행된 북베트남의 정치심리전은 결국 베트남전쟁을 북베트남의 승리로 이끄는 데 결정적 역할을 했다.

2) 군사적 수준의 전략: 호찌민의 혁명전략과 보응우옌잡의 인민전쟁 전략

북베트남의 군사적 수준의 전쟁수행 전략은 호찌민의 혁명전략과 보응우옌잡의 인민전쟁 5단계 전략을 바탕으로 했다. 우선, 호찌민의 혁명전략은 크게 3단계로 구분할 수 있다. 제1단계는 정치, 군사행동의 근거지를 설치하여 핵심 요원을 전장에 배치하는 것이고, 제2단계는 정치적 조직의 편성과 게릴라전의 수행이며, 제3단계는 게릴라전을 정규전으로 전환하는 것이다. 이 같

---

7) 보티엔충 장군은 필자가 동석한 2012년 5월 16일 한·베트남 국방대 총장 회담에서 북베트남의 전쟁 승리 요인은 ① 나라를 지키려는 정신, ② 베트남 전 국민의 단결, ③ 국가를 위한 개인의 희생정신, ④ 주변국의 지원 등을 제시했다.

은 호찌민 혁명 전략의 핵심은 크게 세 가지로 요약할 수 있다. 첫째, 타국의 경험을 수용함과 동시에 베트남 혁명의 고유한 요구에 기민하게 대처했고, 둘째, 남베트남 내부의 반혁명세력들이 엄청난 군사력 지원을 받고 있으므로 현지에서 적을 약화시키기 위해 농민을 중심으로 하는 정치적·군사적 투쟁을 동시에 이행하면서 외세 제거 투쟁을 했고, 셋째, 정치적 요소에 의존함으로써 남베트남과 외세의 고질적인 정치적 정당성 결여 부위에 타격을 가했다는 것이다(Duiker, 1980: 78~79).

혁명전략의 바탕하에서 수행된 전쟁전략 또한 3단계로 나뉘어 있는데, 제1단계는 방어에 치중하며 산악 요새에서 전력을 강화하는 것으로 어느 정도 전력이 갖춰질 때까지 은거하며 게릴라 전술을 시행하는 단계이다. 제2단계는 은거지에서 나와 적의 노출된 시설을 기습하기 시작하는 것으로 적극적인 공세를 실시하고 적에게 지속적인 피해를 입혀 전의를 상실케 하는 단계이다. 제3단계는 전면 공세로 전환하여 적군을 바다로 내모는 최종 공세를 단행하는 것이다(듀이커, 2001: 399).

한편, 보응우옌잡은 베트남전쟁의 전략·전술을 기획한 인물로 마오쩌둥의 3단계론에 예비 2단계를 추가한 인민전쟁 5단계 전략을 제시했다.[8] '잡 전략'의 세 가지 원칙은 첫째, '작은 것(小)으로 큰 것(大)을 이긴다', 둘째, '적음(少)으로 많음(多)과 맞선다', 셋째, '질(質)로 양(量)을 이긴다'였다. 인민전쟁 5단계 전략의 단계별 세부 전략으로는, 우선 예비 1, 2단계는 앞에서도 설명했듯이 정치심리전 단계로서 선전 및 정치전을 통해 인민 내부에 대중 지지를 확보하고 인민을 계열화된 투쟁 속으로 끌어들여 세포조직을 형성하는 것부터 자체 방위를 위한 무장선전대를 창설하는 단계까지이다. 그다음 제1단계는 방어 단계로, 혁명 세력은 적의 공세 앞에서 방어 태세를 취하고 방어

---

8) 보응우옌잡은 1912년 출생해 하노이 대학에서 법학박사 과정을 이수하고 1937년 공산당에 입당했으며 1941년 연안으로 가서 마오쩌둥 전략을 연구하기도 했다.

를 통해 자체의 생존을 유지하면서 큰 전투는 회피하고 병력을 원상태로 보존하며 '바람처럼 치고 빠지는' 기습 위주의 유격전을 전개하는 것이다. 즉, 게릴라전이 주가 된 작전을 시행하는 단계이다. 잡은 게릴라전 4대 원칙으로 적극성·신속성·계속성·준비성 등을 제시했고, 게릴라전의 승리 요소로 첫째, 주민들의 지원, 둘째, 뚜렷한 정치적 목표, 셋째, 게릴라 부대를 지원하는 지하 혁명조직, 넷째, 융통성 있는 부대 운용을 제시했다(보구엔지압, 1988: 51~62).

다음 제2단계는 적과 아군의 힘의 관계가 어느 정도 균형 상태에 이르게 되면 아군이 점차 공세로 전환하여 수시로 기동전을 전개하는 것이다. 이 단계에서는 적의 대주민 통치력을 파괴하는 무장투쟁과 정치투쟁이 결합된다. 다음 제3단계는 아군이 총반격에 나서 적의 군사력을 분쇄하는 군사적 대결 단계로 아군의 정규군이 기동전 위주로 적의 정규군을 공개적으로 격퇴하는 공격작전을 전개하는 것이다(Pike, 1966: 30~36). 이런 전략 수행 동안 반드시 지켜야 하는 세 가지 전술적 지침이 있었는데 이는 "적이 원하는 시간을 피하고, 적에게 낯익은 장소는 멀리하고, 적이 익숙한 방법으로는 싸우지 않는다"라는 것이었다.

보응우엔잡의 5단계 전쟁 전략 중 예비 1, 2단계와 기존 1단계는 호찌민의 제1단계 전략을 세분화한 것으로 결국 호찌민의 전략과 일맥상통한다고 할 수 있다. 결국 호찌민과 보응우엔잡의 전략은, 전쟁에서 유리한 조건을 조성하기 위한 제1단계 작전 기간에는 유·무형 전력을 강화하는 단계로서 필요시 게릴라 전술을 시행하는 단계라고 할 수 있고, 제2단계는 군사력이 어느 정도 적과의 균형에 도달했다고 판단되었을 때 공세로 전환하기 위해 기습 공격을 실시함으로써 적에게 지속적인 피해를 강요하는 단계라고 할 수 있으며, 제3단계는 총공격 단계로서 모든 역량을 총동원하여 적을 공격함으로써 적의 공격 의지를 분쇄하여 전쟁에서 승리하는 단계라 할 수 있다. 여기서 중요한 것은 이런 전략이 각각의 단계별로 명확한 구분과 시간적 차이를 가지고 있는 것이 아니라 3단계 전략을 추진하다가도 상황이 변화하면 다시 1단계 또는 2단계 전략으로 전환이 가능하며 1, 2, 3단계를 동시에 수행할 수도 있다는 점이다. 이를 통해 북베트남군은 자신에게 유리한 지역과 시간에 전장을 형성함으로써 전투를 자신에게 유리한 방향으로 유도할 수 있었다(Kenny, 1984: 34).

4. 베트남전쟁의 주요 경과

1) 제1차 베트남전쟁(1946~1954): 항불전쟁[9]

제2차 세계대전 종전 직후 프랑스는 베트남에 대한 자신들의 지배력을 회복하기 위해 노력했다. 1945년 7월 개최된 포츠담회담에서 미국, 영국, 소련의 정상들은 베트남 문제에 대해 북위 16도선을 경계로 북부는 중국군이, 남부는 영국군이 진주하는 것으로 결정했다. 이에 따라 북부 지역에는 윈난성의 군벌 루한(盧漢)이 지휘하는 18만 명의 중국군이 9월 9일 하노이에 도착했으며, 남부에는 9월 12일 더글러스 그레이시(Douglas D. Gracey) 소장이 지휘하는 7500명의 영국군이 진주했다(최용호, 2004: 47). 그러나 프랑스는 이에 굴하지 않고 남부에 진주하는 영국군 대대에 프랑스군 1개 중대를 포함시켰다. 당시 남부 지역에 진주한 영국군 사령관 그레이시 장군은 영국 정부의 뜻에 따라 "프랑스의 인도차이나 점령은 당연한 것이며, 영국군의 주둔은 프랑스가 베트남을 통제할 수 있을 때까지만 계속된다"라며 노골적으로 프랑스를 지지했다. 게다가 프랑스는 중국과 1946년 1월부터 시작된 협상에서 쿤밍(昆明)의 철도 운영권을 포함한 중국에서의 자신들의 이권을 포기하는 조건을 제

---

9)   베트남인들은 제1차 베트남전쟁을 항불인민해방전쟁(抗佛人民解放戰爭)이라 부른다.

시했고 중국군이 이를 받아들여 1946년 2월 23일 베트남 철수를 단행했다. 이후 프랑스는 베트남 전역을 재점령하게 되었다. 그러나 이런 프랑스의 시도는 베트남민주공화국 수립으로 베트남을 장악한 호찌민 세력의 강한 반발에 부딪혔다. 결국 1946년 12월 19일 호찌민군의 기습 공격으로 제1차 베트남전 쟁이 시작되었다.

(1) 정치·사회적 여건 조성 단계

제1차 베트남전쟁은 전형적인 호찌민의 혁명전쟁 전략을 바탕으로 하고 있었다. 호찌민은 전쟁 이전부터 혁명을 위한 환경 조성을 위해 1941년 5월 민족주의 운동의 핵심 세력이라 할 수 있는 베트남독립동맹을 결성하여 프랑스의 지배를 벗어나기 위한 준비를 시작했는데, 이 단체는 프랑스와 일본을 상대로 독립을 추구한다는 명분으로 민족주의자를 포함한 많은 세력을 결집했다. 이후 호찌민은 1944년 12월 '해방군선전대'를 창설하여 베트남 촌락의 내부에 침투해 조직과 선전 활동을 시작했다.

호찌민 세력은 자신들의 역량이 건설되기 전에 프랑스의 공격을 받는 것을 피하기 위해 북베트남 지역에서 반불 행동을 자제했다. 또한 모든 세력과의 연합전선 전술을 구사하기 위해 1945년 11월에 공산당을 해체하고 1946년 1월 선거 후 새로운 내각을 구성했는데 베트민 4석, 국민당 4석, 동맹회의 4석, 내무와 국방은 중립파로 임명했다(국방군사연구소, 1996: 26).그러나 이들은 공산당 비밀 당원 또는 동조자들이었으며, 군사력은 심복인 보응우엔잡이 실질적으로 장악하고 있었다.

이런 상황 속에서 계속된 군사력 건설의 노력으로 1946년 말까지 호찌민군은 정규군 6만여 명과 준군사부대 10만여 명으로 증강되었다. 그러나 장비가 열악하고 훈련 수준은 매우 미흡한 상태였다. 이에 따라 호찌민군 중 정규군은 산악지대에서 훈련에 계속 전념하고 준군사부대는 사회 혼란을 조성하는 역할을 담당했다(최용호, 2004: 50). 사회 혼란을 야기하는 주된 전략은 정치심리전을 사용했는데, 이는 과거 식민지 시대의 반민족적 사회체제에 대한 국민적 반감을 조성함으로써 프랑스군에 대한 저항 의식을 유발시키고 민족 감정을 자극하는 것을 목표로 하고 있었으며 이러한 정치심리전을 통해 유리한 전쟁 여건을 조성하고자 했다.

한편, 전쟁이 발발한 후에도 호찌민군은 소총조차 부족한 군사력을 보유하고 있었다. 반면 프랑스군은 항공기, 전차, 야포 등 최신 장비로 무장되어 있었다. 따라서 전쟁이 시작되자 프랑스군이 계속 승리했고 이에 따라 프랑스군의 공격에 패퇴한 호찌민군은 하노이를 포기하고 중국 국경 부근의 산악지대에 진을 치고 게릴라전 위주의 장기적인 저항에 돌입했다. 이곳에서 호찌민군은 각종 공장을 세우고 생필품은 물론 수류탄과 각종 지뢰, 박격포 등의 무기를 생산했고 병력도 계속 증원하여 장기전에 대비했다.

(2) 군사작전 수행 단계

프랑스군은 1947년 10월 정예 기계화부대 3만여 명을 투입해 산악지대에 은거하고 있는 호찌민 정부의 거점을 공격했다. 프랑스군은 작전 초기 호찌민군의 군수 시설을 파괴하고 수천 명을 사살하는 전과를 올렸다. 그러나 시간이 지나면서 프랑스군은 호찌민군의 '치고 빠지는 방식(hit & run)'의 작전에 말려들어 막대한 피해를 입었다. 당시 호찌민군은 야간에 프랑스군을 공격하고 정글 속으로 자취를 감추거나 프랑스군의 공격을 받으면 지뢰 등 장애물을 매설하고 다른 지역으로 이동하는 등의 게릴라 전술을 사용하여 프랑스군을 괴롭혔다. 이런 상황이 지속되자 프랑스군은 "전쟁에서 승리가 쉽지 않다"라는 좌절감을 얻은 반면 호찌민군은 "전쟁에서 승리할 수 있다"라는 자신감을 얻게 되었다(최용호, 2004: 53). 결국, 호찌민군의 장기적인 저항에 막힌 프랑스는 군사적 승리보다는 정치적 해결을 위해 베트남 내 다른 세력을 이용하기로 결심한 후 응우옌왕조[10]의 마지막 황제였던 바오다이를 내세워 1949년 3월 베트남 통일 정부를 수립했다.

프랑스의 이런 수세적 자세와 그동안의 노력으로 이룩한 군사력을 바탕으로 호찌민군은 제2단계 전략에 돌입했다. 즉, 호찌민군은 산악 은거지에서 나와 프랑스군의 시설을 공격하기 시작했다. 호찌민군은 민병대와 지방군으로 치안을 교란하여 프랑스군의 분산 운용을 강요하면서 정규군은 집중 운용하여 프랑스군을 공격했다. 1950년 2월에는 라오카이(Lao Kay) 진지, 1950년 9월 16일에는 800여 명의 프랑스군이 주둔하고 있는 동케(Dong Khe) 지역을 공격하여 점령했고, 뒤이어 주변의 까오방(Cao Bang) 및 랑선(Lang Son) 등의 산악지역에서까지 프랑스군을 몰아내는 데 성공했다.

그러나 뒤이은 호찌민군의 공격은 실패로 돌아가는데 그 대표적인 사례가 1951년 1월의 빈옌(Vinh Yen) 공격과 3월의 마오케(Mao Khe) 공격, 5월의 닌빈(Ninh Binh) 공격 등이다. 빈옌 공격에서는 단 4일 동안에 6000여 명의 사상자와 500여 명의 포로가 발생했고 마오케 공격에서는 3000여 명의 사상자가 발생했으며, 닌빈에서는 3개 사단 병력으로 1주일 동안이나 공격했으나 3분의 1 이상의 병력 손실을 입고 철수했다(국방군사연구소, 1996: 31). 이는 산악지역에서는 게릴라 전술이 효과적이나 평야지대에서는 프랑스의 화력에 절대 열세임을 호찌민군 지도부에게 알려주는 계기가 되었다.

이후 호찌민군은 다시 산악지대로 은거하여 전력 증강에 박차를 가했는데, 군 조직을 정규군(Regular Forces, RF), 지방군(Local Forces, LF), 민병대(Popular Forces, PF)로 개편하여 성(省) 단위 1개 대대, 군(郡) 단위 1개 중대씩의 지방군을 편성했으며, 면(面) 단위에는 소대 및 분대 규모의 민병대를 편성했다(국방군사연구소, 1996: 58). 이런 호찌민군의 노력은 호찌민의 혁명전쟁 전략이 각 단계가 순차적으로 연결되는 것이 아니라 필요에 따라 조합되고 있음을 보여준다. 즉, 제1단계 은거 기간 동안 비축된 전투력을 바탕으로 제2단계 기습 작전을 실시하여 어느 정도 상대에게 피해를 주었으나 자신의 피해가 크

---

10) 응우옌왕조는 호찌민에게 권력을 물려준 베트남의 마지막 왕조이다.

게 발생하여 제3단계로의 전환이 불가한 경우 다시 산악지대로 은거하여 전투력 증강에 노력하는 전략적 유연성을 발휘했던 것이다.

이런 과정 후에 호찌민군은 제3단계 전략으로 총공세를 감행했다. 그것이 바로 1954년 5월 7일에 시작되었던 디엔비엔푸(Dien Bien Phu) 전투였다.[11] 프랑스군은 계속되는 호찌민군의 게릴라 전술에 고전하고 있었고 이에 따라 서북 변경 산간지대인 디엔비엔푸 지역에 대규모 요새를 구축하고 1만 1000명의 병력을 주둔시켜 호찌민군의 대규모 침공에 대비하고 있었다. 디엔비엔푸 지역은 항공기 지원만이 가능할 정도로 도로 환경이 열악하여 대규모 부대 이동은 물론이고, 보급부대의 이동도 매우 어려운 지역이었다. 따라서 프랑스군은 호찌민군의 공격 수준이 1개 사단 정도일 것으로 판단하고 있었다. 그러나 호찌민군은 3개 보병사단, 1개 포병사단으로 이뤄진 대규모 부대를 이동시켜 전개했고 우마차, 자전거, 보트 등 동원할 수 있는 모든 장비를 이용해 사람이 직접 대규모 보급 지원에 나섰다.[12] 결국 호찌민군의 이런 대규모 부대에 의한 공격 앞에 프랑스군은 일주일간의 공방전을 벌인 후 4개 방어진지를 제외한 모든 지역을 점령당했다. 물론 호찌민군도 막심한 피해를 입었으나 프랑스에게 전사 2293명, 부상 5134명, 포로 1만 1000명이라는 막대한 피해를 입혔고, 한 달 동안 병력을 재정비한 호찌민군은 5월 마지막 공세를 실시하여 프랑스군을 패퇴시켰다.

1954년 5월 7일 디엔비엔푸 전투에서 패배한 프랑스는 더 이상의 전쟁 의지를 잃고 1954년 7월 20일 제네바에서 평화협정을 맺기에 이른다. 제네바협

---

11) 디엔비엔푸는 하노이에서 서쪽으로 약 300km 떨어져 있고 베트남·라오스 국경으로부터 16km 정도 떨어져 있는 산악으로 둘러싸인 분지이다.

12) 사람이 짊어질 수 있는 쌀의 무게는 15~25kg이었고, 이를 수십만 명의 노무자들이 야음을 틈타 날랐는데, 이들이 1000km를 이동하면서 자가 소비한 쌀을 감안하면 실제로 전장에 도착하는 쌀은 1인당 2kg 정도에 불과했던 것으로 알려졌다. 그러나 호찌민군은 이런 불가능에 가까운 보급 방식을 이용해 디엔비엔푸 전투에서 승리했다.

정은 크게 다섯 가지 정도의 내용을 포함하고 있는 데 첫째, '북위 17도선을 경계로 300일 이내 호찌민 정부군은 이북으로, 그리고 프랑스군은 이남으로 이동한다', 둘째, '민간인도 자유의사에 따라 17도선 이남과 이북으로 거주 이전을 할 수 있다', 셋째, '군사경계선은 잠정적일 뿐이며 정치적 통일 문제는 1956년 7월 이전에 총선거를 실시하여 결정한다', 넷째, '이후 일체의 외국 군대는 증원될 수 없으며 프랑스군은 총선거 때까지 주둔할 수 있다', 다섯째, '캐나다·폴란드·인도 3개국으로 구성되는 국제감시위원회를 두어 협정의 이행을 감시한다' 등이었다(유인선, 2002: 387).

2) 제2·3차 베트남전쟁(1954~1975): 항미전쟁과 남북전쟁

1954년 제네바협정 이후 프랑스는 베트남에서 철수하게 되었고 반면 미국은 공산주의 팽창 저지의 일환으로 베트남에 적극 개입하게 되었다. 이에 미국은 남베트남 내에 호찌민 세력에 대항할 새로운 민주정부 수립을 지원하는데, 이렇게 해서 1955년 10월 26일 탄생한 것이 응오딘지엠을 대통령으로 하는 베트남공화국(the Republic of Vietnam)이었다. 이에 따라 베트남은 북위 17도선을 경계로 남북분단체제가 형성되었다.

지엠 정부는 미국의 강력한 지원을 등에 업고 초기 남베트남 내의 통제력을 확보했다. 그러나 시간이 지나면서 지엠 정부는 족벌 독재정치를 실시했고 관리들의 부정부패도 심각한 상태에 이르렀다.[13] 이런 상황 속에서 1964년 8월 4일 통킹만 공해상에 정박한 미군 함정이 북베트남 어뢰정의 공격을 받는 '통킹만 사건'이 발생했고 이를 계기로 미국은 8월 5일 항공모함을 급파해 북베트남 내의 항구 시설을 폭격했다. 당시 미국은 공군 폭격만으로 충분히 북베트

---

13) 일례로 지엠의 동생 응오딘뉴(Ngo Dinh Nhu)는 비밀경찰을 장악하고 있었고, 또 다른 동생은 후에(Hue)를 중심으로 한 중부 지역에서 독자적인 권력을 형성하고 있었으며, 그의 형은 가톨릭 대주교로 막후에서 영향력을 행사하고 있었다.

<표 2-2> 미국의 군사개입 과정

연도	주요 내용
1950	군사고문단 700명 베트남 파견
1961	미군 지원부대 파견
1962	미 군사 지원 사령부 창설
1964	통킹만 사건에 대한 보복 조치로 북베트남 해군기지 공격
1965	미 지상 전투부대 파견으로 전면적 군사개입

남의 항복을 받을 수 있을 것으로 예상했으나 베트콩과 북베트남군이 미군기지를 기습적으로 공격하는 '치고 빠지기' 전략을 구사함으로써 미군의 피해가 크게 늘어났고 이에 결국 1965년 3월 미국의 지상군 파병이 시작되었다.

(1) 정치·사회적 여건 조성 단계

제2차 베트남전쟁도 제1차 전쟁과 같이 호찌민의 혁명전쟁 전략의 과정으로 진행되었다. 사실 전쟁이 개시되기 전, 북베트남 정부는 제네바협정에 따라 북으로 이동했던 수천 명의 남부 출신 공산당원들을 비밀리에 남파하면서 다량의 군수물자와 장비들을 남부로 보냈다. 이에 따라 1959년부터 1960년까지 공산당이 주도하는 농민봉기가 남부의 여러 곳에서 발생하기도 했다. 특히, 남베트남 지엠 정부의 족벌정치와 부패는 대다수의 농민들에게 소외감을 심어주었고 북베트남에 의한 정치심리전까지 더해져 대다수의 남베트남인들은 자연스럽게 혁명 세력에 동조하게 되었다. 즉, 독재와 부패는 남베트남 내 공산주의자들의 반대 세력화를 야기했으며 그들은 지역별로 자위대를 만들어 베트콩(Viet Cong, VC)으로 발전했다.[14]

---

14) VC의 군사 조직은 준군사부대, 지방군, 주력군으로 편성되었는데, 준군사부대는 생활 근거지에서 분대, 소대규모로 편성하여 낮에는 생업에 종사하고 밤에는 암살, 테러 등을 자행하는 요원들이고, 지방군은 군(郡)에는 중대, 성(省)에는 대대 규모를 편성하여 행정구

북베트남은 베트콩을 지원하여 사회적 혼란을 가속화했는데 무력투쟁과 정치선전을 통해 사회 전반에 걸쳐 반정부와 반미 사상을 전파했다. 즉, 베트콩은 교묘한 정치선전 전술을 통해 남베트남의 내부 분열을 조장했다. 베트남 국민들은 이런 의도를 정확히 인식하지 못하고 단지 '민주', '민족', '인권'이라는 단어에 현혹되어 내부적 분열과 혼란에 빠져들었다. 학생들은 학생 징집 반대와 대통령 하야를 주장하는 시위를 끊임없이 진행했고, 언론계는 언론탄압 중지, 종교계는 남베트남 정부와 베트콩의 협상, 지식인 단체는 미국 등 서양 제국주의 세력과의 단절 등을 요구하며 반정부 시위에 참여했다. 결국 남베트남 정부에 반감을 느끼는 국민들의 심리를 활용한 북베트남의 정치선전 전술은 북베트남이 국민들의 지원을 얻는 데 큰 역할을 했을 뿐만 아니라 남베트남 내 공산주의 세력 확장의 원동력이 되었다.

북베트남은 미국의 군사개입을 고려해 직접적인 무력 사용을 자제하는 대신 남베트남 정부를 전복시키기 위한 방법으로 남베트남 내 해방 역량을 보다 조직화할 수 있는 정치조직이 필요하다고 판단했다. 이에 따라 1960년 12월 20일 남베트남 내 혁명 정치조직인 민족해방전선(Nation Liberation Front, 이하 NLF)이 수립되었다. 정치조직의 수립으로 저항운동에 탄력을 받은 북베트남은 정치투쟁과 군사투쟁을 동시에 시행하기 위해 1961년 1월 기존 무장 세력을 통합하여 '인민해방군'을 조직했는데 이들이 바로 베트콩이었다(듀이커, 2003: 745~746). 이로써 남베트남에는 미국의 지원을 받는 지엠 정부와 북베트남의 지원을 받는 NLF가 상존하게 되었고 두 행위자 간 마찰의 빈도와 강도가 증가했다. 1961년 말이 되면서 베트콩의 규모는 1959년 초기에 비해 5배 증가한 1만 5000명에 이르게 되었고, 베트콩이 주(主)가 되는 반정부 활동이 활기를 띠기 시작했다. 이런 활동으로 미 지상군이 파병될 당시 남베트남 국

역 내에서 매복, 습격 등 군사활동을 하는 부대이며, 주력군은 대대, 연대, 사단 등으로 편성해 행정구역에 구애받지 않고 비교적 큰 군사활동을 하는 부대이다(국방군사연구소, 1996: 107).

토의 58%를 NLF가 이미 장악하고 있었다(최용호, 2004: 769). 또한 북베트남은 호찌민 통로를[15] 이용하여 다량의 최신 장비를 NLF에 지속적으로 지원했는데 1964년 한 해 동안 1만 2000여 명의 정예 요원을 남파했다.

(2) 군사작전 수행 단계

제1단계를 통해 어느 정도 전투 준비가 이루어지고 나서 북베트남군은 미국에 대한 기습 공격을 시작했다. 통킹만 사건으로 미국의 개입이 본격화된 후 북베트남군은 미군에 대한 기습적 공격을 실시했다. 1964년 10월 31일 베트콩은 비엔호아(Bien Hoa)의 미군 공군기지를 습격했고, 12월 24일 미군 숙소로 사용하던 호텔을 폭파했으며, 1965년 2월 7일에는 중부 쁠래이꾸(Playcu)의 공군기지까지 공격해 막대한 피해를 입혔다(류제현, 1992: 154~162).이런 공격에 대해 위기의식을 느낀 미국은 방어 위주에서 공세로 작전을 전환하여 북베트남군을 공격했고 북베트남은 전략적 어려움에 처했다.

이를 타파하기 위해서 북베트남군과 NLF는 전세를 뒤집을 총공세를 계획한다. 당시 북베트남의 판단은 결정적인 총공격은 남베트남의 봉기로 이어지고, 이를 통해 남베트남 정부를 전복하고 외국군을 철수시킨 후 통일을 이룰 수 있다는 것이었다(류제현, 1992: 247). 이런 전략적 선택으로 실시된 것이 1968년 1월의 뗏(Tet: 음력 1월 1일) 공세였다. 이 공세로 제2차 베트남전쟁은 새로운 국면에 접어든다.[16] 미군의 경우 예년과 다름없이 베트남 최고 명절인 뗏을 맞아 임시 휴전협정을 발표하고 휴식을 즐기고 있었으나 북베트남군은 사전에 치밀히 대공세를 준비하고 있었고 가장 취약한 시기라 할 수 있는

---

15) 북위 17도선 북쪽의 꽝빈(Quang Binh)성에서 시작해 베트남 중부의 험준한 라오스와 캄보디아 국경선의 쯔엉선(Truong Son) 산맥을 따라 라오스와 캄보디아 지역 내에 설치된 북베트남의 보급로를 말한다.

16) 뗏은 음력 1월 1일로 베트남에서 가장 큰 명절이며 일가친척 등이 서로 방문하여 덕담을 나누는 풍습이 있다. 이에 따라 베트남 사람들은 뗏에 모두 휴가를 떠나는 것이 예사이다.

1월 30일 새벽과 31일 새벽을 기해 남베트남 전역에 일제히 총공격을 감행했다.

뗏 공세로 입은 피해 면에서는 북베트남군과 NLF 측이 훨씬 더 컸다. 미군과 남베트남군은 각각 1100여 명과 2300여 명이 전사한 데 반해 NLF와 북베트남군은 4만여 명이 전사했다. 그러나 이런 뗏 공세는 뜻밖의 영향을 일으켰다. 뗏 공세 이후 미국 내 반전 여론이 크게 형성되었던 것이다. 미국 언론들은 막대한 병력과 자금을 투입하고도 전쟁을 승리로 이끌지 못하는 정부의 정책에 의문을 제기하기 시작했고, 미국인들은 미 대사관이 습격당했다는 사실에 경악했으며, 베트남전쟁의 참혹한 실상을 텔레비전을 통해 목격했다. 이로 인해 미국의 베트남 정책에 대한 국민들의 비난이 확산되었고 미국의 전쟁 의지는 급격히 감소되었다. 결국 1968년 3월 31일 미국은 폭격을 중지하는 조건으로 북베트남 측에 평화협상을 제안했는데, 이는 베트남 문제를 군사적 수단이 아닌 협상으로 해결하겠다는 의지를 공개적으로 표명한 것이었다. 이와 같은 미국의 제의를 북베트남이 즉각 수락했고 이에 따라 1968년 5월 13일 제1차 베트남평화회담이 열렸다.

그러나 양국의 협상은 원활히 진행되지 못했다.[17] 이런 상황에서 실시된 미국 대통령 선거에서 리처드 닉슨(Richard Nixon)이 당선되었는데, 그의 베트남 정책은 "미군이 패배했다는 인상을 주지 않으면서 미군을 서서히 철수시키고, 그 공백을 남베트남 정부군으로 대체하는 것"이었다(국방부 군사편찬연구소, 2004: 32). 이에 따라 닉슨은 베트남 내 미군 병력의 단계적 철수를 발표했고 1969년 닉슨독트린을 통해 "자국의 방위는 자국이 스스로 책임져야 한다"라는 주장을 공표했다. 결국 이런 닉슨 대통령의 의지에 따라 1968년 54만 8000명이었던 주 베트남 미군을 1969년 48만 명, 1970년 34만 명, 1971년 15만 6000명, 1972년 말 2만 9000명으로 감소시켰다.

---

17) 당시 미국은 북폭 중지를 조건으로 북베트남의 양보를 요구했고 북베트남은 미국 폭격의 완전한 중지를 전제조건으로 내세웠다.

미국 정부와 북베트남 정부의 입장차로[18] 인해 평화협상은 계속 진전이 없는 가운데 북베트남은 1972년 3월, 15개 사단 중 12개 사단을 투입한 '춘계 공세'를 감행하기에 이르고 닉슨은 이에 맞서 하노이 폭격을 시행했다. 이 공세에서 북베트남은 미국의 강력한 공중 지원으로 인해 막대한 피해를 입었으나, 남베트남군에게 미국의 지원이 없으면 승리할 수 없다는 패배 의식을 안겨주었다(국방군사연구소, 1996: 104).

반면 미국이 시행한 하노이 폭격으로 북베트남 정부는 최초로 남베트남 정부의 존속을 인정하게 되었고, 이후 협상은 급격하게 진전되는 듯 보였다. 그러나 이번에는 남베트남 정부가 저항했는데 미국은 이를 대규모의 무기 제공 등의 유인책으로 무마했다. 이 남베트남에 대한 지원이 또다시 북베트남에게 협상 결렬의 빌미를 제공했고, 결국 미국은 하노이에 대규모 폭격을 재개함으로써 북베트남을 다시 협상 테이블로 불러냈다. 이런 과정을 거쳐 1973년 1월 27일 드디어 평화협정이 조인되었고 이로써 제2차 베트남전쟁이 막을 내렸다.[19] 이후 평화협정에 따라 미군 및 연합군의 철수가 시작되었고 남베트남은 자국의 힘으로 자신의 안보를 보장해야만 했다.

제2차 베트남전쟁이 끝나고 미군이 철수한 후에 남베트남은 북베트남 및 NLF와 비교했을 때 우세한 군사력을 보유하고 있었다. 미군이 철수하면서 인도한 최신 장비와 110만 명의 병력, 특히 세계 4위에 해당하는 공군력을 보유하고 있었다. 그러나 전투 의지 등의 무형적 요소에서는 우위를 유지하지 못했다. 특히, 남베트남은 국가 지도층의 부정부패, 국민들의 반정부 시위 등에 시달리고 있었으며 여기에 북베트남의 집요한 정치선전 전술까지 결합하여 남베트남 정부의 고위 관료에 이르기까지 간첩들이 활동하고 있었다.

---

18) 미국의 주장은 당시 상황을 기초로 대안을 강구하는 것이었지만, 하노이 정부는 남베트남에서 모든 외국군의 철수와 불법단체로 간주됐던 티에우 정부의 해체를 주장했다.

19) 평화협정의 주요 내용은 미국 병력의 전면 철수, 전쟁포로 석방, 남북 베트남의 평화적 재통일 등이었다.

〈표 2-3〉 제2차 베트남전 직후 남북 베트남의 군사력 비교

구 분		병력 수(명)	편제 및 장비
남베트남	계	1,100,000	11개 보병사단, 공수사단, 해병사단
	정규군	573,000	전차 600대, 장갑차 1200대
	지방군, 민병대	527,000	항공기 1270대, 헬기 500대 함정 1500척
북베트남	계	1,100,000	15개 보병사단
	정규군	470,000	전차 및 장갑차 600대
	지방군, 민병대	530,000	항공기 342대

이런 상황 속에서 1974년 10월 북베트남 노동당 중앙위원회는 총공세를 결의하고 12월 13일 사이공 북쪽 135km 지점의 푸옥롱(Phuoc Long)성을 공격하여 점령했고, 1975년 3월 10일 3개 사단으로 전략적 요충지인 부온마투옷(Buon Ma Thuot)을 기습 점령했다. 이런 과정에서 남베트남 2개 군단은 별다른 저항 없이 철수에 급급했고 대부분의 장비를 버린 채 달아났다. 이후 4월 2일부터 북베트남군은 사이공을 향해 남진을 시작했고 남베트남군이 유기한 장비를 동원하여 그 규모를 늘려나갔으며 이에 따라 점차 북베트남 쪽으로 군사력의 우세가 기울었다.

4월 26일 북베트남군 17개 사단이 사이공을 직접 공격하기 시작했는데, 남베트남군 7개 사단이 방어를 시도했으나 이미 전세는 기울어 있었고 결국 4월 30일 무조건항복을 발표했다. 이 과정에서 남베트남의 지도층 인사들은 미 대사관을 통해 탈출을 시도하는 등의 행동을 보였다. 4월 21일 응우옌반티에우(Nguyen Van Thieu) 대통령이 부통령에게 대통령직을 인계한 후 사임했고 일주일 후 부통령도 사임했다. 이후 즈엉반민(Duong Van Minh) 장군이 대통령직을 인수했으나 1975년 1월 북베트남의 총공세에 제대로 대응하지 못함으로써 남베트남은 패망했고, 1976년 7월 2일 북베트남이 주도하는 '베트남사회주의공화국(the Socialist Republic Vietnam)'이 수립되었다.

5. 베트남전쟁 결과 분석

베트남전은 압도적 군사력을 보유한 군사 강국이 항상 정치적·군사적으로 성공하는 것은 아니라는 역사적 실례를 남겼다. 또한 군사적으로 승리해도 정치적으로는 승리할 수 없음을 보여주기도 했다. 즉 세계 초강대국이 게릴라 부대에게 패배한 실증적 사례를 보여주고 있는 것이다. 그렇다면 북베트남의 승리 요인은 무엇이었는지가 매우 중요한 과제로 남는다. 전쟁에서의 승리 요인은 여러 가지가 있을 수 있으나 이 글에서는 정치적·사회적·군사적 측면에서 북베트남의 승리 요인이자 남베트남과 미국의 패배 요인을 분석하고자 한다.[20] 특히, 군사적 측면에서는 "비대칭전쟁의 승패는 군사력의 운용, 즉 군사전략에 달려 있다"라고 주장한 이반 아레귄 토프트(Ivan Arreguin-Toft)의 견해에 집중한다. 그는 강자와 약자가 동일한 전략을 사용할 경우 강자가 승리하나 상이한 전략을 채택할 경우 약자도 승리할 수 있다고 역설했는데(Arreguin-Toft, 2001: 93~95), 이러한 그의 주장은 상대적 약자인 북베트남의 승리를 설명하는 데 의미가 있다.

---

20) 몇몇 연구는 베트남전에서 북베트남의 승리에 대해 다른 견해를 보인다. 이런 연구는 주로 미국 중심적 해석이라고 할 수 있는데 Summers(1984)와 Palmer(1984) 등이 대표적이다. 전쟁의 결과를 미국의 승리로 주장하는 경우도 있는데 당시 미군 총사령관이었던 웨스트모어랜드는 "80년대 들어서 사회적 압력에 의한 경제적 개방정책의 출현과 전쟁 후 공산주의가 더 이상 확산되지 않아 환태평양 국가들이 자유를 누리는 점을 들어, 이는 곧 미국이 패배한 것이 아니라 궁극적으로 승리했음을 보여주는 증거"라고 주장하고 있다(정재욱, 2013: 161 참조). 그러나 이 연구에서는 전쟁의 궁극적 목적이 정치적 목표를 달성하는 것이라는 일반적 이론에 입각하여 정치적 공산화와 통일을 달성한 북베트남이 전쟁에서 승리했다고 판단한다.

1) 정치적·사회적 수준

베트남 국민들은 1000년이 넘는 중국의 지배와 100년에 가까운 프랑스의 지배를 받으면서 외세에 대한 저항 의식과 뿌리 깊은 불신이 있었다. 이런 성향을 지닌 베트남 민족에게 사회주의를 통치 이념으로 채택한 북베트남 정부는 외세로부터의 독립전쟁에서 승리한 결과를 토대로 민족주의 노선을 추구한다는 인식을 국민들에게 주입시킬 수 있었다. 이로 인해 북베트남 정부는 처음부터 체제의 정통성을 확보했으며 이를 바탕으로 각종 개혁을 실시하여 내부 체제 공고화와 국민의 가치통합에 성공함으로써 장기간에 걸친 베트남전쟁을 수행하는 원동력을 얻었다. 북베트남 정부의 이런 정치적 정당성 확보는 남베트남 내에 NLF의 확대를 가져오는 요인으로 작용하기도 했고 이는 남베트남 내에 북베트남 지지 세력의 확산으로 이어졌다.

반면 남베트남의 경우, 항불전쟁 시기에 수립된 바오다이 정부는 식민지 지배를 유지하려는 프랑스에 의해 수립된 괴뢰정부라는 인식이 국민들에게 확산되면서 국민들의 지지를 얻지 못했으며, 1955년에 미국의 지원하에 수립된 베트남공화국의 응오딘지엠 정부 또한 프랑스 식민정부 아래에서 지배계층을 형성했던 지주와 관료들이 주도함으로써 국민들로부터 정권의 정당성을 획득하는 데 실패했다. 게다가 시간이 지남에 따라 족벌에 의한 독재정치를 실시했고 관리들의 부패가 만연함으로써 국민의 신뢰를 상실했다. 마침내 1963년 지엠 정권이 군사쿠데타로 무너진 이후 1967년 응우옌반티에우가 대통령에 취임하기까지 4년 동안 무려 10번에 이르는 쿠데타와 정권교체가 있었고, 이후에도 1975년까지 군부독재가 계속되어 나라 전체가 심각한 혼란 상태에 빠졌고 대중들의 정부에 대한 불신은 높아만 갔다. 결국 이런 남·북 베트남의 정치적 안정성의 차이는 1960년 공산주의 세력이 남베트남 지역에 NLF를 결성하는 촉매로 작용하여 전쟁에서 북베트남이 승리할 수 있는 결정적 요인이 되었다.

그다음으로는 북베트남의 정치선전 전술을 들 수 있다. 북베트남은 남베트남 주민을 대상으로 하는 정치선전을 통해 1964년까지 상당히 세력을 확장하여, 남베트남 농촌의 3분의 2에 달하는 부락이 어떤 형태로든 공산주의 세력에 의해 이미 장악된 상태였다. 즉, NLF는 교묘한 정치선전 전술을 통해 남베트남의 내부 분열을 조장하고 학생, 종교계, 언론계 등의 지속적인 데모를 유도했다. 결국 이런 북베트남의 정치선전 전술의 성공은 남베트남 내 공산주의 세력 확장에 결정적인 기여를 했고 궁극적으로 북베트남 전쟁 승리의 핵심 요인이 되었다.

끝으로 전쟁에 대한 승리의 의지를 들 수 있다. 제1차 베트남전쟁에서 프랑스군은 디엔비엔푸 지역의 기동 제한 요소를 바탕으로 호찌민군의 공격 수준이 1개 사단 정도일 것으로 판단했으나 불굴의 의지를 바탕으로 한 호찌민군은 3개 보병사단, 1개 포병사단으로 이뤄진 대규모 부대를 이동시켜 전투에 임했고 결국 프랑스군은 대패했다.

3차 베트남전쟁에서도 남·북 베트남군의 정신 전력의 차이가 베트남전쟁의 승패를 좌우했다고 할 수 있다. 남베트남군은 북베트남군에 비해 월등히 강력한 군사력을 보유한 상태였으나 1975년 1월 북베트남군의 공세가 시작되자 저항다운 저항도 하지 못한 채 4개월 만에 전쟁에서 패배했다. 당시 남베트남군은 전쟁에서 승리하겠다는 군건한 정신 전력은커녕 무사안일에 빠져 확고한 대적관조차 갖추지 못한 상태였다. 또한 외세에 대한 지나친 의존으로 인해 미군 철수 후 남베트남군 자력으로 전쟁을 수행할 수 있는 체제를 갖추지 못하고 자신의 힘으로 전쟁을 승리로 이끌겠다는 의지가 미약한 상태였다.

2) 군사적 수준

군사적 측면에서 전쟁의 승패 요인은 여러 가지로 분석이 가능하다. 우선 군사전략 면에서 북베트남군과 미군의 전략적 비대칭을 들 수 있다. 강자와

상이한 전략을 채택한다면 약자도 승리할 수 있다는 이반 토프트의 주장처럼 북베트남은 미국과 상이한 군사전략으로 전쟁에서 승리할 수 있었다. 미군은 '수색 및 격멸' 개념, 즉 게릴라들이 은거하고 있을 것으로 판단되는 지역을 탐색해 그들을 찾아낸 후 강력한 군사력으로 격멸한다는 정규전이 바탕이 된 군사력 위주의 작전을 전개했다. 그러나 이런 작전은 민간인의 피해를 초래했고 작전 중에 반드시 필요한 민간인의 협조를 얻지 못하는 요인으로 작용했다.

반면, 북베트남군은 비정규전 위주의 게릴라 전술을 구사함으로써 미군의 정규전 능력을 상쇄했다. 북베트남군이 사용한 게릴라 전술은 베트남의 오랜 저항의 역사에서 체득한 것이었다. 베트남식 게릴라 전술은 생활 습관 내 깊숙이 배어 있다고 할 수 있는데, "논에서 일하는 농부도 기회가 되면 무장 세력이 되었다가 연합군의 수색이 시작되면 다시 농부"가 되었다(국방부 군사편찬연구소, 2004: 67). 이런 북베트남의 전술은 미국을 포함한 연합군의 군사작전에 큰 어려움을 주는 요인으로 작용하여 결국 전쟁의 승패를 좌우하는 요인이 되었다.

둘째, 전장 환경적 측면에서 베트남은 지금까지 미국이 경험해 보지 못한 특징을 지니고 있었다. 베트남은 국토의 70% 이상이 무성한 열대 정글로 뒤덮인 산악지대이고, 20% 정도를 점유하는 남부의 삼각주 평야지대는 저지와 늪지대로 형성되어 있다. 또한 기온은 연평균 34℃를 넘나드는 무더위가 나타난다. 이런 기상 조건은 미국을 포함한 연합국에게 작전의 제한요소로 작용했으나 반대로 북베트남과 NLF 측의 게릴라들은 자연조건을 이용하여 은거·생존할 수 있었기 때문에 보급이나 지원이 없더라도 장기적인 저항이 가능했고 이는 군사적 이점으로 작용했다.

셋째, 북베트남군의 전투력과 전략에 대한 연합군 측의 오판을 들 수 있다. 제2차 베트남전쟁에서 연합군의 '뗏 공세'에 대한 오판이 좋은 예라 할 수 있다. 베트남 최고 명절인 뗏 시기에는 대부분의 베트남 사람들은 일주일 정도 휴가를 즐기고 심지어 전쟁 중에도 임시 휴전협정을 체결하고 명절을 즐겼

다. 연합군은 이런 베트남의 풍습이 1968년에도 그대로 시행될 것이라 판단
했다. 이에 따라 남베트남군 병력의 많은 수가 휴가를 떠났으며 연합군 병력
들의 준비 태세도 느슨한 상태였다. 물론 뗏 공세 당시 전체적인 전투 피해를
보면 미군이나 남베트남 정부군보다 NLF와 하노이군의 피해가 더 컸다. 이는
군사적 측면에서 본다면 북베트남군의 대패라고 볼 수 있으나 공세 이후 미국
의 희생이 언론을 통해 보도됨으로써 미국 국민들의 반정부적 성향이 강화되
고 반전시위가 나타나기 시작했다. 이에 미국의 존슨 정부는 1968년 3월 31일
북폭을 중지하는 조건으로 평화협상을 제안했고 이는 전쟁의 패배를 인정하
는 것이었다.

6. 한반도 안보에 주는 현대 전략적 함의

베트남전쟁은 6·25전쟁과 유사한 이념적 성격을 띠고 있지만, 주요 전쟁
양상은 정규전 위주의 6·25전쟁과는 달리 게릴라전 위주로 수행되었다. 그러
나 철저한 주민 통제하에 군사력 증강을 지속하고 있고, 주한미군 철수와 통
미봉남(通美封南) 등을 계속 주장하고 있는 북한의 전략은 베트남전 당시 북베
트남군의 그것과 매우 유사한 성격을 지니고 있다. 이는 공산주의 국가들의
근저에 흐르고 있는 혁명전쟁 전략의 유사성을 유추할 수 있게 해주며 따라서
베트남전의 사례는 한국에게 유용한 정치적·사회적·군사적 함의를 제공한다
할 수 있다.

우선, 정치적·사회적 수준의 함의를 살펴보면 첫째, 베트남전은 남북한
간의 전쟁 상황 또는 남한에 의한 통일이 진행될 경우 국민들의 명확한 위협
인식과 대정부 지지 및 신뢰가 무엇보다 가장 필요한 요소임을 보여주고 있
다. 남베트남은 극소수의 공산주의자들에 의한 정치심리전에 의해 결국 공산
화되었다. 또한 미국의 경우, 1968년 뗏 공세 이후 전쟁의 실상을 접한 국민들

의 높아진 반전여론에 의해 전쟁에서 실패했다. 이는 국민들의 위협에 대한 건전하고도 명확한 인식이 부족했기 때문이다. 즉, 이런 사례는 국민들에게 올바른 대적관 확립 교육이 얼마나 중요한 것인지를 반증한다고 할 수 있다. 따라서 한국 국민들의 올바른 대북 위협 인식을 위한 최우선적 노력이 필요하다.

대정부 지지 및 신뢰의 문제는 남한 내 공산주의 지지 세력, 이른바 종북(從北) 세력의 문제와도 연결된다. 북베트남의 전쟁 승리의 기저에는 남베트남 내에서 조직되어 활발히 활동한 반정부 세력의 역량이 크게 작용했다. 그들이 내세운 기치는 '민주', '민족', '인권'이었으며 이에 현혹되어 학생들은 학생 징집 반대와 대통령 하야를 주장하는 시위를 끊임없이 진행했고 언론계는 언론탄압 중지, 종교계는 남베트남 정부와 베트콩의 협상, 지식인 단체는 미국 등 서양 제국주의 세력과의 단절 등을 요구하며 반정부 시위에 가담했다. 당시 남베트남 내 공산당원은 9500명, 인민혁명당원은 4만 5000명이었다. 결국 전체 인구 1900만 명의 0.3%도 안 되는 반정부 세력에 의해 남베트남이 분열되는 결과가 초래되었던 것이다. 이런 북베트남의 예를 살펴보았을 때 남한 내 종북 세력의 존재는 국가안보에 매우 위중한 사항임을 알 수 있으며 이에 대한 철저한 사전 대처 방안이 필요하다고 하겠다.

둘째, 주변국과의 관계를 사전에 협력적으로 유지할 필요가 있다. 베트남전에서 미국은 동맹국들에게 참전을 요청하면서 협조를 구했으나 나토 회원국은 단 한 국가도 참전하지 않았다. 반면 북베트남의 경우 당시 소련과 중국으로부터 많은 지지를 받고 있었다. 소련 외무부의 자료에 따르면 1961년에서 1965년까지 소련은 130정의 박격포와 무반동총, 1400정의 기관총, 탄약을 포함해 총기류 5만 4500정을 무상원조의 형태로 북베트남을 통해 남베트남 내 NLF에 전달했다(Ognetov, 2007: 427). 이런 소련의 지원은 비록 미국의 지원을 받는 남베트남보다 물량 면에서 부족한 수준이기는 하나 북베트남과 NLF에 계속적으로 전쟁을 수행할 수 있는 원동력으로 작용했다. 이런 북베트남의 사례를 볼 때, 한국의 경우 북한의 유사 사태 발생 시 주변국들의 지지가 한국에 집중될 수 있도록 관계를 협력적으로 유지해야 한다. 이를 위해 주변 국들과의 안보협력관계를 격상시키고 이를 유지·발전시킬 필요가 있다. 이런 활동을 통해 유사시 북한의 작전 지속 능력이 유지될 가능성을 사전에 봉쇄하거나 약화시킬 수 있을 것이다.

다음으로 군사적 수준의 함의를 살펴보면, 첫째, 민사작전의 중요성을 인식해야 한다. 제4세대 전쟁을 수행하고 있는 적이 주민들의 신뢰를 받을 경우 얼마나 격멸하기 어려운지 베트남전쟁 사례는 잘 보여주고 있다. 이런 사례는 남북 관계에 있어서도 그 의미하는 바가 크다. 즉, 한반도 내에 유사 사태가 발생하여 한국군이 북한 지역에 진입 또는 점령하게 되는 경우, 북한 지역 주민의 지지가 없는 상황에서 수행되는 군 작전은 큰 어려움에 봉착할 가능성이 매우 크다. 따라서 한국군은 민심을 얻기 위한 선전 활동, 계몽 활동, 의무지원 활동, 시설지원 활동 등이 포함된 민사작전 능력을 양적·질적으로 향상시킬 필요성이 있다. 예를 들어 북한을 잘 알고 있거나 경험한 인원들로 민사작전 지원 조직을 구성하여 북한 급변 사태 또는 전시에 발생할 수 있는 민사작전을 사전에 대비하는 등의 정책을 강구할 필요가 있다. 이런 의미에서 미국무성이 2002년 여름부터 이라크 망명인사들로 '이라크의 미래(Future of Iraq)'라는 연구팀을 구성하여 전후 부각될 수 있는 여러 가지 문제점들과 해결 방안에 대한 다양한 연구와 준비를 했다는 사실은 우리 한국에게 있어서 정책적 함의가 크다 하겠다.

둘째, 북한의 지형과 기후 등 군사작전에 영향을 줄 수 있는 요소들에 대한 철저한 대비가 필요하다. 미국이 베트남전에서 기후와 지형 때문에 많은 어려움을 겪었듯이 한국군과 연합군이 북한 지역에서 군사작전을 수행할 경우 많은 어려움에 봉착할 수 있다. 따라서 평상시 훈련에서도 북한의 지형과 기후 등을 고려한 훈련을 실시하여야 하며, 특히 미군과의 연합훈련 시에도 이런 점을 고려하여 계획을 수립해야 할 것이다.

셋째, 한미동맹관계의 강력한 유지를 지속해야 한다. 북베트남의 경우 미군 철수 후 남베트남을 공격하기 전에 미국의 개입 여부를 확인하기 위해 푸옥롱성에 대한 공격을 시도했다. 그러나 미국이 일체의 반응을 보이지 않자 이를 북베트남의 통일 전쟁에 대한 미국의 수용으로 받아들였다. 북한의 경우도 지속적으로 주한미군 철수를 주장하는 것으로 보아 이와 유사한 전쟁 전략을 수행하고 있다고 볼 수 있고, 이런 상황에서 주한미군의 철수가 한반도에서 이루어질 경우 공산주의 혁명전쟁 전략상 오판으로 이어질 가능성이 있다. 따라서 북한의 도발에 대해 한미가 공동 대처하는 모습을 지속적으로 유지할 필요가 있으며 전시작전통제권 전환이 한국 방위의 완전한 한국화가 아니라 한국의 주도와 미국의 강력한 지원으로 이루어진다는 것을 명백히 해야 할 필요가 있다.

적의 공격이 산악전일 경우 산악전을 대비해야 하고 적이 함대전을 준비하면 또한 이에 대비하는 것이 병사(兵事)의 기본이다. 또한 상대의 약점을 노리는 것이 병가의 기본 원리이기도 하다. 만일 적이 절대적 군사력에 비해 상당한 약점을 지니고 있다면 비대칭전과 게릴라전 등을 수행하는 것이 당연하다. 즉, 군사적 약소국 또는 비국가행위자는 군사 강대국이 지금까지 수행해온, 또는 앞으로 수행할 전쟁 방식이 지닌 장점들을 무력화할 전투 방식과 지형, 시간적 조건을 선택할 것이다. 따라서 압도적 군사력을 보유했다고 해서 비대칭전쟁, 소규모 테러 등의 전쟁과 분쟁에서 승리를 거둘 수 있는 것은 아니다. 이는 결국 제4세대 전쟁에서 승리하기 위해서는 군사력의 양적·질적 문제만큼 전략적 차원의 접근도 매우 중요하다는 것을 의미한다. 따라서 한국은 전략과 전력을 다각도로 보완·발전시키는 방안을 강구해야 할 것이다.

참고문헌

박민형. 2013. 「오바마 2기 행정부의 국방정책 변화 전망과 한국적 함의」. ≪한국군사학논집≫,
　　　제69집 2권.

＿＿＿. 2003. 『호찌민 평전』. 정영목 옮김. 푸른숲.

국방군사연구소. 1996. 『월남파병과 국가발전』. 국방군사연구소.

국방부 군사편찬연구소 엮음. 2004. 『베트남전쟁과 한국군』. 국방부 군사편찬연구소.

국방부 군사편찬연구소. 2013. 『한미동맹 60년사』. 국방부 군사편찬연구소.

김동현. 2014. "김정은보다 이란 핵문제가 더 급해". ≪시사저널≫ 제1264호.

남보람. 2011. 『전쟁이론과 군사교리: 군사-전쟁 현상의 이론적 탐구』. 지문당.

듀이커, 윌리엄 J. 2001. 『호찌민 평전』. 김기태 옮김. 도서출판 자인.

류제현. 1992. 『베트남전쟁』. 한원.

문영일. 2002. 「베트남전쟁의 심리전 사례 분석」. ≪군사≫, 제46호.

보구엔지압(Võ Nguyên Giáp). 1988. 『인민의 전쟁 인민의 군대』. 한기철 옮김. 백두.

서머스, 해리 G(Harry G Summers). 1985. 『미국의 베트남전 분석』. 민평식 옮김. 병학사.

서상문 엮음. 2007. 『동아시아 전쟁사 최근 연구 논문 전집』. 국방부 군사편찬연구소.

유인선. 2002. 『새로 쓴 베트남 역사』. 이산.

정재욱. 2013. 「4세대 전쟁에서 군사적 약자의 승리원인 연구: 북베트남의 대미 전쟁수행 전략」.
　　　≪신아세아≫, 제20권 4호.

주베트남 대사관. 2005. "베트남 통일 이후 국민 통합과정 및 부작용과 우리의 통일 추진에
　　　주는 교훈."

최용호. 2004. 『베트남전쟁과 한국군』. 군사편찬연구소.

캘도어, 메리(Mary Kaldor). 2010. 『새로운 전쟁과 낡은 전쟁』. 유강은 옮김. 그린비.

Arreguin-Toft, Ivan. 2001. "How the Weak Win Wars: A Theory of asymmetric Conflict."
　　　International Security, Vol. 26, No. 1.

Duiker, William J. 1980. *Vietnamese Revolutionary Doctrine in Comparative Perspective*.
　　　Colorado: Westview Press.

Kenny, Henery J. 1984. *The American Role in Vietnam and East Asia between Two
　　　Revolution*. New York: Praeger.

Palmer, Bruce. 1984. *The Twenty-Five Year War: America's Military Role in Vietnam*.

Lexington: University of Kentucky Press.

Pike, Douglas. 1966. *Vietcong: The Organization and Techniques of the National Liberation Front of South Vietnam*. New York: MIT Press.

Summers, Harry G. 1984. *On Strategy: A Critical Analysis of the Vietnam War*. New York: Dell Publish Co.

Walinsky, Louis J. 1977. *The Selected Paper of Wolf Ladejinsky Reform as Finished Business*. New York: Oxford University Press.

3장

걸프전쟁과 이라크전쟁 사이의 전쟁 패러다임 변화*

손경호 | 국방대학교 군사전략학과 교수

1. 머리말

전쟁은 그 모습이 변화해 간다. 다시 말하면 전쟁의 양상이 변화하고 있는 것이다. 전쟁 양상의 변화는 전쟁에 대한 여러 탐구 주제 가운데 가장 중요한 한 가지이다. 왜냐하면 이 주제는 전쟁에 참여하는 국가들이 외면할 수 없는 문제이기 때문이다. 국제사회의 주된 행위자인 국가는 언제든지 전쟁의 주체가 될 수 있으므로 전쟁 양상의 변화에 무관심할 수 없다. 많은 경우 개별 국가의 군사전략 발전과 군사력 건설 양태는 당대의 전쟁 양상의 변화에 맞춰져 있다.

이 변화 가운데 의미가 있는 것은 국가가 수행하는 전쟁의 양상이 변화하는 방식이다. 오늘날 유럽과 아시아 등 국가가 발달한 지역에서는 국가가 전쟁의 주체로 활약하고 있다. 반면 소말리아와 같이 국가의 기능이 미약한 경우 내부의 부족이나 무장 집단이 주로 전쟁을 수행한다. 국가가 수행하는 전쟁과 비국가조직이 수행하는 전쟁은 방식에서 중요한 차이점을 보이고 있다.

---

* 이 글은 2014년 「걸프전쟁과 이라크전쟁 사이의 전쟁 패러다임 변화 고찰」, ≪세계 역사와 문화 연구≫(구 ≪서양사학연구≫), 제33집(2017), 161~186쪽을 일부 수정한 것이다.

국가는 일반적으로 국민, 정부, 군대가 참여하여 당대의 과학기술과 자원을 동원한 체계적인 전쟁을 수행한다. 반면 비국가조직은 제한된 자원으로 덜 조직적인 전쟁을 수행하며 장기간의 전쟁을 한다. 이런 연유로 전쟁에서 중요한 혁신은 대부분 국가가 수행하는 전쟁에서 발생한다.

이 연구는 국가가 주체가 되어 수행하는 전쟁 양상의 변화라는 관점에서 걸프전쟁과 이라크전쟁을 비교해 보고자 한다. 사실 전쟁 양상의 변화에 관한 연구는 그간 국내외적으로 다수의 연구자에 의해서 이루어져 왔다.[1] 특히 이두 전쟁에 대해서는 여타 주제보다도 전쟁 양상의 변화에 관한 연구가 중점적으로 이루어졌다. 이 전쟁들을 목도한 이후 세계의 군사 연구가들은 군사변혁 혹은 '군사분야혁명(Revolution in Military Affairs, RMA)'이라는 표현을 사용하며 혁신적인 전쟁의 변화들을 설명하기 시작했다.[2]

특별히 두 전쟁을 대상으로 양상의 변화를 탐구한 연구로, 박인휘는 2002년에 출간된 「탈근대적 군사력과 군사분야혁명(RMA)의 역사적 이해」에서 정보화시대의 맥락 속에 군사분야혁명을 위치시키며 군사 분야 연구의 성과를 국제정치적 시각과 연동시키고자 했다. 그는 두 전쟁을 정보화기술을 활용한 광범위한 군사분야혁명으로 이해했다(박인휘, 2002). 한편 홍성표는 2003년에 발표한 「21세기 전쟁양상 변화와 한국의 국방력 발전방향」에서 두 전쟁이 가져온 전쟁 양상의 변화를 항공우주 전쟁의 관점에서 이해하여, 새로운 전쟁의 양상이 항공우주력의 발전에 의해 주도되었음을 주장했다(홍성표, 2003). 근래에 이병구는 2014년에 발표된 「이라크전쟁 중 미국의 군사혁신: 내부적 그리

---

[1] 국내의 연구로는 권태영·노훈(2008)이 대표적이다.

[2] 군사변혁 혹은 군사분야혁명, 군사혁신은 Revolution in Military Affairs를 의미한다. 이는 구소련의 참모총장 N. V. 오가르코프(N. V. Ogarkov)에 의해 주창된 것으로, 서유럽에 배치된 소련군이 나토군의 장거리 탐지 및 미사일 전력에 취약한 것을 발견하고 군사기술혁신을 추구했으며, 이를 미군이 수용하여 기술변화에 따른 군사 조직의 변화를 함께 추구하며 발전시켰다.

고 외부적 군사혁신 이론의 타당성 검증을 중심으로」를 통해 이라크전쟁 종전 선언 이후 미군이 직면한 무장 조직의 도전을 중심으로, 미군에서 군사혁신이 이뤄지는 요인과 절차를 내부적 군사혁신 이론과 외부적 이론의 관점에서 분석했다(이병구, 2014).

이상의 연구들은 전쟁 양상 변화의 측면에서 분석 대상으로 삼은 두 전쟁 간의 차이를 규명해 보지 않았다. 걸프전쟁과 이라크전쟁은 서로 많은 부분이 닮은 전쟁이다. 두 전쟁의 주체가 미국과 이라크라는 점에서 동일하면서, 사용된 첨단무기도 유사하다. 전쟁의 결과 역시 미국의 일방적인 승리라는 점에서 닮았다. 그러나 군사사 연구자라면 과연 두 전쟁이 동일한 패러다임에 속한 전쟁인가라는 질문을 던져보아야만 한다. 이는 정확한 역사 인식이라는 측면에서 중요한 일이다. 새로운 패러다임이 시작된 전쟁이 어느 전쟁인지 분별함으로써 앞으로의 연구에 활용할 수 있는 중요한 기준점을 설정할 수 있다. 그리고 무엇보다 패러다임의 변화를 판단하는 기준을 식별하는 것 자체에 중요한 의의가 있다. 이 때문에 적어도 현시점에서는 이 두 전쟁에서 새로운 전쟁의 패러다임이 나타났는지, 나타났다면 어느 전쟁부터 나타났는지 분석해 보아야만 한다.

토머스 쿤(Thomas S. Kuhn, 1922~1996)이 1962년 출간한 『과학적 혁명의 구조(The Structure of Scientific Revolutions)』에서 제시한 개념인 패러다임은 어떤 분야에서 나타나는 전형적인 예나 유형을 의미한다. 특별히 패러다임은 특정한 유형의 사건이나 행동이 반복해서 일어나는 것을 요구한다. 따라서 서로 다른 패러다임을 구분한다는 것은 지속적으로 표출되는 고유의 속성을 식별해 내는 작업을 필요로 한다.

전쟁의 양상에 근거한 패러다임 분류는 서구의 군사사 학계의 주된 관심 사항 가운데 하나였다. 트레버 두푸이(Trevor N. Dupuy)는 전쟁의 시기를 근력의 시대, 화약 시대, 기술의 변천 시대로 분류했으며, 마틴 크레벨트(Martin van Creveld)는 도구의 시대, 기계의 시대, 체계의 시대, 자동화의 시대로 분류했다. 한편 마이클 하워드(Michael Howard)는 그의 저서 『유럽사에서의 전쟁 (War in European History)』에서 전쟁을 기사의 전쟁, 용병의 전쟁, 전문직업군의 전쟁, 혁명(기)의 전쟁, 국가의 전쟁, 기술의 전쟁으로 분류했다.

이 연구는 두 전쟁의 차이점을 분석하기 위해 '산업화전쟁'과 '정보화전쟁' 두 가지 패러다임을 활용한다. 윌리엄 맥닐(William H. MacNeill)은 프랑스혁명과 영국의 산업혁명이 전쟁에 미친 영향에 주목해 전쟁의 산업화(industrialization of war)를 인식했고 국민 개개인이 전쟁에 동원되고 산업혁명에 의해 전쟁 물자가 대량으로 생산되는 전쟁을 그 주요한 개념으로 설명했다. 그는 동원된 국민 군대가 전장으로 이동하고 전신의 발달로 중앙에서 전투 현장 지휘가 가능했고, 대량생산된 후장식 소총 및 대포가 본격적으로 사용된 보불전쟁 (Franco-Prussian War, 1870~1871)을 산업화전쟁의 패러다임이 시작된 전쟁으로 설명했다(McNeill, 1982: 242~256).

산업화전쟁은 20세기를 특징짓는 거대한 두 번의 세계대전을 규정하는 패러다임이 되었다. 산업화전쟁의 특징은 대량 파괴이다. 많은 병력이 동원되고 이를 압도하고도 남을 막대한 화력이 사용되어 상대를 가급적 많이 파괴하는 방식이 산업화전쟁의 전형이 되어왔다.

이에 반해 정보화전쟁(information warfare)은 정보통신기술의 발달이 전력의 우위를 결정하는 전쟁이다. 이 전쟁에서는 정보통신기술의 역할로 무기의 정확성과 파괴력이 증가하고, 표적의 위치가 정확히 드러나며 그 정보가 필요한 곳에 실시간으로 공유되고 체계들로 이루어진 체계가 활용되어 막대한 효과가 달성된다. 정보화전쟁에서는 대량 공격과 대량 파괴보다는 정확한 공격과 필요한 수준의 파괴가 이루어진다.[3] 정보화전쟁에서는 발달된 정보유통

---

3) 정보화전쟁은 정보전이라는 명칭으로 소개되어 전자전과 사이버전 혹은 정보기관에 의한 전쟁이나 아군의 정보보호와 상대방의 정보체계 파괴를 목적으로 하는 전쟁으로 이해되었으나 점차 정보통신기술을 기반으로 한 새로운 전쟁 양상으로 받아들여지기 시작했다. 이 연구는 이런 차이를 명확히 규정하기 위해 정보전 혹은 정보전쟁이라는 명칭 대신

체계와 정보 활용 능력이 있는 조직이 우위를 점한다.

이 연구는 걸프전쟁과 이라크전쟁의 패러다임을 구분하기 위해 먼저 전쟁 패러다임 구분의 척도를 규명한다. 이를 바탕으로 각 전쟁에서 규명된 척도가 드러났는지 분석할 것이다. 패러다임 구분의 척도를 규명하기 위해 이 연구는 조직 변화가 수반될 때 패러다임이 변화한다는 가설을 제시하고 이를 역사적 사례 분석을 통해 검증하고자 한다.

2. 전쟁 패러다임 변화의 척도

걸프전쟁과 이라크전쟁 사이의 변화를 식별하기 위해 각 전쟁수행 조직의 변화를 함께 고찰해 보아야 한다. 전쟁 양상을 구별 짓는 가장 큰 특징은 이전 전쟁과 차별되는 전쟁수행 방식이다. 그러나 방식의 변화만으로 새로운 패러다임을 인식하기는 어렵다. 새로운 방식이 정착되고 확산되어야만 패러다임의 변화로 받아들여질 수 있다. 즉 변화가 일회적 성격으로 끝나지 않고 반복적으로 존재해야 하며 다른 이들 역시 새로운 방식을 모방할 수 있어야 하는 것이다. 이런 속성이 쿤이 제기한 패러다임이 지니고 있는 특징이다(이병구, 2014).

일회적인 변화가 패러다임으로 자리 잡기 위해 필요한 과정이 조직의 변화이다. 군사 조직은 전투를 수행하는 단위 구성체로서 승리를 달성하기 위해 유효한 전쟁 방식을 수용하고자 한다. 그리고 군사 조직은 스스로를 전쟁에 최적화하려는 성질을 지니고 있다. 때문에 군사 조직은 효율성을 제고시키는 변화가 나타나면 이를 채택하고 이 변화가 자리 잡고 최대의 효과를 거

정보화전쟁을 사용한다. 이 연구에서 사용하는 정보화전쟁의 개념을 소개하는 연구로는 김기정·원영제(1996)가 있다.

둘 수 있도록 스스로를 변화시킨다. 이런 관점에서 패러다임의 변화를 판단하는 척도로 군사 조직의 변화를 사용할 수 있다.

일찍이 저명한 군사사 학자 앨런 밀레(Allan R. Millett)와 윌리엄슨 머레이(Williamson Murray)는 군사 조직을 중요한 변화의 척도로 활용한 바 있다. 이들은 제1차 세계대전부터 제2차 세계대전에 이르기까지 주요 국가들의 군사적 효율성(military effectiveness)을 분석할 때 분석 대상 국가들이 보유한 군사 조직이 지닌 내재적인 특성들을 고찰했다(Millett and Murray, 1998). 이들의 성과는 군사 문제의 연구에서 군사 조직을 고찰하는 것이 유용한 방법임을 시사하고 있다.

전쟁 패러다임의 변화와 조직 변화와의 상관관계는 유럽에서 16세기 후반에 진행했던 군사혁명에서 분명하게 식별된다. 군사혁명은 본래 군사 분야의 변화가 사회분야의 변화 특히 근대 유럽에서 중앙집권적인 절대왕정의 형성을 유발한 현상을 지칭한다(Roberts, 1995: 13~25).[4] 그 가운데 군사혁명이 지닌 군사 분야의 성과는 화약 무기를 전쟁에서 본격적으로 사용하게 됨으로써 전쟁의 패러다임이 변화하게 된 것이다. 이 과정에서 전쟁수행 방식의 변화와 이에 따른 군사 조직의 변화가 중요한 역할을 했다.

군사혁명은 그 태동이 화약 무기의 본격적인 사용과 밀접한 관련이 있다. 유럽에서 백년전쟁 무렵부터 사용된 화약 무기는 낮은 명중률과 복잡한 장전 동작, 그리고 늦은 발사속도로 인해 사용에 많은 제약이 있었다. 특별히 개인

---

4) 군사혁명에 대한 이해가 군사사 연구가들과 군사(軍事) 연구가들 사이에 다르게 받아들여질 수 있다. 이 연구에서 사용한 군사혁명의 개념은 군사사 학계에서 폭넓게 받아들이고 있으며 마이클 로버츠(Michael Roberts)가 최초로 제기했다. 한편 군사 연구가들은 앞서 설명한 군사변혁이나 군사혁신 혹은 군사 분야 혁명의 개념을 군사혁명으로 이해하는 경향이 있다. 우리나라의 경우 군사혁명을 고유의 역사적 경험에 따라 정치적 사건으로 이해하기도 하는 혼선이 존재한다. 그러나 이런 문제점이 있음에도 이 연구는 군사 분야의 변화가 사회 변화를 초래한 광범위한 현상으로서, military revolution을 군사혁명으로 원문에 충실하게 사용한다.

화기인 머스킷(Musket)의 경우 한 발을 사격하기 위해서는 많은 장전 동작을 하여 자신을 오랫동안 상대방 석궁수나 창병(pikeman)에게 노출시켜야 했다. 이를 보완하기 위해 사수들을 보호해 줄 창병을 함께 편성한 테르치오(tercio) 가 고안되어 중요한 성과를 올리기도 했지만, 화약 무기 그 자체의 독립적인 가치를 발휘하지는 못했다. 테르치오는 중앙과 각 꼭짓점에 머스킷 사수들이 위치하고 그 주위를 창병으로 둘러싼 거대한 방진(方陣)이었다.

　이런 상황을 타개한 것이 머스킷의 연속사격 대형이었다. 네덜란드 나사 우의 모리스(Maurice of Nassau, 1567~1625)와 스페인의 구스타프 대왕(Gustavus Adolphus, 1594~1632)은 수 개의 머스킷 사수로 구성된 오를 편성해 각 오의 사 수들이 다른 단계의 장전 동작을 취하며 순차적으로 사격하는 방식을 고안했 다. 연속사격은 화약 무기의 장점을 제대로 살릴 수 있는 획기적인 전투 방식 이었다. 이를 통해 사수들은 일시에 총탄을 발사할 수 있게 되었고 이것이 집 속 탄도의 효과를 가져와 막강한 살상력을 지니게 되었다. 이전까지 전장에서 우월한 지위를 지녔던 기사들을 비롯한 창병들이 머스킷의 연속사격에 무너 지게 된 것이다.

　연속사격은 이를 구현하기 위한 조직의 변화와 맞물려 정착되었다. 나사 우의 모리스의 경우 10개의 오를 조직하고 가장 앞 오에서 사격한 인원이 가 장 뒤로 물러나고 다음 오가 사격을 하는 방법을 선택했고, 구스타프의 경우 6개의 오로 대형을 편성하여 연속사격을 구사했다(Howard, 1975: 54~61). 결 과적으로 나사우의 모리스와 구스타프의 공헌으로 인해 전투 대형이 머스킷 사수들의 순차 사격이 잘 구현될 수 있는 더욱 단순한 조직으로 바뀌었다. 이 런 조직은 이전에는 존재하지 않았던 것이다. 전쟁 방식의 변화가 새로운 조 직의 형성과 정착을 가져온 것이다.

　새로운 조직은 대단히 큰 성과를 달성했다. 나사우의 모리스는 자신이 고 안한 방식으로 1600년 니우포르트(Nieuwpoort) 해변에서 테르치오로 편성된 스페인군을 상대로 승리를 거두었다. 또한 구스타프는 30년전쟁에서 그의 조직을 다양한 형태로 사용하여 구교도 세력에 대해 시종일관 우위를 점할 수 있었다. 군사혁명은 바로 이들의 새로운 전술 대형이 일으킨 충격이 전 유럽에 파급되면서 발생했다. 군사사 학자인 마이클 로버츠(Michael Roberts)는, 유럽의 군주들이 용병으로 구성된 자신들의 군대가 다양한 전술 대형을 습득하도록 겨울에 군대를 해산하지 않고 훈련을 시켰고 이들을 유지 관리하기 위한 전문적인 인력과 많은 자금이 필요하게 되면서, 자연스럽게 조세를 담당할 조직을 구비하게 되었는데, 이것이 근대국가의 발달을 가져왔다고 주장했다 (Roberts, 1995: 17~20). [5]

군사혁명을 가능하게 한 연속사격 대형은 오랜 궁리 끝에 탄생했다. 나사우의 모리스는 당시 유럽에서 맹위를 떨치고 있던 테르치오와 스위스 창병을 극복할 방법을 찾고 있었다. 때마침 그의 사촌인 윌럼 로데위크(Willem Lodewijk) 나소가 그에게 비잔틴제국 황제인 레오 4세(Leo the IV)가 저술한 『Táctica(전술)』에 나타난 투창과 활의 연속 순차 사격 방법을 소개하며 이를 머스킷 사격에 적용해 볼 것을 편지로 권했다(Parker, 2007: 338~341). 이들의 궁리는 결과적으로 머스킷의 연속사격 대형으로 귀결되었고 이것이 궁극적으로 군사혁명을 유발했다.

인류가 경험한 전쟁 방식의 변화와 그에 따른 조직의 변화는 이후에도 지속되었다. 유럽의 국가들은 프랑스혁명을 통해 국민이 군대의 주역으로 등장하여 열정을 발휘하는 현상을 경험했고, 자연스럽게 국민들을 전투원으로 동원하기 시작했다(Howard, 1975: 75~115). 이 시기에 특징적으로 등장한 것은 프랑스에서 만들어지고 나폴레옹에 의해 진가가 발휘되었던 사단 편제였다. 그는 1801년부터 1805년 사이 이후 전 유럽이 채용하게 될 편제를 공고화했

---

5) 물론 군사혁명에 대한 다양한 이견이 존재한다. 대표적인 학자는 제프리 파커(Geoffrey Parker)로, 그는 군사혁명이 마이클 로버츠가 주장하는 시기보다 앞선다는 것과 포병 공격에 대응하기 위해 건축되기 시작한 이탈리아 성곽이 중요한 기여를 했다고 주장했다 (Geoffrey Parker, 1995: 37~49 참조).

다. 그는 군단 예하에 2~3개의 기병이나 보병 사단들을 편성하고, 각 사단에는 2개의 여단을, 각 여단에는 2개의 대대로 구성된 2개의 연대를 편성했다(Howard, 1975: 83~84).

나폴레옹은 사단으로 편성된 그의 군대를 운용하면서 더 능률적으로 전투를 계획할 수 있게 되었다. 그는 예하 사단들이 각각 다른 경로를 따라 이동하도록 하여 일부 사단은 전투에 참여하고 일부 사단은 추격을 담당하도록 할 수 있었다. 사단 편제는 지휘관으로 하여금 결정적 시기에 결정적인 지점으로 전력을 집결할 수 있는 융통성을 부여했다(Strachan, 1983: 35). 그리고 무엇보다 사단 제도는 단순함과 정형화된 규격을 바탕으로 대규모로 동원된 국민들을 쉽게 조직화하고 수용할 수 있다는 장점이 있었다. 이후 유럽의 전쟁은 자국의 국민들로 충원된 육군 사단들이 격돌하는 패러다임으로 전환되었다. 유럽의 전쟁은 점점 대규모 전쟁이 되었으며 많은 수의 병력이 격돌하는 형태로 바뀐 것이다.

아울러 유럽의 국가들은 산업혁명을 경험하면서 그 성과를 군사 분야에 도입하기 시작했다. 막강한 화력을 지닌 대포들이 대량으로 생산되고 병력을 수송하기 위해 철도가 활용되었으며 통신을 위해 전신이 활용되었다. 전쟁을 지휘하기 위해 독일은 참모집단(general staff)을 활용했으며, 이 제도는 그 효율성을 인정받아 유럽으로 신속히 확산되었다. 유럽에서 전쟁은, 잘 조직된 참모들이 면밀히 계획하고 철도로 기동하며 다량의 포화를 퍼부어 상대에게 많은 피해를 강요하는 전쟁으로 그 패러다임이 바뀌어갔다. 이런 전쟁의 패러다임은 20세기까지 산업화전쟁의 형태로 유지되었다.

전쟁 패러다임의 변화는 전쟁수행 방식의 변화와 그에 따른 조직의 변화와 맞물려 있다. 처음에 발생하는 군사 조직의 변화는 무기체계나 전술 혹은 사상 등의 변화로 초래된다. 조직의 변화는 기존 군대가 새로이 등장한 무기체계를 활용하게 하고 전술을 구사할 수 있도록 하며 그렇지 않은 군대에 비해 높은 군사적 효율성을 지니면서 다른 행위자들이 변화를 모방하도록 유도

한다. 이런 과정을 통해 새로운 전쟁의 패러다임이 형성된다.

3. 걸프전쟁

걸프전쟁은 1990년 8월 2일 사담 후세인(1937~2006)의 이라크군이 쿠웨이트를 침공한 이후, 미군을 주축으로 한 다국적군이 7개월간의 준비 기간을 거쳐 이라크군 철퇴를 목적으로 개시한 전쟁이다. 이 전쟁은 다국적군이 세계 제4위의 육군을 포함한 이라크군에 대해 압도적인 승리를 거둠으로써 종결되었다. 전쟁 기간 동안 다국적군의 공군기들은 10만 회 가까이 출격했으나 단 38기의 고정익 항공기를 상실했다. 다국적군 기갑부대는 단 100시간 동안 400km 이상을 기동해 역사상 가장 빠른 기동을 구사했다. 전쟁 기간 동안 이라크군 전차의 손실은 약 3800대에 달했지만 미군의 전투차량 손실은 단 15대에 불과했다(미 국방부, 1992: 3).

이 전쟁은 첨단무기가 대량으로 사용된 전쟁이었다. 레이더에 포착되지 않는 스텔스기, 크루즈미사일 같은 정밀유도무기, M1A1 전차, AV-8B 전투기, 아파치 헬기, 그리고 각종 정보를 종합하고 실시간으로 처리하여 제공하는 합동감시표적공격레이더체계(Joint Surveillance and Target Attack Radar System, JSTARS)와 같은 무기들이 광범위하게 사용되었다. 아울러 이 전쟁은 여러 가지 의미에서 통합된 전쟁이었다. 허버트 슈워츠코프(Herbert Norman Schwarzkopf Jr., 1934~2012) 대장의 지휘 아래 아랍권 국가를 포함한 다국적군이 통합되었고, 우주로부터 공중, 해상, 지상군 작전이 체계적으로 통합되었다.

걸프전쟁은 이런 특성으로 인해 새로운 패러다임의 전쟁으로 이해되기 시작했다. 또한 실질적으로 이를 뒷받침하는 증거도 다수 존재하는 듯했다. 혁신이 일어났던 가장 대표적인 사례는 첨단무기체계의 등장이었다. 레이더 관측을 회피할 수 있는 F-117A 폭격기들은 전쟁 기간 중 42대가 동원되었는데,

이들의 출격은 전체 다국적군 고정익 항공기 출격 횟수의 2%를 차지했다. 그런데 F-117A 폭격기들은 높은 은밀성을 살려 전체 전략목표의 40%를 공격했다. 한편 다국적군은 사막의폭풍작전(1991.1.17~2.28) 기간 동안 720~1120km 이상 떨어진 걸프 해역 인근의 수상함과 잠수함에서 주야간 지속적으로 토마호크 미사일을 발사했다. 토마호크 미사일은 원거리 정밀유도무기의 대표적인 예로, 장거리 공격임에도 불구하고 어떤 항공기 지원 없이 정확하게 목표를 공격했다(미 국방부, 1992: 345~346). 아울러 미국은 이라크의 이스라엘에 대한 스커드미사일 공격을 무력화하기 위해 이스라엘에 조기경보 전파 체계를 연동하는 한편 유럽 주둔 네 개의 패트리어트미사일 포대를 이스라엘에 배치하여 날아오는 미사일을 공중에서 격추하는 놀라운 장면을 연출했다.[6]

걸프전쟁에서 선진적인 교리, 즉 새로운 전쟁수행 방식이 적용된 것도 중요하게 평가할 수 있는 요소이다. 전쟁 기간 중 지상군이 사용한 작전 개념은 유럽에서의 소련군을 상대로 개발한 공지전투(AirLand Battle) 개념이었다. 이 개념은 1982년부터 채택되어 소련이 해체되기 이전까지 적용된 것으로, 지상군이 바르샤바조약기구의 지상군 1제대의 공격을 저지하는 동안 공중전력이 동시에 종심(縱深)에 대한 공격을 실시하여 이를 격멸하는 것을 추구하고 있다. 이 개념은 공군과 지상군의 통합적 운용을 골자로 하는 작전 개념이다(Stewart, 2004: 11~12; U. S. Army, 2004). 지상군 작전 기간 중 공지전투는 원활하게 수행되었다. 1991년 2월 24일 지상 작전이 개시되자 공중 작전 부대들은 근접항공지원과 차단 작전의 비율을 전체 출격 임무의 74%까지 확대했다(미 국방부, 1992: 550). 심지어 합동군 공군 구성군 사령관은 조종사들에게 지상군 작전 개시 이후에는 안전한 중고도에서 내려와 저고도에서 임무를 수행하도록 지시하기까지 했다(미 국방부, 1992: 312).

---

[6] 조기경보체계의 작동으로 이스라엘의 인구 밀집 지역 주민들은 스커드미사일이 폭발하기 5분 전에 대피호로 대피할 수 있었다.

걸프전쟁에서 성공적인 공지전투가 수행될 수 있었던 배경에는 미국이 합동성 향상을 위해 추진한 노력이 존재하고 있다. 미국은 '골드워터-니컬스 법안(Goldwater-Nichols Department of Defense Reorganization Act of 1986)'을 채택하여 그동안 미국의 육·해·공군이 각각 국방부장관에게 보고하며 통제를 받던 지휘 구조를 개선했다. 법안은 합참의장을 대통령, 국방부장관, 국가안전보장회의에 대해 군사적 조언을 제공하는 핵심 인원으로 적시했으며 전구작전에 대한 전반적인 전략을 감독할 권한을 부여했다. 이와 동시에 법안은 각 전구에 속한 부대들이 군을 떠나 해당 전구사령관들의 직접적인 지휘 아래 놓이도록 지휘체계를 간명하게 정리했다(Stewart, 2004: 36). 이런 조치를 통해 미군은 합동작전에 더욱 적합한 체계를 갖게 되었고 이는 공지전투를 더욱 원활하게 수행하는 토대가 되었다.

이런 특징에도 불구하고 걸프전쟁을 전후하여 전쟁 패러다임의 변화를 증명할 만한 새로운 군사 조직의 출현은 그다지 두드러지지 않았다. 이는 걸프전쟁에 참전한 부대들이 제2차 세계대전이나 베트남전쟁에 참전한 부대들과 큰 차이가 없는 부대 구조를 보유했음을 의미한다. 이전의 두 전쟁과 비교했을 때 걸프전쟁에서 활약한 부대의 편제가 크게 달라지지 않았으며 구성 요소 역시 크게 변화하지 않았다는 것이다. 걸프전쟁에는 패러다임의 변화를 완성할 수 있는 군사 조직의 변화가 빠져 있는 것이다.

육군 사단의 편제를 예로 살펴보면 걸프전쟁에 참전한 제3기갑사단[7]은 3개의 여단(1, 2, 3)과 1개의 전투 항공 여단, 그리고 사단 포병과 사단 지원사령부(Division Support Command, DISCOM)[8] 예하의 지원부대들로 편성되어

---

[7] 이 사단은 독일 주둔 부대로 1990년 11월 24일 이동을 개시해 동년 12월 14일 사우디아라비아에 도착하여 작전지역에 전개한 이후 1991년 2월 24일 15 : 00부로 공격개시선을 통과했다.

[8] 예하에는 제503, 54, 45 전방지원대대, 제122주지원대대, 제22화학중대, 제227항공여단 9대대가 편성되었다.

있었다(The 3rd Armored Division, 2013). 각 여단에는 3개의 기갑대대가 편제되어 있었고 항공여단에는 2개의 항공대대와 1개의 특수임무부대(Task Force Viper)가 편성되어 있었다. 이 부대는 1941년 4월 15일 로스앤젤레스의 캠프 보러가드(Beauregard)에서 창설되었으며 노르망디상륙작전에 참가했다. 사단은 당시 제36보병연대와 제32 및 33기갑연대, 제54, 67, 391 포병대대를 근간으로 한 사단포병, 제23기갑공병대대, 기타 통신 중대와 사단 지원대(division trains)[9]를 예하부대로 창설되었다(The 3rd Armored Division, 2013).

제2차 세계대전 당시의 제3기갑사단과 걸프전에서의 제3기갑사단의 편성은 표면적으로는 상이한 것처럼 보이지만 실질적으로는 새로운 무기체계인 공격 헬리콥터가 사단에 추가된 것 외에 기동력과 화력을 발휘할 수 있는 기갑부대와 포병부대, 병과별 전투지원부대로 구성된 사단의 기본적 성격은 변하지 않았음을 알 수 있다. 물론 걸프전에서 활약한 제3기갑사단은 연대가 아닌 여단으로 구성되었고[10] 사단 지원 기능이 보강되었다. 그러나 사단의 편제와 장비만 바뀌었을 뿐 사단이 적 전투력을 기동과 화력으로 파괴하는 전투 개념은 변하지 않았다. 걸프전에서의 제3기갑사단은 제2차 세계대전 당시의 사단보다 더욱 막강한 파괴력을 지니고 있었을 뿐이다.

정보통신기술의 역할 역시 걸프전쟁이 정보화전쟁으로 분류되기 어려운 한계를 지녔음을 보여준다. 걸프전에서 정보통신기술은 다국적군이 전력의 우위를 달성하는 데 직접적으로 활용되지 않았다. 걸프전쟁에서는 C3(Command, Control, Communication) 체계가 주로 지휘 구조에 연결된 부대들 간의 상호 소통을 목적으로 운용되었다. 미국의 중부군 사령부는 전쟁수행을 위해 육군 구성군·해병대 구성군·해군 구성군·공군 구성군 예하에 특수작전 구성군으로 전

---

9) 여기에는 후방근무지원중대, 기갑정비대대, 기갑보급대대, 제45기갑의무대대, 헌병소대, 제503방첩대파견대, 전투서열팀, 포로심문팀(3), 사진판독팀, 군사정보해석팀이 편성되어 있었다.
10) 제3기갑사단은 1963년 예하 연대를 여단으로 개편했다.

력을 편성했으며 영국군이 작전통제를, 그리고 프랑스군이 전술통제를 받는 지휘 구조를 편성했다. 여기에 아랍권 국가들은 사우디아라비아에 작전통제권을 위임하고 연합사령부를 편성하여 중부군 사령관과 협조 관계를 구축했다(미 국방부, 1993: 267~278). 당시 정보통신기술은 이런 복잡한 지휘통제 체계를 유지하는 데 주로 활용되었다.

중부군 사령부가 전투를 위해 정보통신기술을 직접적으로 활용하지 않았던 것은 아니다. 실제 다국적군은 위성(MILSATCOM)을 활용하여 정밀유도무기를 활용하기 위한 고속 데이터송신 등을 시행했다. 그러나 많은 경우 정보통신기술은 지휘 기구 사이의 소통과 상급 지휘 기구와 하급부대들을 연결하는 수단으로 활용되었다. 걸프전쟁에서는 다른 수준에 속한 부대나 지휘 기구에 동시에 정보가 전파되거나 다른 전투 개체 사이에 전술정보를 공유하여 합동으로 임무를 수행하는 방식 등 정보통신기술이 직접적으로 전투력으로 변환되는 본격적인 정보화전쟁의 양상이 나타나지 않았던 것이다.

4. 이라크전쟁

걸프전쟁이 종결된 지 10여 년 후에 다시 미국은 이라크를 상대로 전쟁을 개시했다. 미국은 이라크가 9·11 테러를 지원한 것으로 판단했고, 이라크가 보유하고 있는 대량살상무기가 테러단체와 연결되어 다시 미국을 공격하기 전에 선제공격으로 이를 무력화하고자 했다. 이라크전쟁은 이라크 시각으로 2003년 3월 19일 21 : 00, 조지 부시(George W. Bush) 대통령이 토미 프랭크스(Tommy R. Franks) 중부군 사령관에게 작전 개시를 명함으로써 시작되었다. 미군의 공식적인 공격은 바그다드 시간 3월 20일 5 : 35에 사담 후세인(Saddam Hussein)이 머물 것으로 예상되었던 이라크 근교의 도라 농장에 대한 토마호크 미사일과 F-117 스텔스 전투기 폭격으로 시작되었다. 두 번의 도라

농장에 대한 공습 이후 미군은 06 : 36에 제3차 공습을 개시했으며 주요 공격 목표는 바그다드 동남부에 위치한 대통령궁과 통신시설 및 고위 정부 기구로 확대되었다(육군군사연구소, 2011: 100~104).

미국은 전쟁 개시와 동시에 이라크를 압도하여 4월 9일 수도 바그다드를 점령했으며 5월 1일에는 부시 대통령이 항공모함 에이브러햄 링컨호에서 종전 선언을 했다. 그러나 이후 이라크 상황은 전혀 예측하지 않았던 방향으로 흘러갔다. 종전 선언 직후 이라크 바스당의 열성분자들과 민병조직인 페다인(Fedayeen)의 성원들이 주축이 되어 미군 및 다국적군에 대한 공격을 시작했다. 그다음 단계에서는 부족 및 종교적인 갈등에 기인한 상호 테러와 습격이 도처에서 발생했다. 이후 시아파를 중심으로 한 국가 재건이 시작되면서 수니파를 중심으로 반란(insurgency) 조직들이 이라크군 및 경찰 그리고 다국적군에 대한 공격을 해왔으며, 급기야는 ISIS와 같은 조직들이 특정 지역을 장악하는 상황까지 이르렀다.

이라크전쟁은 초반기의 기동전과, 이후 수년에 걸쳐 진행된 혼란과 저강도분쟁이 기묘하게 결합된 전쟁이다. 특별히 후자를 설명하기 위해 군사전문가들은 제4세대 전쟁 이론을 채용하여 국가가 주도하는 전쟁에서 비국가단체가 주도하는 전쟁으로 전쟁의 흐름이 달라졌다고 주장하기도 한다.[11] 그러나 역사의 교훈은 이 두 가지 유형의 전쟁이 공존하는 것을 보여준다. 단적인 예

---

11) 제4세대 전쟁 이론가들은 윌리엄 린드(William Lind)와 토머스 햄즈(Thomas X. Hammes)가 있다. 린드는 기술적으로 앞선 장비를 갖춘 인원들이 자신들의 아이디어에 따라 전술적 혹은 전략적 차원에서 적의 정치체계와 시민사회를 공격하는 것을 제4세대 전쟁으로 설명하고 있으며, 햄즈는 상대방의 정책결정자들에게 그들의 전략적 목적이 달성될 수 없거나 또는 예상되는 이익에 비해 손해가 더 크다는 것을 확신시키기 위해 가용한 네트워크를 사용하는 전쟁으로 정의하고 있다. 린드의 주장은 "Understanding Fourth Generation War," *Military Review*(Sep-Oct, 2004)를 참조할 수 있고, 햄즈의 주장은 그의 저서 *The Sling and the Stone*(St. Paul, MN: Zenith Press, 2006)에서 확인할 수 있다. 햄즈의 저서는 최종철에 의해 『21세기 제4세대전쟁』(국방대학교 안보문제연구소, 2008)으로 번역된 바 있다.

로 나폴레옹은 유럽에서는 국가들을 상대로 전쟁을 벌였지만 1808년부터 시작된 스페인 원정에서 보이지 않는 적들과 싸우며 고전했다. 이라크전쟁 역시 두 가지 유형의 전쟁이 공존했던 전쟁으로 보아야 한다.

미군은 후세인 정권이 통치하던 이라크와 전쟁하며 걸프전쟁 이상으로 많은 첨단무기를 활용했다. 전쟁 기간 중 연합군은 1만 9948발의 정밀유도무기를 사용했는데, 동일한 기간 중 사용된 비정밀유도무기는 모두 9251발에 불과했다(합동참모본부, 2003: 120~121). 이 가운데 합동직격탄(Joint Direct Attack Munition, JDAM)은 폭격 정확도가 10m 내외로 야간, 악천후 등 모든 악조건에서 활용되었다(합동참모본부, 2003: 130). 또한 연합군은 긴급 표적 타격 개념(Kill Chain)을 구현해 긴급 표적이 식별되면 이를 2분 이내에 전자지도에 시현하고 표적이 선정되면 2분 이내에 임무를 부여해 메시지를 데이터링크로 배포했다(합동참모본부, 2003: 118). 한편 연합군은 15기의 프레데터(MQ-1 Predator, Medium-Altitude Long-Endurance, MALE UAV)를 운용해 바그다드 시가를 정찰하기도 하고 헬파이어 II(Hellfire II) 미사일로 대공 레이더기지를 공격하기도 했다(합동참모본부, 2003: 130).

이라크전쟁에서도 새로운 전쟁수행 방식이 시도되었으며, 이는 정보통신 기술의 발달에 근거하고 있었다. 미국은 이 전쟁에서 그동안 개발해 오던 '신속결정작전(Rapid Decisive Operatio, 이하 RDO)' 개념과 '효과중심작전(Effect Based Operation 이하 EBO)' 개념을 실전에 적용했다. RDO는 전쟁 개시 이전에 적의 도발을 억제하다가 전쟁이 발생하면 지식, 지휘통제, 작전을 상호연계 하고 결합해 과도한 국가 자원의 소모를 회피하고 최소의 인명피해와 물리적 파괴로 단기간에 신속히 전쟁의 목적을 달성하는 방식이다(권태영·노훈, 2008: 192~193). EBO는 적의 군사력을 파괴하기보다는 실질 효과를 중시하여 실제 지휘관의 의도에 필요한 적의 핵심적인 노드에 영향을 미치는 전쟁 개념이다(권태영·노훈, 2008: 189~192).미군의 이라크전쟁은 정확한 정보의 획득과 유통을 기반으로 불필요한 파괴를 피하고 표적을 정확하게 공격하여 원하는 효과를 얻는 정보화전쟁의 방식으로 수행되었던 것이다.

　미국은 이라크전쟁 이전부터 새로운 전쟁수행 방식에 부합할 수 있는 군사변혁을 추진하고 있었으며 이라크전쟁은 미국이 그동안 추진했던 개혁의 성과를 검증하는 계기가 되었다. 부시 행정부는 2001년 1월 임기 시작과 함께 미국의 군사력을 다른 차원으로 변환시키겠다는 군사변혁(Military Transformation)을 표방했다. 선거 기간에 부시는 군사력 변혁의 필요성을 강조했고, "한세대 군사기술의 도약(skipping one generation of military technology)"을 선거공약으로 내세우기도 했다. 부시는 대통령에 취임하면서 국방장관에 군사변혁을 강조하는 도널드 럼스펠드(Donald Rumsfeld)를 임명했으며, 럼스펠드는 국방장관 직속으로 군사변혁국(Office of Force Transformation)을 신설하고 군사변혁을 적극 추진했다.12)

　미군은 이라크전쟁 이전부터 군사변혁을 위한 노력을 시작했으며 그 일환으로 미 육군은 포스 21(Force XXI)을 추구했다. 포스 21은 디지털 장비로 연결된 전투 체계를 갖추면 상대방보다 빠른 속도로 작전할 수 있다는 가정에서 출발했다. 또한 이 경우 기갑 전력이나 무인비행기 같은 추가적인 장비의 보충 없이 보다 위력적이고 생존성이 높은 형태로 단위 부대를 개조할 수 있을 것으로 전망되었다(Fontenot, 2005: 9). 이에 따라 미군은 제4사단을 시험 사단으로 지정하고 육군참모총장 고든 설리번(Gordon R. Sullivan) 장군의 결정으로 1993년부터 시험 평가 및 교리개발을 하도록 했다.

　미 육군의 포스 21은 더디게 진행되었다. 제4사단은 1997년 여름까지 시험을 계속했는데 초보적 수준에 머물러 있던 전술 인터넷의 완성도를 높이고, 운용자들이 이를 숙달하는 과정을 먼저 거쳐야 했다. 때문에 디지털 장비로 연계된 부대의 전술훈련은 상당 기간 지체되었다(Combat Studies Institute, 2013).

---

12) 군사변혁국은 2001년 10월 9일에 신설되었으며, 초대 국장으로 네트워크 전쟁 개념의 창시자인 아서 세브로우스키 제독(Arthur K. Cebrowski)이 임명되었다. 하지만 2006년 10월 1일 군사변혁국은 해체되고 그 기능은 국방성 내의 다양한 부서로 분산되었다.

제4사단은 우선적으로 체계 구현을 위해 끊임없이 민간인 개발자와 기술자들의 도움을 받아야만 했다(Fontenot, 2005: 55).

이런 가운데서도 제4사단의 관계자들은 시험을 진행하며 디지털화의 중요한 요소들을 발견해 냈다. 그들은 처음에 전장가시화와 디지털통신에 역점을 두었지만 차츰 의사결정과 상황 인식을 위한 체계로 중점을 바꾸었다. 이는 차후에 '육군전투체계(Army Battle Command System)'로 통합되었다(Fontenot, 2005: 10). 시험 도중에 예상하지 못했던 디지털 부대 운용의 특성이 발견되었는데 그 가운데 한 가지는 상호 시야를 제공해 주어 일반 부대보다 훨씬 넓게 산개해서 기동할 수 있다는 것이었다. 결과적으로 제4사단의 디지털 사단 시험은 어느 정도 미래 디지털 부대에 대한 가능성을 제시할 수 있었다. 다만, 1997년 미 육군은 디지털 사단의 가능성을 인지하고 전 사단을 개편하려고 했으나, 여건이 제한되어 이라크전쟁에서 완전히 개편된 디지털 사단들을 전개시킬 수는 없었다.

디지털 사단의 편제는 일견 기존 사단의 편제와 비교하여 큰 차이가 없어 보인다. 이 부대는 2개의 보병여단과 1개의 기갑여단 그리고 사단 포병으로 구성되었다. 보병여단의 경우 각각 2개의 보병대대와 1개의 기갑대대로 편성되었고 기갑여단은 그 반대로 두 개의 기갑대대와 한 개의 보병대대를 보유하도록 했다. 사단 포병은 세 개의 포병대대로 편성되었다(Combat Studies Institute, 2013: 60). 그러나 이 사단들은 적어도 화력과 생존성을 네트워크로 보강했다는 측면에서 의미가 있었다.

미 육군은 후세인 정권 제거 이후 출현한 무장단체들의 반란전을 진압하는 와중에 더욱 극적인 구조적 변혁을 추진했다. 미 육군은 냉전이 종식되고 대규모 기동전의 위협 대신 테러나 소규모 습격을 위주로 하는 반란전 등 다종 다양한 위협에 효과적으로 대처할 수 있는, 지구 어디라도 신속하게 투입될 수 있는 형태로 사단을 개편하기 시작했던 것이다. 미군은 2003년 제3사단을 대상으로 한 시험에서 확신을 얻어, 사단을 여단 단위 전투팀으로 편성하되 유형에 따라 중여단전투팀(Heavy Brigade Combat Team), 보병여단전투팀(Infant Brigade Combat Team), 스트라이커여단전투팀(Striker Brigade Combat Team)으로 분류했다. 중여단전투팀은 58대의 M1A1 전차를 보유하고, 보병여단전투팀은 주로 차륜형 장비로 편성되며, 스트라이커여단은 300대의 스트라이커 장갑차를 편제하도록 되어 있다(Dalessandro, 2013: 52~54). 이 여단전투팀들은 어떤 부대와도 자유롭게 편조되어 운영할 수 있도록 설계되어 있다. 특기할 만한 것은, 사단(UEx로 표현)은 합동작전 지휘가 가능한 구조이고 자체적으로 네트워크 지원 중대를 지니고 있다는 점이다(Dalessandro, 2013: 57).

여단전투팀은 중요한 특성을 지니고 있는데, 그것은 여단에 전투지원부대나 전투근무지원부대가 상비 조직으로 편성되었다는 것이다. 이전까지 이런 부대들은 사단에 병과별로 통합되어 존재하다가 전투가 진행되면 필요에 의해 일반 지원이나 배속을 통해 전투부대와 결합되었다. 그러나 여단전투팀은 평시부터 이런 조직을 자체적으로 보유하게 되었으며, 이에 따라 부대 편성과 배치에 따른 시간을 절감하게 되었고, 진정한 의미에서 실시간으로 필요한 전투정보나 전투 지원 정보를 원활하게 주고받으며 작전을 수행할 수 있게 되었다(Department of the Army, 2010: 1-6 ~ 1-14). 이 조직은 발달된 정보통신기술을 전력으로 변환시킬 수 있는 최적화된 편성으로 이해할 수 있다.

이라크전쟁을 전후해 미 육군에 발생한 변화는 주로 작전환경의 변화와 정보통신기술의 발달로 말미암은 변화로 이해될 수 있다. 전통적으로 육군 조직에 있어 사단은 예하에 기동부대와, 화력부대 그리고 지원 기능을 보유하고 있으며 자체적으로 높은 완결성을 갖추고 있어 변화되기 어려운 조직이다. 그러나 정보통신기술의 발달로 나폴레옹 시기부터 인류가 활용해 오던 사단 조직에 변화가 발생하기 시작한 것이다.[13] 결국 미 육군은 사단을 전통적인 지상 작전의 주역에서 밀어내고 대신 여단을 활용하기 시작했다.

---

13) 나폴레옹이 활용한 사단의 의미와 역할은 Howard(1975: 82~84) 참조.

이라크전쟁 기간 동안 활용된 정보통신기술의 역할 역시 주목해야 한다. 걸프전쟁과 달리 이라크전쟁에서는 단순한 의사소통만을 위해 정보통신기술을 사용한 것이 아니라 지휘 정보를 공유하며, 감시체계의 데이터를 전송하고, 정밀유도무기에 공격 임무를 부여하기 위해 정보통신기술이 사용되었다. '전지구합동지휘통제체계(Global Command and Control-Joint, GCCS-J)'는 전 세계에 있는 군단급 이상 지휘소에 거의 실시간으로 상황 인식 능력을 제공했다. 그리고 말단 중대까지도 동시 정보전달 체계에 의해 공통의 상황 인식과 전투 지휘를 위한 기능이 제공되었다(합동참모본부, 2003: 180~181). 아울러 걸프전쟁에서는 전장가시화 비율이 15%에 불과했는데 이라크전쟁에서는 70% 이상에 달했다.

이라크전쟁에서 나타난 변화는 걸프전쟁의 그것과는 차별된 양상을 보여주었다. 우선 이라크전쟁에서는 정보를 최대한 활용하여 전쟁의 효율을 극도로 높이는 전쟁 방식이 등장했으며, 새로운 방식의 전쟁을 수행할 수 있는 군사 조직의 변화가 나타났다. 특별히 변화의 대상이, 좀처럼 변하기 어려운 육군의 사단이었다는 점에서 이는 주목할 만한 변화로 인식해야 한다. 아울러 이라크전쟁에서는 정보통신기술의 역할이 급격하게 확대되어 전투력 향상에 직접적으로 작용했다. 이런 특징들은 이라크전쟁을 걸프전쟁과 달리 새로운 패러다임에 속한 전쟁으로 인식하도록 해준다.

5. 맺음말

걸프전쟁과 이라크전쟁은 유사한 교전 상대국에 의해 약 10여 년의 시간 간격을 두고 치러졌다. 이 두 전쟁은 공교롭게도 이라크의 사담 후세인에 대해 미국의 부시 부자(父子)가 대통령으로 대를 이어 수행한 전쟁이 되어버렸다. 놀랍도록 많은 유사성을 지니고 있는 이 두 전쟁은 사실은 서로 다른 패러다임에 속했다. 걸프전쟁은 산업화전쟁의 최첨단 버전이었으며 이라크전쟁은 정보화전쟁의 첫 전쟁이었던 것이다. 결국 걸프전쟁 전후로부터 시작된 군사변혁이 10년 후에는 정보화전쟁으로 전쟁의 패러다임을 새롭게 바꿔놓은 것으로 이해할 수 있다.

미군은 이라크전쟁을 전후해서 정보통신기술을 전쟁에 적극적으로 활용하기 위한 방안으로 육군의 군사 조직을 개편하기 시작했고 전통적인 사단 대신 여단을 위주로 한 부대 구조를 정착시키기 시작했다. 아울러 걸프전쟁에서 의사전달 위주로 활용되던 정보통신기술이 이라크전쟁에서는 전투 정보의 유통과 협동적인 교전을 가능하게 하는, 전쟁의 효율성을 극적으로 상승시키는 역할을 적극적으로 수행했다. 비록 미국에만 한정되어 이런 변화가 나타났으나 이미 세계 각국은 미국의 정보화전 체계를 따라잡기 위한 노력을 경주하고 있으며 미국이 열어놓은 정보화전쟁의 패러다임에 속속 진입하고 있다.

향후 정보화전쟁으로 인한 전투 조직의 변화는 미군이 개편하고 있는 여단전투팀에서 드러나듯 정보통신기술을 전력화할 수 있는 방향에 중점을 두고 이루어질 것으로 보인다. 마치 군사혁명기에 화약 무기 사용을 위한 조직이 출현했고 제1차 세계대전 이후 전차의 충격력을 극대화할 수 있는 형태로 기계화부대의 조직이 고안되었던 것처럼, 앞으로는 정보통신기술을 적극적으로 활용하기 용이한 방향으로 각국의 군 조직이 변화해 갈 것이다.

한편 이라크전쟁에서 구체화된, 정보통신기술을 통해 정보유통을 극대화하여 전투효율을 높이는 추세는 앞으로도 지속적으로 이루어질 것이다. 특별히 플랫폼 중심의 전투에서 네트워크 중심의 전투로 전쟁이 변화하면서 우주로부터 공중, 지상, 수상, 해저에 있는 플랫폼이 네트워크로 연결되고, 그 안에서 전장 정보를 공유하고 협동으로 교전하며, 필요한 지원을 실시간으로 요청하고 받는 체계가 더욱 효율적으로 발달될 것이다.

참고문헌

김기정·원영제. 2001. 「정보화시대의 국가안보」. ≪전략연구≫, 제8집 1호.

미 국방부. 1992. 『걸프전쟁: 미 의회 최종보고서』. 국방군사연구소 옮김. 국방군사연구소.

_____. 1993. 『걸프전쟁: 미 의회 최종보고서(2)』. 공군본부 옮김. 공군본부.

박인휘. 2002. 「탈근대적 군사력과 군사분야혁명(RMA)의 역사적 이해」. ≪국제정치논총≫, 제42집 2호.

육군군사연구소. 2011. 『이라크전쟁』. 육군군사연구소.

이병구. 2014. 「이라크전쟁 중 미군의 군사혁신: 내부적 그리고 외부적 군사혁신 이론의 타당성 검증을 중심으로」. ≪군사≫, 제91호.

장명순. 1996. 「미래전 양상과 정보전」. ≪국방논집≫, 제35호.

권태영·노훈. 2008. 『21세기 군사혁신과 미래전: 이론과 실상, 그리고 우리의 선택』. 법문사.

합동참모본부. 2003. 『이라크전쟁 종합분석』. 합동참모본부.

홍성표. 2003. 「21세기 전쟁양상 변화와 한국의 국방력 발전방향」. ≪국방연구≫, 제46집 1호.

Combat Studies Institute. 2000. "CSI Report No. 14, Sixty Years of Reorganizing for Combat: A Historical Trend Analysis." U. S. Army. http://usacac.army.mil/cac2/csi/CSIPub.asp#contemporary(검색일: 2013.11.20).

Dalessandro, Robert R. 2013. *Army Officers' Guide. Mechanicsbur.* PA: Stackpolebooks.

Department of the Army. 2010. *Field Manual 3-90.6, Brigade Combat Team.* Washington D.C.: Department of Army.

Fontenot, Gregory. 2005. *On Point: The United States Army in Operation Iraqi Freedom.* Annapolis: Naval Institute Press.

Hammes, Thomas. 2006. *The Sling and the Stone.* St. Paul, MN: Zenith Press.

Howard, Michael. 1975. *War in European History.* Oxford: Oxford University Press

Lind, William. 2004. 9~10. "Understanding Fourth Generation War." *Military Review.*

Millett, Allan R. and Williamson Murray(eds.). 1998. *Military Effectiveness, Vol.I, II, III.* Boston: Allen & Unwin.

Parker, Geoffrey, 1995. "The 'Military Revolution, 1560~1660'-A Myth?" in Clifford J. Rogers(ed.). *The Military Revolution Debate.* Boulder, Colorado: Westview.

_____. 2007. "The Limits to Revolutions in Military Affairs: Maurice of Nassau, the Battle of

Nieuwpoort(1600), and the Legacy." *The Journal of Military History,* Vol.71, No.2.

Roberts, Michael. 1995. "The Military Revolution, 1560~1660," in Clifford J. Rogers(ed.). *The Military Revolution Debate.* Boulder, Colorado: Westview.

Stewart, Richard W.(ed.). 2004. *American Military History Vol.II: The United States Army in a Global Era, 1917~2003.* Washington D.C.: Center of Military History United States Army.

Strachan, Hew. 1983. *European Armies and the Conduct of War.* London: George Allen & Unwin.

The 3rd Armored Division. "Basic Fact Sheet of the 3rd Armored Division World War II." http://3ad.com/history/wwll/stats.data.2.htm(검색일: 2013.11.25).

The 3rd Armored Division. "Units of the 3rd Armored Division in the Gulf War, Operation Desert Storm." http://3ad.com/history/gulf.war/division.units.htm(검색일: 2013.11.25).

U. S. Army. 2004. http://www.history.army.mil/books/AMH-V2/AMH%20V2/chapter12.html(검색일: 2013.11.10).

4장

1999년 인도·파키스탄 '카르길 전쟁'*
핵보유국에 대한 '전략적 강압'

손한별 | 국방대학교 군사전략학과 교수

1. 머리말

2018년 평창 동계올림픽으로부터 시작된 한반도 비핵화협상과 대화가 이어지면서, 과연 북한의 핵 정책과 핵전략은 무엇인지에 대한 논의가 진행되고 있다. 북한이 정말 전략적 결정을 통해 비핵화에 나설 것인지, 아니면 핵능력을 어디까지 증강시킬 것인지에 대한 논의는 계속되어 왔지만, 여기에 수십 개 수준으로 판단되는 북한의 핵무기를 과연 '어떻게 사용할 것인가'에 대한 추가적인 논의도 있다(안경모, 2016; 김태현, 2017).

북한의 의도를 분석함에 있어 파키스탄은 중요한 비교 대상으로 주목된다. 그 이유는 첫째로 핵무기 개발을 결정하게 된 전략적 상황의 유사성에 있는데, 전략적 취약성의 극복, 탈냉전 이후 자국의 위상 제고, 정권의 대내적 안정 도모, 미국의 강력한 제재로부터의 탈피 등을 들 수 있다(김주환, 2016:

---

* 이 글은 「핵보유국에 대한 '전략적 강압': 1999년 카르길(Kargil) 전쟁」, ≪국가전략≫, 제23권 4호(2017), 31~60쪽을 수정·보완한 것이다.

5~15). 두 번째는 북한과 파키스탄의 쌍무적 핵 협력이다. 1995년 양국 간 공식적인 핵 협력 협정 이후 핵·미사일 기술 교환(라윤도, 2014: 121~122), 1998년 공동 핵실험 의혹, 파키스탄의 북한에 대한 이중용도품목 공급(연합뉴스, 2016.6.23) 등 양국 간 핵 네트워크의 존재는 전혀 새로운 사실이 아니다. 끝으로 세 번째는 먼저 핵개발에 성공하고 인도와 전쟁을 치른 경험을 가진 파키스탄의 핵전략으로부터 북한의 핵전략을 유추해 보는 것이다(함형필, 2009; 김재엽, 2014; 손한별, 2016b). 그러나 남아시아 국가들의 군사전략에 대한 무관심, 우리의 비핵화 우선 정책 추진 등으로 이에 대한 학술적 연구는 여전히 초기 단계에 머물러 있다.

인도와 파키스탄의 분쟁사는 양국의 핵전략뿐만 아니라 국제정치 연구에도 다양한 주제를 제공하는데, 특히 1999년의 카르길(Kargil) 전쟁은 핵무장 국가가 직접적인 재래식 무력 충돌을 벌인 유일한 사례로서 의미가 있다. 핵무기가 전략적 수준에서는 상대방을 억제하는 역할을 하지만, 전술적 수준의 재래식 분쟁에서는 오히려 대담하고 공세적인 행동을 유발할 수 있다는 '안정·불안정의 역설(Stability-Instability Paradox)'[1]의 대표적인 사례로 제시된다. 또 제2차 핵 시대를 맞아 '핵 약소국들'이 위기 시에 어떻게 핵무기를 사용 또는 위협할 것인지, 핵무기 보유에 기반한 '대담한' 도발을 어떻게 억제하고 대응할 것인지에 대해 중요한 함의를 제공한다.

이 글은 북한의 위협에 대응하는 우리의 입장을 고려하며 "인도는 어떻게 파키스탄을 강압(coercion)하는 데 성공했는가?"를 연구 질문으로 삼고 있다. 상대적 우위에 있었던 인도가 자국의 핵사용을 자제하고, 상대의 핵사용을 막을 수 있었던 전략적 성공 요인을 찾아보고자 하는 것이다. 이를 위해 먼저 카

---

1) 대표적인 연구로는 로버트 저비스(Robert Jervis)의 연구를 들 수 있는데, 그는 "전면적 핵전쟁의 차원(at the level of all-out war)에서는 군사적 균형이 안정적일 수 있어도, 폭력의 낮은 단계(at lower level of violence)에서는 덜 안정적일 수 있다"라고 설명했다(Jervis, 1985: 31).

르길 전쟁에 대한 기존 논의를 주제별로 구분해 보고, 전략적 강압의 개념과 성공 조건을 이론적으로 검토한다. 이어 본론에서는 상대적 핵 약소국이었던 파키스탄이 어떤 전략과 의도를 가지고 도발했는지, 인도는 어떻게 대응했고 파키스탄을 강압할 수 있었는지를 살펴본다. 마지막으로는 카르길 전쟁이 한국에 주는 함의와 추가적인 연구 과제들은 무엇이 있는지 차례로 해결하면서 논의를 진행하고자 한다.

2. 이론적 검토

1) 카르길 전쟁에 대한 기존 연구

파키스탄에 대한 국내연구의 주된 관심은 핵개발의 동기와 북한과의 비교에 있었고 핵확산의 안정성 문제 또는 제한전쟁의 가능성을 확인하는 차원에서 사례로 다루어졌기 때문에, 카르길 전쟁에 대한 국내연구는 많지 않다. 따라서 먼저 기존 논의를 자세히 살펴보고 이들의 연구 주제들을 분류하는 것 역시 이 글의 중요한 과업이다.

기존 논의의 첫 번째 주제는 인도와 파키스탄 간의 분쟁사적인 측면에서 카르길 전쟁을 분석한다. 1947년 영국은 인도를 떠나면서 수백 개의 번왕국(藩王國, princely state)들에게 인도나 파키스탄으로의 합병 또는 독립유지를 선택하도록 했는데, 시크교가 지배하고 있던 잠무(Jammu)와 카슈미르(Kashmir) 주가 1948년까지 결정을 미루면서 이 지역을 둘러싼 양국 간의 분쟁이 시작되었다. 인도와 파키스탄은 카르길 전쟁 이전에도 1948년과 1965년에는 파키스탄이, 1971년에는 인도가 동파키스탄(지금의 방글라데시)의 해방을 명분으로 일으킨 큰 전쟁이 있었다. 분쟁사적인 측면에서는 카르길 전쟁 역시 잠무와 카슈미르 지역을 둘러싼 양국 간 충돌의 하나로 보는 역사적인 관점의 연구나(Cohen, 2002; Singh. 1999; Hussain, 2008), 이를 바탕으로 양국 간 군사적 신뢰구축 방안을 모색하는 연구들이 주를 이룬다(앤더슨, 2010; Chun, 2016; Hussain, 2005; Akhtar, 2017).

두 번째는 전쟁 연구의 하위 분야로서 카르길 전쟁의 군사적·전술적 측면에 집중하는 연구들이다. 인도와 파키스탄의 국내 연구자들은 전쟁 자체에 주목하며, 전쟁의 발발 원인과 전쟁 기획, 전쟁의 승리와 패배를 결정하는 전술적 조치들에 집중한다. 파키스탄의 민군 갈등 때문에 정치적 고려 없이 시행된 군사작전이 국가 대전략의 실패를 초래했거나(Marium Fatima, 2016), 카르길 산악지대의 지형적 특성이 페르베즈 무샤라프(Pervez Musharaf) 육군참모총장을 비롯한 군부의 대담한 기습 전술로 귀결되고, 공군력, 특수전 전력, 정보 능력 등이 인도의 승리를 이끌었다는 분석도 있다(Joshi, 1999; Sukumaran, 2003; Marcus 2007). 전쟁 동안 나타난 미디어 활용도의 차이가 승패를 결정지었다는 연구나(Sachdev, 2000; Verghese, 2009), 전후 정보기관의 재편, 화력전투의 재고(再考), 국방기획 체계 보완 등의 교훈을 도출한 연구도 눈길을 끈다(Sign, 1999; Anand, 1999; Malik, 2009).

세 번째는 안정·불안정의 역설로 대표되는 핵무기의 확산과 제한전쟁에 대한 연구로, 미국을 중심으로 한 핵전략 연구자들에 의해서 진행되었다(Panday, 2011; Wojtysiak, 2001). 핵무기가 가지고 있는 강력한 파괴력 때문에 무제한으로 확전되지 않는다는 점에서 전략적으로는 안정을 가져오지만, 그러한 안정성 때문에 오히려 재래식의 소규모 도발과 충돌은 늘어난다는 것이다. 파키스탄 군부는 자신의 핵무기를 과신하여 무모한 도발을 일으켰고, 반면 인도는 양국 간 핵전쟁으로 비화되는 것을 막기 위해 자제했다는 분석이 주를 이룬다(Frey, 2011; Kapur, 2003; Lo, 2003).[2] 여기에 제2차 핵시대의 핵보

---

[2]   반대로 파키스탄이 재래식 전쟁을 확전시키지 않았다는 점을 들어 핵무기의 확산이 안정을 가져오며, 카르길 전쟁은 '안정·불안정' 상황의 예외적인 사례라는 주장도 있다(Chari, 2009; Ganguly, 2009).

유국이 인접 강대국들의 군사적 지원과 개입을 유도하여 유리한 상황을 조성하는 '촉매 태세(catalytic posture)'의 사례로 제시한 연구(Narang, 2014; 2012)나, 미국이 억제 외교와 위기 완화 조치를 통해 결정적인 중재자로서 역할해 왔다는 연구도 있다(Chakma, 2012; Lavoy, 2003).

마지막으로는 이 연구가 핵심적으로 다루고자 하는 제2차 핵시대의 '강압 전략'이다. 파키스탄의 입장에서 분석한다면 '핵무기를 가진 국가가 핵무기를 어떻게 사용하는가' 또는 '사용을 위협하는가'가 될 것이며, 다른 한편으로는 인도에 주목하면서 '핵무기를 가진 국가를 어떻게 굴복시킬 것인가'를 분석하는 연구들이다(Ahmed, 2009; Basrur, 2002). 아울러 상대적 약국인 인도가 강압(coercion) 및 통제(control)를 통해 강국인 미국을 적극적으로 개입시키고 파키스탄을 압박하도록 했다는 점을 강조하면서 제3국에 대한 강압전략을 다룬 연구도 있다(Bommakanti, 2011).

2) 전략적 강압

일반적으로 강압전략은 "위협을 통해 상대방의 행동에 영향을 미치는 것"으로(Schelling, 1966: 2~6; Freedman, 1998: 15; Byman and Waxman, 2002: 1), "특정 행동을 하지 못하도록 하는 것(억제)"과 "현재의 행동을 중단하도록 하는 것(강제)"을 포함한다(Schelling, 1966). 로런스 프리드먼은 이를 보다 구체화하여 "신중(deliberate)하고 의도적(purposive)으로 위협을 나타냄으로써 상대의 전략적 선택에 영향을 미치는 전략적 강압(strategic coercion)"으로 정의하고 있다(Freedman, 1998). 강압자는 자신의 전략적 목표 달성을 위해 피강압자의 선택지를 제한하고, 이를 수용하도록 군사·외교적으로 압박한다는 것이다.

이 논문의 연구 질문은 구체적으로는 "인도가 '전쟁 시'에 어떻게 파키스탄을 '강압'하는 데 성공했는가?" 하는 것이다. 먼저 '전쟁 시(intra-war)'는 무력 충돌이 없는 위기 상황과는 명확하게 구분된다. 지속적으로 확전되는 상황에서 불리한 입장에 있었던 파키스탄의 핵무기 사용을 억제하는 것은 중요한 과제였다. 다음으로 '강압'은 '어떻게 파키스탄의 핵사용을 억제(deterrence)했는가'와 '어떻게 파키스탄의 병력을 철수하도록 강제(compellence)했는가'의 질문을 포괄한다. 군사적 압박을 가하면 가할수록 파키스탄의 핵무기 사용에 대한 유혹은 커지므로, 단순히 군사적 능력과 의지를 지속적으로 높여감으로써 상대방을 압박하는 강압전략과는 다르다. 핵무기의 사용 가능성은 낮추고, 전쟁의 종결을 강요하는 강압적인 행동을 강화한다는 점에서 '전략적' 강압개념이 요구된다.

강압에 있어 가장 근본적인 질문은 강압의 목표, 수단, 방법이 무엇인가 하는 것이다. 이 장은 '파키스탄의 대인도 강압'에 맞선 '인도의 대파키스탄 전략적 강압'을 분석하면서, 인도는 "카슈미르 지역에서의 전략적 우위를 유지하기 위해"(목표), "화력전투 및 공습, 권력 기반에 대한 위협, 영토의 확보 및 진격 위협, 핵공격의 위협, 국제적 고립 유도 등의 조합"(수단)을 포괄적으로 활용하여 "확전 과정에서의 우세와 통제"(방법)를 달성했음을 살펴보고자 한다. 그러나 강압은 결코 강압자만의 게임이 아니다. 강압자가 강압을 시도하면 피강압자는 이에 순응하거나 저항할 것이고, 강압자는 피강압자의 반응을 예측하고 실제 행동에 따라 강압 행위를 달리할 것이라는 점에서 강압은 역동적 과정이다. 국가는 결코 단일한 행위자가 아니며, 국제적인 전략 상황 역시 가변적이라는 점에서 양자 간의 문제에 그치지 않는다. 또 강압의 메시지가 정확히 피강압자에게 전달되는 것도 아니고, 국가 간 관계가 일회적이지 않음을 고려해야 한다. 역동적 경합 과정을 포괄적으로 고려한 '전략적 강압'을 살펴볼 필요가 있는 것이다. 즉 인도의 강압전략이 무엇이었나 하는 것보다는 인도의 강압이 성공할 수 있었던 조건을 분석해야 한다.[3] 이 장은 바이먼과

---

3) 억제에 비해 강압의 '성공'에 대해서는 논의가 많이 발전되지 못했다. 브래튼이 지적하는 바와 같이 보다 큰 차원에서의 외교정책과 명확히 구분하기 힘들고, 피강압국의 단기 행동 변화만으로 성공을 평가하기도 힘들기 때문이다. 하나의 사건을 두고 강압의 성패에

왁스먼이 강압전략의 분석용 개념으로 제시한 '압박점'과 '확전우세' 중심으로 분석했다(Byman and Waxman, 2002: 55~62).

먼저 압박점(pressure point)은 상대방에게 매우 민감한 부분이며 효율적으로 위협할 수 있는 요소이다. 압박점은 상대방의 약한 체계와 지점에 해당되는 취약성(vulnerability)이 될 수도 있고, 상대방의 힘이 집중되어 있는 '중심(center of gravity)'이 될 수도 있다. 이런 압박점은 피강압국의 정권 형태에 따라 달라서, 인도와 같은 민주 체계에서는 다수의 여론이나 국가 경제 상황이, 파키스탄과 같은 전제정권에 대해서는 지도층 자체가 압박점이 될 수 있다. 또한 취약성이나 중심과 같은 압박점은 미리 선정할 수도 있으나, 강압의 역동성을 고려한다면 오히려 상황이 진행되는 가운데 상대의 행동 자체에서 발견할 수도 있다. 피강압자는 압력을 능숙하게 무마하려고 할 것이고, 때로 압박점에 압력을 가하는 것 자체가 문제가 될 수도 있기 때문이다. 인도가 파키스탄을 강압한 다양한 압박점이 있을 수 있으나, 이 장에서는 편의상 국제적 지원, 국내 정치, 군사 차원으로 구분해 압박점을 분석하고자 한다.

한편 확전우세(escalation dominance)란 "적국에게 위협 비용을 증대시키면서도 적국이 이에 대한 방어나 반격을 할 수 없도록 하는 능력"이다. 바이먼과 왁스먼이 지적하는 것처럼 확전우세의 가장 중요한 요소는 확전을 무제한으로 이끌어도 우세를 유지하도록 "비용 부담을 위협할 수 있는 능력"이지만, 강압자가 확전우세를 이룰 수 있다는 쌍방 간의 인식이 전제되어야 한다는 점에서 상대보다 우세하다는 확신을 인식시키기 위한 '신뢰성'도 고려되어야 한다. 또 피강압자는 우세한 강압자가 예측하지 못했던 역확전이나 정치적 비용의 증대와 같은 확전 능력의 무력화 조치에 직면하게 된다는 점에서, 불확실한 상황에서도 상황 전체를 지배하면서 강압자의 의도에 따라 상황을 관리할 수 있는 '확전 통제 능력' 역시 고려해야 한다.[4] 즉 확전우세는 '용기'

_____

대해 서로 다른 평가를 내리기도 한다(Bratton, 2005: 99).

와 '절제'를 모두 포함하는 개념이다.

3. 카르길 전쟁

1) 카르길 전쟁의 배경과 전개

카르길 전쟁은 1999년 인도와 파키스탄이 카슈미르 지역의 카르길에서 벌인 무력 충돌이다. 파키스탄은 인도의 동절기 경계가 허술해진 틈을 이용해, UN이 관리 중인 양국 간의 통제선(Line of Control, LoC)을 넘어 은밀하게 침투해 카르길의 산악지대를 장악했다. 이후 이를 확인한 인도군의 화력전투와 공군의 공습, 국제사회의 압박 등으로 철수를 결정하면서 종료된 전투이다.

양국 간의 통제선을 가로지르며 다양한 언어와 인종, 종교로 복잡하게 구성된 카르길 지역은 해발 3900~5500미터의 고산지대로, 1947년 인도의 영토구획 계획에 따라 인도로 편입되기 이전에는 라다크(Ladakh) 발티스탄(Baltistan) 지역의 일부분이었다.[5] 첫 번째 카슈미르 전쟁(1947~1948)의 결과로 발티스탄 지역은 인도와 파키스탄 간의 통제선으로 구분되었고, 카르길 지역은 인도의 잠무와 카슈미르 지역에 속하게 되었다. 1971년 인도·파키스탄 전쟁에서는 파키

---

4) 패트릭 모건(Patrick Morgan)은 억제의 요건으로 '안정성'을 제시했다. "정부들은 불완전하다. 즉 오인에 대한 부담, 그들이 잘못이라는 증거에 대한 저항, 역사와 과거 경험으로부터의 학습에 대한 어리석음, 그리고 스트레스하에서의 불균등한 효과" 때문에, 확전이 무제한으로 치닫도록 해서는 안 된다는 것이다(모건, 2011: 72~76).

5) 카슈미르 문제는 영국 식민지로부터의 독립 과정에서 주민의 다수가 무슬림이었는데도 불구하고 파키스탄이 아닌 인도연방에 병합되면서 시작되었다. 이후 파키스탄은 카슈미르의 사회불안을 야기해 인도로부터의 분리를 끊임없이 획책해 왔고, 인도는 그 같은 파키스탄의 시도를 인도연방 전체의 해체 기도로 간주하고 철저하게 대응해 왔다(라윤도, 2014: 133~157).

스탄의 패배 이후 양국이 국경선을 확정하고, 군사적 충돌을 방지하기 위해 이듬해 심라(Shimla) 협약을 맺었다.

1971년 이후 양국 간에 대규모 군사적 충돌은 없었다. 물론 1984년 인도가 시아첸(Siachen) 지역의 국경선을 설정하면서 양국 간 갈등 요소는 분명하게 존재했고, 1996년과 1998년 닐람(Neelam) 계곡에 대한 포격 등 소규모 무력 분쟁은 계속 이어졌지만 대규모 충돌은 일어나지 않았다. 또 1990년대에 이르러 파키스탄의 지원을 받는 분리주의자들의 활동이 증가하고(Prakah, 2015), 1998년 양국이 핵실험을 실시하면서 긴장이 높아지긴 했지만,[6] 1999년 2월 양국은 카슈미르 분쟁의 평화적인 해결을 위해 라호르(Lahore) 선언에 서명하기도 했다.

카르길 전쟁의 전반적인 전개 과정을 살펴보자. 양국이 직접 충돌하기 이전 파키스탄의 침투 시기로 범위를 확대하면 카르길 전쟁을 총 세 개의 국면으로 구분할 수 있다(이진기, 2017: 115~116). 첫 번째는 파키스탄의 병력이 카슈미르의 인도 관할 영역으로 침투한 1998년 말부터 1999년 5월초 인도가 인지하기 전까지의 국면이다. 파키스탄 군부는 인도가 핵전쟁으로 위기가 고조되는 것을 두려워하여 대규모로 반격하지 못하고 협상에 임하게 될 것이라고 판단했다(Tellis et al., 2001: 49). 파키스탄은 인도군이 동절기 혹한의 날씨와 병력 감축을 고려하여 경계 병력을 철수한 틈을 타서, 카슈미르의 인도 관할 영역과 카르길 지역으로 침투하여 인도의 1번 고속도로상의 전략적 요충지를 점령했다.

두 번째는 5월 초 인도가 파키스탄의 침입을 인지하고 이에 대응하기 위해 소규모의 지상군을 투입한 국면이다. 많은 연구들이 지적하는 것처럼 인도는 장시간 동안 파키스탄의 군사행동을 인지하지 못했고 정확한 정보도 가지고

---

6) 1998년 5월 11일 인도는 5번째 핵실험을 실시했다. 파키스탄은 이에 대한 대응으로 1998년 5월 28일 곧바로 5차례의 핵실험을 실시했고 5월 30일에 추가적으로 6번째 핵실험을 실시했다. 물론 인도는 1974년에 이미 '평화적' 핵실험을 실시한 바 있다.

있지 못했다.[7] 5월 3일 한 목동의 신고를 통해서 군 당국이 인지하게 되었고, 육군 정찰대만 투입했다가 포획당한 후에 전원이 사망하게 되었다. 인도는 3만여 명의 병력을 투입했으나 지형적으로 공격자에게 불리한 상황으로 인해서, 양국 모두가 많은 사상 피해를 보았다(*The Indian Express*, 2006.10.7).

세 번째는 인도와 파키스탄군의 주요 전투가 발생한 5월부터 7월까지의 국면이다. 인도는 5월 26일부터 스웨덴산 보포르(Bofor) 견인포와 함께, 공군 전투기를 활용한 화력전투를 통해 강력하게 반격했고, 파키스탄에게 점령당했던 대부분의 영토를 수복할 수 있었다. 또한 인도는 다양한 외교적 노력을 통해 미국을 비롯하여 UN, G8 국가들의 지지와 지원을 이끌어냈고, 파키스탄 국내 정치의 분열을 활용하여 여론전을 펼쳤다. 결국 파키스탄군은 국제사회의 비난과 경제적 제재, 정치적·군사적 압박을 견디지 못하고 7월 초부터 통제선 후방으로 퇴각하면서 7월 26일부로 전쟁이 종료되었다.

2) 파키스탄의 강압전략: 기정사실화 전략과 촉매 전략

많은 연구들은 파키스탄의 카르길 점령이 실패한 전략이라고 평가한다. 그러나 파키스탄 군부가 '군사적인 측면만을 고려하여 근시안적인 오판을 했다(Fatima, 2016: 630~632)'는 식의 평가는 실은 결과론적이고 자의적인 해석이다. 도덕적 당위성에 기반하여 '군사적 모험주의(military adventurism)'를 '폭력적'이기 때문에 '나쁜 것'으로 평가한다면, 카슈미르 지역에 대한 이전의 '인도의 군사행동' 역시 같이 비난받아야 한다. 카르길 전쟁이 인도의 입장에서는 라호르 선언에 대한 배신이었지만, 파키스탄에는 인도의 이전 행동에 대한 복수였기 때문이다. 또 무샤라프 육군참모총장을 비롯한 군부의 독단적인 결정

---

7) 121보병여단과 3보병사단은 매월 1회 해당 지역에 대한 보고를 3군단 사령부에 보고하도록 되어 있었지만, 보고 체계는 제대로 작동하지 않았다(Bommakanti, 2011: 294).

을 비판하기보다는,[8] 정치지도자의 정치적 책임 문제와 파키스탄 민군 관계가 성숙하지 못했던 것을 지적할 수도 있다.

사실 파키스탄의 강압전략은 충분한 합리성을 가지고 있었다. 파키스탄이 '바드르(Badr) 작전'이라고 명명한 이 작전은 무자헤딘(Mujahideen)을 비롯한 무장세력을 가장한 침투 전력을 수단으로 하여,[9] "일정한 군사적 성공을 기정사실화"하고 "국제적 개입을 유도"함으로써, "파키스탄의 위신을 회복"하고 "전략적 불균형을 해소"하려는 목표가 있었기 때문이다. 즉 라다크와 카슈미르 사이의 연결을 끊고, 시아첸 지역에서 인도군을 물러나게 하여 궁극적으로는 카슈미르 지역의 국경선에 대한 재협상을 강요하는 것이었다. 아래에서 다루겠지만 전략 기획 과정에서 몇 가지 잘못된 가정에도 불구하고, 인도를 강압하기 위한 압박점과 확전우세에 대한 판단이 선행되었던 것도 사실이다.

(1) 대인도 강압전략: 기정사실화(fait accompli) 전략

파키스탄은 카슈미르 지역에서의 불균형을 해소하기 위해, '비대칭 수단'을 활용하여 인도에 대한 기정사실화 전략을 추구했다. 무력 분쟁의 역사적

---

8) 카푸르는 1998년 10월에 무샤라프가 육군총장에 임명되면서 전쟁이 발생했다면서 그에게 책임이 있다고 주장했다(Kapur, 2007: 118). 무샤라프 개인적으로 호전적인 성격을 가진 측면이 있었고, 조직적으로 봐서는 분쟁을 통해서 육군의 정치적 지위와 권력을 유지하고자 하는 파키스탄 육군의 성향에서 그 원인을 찾는 연구도 있다(Tellis, 2001: 34). 카르길 점령을 계획한 군부는 4명이었다. 육군참모총장 무샤라프 대장, 10군단장 마무드 아메드(Mahmud Ahmed) 중장, 총참모장(CGS) 무하메드 아지즈(Muhammed Aziz) 중장, 북방경계지역보안대(FCNA) Javed Hassan 소장(Qadir, 2002): 25~26).

9) 또 다른 목적은 카슈미르 지역 무슬림들의 사기를 드높이기 위해서 군사적 도발을 활용한 것이었다는 주장도 있다. 카르길 전쟁 초기에 파키스탄 정부는 카르길 전쟁에 참가한 병력은 파키스탄의 정규군이 아니며, 무자헤딘과 같은 게릴라 세력이라고 주장했다. 하지만 파키스탄의 샤비드 아지즈(Shabid Aziz) 장군은 카르길 전쟁에 참전한 병력 중에서 무자헤딘은 없었으며, 파키스탄의 정규군이 참전했다는 사실을 확인한 바 있다(*The Tribune*, 2013)

사실과 정당성 문제 제기를 통한 정치적 의지, 선점 병력과 지형적 이점을 활용한 군사력, 재래식 또는 핵전쟁으로의 확전에 따른 사상자에 대한 민감도 등에서 상대적 우위를 달성할 것으로 예상했으며 이런 비대칭성을 활용하고자 했다.

첫째는 신속한 영토의 점령을 통한 '기정사실화 전략'이다. 스티븐 반 에버라(Stephen van Evera)를 비롯한 연구자들이 지적하는 것처럼 기정사실화 전략은 위험하지만 빈번하게 사용된다(Stephen van Evera, 1998: 10). 어느 정도의 양보가 불가피한 협상보다는 더 확실하고 분명한 승리를 보장해 주기 때문이다. 파키스탄은 아무런 경고 없이 통제선을 넘어 인도가 차지하고 있었던 지역을 점령함으로써 이미 달성된 사실을 수용하도록 한 것이다.[10] 물론 기정사실화 전략은 상대가 강압되지 않는다면 충돌로 귀결될 수밖에 없고 체면의 손상 없이 후퇴할 수 없다는 위험성을 가지고 있는데, 이는 스스로 '배수진(背水陣)'을 침으로써 강력한 강압효과를 가져오는 요인이 되기도 한다.[11]

둘째, 군사적으로 카르길 지역이 갖는 지형적 이점 때문이다. 인도에는 파키스탄의 공격을 예방하고 차단하기 위해 해발 5000m 지역에 구축한 전략적 요새 중 하나로, 스리나가르에서 레흐(Leh)까지 이르는 인도의 1번 고속도로를 완전히 차단할 수 있으며, 인도 방향에서의 군사활동을 감지할 수 있는 고

---

10) 카디르는 당시 파키스탄이 점령한 지역과 병력을 제시했는데, 정면 100km, 종심 7~15km, 면적 130km^2, 132개 전진기지를 1000여 명이 점령하고, 4000여 명이 전투근무지원을 했다고 추산했다(Qadir, 2002: 26).

11) 파키스탄의 군부는 인도가 강력히 반응하지 않을 것으로 예상했는데, 첫째, 역사적으로 카슈미르 지역은 무력 충돌이 끊이지 않았던 곳이다. 1984년 인도가 시아첸 빙하 지역을 무단으로 점령한 '메그두트(Meghdoot) 작전' 당시 파키스탄이 군사적으로 강력하게 대응하지 않았고, 인도도 그렇게 대응하지 않을 것이라는 판단이었다. 또 스리나가와 카르길을 연결하는 '조질라(Zojila) 통로'의 개통이 실제보다 한 달여 늦어지고, 공군력은 투입하지 않을 것이라는 "그릇된 기대"를 가졌기 때문이라는 구체적인 사례도 제시된다. (Fatima, 2016: 630~631; Wirsing, 2003: 38).

지군이 형성되어 있었다. 게다가 혹독한 추위로 인해 공격자의 공격을 보다 쉽게 무력화할 수 있는 전술적 중요성이 있다. 파키스탄의 입장에서는 포병의 화력지원과 군수지원을 받을 수 있었기 때문에 점령 시 파키스탄에 절대적인 이점을 주는 지역이었다. 인도가 반격하면 발생하는 공간지에 무자헤딘 병력을 투입하는 방안도 고려되었다.[12]

마지막으로는 1998년 양국이 경쟁적으로 핵실험에 성공한 이후 인도가 확전 자체를 두려워할 것이라는 인식이었다. 파키스탄은 핵실험에 성공한 이후 스스로의 핵능력에 대한 강한 자신감을 보여왔다. 소규모 분쟁이 핵전쟁으로 확전될 것을 두려워하면서 인도가 카르길에서 반격을 하지 않을 것이라는 전략적 판단에 이르렀다는 것이다(Masud, 2001: 34에서 재인용). 파키스탄 역시 군사적 모험이 핵전쟁으로까지 비화될 것을 고민하지 않은 것은 아니었지만, "전술적이고 외교적인 계산"에 의해서 결정된 것이었기 때문이다(Kapur, 2007: 79).

(2) 대외 강압전략: 촉매 전략(catalytic strategy)

파키스탄이 인도에 대해서 기정사실화 전략을 통해 배수의 진을 쳤다면, 국제사회에 대해서는 자신의 핵능력을 바탕으로 개입과 지지를 이끌어내면서 유리한 위치에서 조기에 상황을 종결시키려는 '촉매 전략'을 추구했다. 비핀 나랑(Vipin Narang)에 의하면 촉매 태세는 핵무기를 사용할 것이라고 위협하고 분쟁을 점진적으로 고조시킴으로써 제3국의 군사적 혹은 외교적 도움을 이끌어내는 것이다.[13] 사실 파키스탄의 이런 기대는 '희망적 사고'에 기댄 막

---

12) 파키스탄의 장군이었던 카디르는 파키스탄 군부가 작전계획을 검증하는 절차도 거쳤다고 밝혔다. 인도가 투입할 수 있는 병력을 예상하여 2.25 : 1의 값을 얻었으며, 통상적인 공격 : 방어 비율이 3 : 1이고 산악 지형에서는 더 많은 공격력이 요구되므로 충분히 승산이 있는 계획이라는 결과를 얻었다고 제시했다(Qadir, 2002: 26~27).
13) 나랑에 의하면 파키스탄은 1990년대 초반 제2격 능력을 갖추게 되면서 촉매 태세에서 비

연한 것이었는데, 앞에서 살펴본 바와 같이 카르길 '분쟁'이 국제적으로 큰 관심과 우려를 받게 될 것이라고 생각하지 못한 데 원인이 있다. 오히려 인도·파키스탄 간 핵사용 위기가 고조된다면 국제사회의 개입을 촉진할 수 있으며, 파키스탄은 이를 활용해서 인도를 압박할 수 있다는 결론에 이르렀을 것이다(Evans, 2001: 186~187).

파키스탄이 이런 결론에 이르게 된 이유는 다음과 같다. 먼저 인도가 설정한 '통제선'에 대한 불법성을 알리고자 했다. 파키스탄은 카르길 전쟁이 인도가 불법적으로 점령한 카슈미르 지역에서의 불법행위에 대한 응징이라고 주장했다. 둘째로 파키스탄은 국제적 지원에 대한 자신감이 있었다. 인도가 종교상의 이유로 카슈미르 지역에서 인권탄압을 자행했으며, 상대적 전력 우세를 바탕으로 불법행위를 계속해 왔다는 점도 이런 판단을 이끌었다. 셋째는 핵능력을 기반으로 한 핵공격 위협이었다. 파키스탄은 양국이 핵무기를 보유한 상황에서 국제사회가 신속하게 양측을 자제시키면서 유리한 상황에서 카슈미르 지역의 경계에 대한 재협상을 이끌 수 있을 것으로 보았다. 물론 처음부터 이 같은 핵위협을 계획한 것은 아닌 것으로 보인다. 그러나 오랜 동맹국이자 지지해 줄 것으로 예상했던 중국이 끝까지 중립적인 자세를 유지하자, 다급해진 상황에서 샴샤드 아흐메드(Shamshad Ahmed) 외교수석은 "우리의 영토를 지키기 위해서는 보유하고 있는 어떤 무기라도 사용할 수 있다"라면서 핵사용을 위협했다.[14]

기대했던 결과를 가져오지 못했지만, 파키스탄은 전쟁이 완전히 종결될 때

대칭 태세로 전환되었다고 분석했다. 그러나 촉매 태세의 충분조건은 핵능력 보다는 신뢰할 만한 제3자의 후원 가능성이라고 볼 때, 파키스탄의 핵태세는 비대칭 태세이지만 미국을 위시한 제3국의 개입을 유도하기 위한 전략으로서 촉매 전략을 추구했다고 볼 수 있다(Narang, 2014: Chapter 3)

14) 티모시 호이트(Timothy Hoyt)는 파키스탄이 해당 기간 중 핵위협을 최소한 6번은 했다고 주장했다(Hoyt, 2009: 157~161). 파키스탄 육군이 실제로 핵미사일을 준비하고 있었다는 사실을 미국이 인지했다는 연구도 있다(Riedel, 2002).

까지 지속적으로 강대국들에 대한 촉매 전략을 펼쳤다(Sagan, 2009: 392; Joeck, 200: 122). 샤리프 총리는 미국의 클린턴 대통령과 몇 차례 전화 통화를 하기도 했고, 7월 4일에는 워싱턴에서 정상회담을 진행했다. 샤리프 총리는 그의 동생인 샤바즈 샤리프(Shahbaz Sharif)를 미국으로 파견해 군부에 의한 쿠데타를 우려하는 메시지를 보내며 도움을 요청하기도 했다(Qadir, 2002: 29).

3) 인도의 '전략적 강압'

(1) 역강압(counter-coercion)

파키스탄의 이 같은 상황 인식과 대인도 강압전략에도 불구하고, 인도와 국제사회는 강력하게 반대하고 나섰다. 특히 인도는 파키스탄의 기정사실화와 촉매 전략을 오히려 역이용하면서 '역(逆)강압전략'을 펼쳤다. 인도는 강력한 포병 화력과 공군력 그리고 다양한 외교 채널을 수단으로 하여, 통제선과 영토를 수복한 군사적 성공을 대내외적으로 '기정사실화'하면서 우호적인 "국제적 개입을 적극적으로 유도함으로써 전략적 우세를 유지"하기 위한 전략적 강압을 추구했다. 파키스탄의 강압전략에 대해, 인도는 파키스탄의 방식을 그대로 따라 기정사실화 전략과 촉매 전략을 활용한 역강압전략을 펼친 것이다. 파키스탄이 핵무기의 사용을 몇 차례 위협했음에도 불구하고 사용하지 않은 것은, 다음과 같은 인도의 역강압이 성공적으로 작동했기 때문임을 보여준다.

첫째, 인도는 파키스탄이 점령한 지역을 강력한 화력과 공군력을 활용하여 수복했다. 인도의 정보기관인 R&AW는 파키스탄의 북방 경보병단 소속 5개 보병대대의 움직임을 식별하지 못했지만(India Kargil Review Committee, 2000: 153), 이후 즉각적으로 육군 병력을 투입하면서 수복에 나섰다. 5월 26일 이후에는 전투기 2대와 헬기 1대의 손실에도 불구하고 MIG-21, MIG-27, 재규어, 미라지-2000 등의 전투기와 정밀유도폭탄 등을 투입해서 파키스탄군의 피해를 강요했으며, 대규모 지상병력을 투입하여 6월 12일부터 톨로링(Tololing), 타이거힐(Tiger Hill), 드라스(Dras), 주바(Jubar) 고원지대를 차례로 수복했다.

둘째, 파키스탄이 핵무기 사용을 위협함으로써 국제사회의 개입을 유도하는 촉매 전략을 의도했으나, 오히려 인도가 이를 역이용함으로써 인도에 유리한 상황을 만들었다. 파키스탄의 외교력 부족과 미숙함도 원인이겠지만, 상대적으로 인도는 특별히 미국에 공을 들이면서 미국의 우호적이고 적극적인 개입을 이끌어냈다. 인도는 자국 핵무기뿐만 아니라 파키스탄 핵무기의 사용 우려를 모두 활용하여 점진적으로 분쟁을 고조시킴으로써, 주저하고 있던 미국의 정책 변화를 강요한 것이다.

(2) 압박점: 국제적 고립, 국내 정치의 분절, 군사적 열세

인도는 파키스탄의 선제 행동에서 압박점을 분석해 냈다. 국제, 국내, 군사적인 측면으로 구분해서 살펴보자. 첫째, 인도는 국제사회에서 파키스탄을 고립시켰다. 특히 아탈 바지파이(Atal Bihari Vajpayee) 정부는 미국의 우호적이고 적극적인 개입을 위해 노력했다.[15] 외교 당국자 간 회동은 활발했고, 5월 26일에는 국방장관이 영국과 미국을 방문하여 지지를 요구했다. 특히 6월 16일 미국의 클린턴 대통령이 제네바에서 열린 G8 정상회담에 참가하기 직전, 브라지시 미시라(Brajish Mishra) 국가안보보좌관이 바지파이 총리의 메모를 전달함으로써 G8 국가들이 파키스탄을 비난하는 분위기를 만들어냈다 (Fatima, 2016: 636). 이 메모는 미국이 인도 편에 서는 데 결정적인 역할을 한 것으로 분석된다. 그 결과 IMF·세계은행·아시아개발은행 등은 파키스탄에 대한 차관을 중단시켰고, 중부사령관이었던 앤서니 지니(Anthony Zinni) 대장을 파키스탄에 파견하여 무조건적인 철수를 요구하는 동시에, 깁슨 랜퍼

---

15) 자유주의자이며 최소 개입주의자였던 클린턴 대통령은 파키스탄의 문민정부를 지지해 줄 필요가 있다고 생각했기 때문에 최초에는 중립적인 입장 또는 파키스탄의 편에 서 있었다고 볼 수 있다(Bommakanti, 2011: 286).

(Gibson Lanpher) 특사를 보내 인도를 안심시켰다. 또 파키스탄의 샤리프 총리가 미국을 방문하여 클린턴 대통령과 정상회담을 하기 직전에도, 인도와 미국의 정상은 전화 통화를 통해 협력을 확인한 바 있었다(Bommakanti, 2011: 308~313).

파키스탄의 오랜 우호국이었던 중국도 중립적인 태도를 유지했는데, 인도와 파키스탄은 갈등을 완화해야 한다는 원칙적인 입장을 취했다(Singh, 1999; Kondapalli, 2017.1.16; Bhattacharjea, 1999). 6월 12일 중국을 방문한 파키스탄의 사르타즈 아지즈(Sartaj Aziz) 외교장관, 29일 방문한 샤리프 총리에게도 파키스탄의 주권과 군사적 독립성을 지지한다는 형식적인 메시지만 전달했을 뿐이다(Fatima, 2016: 636). 러시아는 파키스탄을 비난하면서 인도를 지지했다. G8 및 UN 안보리 국가들은 카르길 전쟁을 파키스탄의 침략이라고 정의하고 파키스탄을 비난했다(Cheema, 2013).

둘째, 인도는 파키스탄의 국내 정치적 분열을 활용하여 여론전을 펼쳤다. 인도의 성공적인 여론전은 국내외의 지지를 획득하는 데 중요한 역할을 했다(Tellis, 2001: 90). 파키스탄의 지도자는 범국가적 동의 없이 카르길 전쟁을 수행했기 때문에 비밀을 유지해야만 했고, 이는 파키스탄이 국내외의 여론을 통해서 카르길 전쟁의 당위성을 설명할 수 있는 기회를 상실하게 만든 원인이기도 했다. 파키스탄 정부는 자체적으로 판단하길, 인도가 자행한 카슈미르에서의 폭력적 행위보다 파키스탄의 카르길 전쟁이 정당성이 있다고 생각했다. 하지만 이런 파키스탄 정부의 입장은 여론을 통해서 국내외에 충분하게 설명되지 못했으며, 결국 파키스탄은 국내외의 지지 획득에 실패했다.[16]

---

16) Niaz Naik은 BBC와의 인터뷰에서 양국이 평화적 해결을 위한 방안을 모색 중이라고 밝히긴 했으나, 전쟁 상황이나 국제사회의 움직임 등에 대해서 파키스탄이 활용할 수 있는 수단은 제한되었다(Qadir, 2002: 29). 군사 정보기관의 수장이 무관단에 대한 브리핑에서 파키스탄 정규군이 투입되었음을 시인하면서 상황은 더욱 나빠지기 시작했다(Bommakanti, 2011: 305).

먼저 인도는 파키스탄의 문민정부와 군부 사이의 틈을 벌리는 데 노력했다. 문민정부와 군부 사이의 경쟁 관계 속에서 무샤라프 군부는 외교부, 정보기관, 심지어 내각 누구와도 이 작전에 대해서 논의하지 않았다. 인도는 이런 상황을 자세히 보도함으로써 파키스탄 외교부를 비롯한 국가기관들의 대내외 활동을 위축시킬 수 있었다. 인도 정부는 '불량한(rogue)' 파키스탄의 육군이 문민통제를 뛰어넘어 카르길 작전을 기획했으며, 이는 총리의 평화적 행보에 찬물을 끼얹기 위한 시도라는 것을 강조했다. 결정적인 사건은 무샤라프 육군참모총장과 아지즈 총참모장의 대화 내용이 담긴 '카르길 테이프(Kargil Tapes)'의 공개였다. 이 대화에는 파키스탄의 정규군이 투입되었으며, 샤리프 총리는 전체적인 사항을 잘 알지 못한다는 내용이 포함되어 있었다(Raman, 2007). 결국 국내외의 공개적인 비난에 직면했고, 검토 과정에서 아예 배제되었던 파키스탄 외교부는 인도의 선전전에 효과적으로 대응할 기회도 얻지 못했다.

셋째, 재래식 군사력의 비대칭성을 적극적으로 활용하면서 군사적으로 압박했다.[17] 건국 이래로 인도는 파키스탄에 대해 절대적인 우세를 점하고 있었다. 카르길 전쟁에는 수백 문의 보포르 야포와 다양한 기종의 전투기가 투입됐다. 지상에서는 250문 이상의 155mm 보포르 야포와 105mm 인도 야포, 그리고 122mm 다연장 로켓자주포(Grad Multi Barrel Rocket Launchers)가 전선 전반에 걸쳐 설치되어 지상 병력을 지원하는 핵심적인 역할을 수행했다. 또한 공중에서는 미라주 2000 전투기가 레이저유도폭탄을 투하했고, MIG

---

17) 파키스탄이 왜 동원령을 내리지 않았는지, 해군과 공군을 적극적으로 투입하지 않았는지, 왜 굴복했는지의 정책 결정 과정에 대해서는 추가적인 연구가 필요한 부분이다. 파키스탄의 카디르 장군은 군 내에서도 반대의 목소리가 있었다면서, 군사행동이 잘 조정되지 못했음을 지적했다. 1999년 4월 총리에게 계획을 브리핑하는 과정에서, 해군총장은 해외출장 중이었고 따라서 해군은 신중한 입장을 견지했고, 공군은 공개적으로 매우 부정적이고 비판적이었다고 기록했다(Qadir, 2002: 27).

17·21·27 전투기들이 제공권을 장악했으며, MI-8 헬기가 병력을 수송하는 등 대규모의 항공력을 투입한 인도는 절대적인 군사력의 우위를 가지고 있었다(GlobalSecurity.org).

(3) 확전우세: 능력, 의지, 통제

인도는 확전에 대한 비용 감수 능력과 신뢰성·통제력을 확실히 보이면서 파키스탄에 대한 강압전략을 성공으로 이끌었다. 먼저 다음과 같이, 확전의 비용을 감내할 수 있는 수직적·수평적인 확전 능력과 의지를 내보였다. 첫째, 군사적으로는 '승리의 작전(Operation Vijay)'을 강력하게 실행했고, 이는 수직적인 확전우세에 대한 능력과 의지를 보여주었다. 인도가 통제선을 넘지 않도록 하는 제한된 목표를 세웠던 것은 사실이지만, 확전을 두려워한 것은 아니었다. 인도는 육군 제15, 16군단을 재배치했고, 서부사령부와 남부사령부의 병력을 파키스탄과의 접경지역으로 이동시켰으며, 서해함대에 동해함대의 전력을 지원하기도 했다(Joeck, 2008: 2). 인도가 1971년 이후 사용하지 않았던 공군력을 동원하면서 격렬하게 대응한 것이 파키스탄의 전의 자체를 상실하게 했다는 평가도 있다. '군사적 성공' 자체가 어떤 능력이나 의지의 현시보다 상대에게 확전우세의 인식을 강요할 수 있다는 것이다.

둘째, 인도는 지역전이 국제전으로 번지는 것을 위협하면서 수평적인 측면에서의 확전우세를 과시했다. 미시라는 미국에 "오늘은 통제선을 넘지 않았지만, 내일은 어떤 일이 일어날지 모른다"라고 전달했으며, L. K. 아드바니(L. K. Advani) 장관도 "전면전은 통제가 불가능하다"라면서 확전의 위험성을 부각하기도 했다(Bommakanti, 2011: 298~299). 실제로 인도군은 핵무기의 대기 태세를 3단계로 격상했다(Fatima, 2016: 633). 물론 이 같은 위협이 사전에 준비된 것은 아니며, 국내외적인 상황이 인도에 유리하게 돌아갔기 때문이라는 분석도 주목할 만하다(Panday, 2011: 11). 강압의 역동성을 고려할 때 사전에 모든 압박점과 확전우세를 확보할 수 없었고, 상황 변화에 따라 유연성을 가지고 접근해야 하기 때문이다.

그러나 한편으로 인도는 상황을 유리하게 관리하면서 무제한적인 확전을 통제했다. 이런 노력은 국제사회에서 신뢰할 만한 행위자라는 인식을 심어주는 데 기여하기도 했다.[18] 먼저 가장 주목되는 것은 목표와 장소 측면의 제한으로, 인도는 '파키스탄 병력의 철수'를 목표로 두고, 인·파 간의 통제선을 넘지 않도록 유의했다. 보복공격으로 인해 무력 충돌이 확대되는 것을 우려하면서, 파키스탄에 대한 보복보다는 '철수'에 목표를 두었다는 것이다. 사실 인도는 통제선을 넘음으로써 전술적으로 우세한 지점을 확보할 수도 있었고, 훨씬 더 일찍 상황을 종결할 수도 있었다는 분석이 있다. 나아가서 이후의 확전도 충분히 통제 범위 내에 있었다고 주장하기도 한다. 실제로 통제선 너머에서의 작전을 준비하기도 했다(Panday, 2011: 11; Bommakanti, 2011: 296~298). 그러나 통제선 너머로의 확전은 예비계획으로만 존재했다.

두 번째는 수단 측면의 제한이다. 5월 말부터는 공군력이 전면적으로 투입되었지만, 인도 내부의 정책 결정 과정을 보면 이 역시 매우 신중하게 검토되었다. 참모위원회 의장은 통제선을 초월하여 공군의 공습을 건의했지만 내각안보위원회(Cabinet Committee on Security)는 이를 승인하지 않았고, 공군은 정부의 정치적 확인이 있어야 한다고 주장하고 나섰다. 5월 25일 안보위원회는 통제선을 준수하는 선에서 공습을 승인했다(Bommakanti, 2011: 296). 인도는 또 보포르 야포와 공군 전투기를 활용하여 강력한 화력전투에 나섰지만, 핵무기의 사용 위협은 최대한 자제했다. 사실 민주국가는 전쟁에서 사상자에 대한 민감도가 높을 수밖에 없지만, 인도가 양국의 사상자 수가 크게 늘어나는 것을 우려했기 때문으로 분석된다(Kumar, 2008: 69~70).

세 번째는 시간의 제한이다. 인도 입장에서 추가적인 확전은 군사적으로

---

18) 세티는 핵무기가 상존하는 상황에서 제한전으로 전쟁을 종결할 수 있었던 이유를 ① 명확한 목표, ② 계산된(calibrated) 군사력의 사용, ③ 기민한(astute) 정치외교 공간의 활용으로 들고 있다(Sethi, 2009).

부담이 될 뿐만 아니라 시간적인 제약요인이 되었다. 정보 파악 실패라는 실책을 부각시키지 않기 위해서는 상황을 신속하게 마무리해야 할 필요도 있었지만, 상황이 장기화되면서 사상자가 계속 늘어가는 것도 막아야 했기 때문이다. 또한 신속한 종전과 협상을 통해서 인도의 정치적 승리를 대내외에 표방하면서 파키스탄의 추가 도발을 억제할 수 있는 계기를 마련할 수 있기 때문이었다. 전쟁의 장기화가 파키스탄으로 하여금 핵무기 사용을 포함한 어떤 불안정한 선택을 강요할지 모르기 때문이다.

마지막으로, 파키스탄과의 소통을 유지하면서 의도치 않은 확전으로 발전하는 것을 억제했다. 샤리프 총리의 주장에 따르면, 그는 인도 바지파이 총리의 긴급한 전화를 받고서야 카르길 전쟁의 상황을 처음 인지했다(*The Times of India*, 2006.5.28). 주장의 사실 여부보다 주목되는 것은 인도와 파키스탄 총리 간 전화 통화이다. 라호르 선언의 결과이기도 했지만, 위기 상황이 고조되는 것을 막고 인도가 효과적으로 파키스탄을 강압하는 데 중요한 전기를 마련한 것이기 때문이다. 또 6월 12일에는 파키스탄의 아지즈(Sartaj Aziz) 외교장관이 뉴델리를 방문하는 등 양국의 위기를 완화하기 위한 노력도 병행되었다. 결국 인도는 세계의 언론을 통해 비록 인도가 핵무기를 가졌지만 높은 자제력을 가지고 핵무기 사용을 절제하며 책임감 있게 행동하는 국가라는 이미지를 전세계가 인식하도록 만들었다.

4. 한국에 주는 함의

1) 파키스탄의 오판과 도발: 북한의 위협 양상

카르길 전쟁이 한국에 주는 함의를 살펴보자. 첫째, 파키스탄의 국내 정치와 정책 결정 과정을 중심으로 살펴보면, 전제정권의 정책 결정 과정은 매우 비합리적인 결과를 가져올 수 있다. 카르길 전쟁은 파키스탄 군부의 오판으로 시작되었다는 데 합의가 형성되었다는 점에서 보면, 북한의 핵위협 또는 도발 역시 언제든지 상황에 대한 오판에서 시작될 수 있다. 파키스탄이 그러했던 것처럼 북한도 새로 보유하게 된 핵전력을 가지고 한국에 대한 강압에 성공할 수 있을 것이라고 믿을 수 있으며, 그런 오판 가능성은 군사적 위기 상황에서 더욱 커질 수 있다(Horowitz, 2009: 234~257). 파키스탄은 카르길 전쟁 이후 군사적 준비뿐만 아니라 전략적 상황 판단이 필수적이라는 것을 깨달았으며, 북한도 여기에서 교훈을 얻었기를 기대한다.

둘째, 핵개발의 동기가 재래식 군사력의 불균형을 상쇄하기 위한 것이라고 하더라도(Salik, 2014: 73~74), 그러나 무조건적으로 핵무기를 사용하지는 않는다는 것이다. 카르길 전쟁의 사례에서 보듯이 핵무기 보유국들 간의 분쟁에서도 핵전쟁으로의 확전이 반드시 나타나는 것은 아니며, 핵무기 사용을 위협 수단으로 활용하여 핵 공갈(blackmail)을 시도할 가능성이 더욱 높다. 물론 파키스탄이 그랬던 것처럼 위협 효과를 극대화하기 위해 실제 핵미사일을 준비하거나 핵태세 격상을 실시할 가능성을 간과해서는 안 된다. 또한 북한이 전략적으로 핵무기 사용과 함께 전면전을 개시할 가능성도 분명히 존재한다. 다만 위기 확전에 의한 핵무기의 사용 가능성에 대한 양측의 우려는 상존하며, 이 때문에 재래식 위기가 격화되더라도 핵무기 사용에 이르기까지 필연적으로 발생하는 시간적·공간적 격차를 활용할 수 있어야 한다는 것을 말하는 것이다.

마지막으로는 핵무기에 대한 자신감과 국제적 고립감이 현상 변경에 대한 의지를 확대시킨다는 것이다. 카르길 전쟁 당시 파키스탄은 핵개발, 핵사용 위협, 재래식 도발뿐만 아니라 테러 행위 및 지원으로 군사력의 불균형을 보완하려고 했다. 카르길 전쟁의 교훈이 '재래식 전쟁은 많은 비용을 수반할 수 있다'는 것이었다면, 결국 파키스탄이나 북한은 비전통적인 도발을 일으킬 가능성이 크다. 분쟁지역 주변에서의 테러나 반군에 대한 지원 외에도 사이버

테러와 같이 주체를 특정하기 힘든 도발도 예상된다. 군사적 모험주의 국가들은 체제의 생존을 위해서 혹은 협상 테이블에서 유리한 고지를 선점하기 위해서라도 방어하는 국가의 사회 혼란을 야기하려고 할 것이기 때문이다.

2) 인도의 대응: 한국의 대북 강압전략

인도가 파키스탄의 군사적 모험주의에 대해 역강압전략을 펼친 것은 한국에도 중요한 함의를 제공한다. 북한에 대한 압박점이 무엇이 될 것인지, 확전우세를 강요하기 위한 군사 및 외교적 능력과 의지, 상황 통제력을 갖추기 위한 노력이 요구된다. 전략적으로 북한에 대한 압박점은 파키스탄과 마찬가지로 국제적 고립, 국내 정치적인 분리, 재래식 군사력의 열세가 될 것이다. 하지만 북한이 핵무기를 개발하려는 시도가 계속되는 한 현재의 국제적 고립은 지속될 것이고, 평시에 북한 국내 정치를 분열시키거나 이를 활용하는 것은 현실적으로 가능성이 낮다. 따라서 한국은 북한의 재래식 군사력의 열세라는 부분에 주목할 필요가 있다.

인도의 '역(逆)기정사실화 전략'은 핵무기를 가지지 않은 한국에게 중요한 교훈을 제공한다. 북한이 위기 초반에 핵무기를 사용할 가능성을 간과해서도 안 되지만, 핵사용의 결심 또는 국제사회의 개입까지의 시간과 공간을 활용하여 우리가 먼저 유리한 지점을 확보할 필요가 있다. 즉 파키스탄과 마찬가지로 북한은 기습의 이점을 활용하여 재래식 군사력의 열세를 만회하려고 할 것이고, 이를 사전에 차단하기 위한 정찰·감시 전력과 통신·타격 전력의 확충이 절실하다. 또한 상황 발생 시에는 신속 대응 부대가 북한의 기습을 격퇴하고, 전투현장을 북쪽으로 이끌어야 한다는 점에서 신속대응능력을 갖춘 지상군 부대도 우선적으로 요구된다.

인도가 강대국의 개입을 유리한 방향으로 이끌기 위해 촉매 전략을 역이용했음을 볼 때, 전력의 우위를 유지함과 동시에 강력한 결기도 요구된다. "방어자가 우유부단하거나 방위 의지의 약화를 노출시키면 북한은 군사도발의 확대를 도모"할 수 있다. 그러한 의미에서 "단 한 뼘의 땅도, 한 명의 인명도 줄 수 없다"라는 의지를 보여주는 '동기의 비대칭성'이 필요하며 이는 북한의 계산을 뛰어넘는 것이어야 한다(황병무, 2001: 216). 충분한 군사적 능력과 반드시 보복할 것이라는 의지가 있다면 도발하는 측에 이익과 비용에 대한 복잡한 계산을 강요할 수 있기 때문이다(Lee, 2016: 23). 또 방어적인 입장을 고수해 온 한국의 평판(reputation)을 강화함으로써 국제사회의 우호적인 개입을 유도할 수 있다는 점에서는 오히려 의지가 능력보다 더 중요하다.

한편, 국내외의 상황이 인도에 유리하게 바뀌면서, 수직적 또는 수평적 확전우세를 과시하면서 파키스탄을 강압할 수 있었다는 판다이의 주장도 주목할 만하다(Panday, 2011: 11). 분명히 확전우세는 한미동맹에 있지만, 재래식 확전우세의 비가시성, 중국의 개입 가능성, 북한의 동맹 분리(decoupling) 가능성 과대평가 등으로 인한 북한의 오판 가능성은 상존한다. 누차 강조한 바와 같이 강압은 역동적이며, 상대적일 수밖에 없다. 특히 전쟁 시(intra-war)에는 사전에 수립된 압박점과 확전우세의 과시가 효과적이지 않을 수 있고, 상대의 말과 행동에서 새로운 압박점을 발견하거나 새로운 상황을 유리하게 활용할 수도 있다는 것을 유념해야 한다.

3) 강대국 정치: 국제적 지원과 지지의 필요성

한국이 국제적 지원과 지지를 얻기 위해서는 첫째, 전방위 외교적 노력이 필요하다. 한국은 국제사회에 "책임감과 인내력을 가진 국가이며, 평화를 추구하고, 분쟁을 억제하는 능력을 가지고 있는 국가"라는 이미지를 강화해야 한다. 또 중요한 것은 위기 상황에서도 이런 외교적 노력이 시행되어야 한다는 것이다. 정보와 정당성을 가지지 못했던 파키스탄 외교부는 어떤 역할도 하지 못했고, 인도의 외교 및 국방 당국자 간 노력의 통합은 결국 국제사회의 전폭적인 지지를 이끌어냈다. 카르길 전쟁에서 미국의 관여는 일관적이지 못했는데 이는 인도의 외교적 노력에 따른 결과였다. 국제사회에서 우호적인 개입과 지지를 이끌어내기 위해서는 상대에 따라서 전략적 이익을 제공하기도 하고, 때로는 위험을 강조하여 예방 행동을 요구할 필요도 있다(Bommakanti, 2011: 291~292). 사실을 왜곡·과장할 필요도 있으며, 모든 수단을 활용한 미디어전의 중요성도 부각된다.[19]

둘째, 유리한 상황을 조성하기 위한 군사적 성공도 전제되어야 한다. 한반도의 지정학적 상황을 고려할 때, 국제사회는 상황을 봉합하는 데 초점을 둘 것이기 때문에 '역기정사실화 전략'을 신속하게 펼칠 필요가 있으며, 국제사회로부터 정당성을 인정받기 위해서는 비례적이고 즉시적인 군사적 대응도 요구된다. 군사적 성공이 보장되지 않는다면, 확전 방지와 상황 유지라는 목표를 가진 국제사회를 방패 삼아 북한이 또 다시 도발할 수 있기 때문이다. 따라서 한반도 위기 시에는 무엇보다 '신속한 군사적 성공'이 중요하며, 여기에는 지리적 석권, WMD(Weapon of Mass Destruction) 시설의 확보, 미사일 능력의 무력화와 같은 구체적이면서도 가시적인 성과가 수반되어야 한다.

마지막으로, 보다 적극적으로는 핵보유국의 신중성을 활용하여 남북한 쌍방뿐만 아니라 동북아 지역 전체의 신뢰구축 방안을 마련해야 한다. 카르길 전쟁의 교훈을 볼 때 북한도 핵무기의 고도화에 따라 보다 신중해질 가능성이 있다.[20] 카르길 전쟁 때문에 무색해지긴 했으나, 라호르에서 가진 회담은 중요한 제안들을 포함하고 있었다. 핵 또는 재래식 무기 관련 신뢰구축 방안, 탄

---

19) 인도는 미국의 개입을 유도하기 위해 허위사실을 전달하거나 또는 상황을 과장하기도 했다(Mohan, 2003: 191~192). 겨우 영토를 수복했을 뿐인데 미국에 전황을 설명할 때는 군사적으로 크게 성공하고 있는 것처럼 과장했다는 주장이 있다(Fatima, 2016: 638).
20) 국가의 핵 정책 결정과정이 '합리적'임을 가정했을 때에만 설명력을 가진다. 인도·파키스탄 간에는 지리적 근접성, 불안정한 민군 관계, 지휘통제 문제, 안전성 미확보 등의 이유로, 부주의한(inadvertent) 확전·승인되지 않은 핵사용, 도난 및 탈취, 핵사고의 가능성이 상존한다(Rajagopapan, 2005: 218~226).

도미사일 실험 시 사전통지, 우발적인 핵무기 사용의 위험성 감소, 예외적 사건을 제외한 핵실험 중단의 지속, 안보와 군축, 핵 비확산에 대한 쌍방 간의 자문 등 양국이 보다 신중한 입장을 견지할 것을 제시하고 있다(Anderson, 2010: 172~173). 북한을 포함해 미국·중국·러시아·일본 등 주변국들은 보다 신중한 태도를 가지게 될 것이고 이를 바탕으로 대화를 시작할 수 있을 것이다.

4) 추가 연구 주제

카르길 전쟁의 중요성에 비해 국내 학계의 연구는 빈약한 수준이다. 본 연구를 통해서 도출된 추가적인 연구 주제는 아래와 같이 정리할 수 있다.

첫째, 파키스탄의 군사정책 결정과정과 핵전략에 대해서는 보다 심도 있게 다룰 필요가 있다. 전략적 상황과 공세적 전략문화의 유사성을 고려할 때 북한의 지향점으로서 의미가 있기 때문이다. 파키스탄과 북한의 핵개발 동기와 핵전략의 비교, 동맹관계, 전력의 불균형, 지리적 근접성 등 한반도와의 유사성에 중점을 둔 연구 주제는 지속적인 연구가 필요하다.

둘째, 카르길 전쟁과 그 이전의 인도·파키스탄 간 카슈미르 분쟁과의 비교 연구는 중요한 주제이다. 특히 1971년의 인도·파키스탄 전쟁과 카르길 전쟁의 비교는 핵무기를 보유하기 이전과 이후를 비교한다는 점에서 핵무기의 억제력에 대한 함의를 제공하고, 강대국에 의한 분단, 미획정된 분쟁지역의 존재, 비대칭적 재래식 군비, 공세적인 약소국의 도발, 비대칭적 수단으로서의 핵개발 등 한반도 상황과의 유사성도 의미가 있다.

셋째, 미국과 중국의 제2차 핵시대에서의 역할에 대한 연구이다. 앞서 살펴본 나랑(2014)의 연구는 지역 핵 국가들에 초점을 맞추고 제3국의 개입은 상수로 두고 있다. 그러나 미국이든 중국이든 국가 선호와 행동이 상시 고정된 것은 아니다. 탈냉전기 강대국의 동맹 정책은 유동적으로 변화되어 왔다는 점, 미·중 간의 핵 균형이 큰 폭으로 변하고 있다는 것을 전제할 때 미국과 중국의 개입 시기, 조건, 유형 등에 대한 연구가 요구된다.

5. 맺음말

인도와 파키스탄의 분쟁은 끝나지 않았다. 2001년 인도 의회에 대한 테러로 양국은 동원령을 내린 바 있으며, 2008년에는 뭄바이의 주요 시설에 대한 테러로 양국 간 외교관계가 중단되어 있다. 2014년 5월 나렌드라 모디(Narendra Modi) 총리가 파키스탄 샤리프 총리를 취임식에 초청한 직후에는 라쉬카르 에 타이바(Lashkar-e Taiba) 간부가 헤랏(Herat)에서 인도 영사를 공격했다. 또 2015년 7월에는 양국 외교장관이 테러리스트 대응에 대한 공동성명을 내놓은 지 17일 만에 파키스탄 내의 무장 집단이 구르다스푸르(Gurdaspur)의 주유소를 공격하여 7명이 사망했다. 2016년 정초에도 파탄코트(Pathankot) 공군기지가 공격을 받았고, 6월에는 테러 집단이 우리(Uri)와 나그로타(Nagrota)의 육군기지를 공격했다. 이후 모디 총리는 "피와 물은 동시에 흐를 수 없다"라면서 양국 간 수자원 공유 협정의 파기를 위협하고 나섰고, 9월에는 카슈미르 지역에 대한 '외과수술식 공습(surgical strikes)'을 실시하기도 했다.

문제는 언제든지 카르길 전쟁과 같은 재래식 분쟁이 재현될 수 있고, 언제든지 핵전쟁으로 비화될 수 있다는 점이다. 파키스탄은 중국으로부터 많은 군사적 지원을 받으면서, 매년 15개 이상의 핵탄두를 생산하여 인도보다 더 빠르게 핵무기를 증강하고 있고 핵 삼원 체계(nuclear Triad)와 전술핵무기 증강에도 박차를 가하고 있다(손한별, 2016a). 테러집단의 존재로 양국의 안보 상황은 더욱 불확실하다. "카르길 전쟁은 끝나지 않았고, 아직 그 결과를 기다리는 중"이라는 파키스탄 장군의 말은 여전히 유효하다(Qadir, 2002: 10).

이와 함께 전략적 강압도 계속 유의미할 것이다. 어떻게 상대를 내가 원하는 방향으로 유도할 것인가 하는 이 문제는, 핵무기의 가공할 파괴력을 고려한다면 단지 국가이익의 구현이 아니라 생존 자체에 관련된 것이기 때문이다. 한국은 역동적 강압의 달성을 위한 기정사실화 및 촉매 전략에 대한 이해를 높여야 하고, 강압의 성공을 위한 압박점의 선정과 확전우세의 달성은 꼭 필요하다. 위기 상황 속에서도 국내외의 전략적 상황에 대한 정확한 분석과 정보의 획득, 여론전의 대비를 통해서 상대방의 행동을 강압할 수 있는 용기와 절제가 있다면, 핵 위기 속에서도 국가의 생존과 국민의 생명을 보장하는 방안을 강구할 수 있을 것이다.

한편 전략적 강압의 효과를 위해서라도 비핵지대, 전략적 핵 감축과 같은 새로운 비확산 체계의 필요성이 부각된다. 강압은 역동적 인식의 문제로서, 항상 같은 방식으로 억제되고 강제되는 것이 아니기 때문에 신뢰구축 노력은 지속되어야 한다. 재래식전력의 비대칭성은 더욱 커지고, 핵무기의 유지비용도 만만치 않으며, 상대적인 국력의 차이는 더욱 커지면서 북한의 현상 변경 의지 역시 커질 것이기 때문이다. 북한이 최악의 선택지를 택하지 않을 최소한의 합리성과 생존성이 보장되고, 우리의 군사적·외교적 능력을 충분히 갖춰가면서도, 새로운 형태의 비핵 확산 체계를 구상할 수 있는 전략적 환경을 만들어야 한다. 결국 핵무기를 폐기하는 주체는 북한이 될 것이라는 점에서, 1994년 이후 변화하지 않았던 북한 핵 문제를 근본적으로 바꾸기 위해서는 신뢰구축과 강압을 병행해야 한다는 것이다.

참고문헌

김재엽. 2014. 「핵무장국 사이의 제한전쟁 수행과 한반도에의 적용: 1999년 인도·파키스탄의 카르길 전쟁 사례를 중심으로」. ≪국제문제연구≫, 제14권 3호.

김주환. 2016. 「전략문화 관점에서 본 '북한-파키스탄'의 핵개발 동인: 북한 핵능력 고도화에 주는 함의」. 한국국제정치학회 60주년 기념 학술대회(12.3).

김태현. 2015. 「김정은 정권의 대남 강압전략」. ≪국방정책연구≫, 제31권 4호.

_____. 2017. 「북한의 공세적 군사전략: 지속과 변화」. ≪국방정책연구≫, 제33권 1호.

라윤도. 2014. 「파키스탄의 핵개발과 핵확산 연구: A. Q. Khan의 역할을 중심으로」. ≪남아시아연구≫, 제20권 2호.

모건, 패트릭(Patrick Morgan). 2011. 『국제안보: 쟁점과 해결』. 민병오 옮김, 명인문화사.

바이먼, 대니얼(Daniel Byman)·매튜 왁스먼(Matthew Waxman). 2004. 『미국의 강압전략: 이론, 실제, 전망』. 이옥연 옮김. 사회평론.

손한별. 2016a. 「파키스탄의 핵태세와 북핵」. ≪국방과 기술≫, 제452호.

_____. 2016b. 「인도 핵무기 개발의 네 가지 원동력」. ≪군사연구≫, 제142호.

안경모. 2016. 「북한의 대외전략 분석(2008~2016): 편승에서 균형으로의 변화를 중심으로」. ≪국가전략≫, 제22권 4호.

앤더슨, 월터(Walter Anderson). 2010. 「남아시아와 핵무기의 전략적 시사점」. 배정호, 구재회 엮음. 『NPT체제와 핵안보』. 통일연구원.

연합뉴스. 2016.6.23. "인도 언론, '파키스탄, 북한에 핵관련 물품 공급'". https://www.yna.co.kr/view/AKR20160623155200077(검색일: 2017.4.23).

이진기. 2017. 「핵무기 보유 국가간의 재래식 전쟁사례 연구」. ≪합참≫, 제72호.

함형필. 2009. 「북한의 핵전략 구상과 전략적 딜레마 고찰」. ≪국방정책연구≫, 제25권 2호.

황병무. 2001. 『전쟁과 평화의 이해』. 오름.

Acosta, Marcus P. 2007. "The Kargil Conflict: Waging War in the Himalayas." *Small Wars & Insurgencies*, Vol.18, No.3.

Ahmed, Ali. 2009. "The Interface of Strategic and War Fighting Doctrines in the India-Pakistan Context." *Strategic Analysis*, Vol.33, No.5.

Akhtar, Rabia. 2017. "Managing Nuclear Risk in South Asia," Bulletin of *the Atomic Scientists*, Vol.73, No.1.

Anand, Vinod. 1999. "Military Lessons of Kargil." *Strategic Analysis*, Vol.23, No.6.

Basrur, Rajesh M. 2002. "Kargil, Terrorism, and India's Strategic Shift." *India Review*, Vol.1, No.4.

_____. 2009. "Nuclear Weapons and India-Pakistan Relations." *Strategic Analysis*, Vol.33, No.3.

Bhattacharjea, Mira Sinha. 1999. "India-China-Pakistan: Beyond Kargil-Changing Equation." *China Report*, Vol.35, No.4.

Bommakanti, Kartik. 2011. "Coercion and Control: Explaining India's Victory at Kargil." *India Review*, Vol.10, No.3.

Bratton, Patrick C. 2005. "When is Coercion Successful?: And Why Can't We Agree on It?" *Naval War College Review*, Vol.58, No.3.

Byman, Daniel and Matthew Waxman. 2002. *The Dynamics of Coercion: American Foreign Policy and the Limits of Military Might*. New York: Cambridge Univ. Press.

Chakma, Bhumitra. 2012. "Escalation Control, Deterrence Diplomacy and America's Role in South Asia's Nuclear Crises." *Contemporary Security Policy*, Vol.33, No.3.

Chandran, S. 2009. "Limited War with Pakistan: Will It Secure India's Interests?" *ACDIS Occasional Paper*(May).

Chari, P. R. 2009. "Reflections on the Kargil War." *Strategic Analysis*, Vol.33, No.3.

Cheema, Mussarat Javaid. 2013. "International Community on Kargil Conflict." *South Asian Studies*, Vol.28, No.1(June).

Cheema, P. 2002. *The Armed Forces of Pakistan*. Crows Nest: Allen & Unwin.

Chengappa, Raj. 2000. *Weapons of Peace*. New Delhi: Harperr Collins.

Chun, Kwang-ho. 2016. "After the Kargil War: Avoiding a Fifth India-Pakistan War." *The Journal of Peace Studies*, Vol.17, No.6.

Cohen, S. Philip. 2002. "India, Pakistan and Kashmir." *Journal of Strategic Studies*, Vol.25, No.4.

Cordesman, Anthony H. "The India-Pakistan Military Balance." *Center for Strategic International Studies*. http://www.mafhoum.com/press3/100P1.pdf.

Evans, A. 2001. "Reducing Tension Is Not Enough." *The Washington Quarterly*, Vol.24, No.2.

Fatima, Marium. 2016. "The Kargil War: Contending Perspective." *The Korea Journal of Defense Analysis*, Vol.28, No.4.

Freedman, Lawrence. 1998. *Strategic Coercion: Cases and Concepts.* Oxford: Oxford Univ. Press.

Frey, Karsten. 2011. "The Risk of War in Nuclearized South Asia(Review Essay)." *Asian Security*, Vol.7, No.1.

Ganguly, Sumit. 2009. "Toward Nuclear Stability in South Asia." *Strategic Analysis*, Vol.33, No.3.

Horowitz, Michael. 2009. "The Spread of NuclearWeapons and International Conflict: Does Experience Matter?" *Journal of Conflict Resolution*, Vol.53, No.2.

Hoyt, Timothy D. 2009. "Kargil: the Nuclear Dimension." in Peter R. Lavoy(ed.). *Asymmetric Warfare in South Asia.* New York: Cambridge Univ. Press.

Hussain, J. 2008. "Kargil: what might have happened." Dawn(Dec).

Hussain, Syed Rifaat. 2005. "Analyzing Strategic Stability in South Asia with Pathways and Prescriptions for Avoiding Nuclear War." *Contemporary South Asia,* Vol.14, No.2.

India Kargil Review Committee. 2000. *From Surprise to Reckoning: The Kargil Review Committee Report.* New Delhi: Sage Publications.

Jervis, Robert. 1985. *The Illogic of American Nuclear Strategy.* Ithaca: Cornell Uni. Press.

Joeck, Neil. 2008. "The Kargil War and Nuclear Deterrence," in Sumit Ganguly and S. Paul Kapur(eds.). *Nuclear Proliferation in South Asia: Crisis Behaviour and the Bomb.* New York: Routledge.

Jones, Rodney W. and Joseph McMillan. 2009. "The Kargil Crisis: Lessons Learnt by the United States." in Peter Lavoy(ed.). *Asymmetric Warfare in South Asia: The Causes and Consequences of the Kargil Conflict.* New Delhi: Cambridge Univ. Press.

Joshi, Akshay. 1999. "Kargil 1999-Lessons in High Technology." *Strategic Analysis*, Vol.24, No.8.

Kapur, S. 2003. "Nuclear Proliferation, the Kargil Conflict, and South Asian Security." *Security Studies*, Vol.13, No.1.

_____. 2007. *Dangerous Deterrent.* CA: Stanford University Press.

_____. 2008. "Ten Years of Instability in a Nuclear South Asia." *International Security*, Vol.33, No.2.

Kile and Kristensen. 2016.6. "Trends in World Nuclear Forces, 2016." *SIPRI Fact Sheet.*

Kondapalli, Srikanth. 1999. "China's Response to the Kargil Incident." *Strategic analysis*, Vol.23, No.6.

Krepon, Michael. 2017.1.16. "Akshmir and Rising Nuclear Dangers on the Subcontinent." *Foreign Affairs*.

Kumar, Rajesh. 2008. "Revisiting the Kashmir Insurgency, Kargil, and the Twin Peak Crisis: Was the Stability/Instability Paradox at Play?" *The New England Journal of Political Science*, Vol.3, No.1.

Lavoy, Pater R. 2003. "Managing South Asia's Nuclear Rivalry: New Policy Challenges for the United States." *The Nonproliferation Review*, Vol.10, No.3.

Lee, J. 2016.12. "A Study On The Failure of Conventional Deterrence: The Case Study of The Bombardment of Yeonpyeong In 2010." *Naval Postgraduate School Master Degree Thesis*.

Lo, James. 2003. "Nuclear Deterrence in South Asia." *International Journal*(Summer).

Malik, V. P. 2009. "Kargil War: Reflections on the tenth Anniversary." *Strategic Analysis*, Vol.33, No.3.

Malik, V. P. 2009. "Military Lessons of Kargil," *Strategic Analysis*, Vol.23, No.6.

Mazari, Shireen. 2003. *The Kargil Conflict 1999: Separating Fact from Fiction*. Islamabad: Ferozsons.

Mohan, C. Raja. 2003. *Crossing the Rubicon: The Shaping if India's Foreign Policy*. New Delhi: Viking Press.

Narang, Vipin. 2012. "What Does It Take to Deter? Regional Power Nuclear Postures and International Conflict." *Journal of Conflict Resolution*, Vol.57, No.3.

_____. 2014. *Nuclear Strategy in the Modern Era: Regional Powers and International Conflict*. Princeton: Princeton University Press.

"Nawaz blames Musharraf for Kargil." *The Times of India*, 2006.5.28, http://timesofindia. indiatimes.com/articleshow/1581473.cms?utm_source=contentofinterest&utm_ medium=text&utm_campaign=cppst(검색일: 2017.5.10).

Panday, Anuj. 2011. "The Stability-Instability Paradox: The Case of the Kargil War." *Penn State Journal of International Affairs*(Fall).

Rajagopapan, Rajesh. 2005. "The Threat of Unintended Use of Nuclear Weapons in South Asia." *India Review*, Vol.4, No.2.

Qadir, S. 2002.4. "An Analysis of the Kargil Conflict 1999." *RUSI Journal*.

Sachdev, A. K. 2000. "Media Related Lessons from Kargil." *Strategic Analysis*, Vol.23, No.10.

Sagan, Scott. 2009. "Nuclear Instability in South Asia." in Robert J. Art and Kenneth Waltz(eds.). *The Use of Force Military Power and International Politics*. Plymouth: Rowman & Littlefield Publishers.

Salik, N. 2014. "The Evolution of Pakistan's Nuclear Doctrine." *Nuclear Doctrine Learning: The Next Decade in South Asia*. CA: Naval Postgraduate School.

Schelling, Thomas. 1966. *Arms and Influence*. New Haven: Yale Univ. Press.

Sethi, Manpreet. 2009. "Conventional War in the Presence of Nuclear Weapons." *Strategic Analysis*, Vol.33, No.3.

Samanta, Pranab Dhal. Oct. 7, 2006. "Musharraf now has Pak's Kargil toll: 357." *The Indian Express*. https://web.archive.org/web/20080522152015/http://www.indianexpress.com/story/14208.html(검색일: 2017.5.10).

Sign, Satbir. 1999. "Lessons from Kargil: An Introspection." *Strategic Analysis*, Vol.23, No.7.

Singh, Jasit.(ed.). 1999. *Kargil 1999: Pakistan's War for Kashmir*. New Delhi: Knowledge World.

Singh, Swaran. 1999.10. "The Kargil Conflict: Why and How of China's Neutrality." *Strategic Analysis*.

Sridharan, E. 2005. "International Relations Theory and South Asia." *India Review*, Vol.4, No.2.

Sukumaran, R. 2003. "The 1962 India-China War and Kargil 1999: Restrictions on the Use of Air Power." *Strategic Analysis*, Vol.27, No.3.

Talbott, Strobe. 2004. Engaging India: Diplomacy, *Democracy and the Bomb*. New Delhi: Penguin Books.

Tellis, Aahley J. et al. 2001. "Limited Conflicts Under the Nuclear Umbrella: Indian and Pakistani Lessons from the Kargil Crisis." *RAND National Security Research Division*. Santa Monica: RAND Corporation.

Van Evera, Stephen. 1998. "Offense, Defense, and the Causes of War." *International Security*, Vol.22, No.4.

Verghese, B. G. 2009. "Kargil War: Reflections on the Tenth Anniversary." *Strategic*

Analysis, Vol.33, No.3.

Wirsing, R. 2003. *Kashmir in the Shadow of War: Regional rivalries in a nuclear age*. New York: Routledge.

Wojtysiak, Martin J. 2001. "Preventing Catastrophe: U. S. Policy options for Management of Nuclear Weapons in South Asia." *Maxwell Paper*, No.25. Air War College.

GlobalSecurity.org. *1999 Kargil Conflict*. http://www.globalsecurity.org/military/world/war/kargil-99.htm(검색일: 2017.5.15).

Prakah, S. 2015. Oct. "Pakistan trained terrorists against India: Pervez Musharraf." *India Today*. http://indiatoday.intoday.in/story/laden-zawahiri-haqqani-taliban-lashkar-are-pakistans-heroes-says-musharraf/1/508852.html(검색일: 2017.5.1).

Raman, B. 2017. "Release of Kargil Tape: Masterpiece or Blunder?" *Rediff India Abroad*. June 27, 2007. http://www.rediff.com/news/2007/jun/27raman.htm(검색일: 2017.5.3).

Riedel, Bruce. 2002. "American Diplomacy and the 1999 Kargil Summit at Blair House," *Policy Paper Series*. University of Pennsylvania. http://citeseerx.ist.psu.edu/viewdoc/download?doi=10.1.1.473.251&rep=rep1&type=pdf(검색일: 2017.4.15).

"Kargil War," *The Indian Express*, 2006.10.7. https://indianexpress.com/about/ kargil-war/ (검색일: 2019.4.1).

The Tribune. 2013.1. "No mujahideen, our soldiers took part in Kargil." http://www.tribuneindia.com/2013/20130128/world.htm#7(검색일: 2017.4.30).

2부
–
21세기 동북아 주요 국가의 전략 경쟁

5장

21세기 안보환경 변화와 미국의 핵전략*
제한핵전쟁에 대한 미국의 정책 변화를 중심으로

이병구 | 국방대학교 군사전략학과 교수

1. 연구 배경과 목적

2018년은 한반도 안보에서 극적 전환을 모색한 해였다. 전향적인 대외관계의 변화를 천명한 2018년 1월 북한 김정은의 신년사 이후 4월 제1차 남북 정상회담, 6월 제1차 북미 정상회담, 9월 제2차 남북 정상회담까지 2018년은 숨 가쁜 변화의 한 해였다. 이 같은 대화의 기류는 2019년까지 이어졌다. 2019년 2월 제2차 북미 정상 간에 이루어진 하노이 회담이 2019년 6월 제3차 판문점 북미 정상회담까지 계속되었다.

그러나 9·19군사합의 등 남북한 간 긴장 완화에 중요한 진전을 이룬 남북 정상회담에 비해 중대한 성과 없이 종료된 북미 정상회담은 비핵화 협상의 교착을 의미했다. 급기야 2020년 5월 24일 북한이 《노동신문》을 통해 발표한 제7기 제4차 당 중앙군사위원회 확대회의 결과의 내용은 향후 한반도 안보가

---

* 이 글은 「21세기 안보환경 변화와 미국의 핵전략: 제한핵전쟁에 대한 미국의 정책 변화를 중심으로」, 《한국국가전략》, 제3권 3호(2018)를 한국국가전략연구원(KRINS)의 허락을 받아 수정·보완한 것이다.

대결적 구도로 회귀할 것임을 강력하게 시사했다. 특히 북한이 ≪노동신문≫에서 사용한 '핵전쟁 억제력'과 '고도의 격동 상태 유지' 등의 수사는 북한이 앞으로 핵 능력 증대에 더욱 매진할 것을 시사했고, 이에 따라 북한의 핵위협에 대응하기 위한 한미동맹의 협력이 더욱 중요한 전략적 과제가 될 전망이다.

급변하는 한반도 안보환경과 더불어 한반도를 둘러싼 국제안보 환경의 변화 또한 우려의 대상이 되고 있다. 필자는 냉전 종식과 함께 국제안보의 관심에서 사라졌던 제한핵전쟁의 위험이 귀환하고 있음에 주목하고 있다. 핵 경쟁을 포함한 강대국 경쟁 시대의 회귀, 핵억제의 안정성을 저해하는 군사과학기술의 발전과 확산이라는 두 요인은 향후 제한핵전쟁의 가능성을 증가시키는 중요한 구조적 상수로서 작용하게 될 가능성이 높다. 2017년 12월 발표된「국가안보전략서」를 필두로 미국은 일련의 전략 문서를 발표한 바 있으며, 변곡점에 있는 미국의 국가안보전략에 있어 과거와 크게 달라진 부분 중 하나는 제한핵전쟁에 대한 대비의 필요성을 강조하고 있다는 것이다(U. S. White House, 2018).

첫째, 미국·중국·러시아는 경쟁적으로 핵전력을 증강하고 있으며, 이들 국가 간 핵 군비통제는 이제 모멘텀을 상실하고 있다. 이는 강대국 경쟁 시대 회귀의 가시적 지표이다. 특히 2019년 8월 2일 미국이 러시아의 핵전력 증강을 이유로 1987년 체결된 INF 조약(중거리핵전력협정)을 공식적으로 파기했다는 점은 특히 우려스럽다. 트럼프 행정부의 INF 조약 파기의 배후에는 INF 협정에 구속되지 않는 중국의 핵전력 증강을 더 이상 좌시하지 않겠다는 미국의 전략적 의도가 자리 잡고 있다. 트럼프 행정부는 또한 2020년 5월 21일 앞으로 6개월 후 영공개방조약(Open Skies Treaty)을 공식 탈퇴할 것임을 회원국에게 통보했다(Kimball, 2020). 미국과 러시아 간 2010년 체결된 New START(신전략무기감축조약) 또한 연장 여부가 불투명하여 2021년 2월 5일 효력이 종료될 가능성이 매우 높아지고 있다. 강대국 간 관계의 안전판으로 작용해 온 군비통제 조약들이 일련의 폐기 수순에 있다는 것과, 이에 따른 강대국의 핵전력 강화 움직임은 범세계적으로 그리고 동아시아에서 중요한 군사력 균형의 변화를 초래할 것이다. 이런 변화는 구조적인 변수로서 한반도 안보에 중대한 영향을 미칠 것이다. 한반도 주변 강국인 미국·러시아·중국 간 전개되고 있는 이른바 '강대국 경쟁 시대의 귀환' 특히 핵전략과 전력의 측면에서 급격하게 변화하고 있는 강대국 경쟁의 양상과 그 함의에 대한 우리의 관심이 요구되는 시점이다.

둘째, 군사과학기술의 진보와 확산이 핵태세의 취약성을 증가시키고 있으며 이로 인해 강대국 간 핵억제의 안정성이 저해되고 있다. 핵태세의 취약성을 감소시키기 위한 미국·러시아·중국의 기술개발 노력이 핵전력 분야의 안보딜레마를 가중시키고 있다. 특히, 정밀 타격능력과 파괴력 조절 기술의 결합은 과거에는 사용 불가능하게 여겨졌던 핵전력의 사용가능성(usability)을 크게 높이고 있다. 또한 장거리 정밀유도무기, 레이저 및 사이버 무기의 기술적 진보로 인해 핵지휘통제의 핵심인 인공위성 등 우주자산의 취약성이 증가하고 있다. 정밀유도무기 기술의 진보, 미사일 방어 기술의 진보와 이를 무력화하기 위한 공격 기술의 진보 등 다양한 요인들이 핵무기의 사용가능성을 과거보다 증가시키고 있다. 제한핵전쟁과 제한핵 사용의 위험성이 증대되고 있는 것이다.

이런 전략적 맥락하에서 이 장은 제한핵전쟁에 대한 국제사회의 우려가 증가하는 배경을 고찰하고, 제한핵전쟁 대비를 위한 미국의 핵전략과 정책 변화를 분석한다. 그리고 이것이 한국의 안보에 주는 함의가 무엇인가를 제시함으로써, 국가적 차원에서 요구되는 정책적 대비 방안을 구상하는 데 기여하고자 한다.

2. 전환기 미국의 국제관계 인식: 강대국 경쟁 시대의 회귀

1) 2017 국가안보전략서를 통해 본 미국의 전략적 인식 변화

2017년 12월에 발표된 트럼프 행정부 국가안보전략서는 국제관계 및 국제안보의 현실에 대한 미국의 인식 변화를 잘 보여주고 있다. 2017 국가안보전략서의 중요한 특징은 ① 국가 중심주의적 현실주의, ② 힘을 통한 평화 정책의 강화, ③ 강대국 간 핵 군비통제 모멘텀의 상실과 경쟁의 강화를 천명하고 있다는 것이다.

(1) 국가 중심주의적 현실주의

2017 국가안보전략서는 국제관계를 지극히 '국가 중심주의적 현실주의' 관점에서 보고 있다. 국제관계를 '국가 간 대결'이라는 극히 현실주의적 관점에서 보고 있는 것이다. '국가 간 대결'이 국제관계의 핵심적 속성이며, 미국이 향유했던 과거의 우위가 중국·러시아 등의 국가들에 의해 점차 잠식되고 있다는 우려가 2017 국가안보전략서의 핵심을 관통하고 있다. 현실주의적 관점에서 본 국제관계 그리고 현 국제질서의 특징에 대한 미국의 인식은 파리기후협약 및 TPP 탈퇴 등 2017년도에 결정된 일련의 외교정책에 반영되었다.

트럼프 행정부는 '원칙에 기초한 현실주의(principled realism)'의 기조를 제시하면서 군사적 우위를 포함한 미국의 비교우위를 공고히 하겠다는 전략적 의도를 표명하고 있다. 반면, 오바마 행정부는 강대국들의 책임 있는 국제적 역할(responsible stakeholders)을 강조하면서 중국과 러시아와의 대결구도 보다는 국제제도와 자유무역을 통해 이 강대국들이 국제사회로 포용 및 통합될 수 있도록 정책을 추진한 바 있다.

(2) 힘을 통한 평화(Peace Through Strength) 정책 강화

둘째, 2017 국가안보전략서는 미국의 국익을 적극적으로 확보하는 '미국 우선주의(America First)' 그리고 이를 뒷받침하는 '힘을 통한 평화(Peace Through Strength)' 정책의 유효성과 지속적 추진을 재천명하고 있다. 오바마 행정부로부터 트럼프 행정부로의 정책 변화에 있어 가장 중요한 가시적 지표는 국방비의 증액 수준이다. 미국의 국방예산은 군사력의 변동 및 주요 군사력 투자에 대한 미국의 의지와 정책방향성을 들여다볼 수 있는 중요한 기회의 창을 제공한다. 트럼프 행정부는 미국 우선주의와 힘을 통한 평화라는 국가안보전략 이행을 뒷받침하기 위해 국방력을 크게 강화하고자 시도하고 있다.

오마바 행정부 마지막 예산인 2017 회계연도 국방예산과 트럼프 행정부의 2018 및 2019 회계연도 국방예산의 비교를 통해 트럼프 대통령 취임 후 가속화된 국방력 강화 추이를 식별할 수 있다.[1] 2018 회계연도 '국방수권법'은 '힘을 통한 평화' 정책의 가장 가시적인 지표이다. 〈그림 5-1〉에서 볼 수 있듯이, 2018 회계연도 국방수권법(NDAA)은 국가방위 부문에서 전년도에 비해 약 13% 증액된 규모인 7000억 달러의 예산 할당을 규정했다. 13% 규모의 국방비 증액은 냉전 종식 후 가장 높은 수준이다.

트럼프 행정부 2년차인 2019 회계연도 국방예산 요청액은 7081억 달러로 2018 회계연도보다 81억 달러 높은 수준이었다(U. S. White House, 2018). 반면, 2018년 8월 13일 트럼프 대통령의 서명을 통해 공식화된 2019 회계연도 국방수권법은 총 7170억 달러 규모의 국방예산을 인가하고 있다(Barrasso, 2018.6.5).[2] 여기에는 6480억 달러의 기본예산(Base Budget)과 690억 달러의

---

[1] 오바마 행정부의 시퀘스터에 대해서는 이병구(2014: 9~43) 참조.

[2] 자유아시아방송에 따르면, 미국 상원 군사위원회는 6월 6일 가결된 2019 회계연도 NDAA를 통해 북한의 완전하고 검증 가능하며 돌이킬 수 없는 비핵화를 위해 주한미군 주둔의 필요성을 강조했다. https://www.rfa.org/korean/in_focus/nk_nuclear_talks/ussenateact-06072018160319.html(검색일: 2018.6.10).

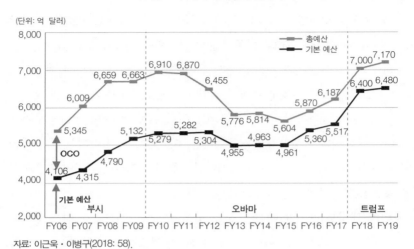

〈그림 5-1〉 미국의 국방비 변화 추이

(단위: 억 달러)

자료: 이근욱·이병구(2018: 58).

해외작전예산(OCO)이 포함되어 있다.[3]

2019 회계연도 '국방수권법'은 두 가지 중요한 특징을 보여주고 있다. 첫째, 평시로 분류될 수 있는 트럼프 행정부의 국방예산이 이라크전쟁과 아프가니스탄 전쟁이 최고조에 달했던 시기보다도 더 높은 수준이다. 둘째, 트럼프 행정부에 들어 국방비 증액의 대부분이 기본예산(base budget) 항목에 집중되어 있다는 점 또한 특기할 만하다. 트럼프 행정부에서 증액된 국방예산이 대부분 기본예산의 증가에 방점을 두고 있다는 것은 트럼프 행정부가 전력 현대화 및 확충을 통한 실질적인 국방력 증가에 초점을 맞추고 있다는 것을 보여준다.

---

3) 2018년 2월에 의회가 통과시킨 초당적 성격의 Bipartisan Budget Act는 6390억 달러 이상 규모의 기본예산 할당을 허용한 바 있다(Callender, 2018.7.31). 엄밀한 의미에서 2019 회계연도 NDAA에서 할당한 국방 관련 기본예산 총 6479억 달러에서 국방부 기본예산은 6169억 달러이며, 핵무기 관리를 담당하는 에너지부에 할당된 기본예산은 219억 달러이다. 나머지 88억 달러의 기본예산은 정보 관련 기관에 할당된다(Free, 2018).

(3) 강대국 간 핵 군비통제 모멘텀의 상실과 경쟁의 강화

미국과 러시아는 각각 자국의 핵전력 현대화에 국방정책의 우선순위를 두고 있으며 이로 인해 2010년 체결된 신전략무기감축협정(New START)으로 상징되는 미·러 간 핵 군비통제의 동력이 상실되어 가고 있다.[4] 미국과 러시아는 2010년 4월 8일 체코 프라하에서 서명한 신전략무기감축협정을 통해 양국의 전략핵탄두를 1,550개 이하로 그리고 핵 투발수단인 미사일을 700개 이하로 제한할 것에 합의하여 이행 중에 있다.

그러나 2021년 2월에 효력 만료되는 신전략무기감축협정의 연장에 대한 양국 간 합의 전망이 점차 낮아지고 있다(*SIPRI*, 2018). 2018년 2월 러시아가 신전략무기감축협정의 연장에 대한 논의를 제안한 바 있으나 미국은 러시아의 INF 조약 위반을 이유로 대화를 거부했다. 스톡홀름 국제평화연구소(SIPRI)는 양국이 사실상 신전략무기감축협정 이상의 핵전력 감축에 대해 큰 관심이 없다고 평가하고 있다(*SIPRI*, 2018).

신전략무기감축협정으로 상징되는 미·러 간 핵 군비통제의 동력이 상실되어가고 있는 분위기는 미국의 INF 조약 탈퇴 결정으로 본격화되었다. 2018년 2월 발표된 「2018핵태세보고서」에서 INF 조약 탈퇴에 대해 유보적 입장을 보인 트럼프 행정부는(Department of Defense, 2018: 72~74) 기존의 입장에서 크게 선회하여 2019년 2월 1일 급기야 INF 조약 탈퇴를 선언했다. 그로부터 6개월 후 미국은 INF 조약으로부터 공식적으로 탈퇴함으로써 1987년에 체결된 INF 조약은 역사의 뒤안길로 사라졌다.

트럼프 행정부가 밝힌 미국의 INF 조약 탈퇴 결정의 핵심에는 두 가지 우려가 자리 잡고 있다(이병구, 2019: 25~52). 첫째, 미국은 러시아가 INF 조약을 위반했으며 미국의 INF 탈퇴 결정은 이에 대한 대응이라고 주장하고 있다. 트

---

4) New START에서 START는 Strategic Arms Reduction Treaty의 약자이다. START는 한국에서 전략무기감축협정으로 사용된다.

럼프 대통령은 2018년 10월 20일 네바다주 엘코에서 열린 중간선거 유세 중 기자들과의 인터뷰에서 러시아가 여러 해 동안 INF 조약을 위반해 왔으며, 러시아가 기존의 핵 합의를 위반하고 미국에게는 허용되지 않는 무기(특히 지상 발사 순항미사일인 SSC-8)를 생산하도록 방치하지는 않을 것이라고 강조했다 (Voice of America, 2018.10.21). 이에 대해 러시아는 미국의 조약 탈퇴는 매우 위험한 조치이며 오히려 미국의 미사일 방어가 조약 위반이라고 맞대응했다. 양국이 연일 상대방의 핵군비 확충에 대한 우려와 경고를 계속해 나가고 있다.

둘째, 미국의 INF 조약의 탈퇴 선언 배경에는 중국에 대한 강력한 경고 또한 포함되어 있다. 중국은 INF 조약의 당사국은 아니다. 그러나 미국은 중국이 INF 조약에 구속되지 않으면서 지속적으로 핵전력의 질적 증강을 추구해 나가고 있다고 보았다. 이에 대해 트럼프 대통령은 2018년 10월 22일 백악관 기자간담회에서 "그들이 정신을 차릴 때까지 우리(미국)도 핵무기를 늘릴 것"이라며 "그들이 (새로운) 조약에 서명하고 준수할 때 우리도 핵무기 증강을 멈추고 감축할 계획"이라고 발언함으로써 INF 조약 탈퇴에는 러시아와 함께 중국에 대한 우려가 깔려 있음을 분명히 한 바 있다(Deptula, 2018.10.21). INF 조약을 대체하는 새로운 핵 군비통제 조약에 러시아와 함께 중국을 포함시켜야 한다는 미국의 기조는 결국 결실을 맺지 못했다.

최근 강화되고 있는 새로운 핵 군비경쟁의 양상을 제어하기 위해 "긴급한 노력과 절차"가 요구된다는 군비통제 전문가들의 경고가 계속되고 있다 (Thomas, 2018). 그럼에도 불구하고 미국, 러시아, 중국이 적어도 향후 수년 간 핵 군비통제가 아닌 핵 군비경쟁에 집중하는 정책을 추진할 가능성이 높다.

3. 군사과학기술의 발전과 핵억제의 불안정성 증가

군사과학기술의 진보와 확산으로 인해 핵태세의 취약성이 증가되고 있다. 그 결과 핵보유국 간 핵억제의 안정성이 저해되고 있다. 미국·러시아·중국은 자국의 핵태세에 가해지고 있는 취약성을 감소시키고, 상대방에 대한 핵억제의 우위를 확보하기 위해 경쟁적으로 군사과학기술을 개발하는 노력을 배가하고 있다. 그 결과 자국의 안보가 오히려 불안해지는 안보딜레마 현상이 심화되고 있다.

이 장에서는 핵억제에 중요한 영향을 미치는 군사과학기술을 세 가지로 구분하여 분석한다. 첫째, 정밀유도무기 기술의 진보는 핵 자산에 대한 장거리 정밀 타격을 가능케 하고 있으며, 이에 따라 실제 사용가능성에 기반한 핵억제 전략으로의 전환이 시도되고 있다. 둘째, 사이버 무기의 진보가 유사시 핵지휘통제시스템과 핵무기의 정상적 작동에 중대한 지장을 초래할 수 있다. 셋째, 대위성 무기의 발전 또한 핵지휘통제시스템과 핵무기의 정상적 작동에 대한 신뢰성을 저하시키고 있다.

1) 정밀유도무기 기술의 진보와 비전략핵무기의 사용가능성 증가

장거리 정밀 타격능력의 혁신적 발전으로 인해 핵무기 보유국들은 자국의 핵무기에 가해지는 취약성이 증가하는 상황에 직면하고 있다. 이런 인식에 따라 취약성 증가에 따른 정책 변화를 주문하는 목소리가 제기되고 있다. 예를 들어, 사일로에 보관하고 있는 ICBM의 취약성이 급격히 증가함에 따라 일부 연구자들은 ICBM, SLBM, ALCM으로 구성되는 핵 삼원 체제(nuclear triad)에서 ICBM을 폐기하고 SLBM과 ALCM의 양 축으로 구성되는 핵 이원 체제(nuclear dyad)로의 전환 필요성을 주장하고 있다.[5]

이뿐만 아니라 장거리 정밀 타격능력과 파괴력 조절 기술의 결합은 과거

---

5) 핵 이원 체제로의 전환 필요성 주장에 대해서는 Harshaw(2016.8.6), Kaplan(2016: 18~25), Perry(2016) 참고. 반면, ICBM을 비롯한 nuclear triad의 유지 필요성을 주장한 연구에 대해서는 Kroenig(2016) 참조.

사용 불가능하게 여겨졌던 핵전력의 사용가능성을 크게 높이고 있다. 사용가능성을 높임으로써 핵억제력을 증진시킨다는 이른바 'Escalate to De-escalate 전략'은 제한핵전쟁의 가능성을 크게 높인다는 비판에도 불구하고(Ross, 2018. 4.24) 미국과 러시아의 핵전략 및 핵교리에서 최근 강조되고 있다. 러시아의 경우, 2014년 우크라이나와 크림반도 침공 후 푸틴 대통령은 TV 인터뷰를 통해 미국과 NATO 국가들에게 전술핵무기 사용이 준비되었다는 강력한 시그널을 보냈다(BBC, 2015.3.15). 이후 러시아의 핵사용가능성을 우려한 미국과 NATO가 즉각적인 개입을 주저함으로써 위기 수준이 낮아지고, 상황이 러시아에 유리하게 조성되었다.

전술핵무기는 과거 '유연반응전략(Flexible Response)'의 중요한 한 축이었다.[6] 유연반응전략은 재래식전력의 사용으로 상황이 통제되지 않을 경우 확전통제(Escalation control)의 개념하에 저위력 핵무기의 제한적 사용을 통해 궁극적으로 군사적 목표를 달성하고, 전면 핵전쟁으로의 확전을 방지하는 '확전 사다리(Escalation Ladder)'를 마련하고자 한 시도였다. 전술핵무기의 유용성에 대한 주장은 전략핵무기의 엄청난 파괴력으로 인해 아이러니하게도 이 무기들이 사용될 수 없는 무기로 인식되어 억제의 신뢰성이 저하된다는 인식에 기반한 것이었다. 이런 인식이 전술핵무기 또는 비전략핵무기의 사용가능성에 대한 신뢰 회복을 통해 억제를 달성하는 전략의 필요성을 주장하는 배경이 되었다.

「2018핵태세보고서」는 전술핵무기의 사용 위협을 통한 러시아의 핵억제 강화 시도에 대한 우려를 다음과 같이 언급하고 있다. "저위력 핵무기를 포함한 제한적 핵 선제사용이 이익을 가져올 수 있다는 러시아의 믿음은, 부분적으로 더 많은 숫자와 종류의 비전략핵무기 보유가 위기 시 또는 낮은 수준의

---

6) 전술핵무기는 비전략핵무기(NSNW: Non-Strategic Nuclear Weapon) 또는 저위력 핵무기(Low-Yield Nuclear Weapon)로 불리기도 한다.

분쟁에서 강압력을 증가시킬 것이라는 러시아의 인식에 기반하고 있다. 이런 잘못된 러시아의 인식을 바로잡는 것은 전략적 필수 요건이다"(Department of Defense, 2018: XI~XII).

전술핵무기 사용가능성 증가는 우발적 핵사용 가능성과도 긴밀히 관련되어 있다. 전술핵무기는 전략핵무기에 비해 현장 지휘관에게 위임되는 권한의 수준이 높다. 전술핵무기의 억제 효과를 증가시키기 위해 핵 국가들은 대체로 현장 지휘관에게 권한을 위임하는 경향이 있다. 현대 핵전략가인 MIT 대학의 비핀 나랑(Vipin Narang)이 제시하는, 지역 핵 국가가 채택할 수 있는 세 가지 핵태세 중 '비대칭 위기고조(asymmetric escalation)' 태세가 여기에 해당한다(Narang, 2015: 3~10). 비핀 나랑은 전술핵무기에 대한 핵지휘통제가 분권화되는 비대칭 위기고조 태세가 채택될 경우 상대방의 의도에 대한 오산 그리고 우발적 사용가능성이 동반 증가하는 문제를 지적하고 있다.

전술핵무기의 사용가능성을 높임으로써 핵억제를 달성하고 유사시 제한적 핵사용을 통해 확전을 막는다는 핵교리에 대한 우려에도 불구하고, 폭발력의 조절과 정밀유도 기술을 결합하여 통제된 핵사용을 시도하려는 움직임이 최근 강해지고 있다. 미국이 추진하고 있는 B61 계열의 비전략핵무기 수명연장 프로그램과 SLBM에 장착하는 W76-2 저위력 핵탄두가 여기에 해당한다.

현대 핵전략가인 키어 리버(Keir A. Lieber)와 다릴 프레스(Daryl Press)는 미사일 정밀도의 비약적 향상, 센서 체계의 다양화 및 정밀화, 원격센서 체계에 의한 상시 정찰 시스템 발전 등으로 인해 상대국의 핵전력에 대한 '대군사공격(counterforce)'의 유용성이 크게 높아졌다고 진단하고 있다. 특히, 키어 리버와 다릴 프레스는 군사과학기술의 발달로 핵 선제공격에 유리한 환경이 조성되고 있으며, 민간인 부수피해(collateral damages)를 최소화하면서 전략적 목표를 달성할 수 있는 제한적 핵사용 수단이 확보되고 있다는 점을 강조하고 있다(Lieber and Press, 2017: 9~49).

2) 사이버 위협의 증가와 핵지휘통제의 불안정성 증가

효과적인 핵억제를 위해서는 우선 핵무기가 사용가능하고 유사시 작동이 확실해야 한다. 또한 핵 국가는 승인되지 않은 핵사용의 위험과 테러리스트 등 제3자에 의한 핵무기 탈취 가능성을 최소화해야 한다. 핵억제의 효과적 작동과 핵무기와 관련된 다양한 잠재적 문제점의 최소화에 있어 핵심은 핵지휘통제(NC3: Nuclear Command, Control and Communications)이다(퍼터, 2016: 318~319). 핵지휘통제는 수없이 많은 지상, 공중 및 우주 기반의 요소로 구성되어 있으며 대통령과 핵전력 간 연결성을 보장하는 데 사용되는 거대하고 복잡한 시스템을 의미한다(GAO, 2015.6.15).

사이버 공간상 위협의 증가로 인해 핵지휘통제의 안정성이 저하될 우려가 커지고 있다. '감시 또는 절취를 위한 컴퓨터 프로그램의 사용' 또는 '상대 컴퓨터와 네트워크 시스템을 파괴하는 능력'을 의미하는 사이버 무기의 비약적 발전은 21세기 핵지휘통제가 마주하고 있는 새로운 도전이다(퍼터, 2016: 328). 사이버 위협은 지휘통제와 조기경보에 가능한 시간을 크게 단축시키거나, 상대방의 의사나 능력에 대한 왜곡을 초래함으로써 오판에 의한 핵사용가능성을 높일 수 있다(Cimbala, 2016: 54~63). 21세기의 안정적 핵지휘통제체제의 유지에 가해지고 있는 도전으로는, 2007년 이스라엘의 시리아 핵 의심 시설 사이버공격(Weinberger, 2010.10.7)과 2010년 이란의 우라늄 농축 시설 공격에 사용된 것으로 추정되는 '스턱스넷(Stuxnet)'바이러스 공격이 대표적인 예로 언급되고 있다(Morton, 2013: 212~232). 이 사례들은 사이버공격이 유사시 상대방의 지휘통제체제, 방공망 및 핵심 국가 기간시설을 무력화할 수 있다는 사실을 인식하는 계기가 되었다.

핵지휘통제체제를 포함한 사이버공간 작전에 있어서의 취약성을 감소시키고 전략적·작전적 우위를 점유하기 위해 미국은 2018년 5월 4일 사이버 사령부를 10번째 통합전투사령부(unified combatant command)로 승격시키는 조치를 단행했다.

사이버공간상 적대세력의 공세가 가속화되면서 핵지휘통제시스템 등 핵심 C4ISR(Command, Control, Communications, Computers, Intelligence, Surveillance and Reconnaissance) 및 국가 기간시설의 취약성이 증대되고 있다는 인식이 강화되는 가운데 단행된 사이버 사령부의 승격은 중요한 정책적 의미를 지닌다. 미 의회는 '2019 국방수권법'을 통해 사이버 사령부로 하여금 ① 잠재적 적대세력의 사이버공격에 대한 대응 옵션(response options), ② 잠재적 적대세력의 사이버공격에 대한 방어력 및 회복력 증진을 핵심으로 하는 거부 옵션(denial options), ③ 미국에 대한 사이버공격을 감행하는 국가 및 개인에 대해 비용을 부과하는 사이버 전력의 개발 및 능력 과시를 핵심으로 하는 비용 부과 옵션 (cost-imposition options) 등을 추진하도록 명문화하고 있다(U. S. House of Representative, 2018.7). 또한 미 의회는 미국의 사이버전략을 종합적으로 담는 사이버 억제 구상(Cyber Deterrence Initiative)을 작성하여 보고토록 지시하고 있다.

3) 대위성 무기의 발전과 핵지휘통제시스템의 잠재적 도전 증가

미국은 대위성 무기 기술의 급속한 진보로 인해 중국·러시아 등 강력한 경쟁국들과의 미래 분쟁에서 우주공간이 핵심 전장화될 가능성이 매우 높다고 인식하고 있다(Cheng, 2018). 핵지휘통제의 핵심이 되는 우주 자산의 취약성 감소를 위해 트럼프 행정부는 우주군 재창설을 위한 본격적 준비에 돌입했다. 핵지휘통제 등의 자산에 대한 사이버 및 우주공간상 공격을 '비핵전략공격(Non-Nuclear Strategic Attacks)'으로 명명하고 이에 대한 강력한 대응을 주문하는 「2018핵태세보고서」는 트럼프의 우주군 창설과 같은 맥락에서 해석될 수 있다(Department of Defense, 2018: 20~22).

2019 회계연도 국방수권법과 관련되어 큰 주목을 받았던 것 중의 하나는

트럼프 대통령의 우주군 재창설 시도를 의회가 예산으로 뒷받침할 것인가였
다. 트럼프 대통령은 2018년 6월 18일 미국의 우주 정책을 총괄하는 국가우
주위원회(National Space Council) 회의를 주관하는 자리에서 우주공간상 미국
의 압도적 우위를 확보하기 위해 제6번째 군이 될 우주군(Space Force)의 창설
의사를 공표했다(Brumfiel and Welna, 2018).[7] 트럼프의 우주군 창설 발언은
새로운 전장으로 자리매김한 우주공간에서 미국의 군사적 패권 강화를 위한
새로운 시도라고 해석할 수 있다.

우주군 창설에 대한 비판에도 불구하고,[8] '2019 국방수권법'은 2018년 말
까지 미 우주사령부(U. S. Space Command)를 재창설하여 현재 공군 예하의 우
주사령부를 대체하는 계획을 포함시켰다(Clevenger, 2018). 과거 미 우주사령
부는 1985년 통합전투사령부로 창설되어 2002년 미 전략사령부로 통합된 바
있다. 마이크 펜스 부통령은 2018년 8월 9일 의회 연설을 통해 2020년까지 우
주군을 창설하여 운용을 시작할 것이라는 구상을 재확인했다. 이를 위해 그
는 80억 달러의 예산을 추가 배정해 달라고 요청했다(Cooper, 2018.8.9). 제임
스 매티스(James Mattis) 국방장관 또한 2018년 8월 28일, 국방부가 우주 자산
보호를 위한 대통령의 비전을 담은 '2019 국방수권법'에 따라 별도의 우주군
재창설을 승인하는 법 제정을 위해 의회와 협력해 나가고 있다고 발언함으로

---

7) 현재 미군은 육군, 해군, 해병대, 공군, 연안경비군(Coast Guard)의 5대 군 체제를 유지하
고 있다(Cheng, 2018). 트럼프는 2018년 3월과 5월에도 우주군 창설 필요성을 강조한 바
있다. 이에 대해서는 Erwin(2018) 참조.

8) 우주군 재창설 반대의 주된 논리는 제6의 군을 창설할 경우 의사결정이 더 지연되고, 오
히려 합동성이 저하될 수도 있다는 것이다. 2017년 7월, 매티스 국방장관은 미 하원 전술
항공 및 지상군 소위원회 위원장인 마이크 터너에게 제출한 우주군 창설에 대한 의견서
에서 우주군 창설은 이미 복잡한 국방부의 행정 및 조직 체계를 더 복잡하게 만들 것이라
는 우려를 제기한 바 있다. 우주군 창설 시 현재 우주 관련 임무를 수행하고 있는 공군에
서 분리될 수밖에 없는 현실을 감안하여 공군 또한 반대의 목소리를 제기하기도 했다
(Bennett, 2017).

써 대통령의 정책을 뒷받침했다(Clevenger, 2018.8.28).

미국의 우주군 창설 시도는 우주공간의 군사화를 방지하는 진지한 군비통제 노력이 부재한 상황에서 강대국 간 경쟁이 가속화되고 있음을 의미한다. 군비통제협회(Arms Control Association)의 데릴 킴벨(Daryl G. Kimball)은 미국의 우주군 창설 시도가 중국과 러시아의 유사한 시도로 이어질 가능성을 경고하면서 관련 국가 간 직접 대화 필요성을 강조하고 있다(Rogers, 2018.6.18).

4. 미국의 제한핵전쟁 대비 태세 강화

국가안보 위협의 수준과 본질 변화에 대한 미국의 우려가 제한핵전쟁의 대비 필요성에 대한 미국의 인식 변화로 이어지고 있다. 변화하는 핵 지형하에서 잠재적 적국의 제한핵 운용 또는 핵 강압 위협이 증가할 수 있다는 우려가 커지고 있는 것이다(Department of Defense, 2018: 33~34). 이런 관점에서 미국은 「2018핵태세보고서」에서 제한핵 확전(limited nuclear escalation)을 21세기 새로운 위협으로 규정하고 있다.

러시아의 제한핵 선제사용(limited nuclear first use) 가능성은 핵태세 보고서의 우려 대상 중 가장 중요한 부분을 차지한다. 「2018핵태세보고서」는 러시아의 공세적인 비전략핵무기 증강(수량 및 종류)을 고려해 볼 때, 러시아가 위기 시 또는 낮은 수준의 분쟁 시 저강도 핵무기를 이용한 제한핵 선제사용을 감행하여 강압적 우위(coercive advantage)를 점하려고 시도할 수 있다는 우려를 적극적으로 표명하고 있다. 미국은 특히 러시아가 이른바 'escalate to de-escalate' 교리를 강화하고 있다고 강조하면서 이에 대한 대응을 주문하고 있다. 이런 관점에서 「2018핵태세보고서」는 "핵 확전의 위협 또는 실제 핵무기의 선제사용을 통해 분쟁을 러시아에게 유리한 조건하에서 완화"할 수 있다는 러시아의 오판을 강조한다(Department of Defense, 2018: 8). 「2018핵태세

보고서」의 이런 관점은 러시아가 2010년 이후 핵무기를 통한 분쟁 완화에 대한 교리를 구체화해 왔다는 일부 학자들의 견해와 일치하는 것이다(Sokov, 2014.3).[9]

비록 한반도에서는 북한 비핵화를 위한 한국과 미국 그리고 국제사회의 노력이 계속되고 있으나, 북한의 핵 공갈 또는 오인에 기인한 핵사용 가능성이 완전히 사라진 것은 아니다. 「2018핵태세보고서」는 북한이 미국, 동맹국 및 파트너 국가를 위협할 수 있는 일련의 전략 및 비전략핵무기 체계를 은밀히 개발 중이라고 적시한 바 있다. 동시에 「2018핵태세보고서」는 북한이 현재 개발 중인 전략 및 비전략핵무기 체계 그리고 미국에 대한 전략핵 공격 위협을 통해 위기 또는 분쟁 시 북한에게 유리한 핵 확전 옵션(nuclear escalation options)을 보유하게 되었다고 오인할 가능성이 있음을 경고했다(Department of Defense, 2018: 11~12).

이런 관점에서 「2018핵태세보고서」는 억제 실패 시 '피해 제한(damage limitation)' 목적의 제한핵전쟁 대비를 강조하고 있다. 억제의 실패를 상정한 효과적 대응 태세 준비가 미국의 억제 신뢰성 증대의 핵심이라는 것이 「2018핵태세보고서」의 결론인 것이다. 억제 실패 시 '피해 제한'에 입각한 억제 재확립(re-establishment of deterrence) 대비의 필요성을 강조하는 「2018핵태세보고서」는 이전 「2010핵태세보고서」의 기조와는 크게 다른 것이다.

이런 판단하에 미국은 피해 제한 및 억제의 재확립이라는 목적을 달성하기 위해 핵태세의 변화를 모색하고 있다. 「2018핵태세보고서」를 통해 엿볼 수 있는 미국의 기본적인 관점은 피해 제한 및 억제의 재확립 노력에 있어 재래식전력은 보조 수단이며 핵전력을 대신할 수는 없다는 것이다. 미국은 적대국가가 제한핵 확전이나 '비핵전략공격'을 통해 이점을 얻을 것이라는 판단

---

9) 러시아의 비전략핵무기 수량 및 종류에 대해서는 US Congress, House Armed Services Committee Hearing(2011: 2), Kristensen and Norris(2017) 참고.

을 하지 못하도록 핵능력 규모와 태세의 다변화를 추구하고 있다.

「2018핵태세보고서」는 "피해 제한(damage limitation)"에 입각한 억제 재확립 시도를 위해 "융통성 있고 제한적인 핵 대응 옵션(flexible and limited nuclear response options)"을 추구할 것이라는 기조를 보이고 있다. 억제 실패 시 '피해 제한'은 ① 미사일 방어, ② 적대세력의 기동 체계를 식별, 추적, 표적화할 수 있는 공격 능력이라는 두 개의 축으로 구성되어 있다.

융통성 있고 제한적인 핵 대응 옵션의 추진에 있어 핵심은 비전략핵무기의 현대화와 신형 비전략핵무기의 개발이다. 특히 저강도 핵 옵션 수단을 보완해 나가겠다는 것이 미국의 구상이다. 트럼프 행정부는 최근 안보환경의 급격한 악화를 고려하여 전략핵무기 현대화 중심의 기존 계획을 보완할 수 있는 옵션이 필요하다고 인식하고 있다. 특히, 미국은 지역 수준의 적대국가 공세에 대한 신뢰성 있는 억제를 유지하기 위해서 저강도 핵 옵션을 포함한 핵 전력의 유연성 확대 노력이 중요한 시점이라고 명시하고 있다. 한편, 「2018핵 태세보고서」는 핵전력의 유연성 확대 노력이 "핵전쟁수행(nuclear war-fighting)"을 위함은 아니며 "핵 문턱(nuclear threshold)"을 높임으로써 핵무기 사용 가능성을 낮추기 위한 목적이라고 주장하고 있다.

비전략핵무기에 있어 특히 관심의 대상이 되는 것은 B61 계열 비전략핵 무기의 수명연장 프로그램과 장·단기 해상 기반 억제력 증강에 대한 미국의 정책이다(Department of Defense, 2018: 35). 먼저, 중력탄(gravity bomb)인 B61 계열 비전략핵무기에 대해 미국은 2024 회계연도까지 B61-12의 수명연 장 프로그램을 완료하겠다는 구상이다. 이를 통해 미국은 B-61계열의 타 모 델들(예: B61-3, 4, 7, 10)을 대체하겠다고 밝히고 있다. B61-12의 수명연장 프 로그램의 진척에 따라 2021년부터 '정밀유도장치(guidance tail kit)'(Department of Defense, 2018: 31)와 '폭발력 조절 장치(dial-a-yield)'를 갖춘 신형 B61-12 중 력탄이 '이중성능항공기(DCA: Dual Capability Aircraft)'에 장착되어 배치될 경 우보다 더 유연성 있는 저강도 비전략핵무기 옵션 제공이 가능해질 전망이다.

B61-12 중력탄에 장착되는 정밀유도장치는 특정 고도에서 낙하산을 펼침으로써 표적에 낙하하는 폭탄의 속도를 감소시키고 이를 통해 정확도를 크게 향상하면서 저위력으로 부수적 피해를 최소화하는 데 도움을 줄 것이다(이성훈, 2017: 43). B61-12 폭탄은 새롭게 적용되는 폭발력 조절 장치를 통해 0.3KT에서 50KT까지 폭발력을 조절할 수 있다. 또한 B61-12의 공산오차는 30미터로서 기존의 중력탄이 110~170미터의 공산오차를 갖는 것과 비교할 때 약 4배 정도의 정밀도 향상 효과를 거둘 것으로 판단된다. 유명한 핵 연구자인 한스 크리스텐센(Hans Christensen)은 B61-12가 '최초의 유도 핵폭탄(first guided nuclear bomb)'이라는 "새로운 무기(new weapon)"라고 적시하고 있다(Jaccard, 2018.1.2). 크리스텐센은 또한 "실질적으로 폭탄이 더 정확할수록 특정 표적을 파괴하는 데 필요한 파괴력은 더 낮아진다. 저위력의 고정밀 폭탄은 방사능 낙진이나 폭발력을 통한 대량 무차별 민간인 살상에 대한 공포 없이 사용이 가능하다"라고 주장하면서, 핵무기의 사용가능성 증가에 대해 우려하고 있다. ≪내셔널 인터레스트지(誌)≫의 편집장인 자카리 켁(Zachary Keck)은 "B61-12는 1940년대 이후 최초로 핵무기 사용을 고려할 수 있도록 만들고 있다"라고 경고한 바 있다(Jaccard, 2018).

비전략핵무기 관련 주목할 만한 또 다른 변화는 장·단기 해상 기반 억제력 증강에 관한 것이다. 가장 주목을 받고 있는 것은 일부 SLBM 탄두를 저강도 핵 옵션 제공이 가능토록 성능을 개선하여 조기에 배치하겠다는 결정이다. 미 국방부는 2020년 2월 W76-2 저위력 핵탄두를 탑재한 트라이던트 D5 SLBM을 실전 배치했다고 공식 발표했다. 저위력 핵탄두의 실전 배치로 인해 핵사용가능성이 크게 높아졌다는 군비통제론자들의 우려와는 대조적으로, 일부 연구자들은 5~7킬로톤급으로 추정되는 W76-2 저위력 핵탄두는[10]

---

10) 5~7킬로톤급 W76-2 저위력 핵탄두는 기존의 W76 핵탄두를 개량한 것이다. W76은 90KT의 폭발력을 보유한 것으로 추정되고 있다.

<표 5-1> 미국의 비전략핵무기 현대화 및 배치 계획

구분	내용
공중 기반 억제력	**B61-12 중력탄 수명연장 프로그램 추진** - 2021년부터 '정밀유도장치(guidance tail kit)'와 '폭발력 조절 장치(dial-a-yield)'를 갖춘 신형 B61-12 중력탄 배치 **핵폭격기와 이중성능항공기(DCA)의 범세계적 전방 배치 능력 보유** - 현재 미국의 비전략핵전력은 오직 B-61계열 중력탄 장착 가능한 F-15E 이중성능항공기에 의존 - 일부 나토 동맹국들에게 전방 배치된 미국의 비전략핵무기 장착 가능한 F-16(DCA) 제공 - 전방 전개 및 핵폭탄 장착이 가능한 F-35A로 F-16 이중성능항공기를 추후 대체 - F-35A로의 대체는 지역 억제 안정성(regional deterrence stability)과 동맹국 보장에 핵심적 기여 예상
해상 기반 억제력	**단기: 일부 SLBM 탄두를 저강도 핵 옵션 제공 가능토록 성능 개선** 　- 이를 통해 신속 대응 수단 확보 　- 이중성능항공기와 달리, 저강도 SLBM 탄두와 SLCM은 동맹국 또는 파트너 국가의 기지 제공 불필요 **장기: 신형 '해상발사핵크루즈미사일(SLCM-N)' 개발** 　- SLCM은 적의 방공망 돌파가 가능한 신뢰성 있는 비전략적 억제력 제공 가능 　- 러시아와의 INF 조약에 위배되지 않음

B61-12 핵 중력탄과 더불어 특히 러시아의 전술핵무기 사용 위협에 대해 신뢰성 있는 대응 수단을 제공할 것이라고 기대하고 있다. 이들의 논리는 미국이 고위력 핵무기만을 가지고 있을 경우, 러시아의 핵사용 위협에 대해 고위력 핵무기를 사용하거나 위협에 굴복하는 두 가지 선택지밖에 없다는 것이다. 따라서 이들의 논리에 따르면, W76-2 저위력 핵탄두는 B61-12 핵 중력탄과 더불어 확전 사다리의 낮은 계단을 제공하는 신뢰성 있는 수단이 될 것이며 미국의 억제 및 대응 능력이 향상되는 효과를 거둘 수 있다. 미국은 이중성능항공기와 달리, 저강도 SLBM 탄두 및 SLCM 능력의 확보는 동맹국 또는 파트너 국가의 기지 제공이 불필요하기 때문에 전력 배치가 유발하는 정치적 부담을 회피할 수 있는 장점이 있다고 보고 있다.

반면, 미국은 장기적으로 신형 '해상발사핵크루즈미사일(SLCM-N)'의 개발을 선언했다. 미 국방부는 2020년 2월 현재 SLCM-N 개발을 위한 대안 분석

(AOA: analysis of alternatives) 작업 중이며 이를 위해 2020 회계연도 국방예산에 500만 달러를 배정한 바 있다(Mehta, 2020.2.21). 미 국방부는 향후 7~10년 이내에 SLCM-N을 배치한다는 목표하에 2022 회계연도 예산안에 이를 위한 추가 예산을 배정할 예정이다.

미국은 SLCM-N이 적에게 위치 노출을 최소화한 상태에서 적의 방공망 돌파가 가능한 신뢰성 있는 비전략적 억제력을 제공할 것으로 기대하고 있다. SLCM-N의 사거리는 재래식 토마호크 미사일 사거리인 1250~2500km보다 사거리가 증대될 것으로 예상되며, SLCM-N 개발 및 배치 시 미 해군의 핵 투발 수단은 현재의 12척에서 20~30척으로 증가될 전망이다. 이는 상대방으로 하여금 핵 타격과 재래식 타격의 식별을 어렵게 만드는 전략적 효과를 낼 것이다. 그러나 동시에 적으로 하여금 재래식 타격을 핵 타격과 구분하기 어렵게 만들어 실제 핵사용가능성을 증가시킬 수 있다는 우려가 제기되고 있다.

'2019 국방수권법'과 관련하여 특히 주목받은 것은 저위력 핵무기의 개발에 대한 국방예산 배정이었다. 미 의회와 대통령은 2004 회계연도 국방수권법에 의회의 승인이 없을 경우 에너지부(Department of Energy)가 저위력 핵무기(low-yield nuclear weapons)와 지하 관통 핵폭탄(RNEP: Robust Nuclear Earth Penetrator)의 개발에 착수하지 못하도록 하는 조항을 삽입한 바 있다.[11] 이 조항은 부시 행정부의 저위력 핵무기 개발 재개를 위한 예산 배정과 지하 관통 핵폭탄 개발 지속에 필요한 예산 배정에 대한 우려와 거부를 의미했다. 부시 행정부에 의해 요청된 저위력 핵무기 개발 및 지하 관통 핵폭탄 개발 지속은 당시 알카에다 등 비국가행위자 그리고 북한과 이란이라는 악의 축 국가와 함께 러시아를 대상으로 상정한 것이었다. 앞서 미 의회는 1993년 11월 18일에 대통령 서명을 받아 법제화된 1994 회계연도 국방수권법에서 저위력 핵무

---

11) U. S. PUBLIC LAW 108-136, SEC. 3116, 2003.11.24, https://www.gpo.gov/fdsys/pkg/PLAW-108publ136/pdf/PLAW-108publ136.pdf(검색일: 2018.10.13).

기와 지하 관통 핵폭탄의 연구개발을 금지하는 조항을 삽입한 바 있다.[12] 부시 행정부는 2004 회계연도 대통령 예산안(President's Budget, PB)에 저위력 핵무기 개발 예산을 제출하면서 1994 회계연도 국방수권법에 포함된 개발 금지 조항을 삭제하도록 요청했다. 이는 핵 선제공격 옵션을 갖고자 했던 부시 행정부의 전략적 의도에서 기인한 것이었다. 그러나 1993년 당시 상하원을 장악한 민주당 주도의 의회는 부시 행정부의 예산 배정 요청을 거부하고 의회의 승인이 없이는 저위력 핵무기 개발에 착수하지 못하도록 하는 금지조항을 삽입했다.[13]

요약하면, 냉전 직후부터 계속 제기되어 온 저위력 핵무기와 지하 관통 핵폭탄 개발에 대한 미국 내 일각의 지속적인 요구에 대해, 미 의회는 미국이 신형 핵무기를 개발하면서 범지구적 비확산 노력을 동시에 추구할 수 없다는 우려를 들어 제약을 가해왔다. 그러나 이런 제약이 2018년 8월 13일에 통과된 2019 회계연도 '국방수권법'에서 깨어졌다. 공화당 주도의 미 의회는 저위력 핵무기 개발에 대한 예산배정을 요구하는 트럼프 대통령의 예산안에 화답하여 6500만 달러의 예산을 할당했다. 구체적으로, 미 의회는 2019 회계연도 국방수권법에서 잠수함 발사 트라이던트 II D5 탄도미사일에 장착하는 W76-2 탄두를 개조하여 저위력 핵탄두를 장착할 수 있도록 하는 연구개발 예산을 할당

---

12) 저위력 핵무기 개발 금지조항은 H. R. 2401, Sec. 3116(Prohibition on research and development of low-yield nuclear weapons), November 18, 1993 참조. 지하 관통 핵폭탄 개발 금지조항은 H. R. 2401, Sec. 3117(Requirement for Specific Authorization of Congress for Commencement of Engineering Development Phase or Subsequent Phase of Robust Nuclear Earth Penetrator), November 18, 1993, https://www.gpo.gov/fdsys/pkg/BILLS-103hr2401enr/pdf/BILLS-103hr2401enr.pdf(검색일: 2018.10.13).

13) 1993년 1월 3일부터 1995년 1월 3일까지 2년 임기로 시작된 103대 의회는 상원의 경우 공화당이 43석, 민주당이 57석으로 민주당이 다수당의 위치를 차지했다. 하원의 경우에도 민주당이 다수당의 위치를 차지했다. 총 435석 중 민주당이 258석, 공화당이 176석, 무소속이 1석이었다.

한 것이다.[14] 이에 따라 에너지부 장관은 잠수함 발사 탄도미사일에 장착할 수 있는 저위력 핵탄두를 개조·제조하기 위한 개발 및 후속 사업을 추진할 수 있게 되었다.[15] 그 결과 미 국방부는 2020년 2월 W76-2 저위력 핵탄두를 실전 배치하게 되었다.

5. 21세기 제한핵전쟁의 위험성과 한국 안보에 주는 함의

한반도에서 계속되고 있는 남북한 간 군사적 긴장 완화 노력이 궁극적으로 북한 비핵화를 위한 우호적 환경을 조성하는 데 기여하도록 하는 것이 한국의 전략적 의도이다. 그러나 이런 노력이 북한 비핵화와 한반도 평화 체제의 구축으로 이어지기 위해서는 많은 난관을 극복해 나가야 한다. 무엇보다도, 북한 비핵화 로드맵에 대한 한미 간 공감대의 형성 및 구체적인 방안에 대한 논의와 합의가 필수적이다.

2018년 11월 6일 미국에서 실시된 중간선거의 결과는 북한 비핵화를 위한 한미의 공조가 향후 더 어려운 과제가 될 것임을 시사하고 있다. 중간선거 결과 미국은 분점 통치(divided government) 체제로 돌입했다. 민주당은 8년 만에 하원 다수당의 지위를 탈환했다. 낸시 펠로시(Nancy Pelosi) 민주당 하원 대표는 "미국 헌법에 담긴 '견제와 균형의 원리'가 이번 선거를 통해 되살아났다"라고 강조했다. 비록 공화당이 상원 다수당 지위의 수성에 성공함으로써 트럼프 행정부의 정책을 뒷받침하고자 노력하겠지만, 민주당 주도의 하원은 '소환 권한(subpoena power)'을 적극적으로 활용하여 지난 2년간 실시된 트럼

---

14) US Congress, "John S. McCain National Defense Authorization Act for Fiscal Year 2019," H. R. 5515, p.782(W76-2 Warhead modification program). https://www.congress. gov/115/bills/hr5515/BILLS-115hr5515enr.pdf(검색일: 2018.10.13).

15) 같은 글, pp.655~656(SEC. 3111. Development of Low-yield Nuclear Weapons).

프 행정부의 정책에 대해 비판의 칼날을 들이댈 것이다. 트럼프 행정부는 이미 중간선거 다음 날인 11월 7일로 계획되었던 북미 간 대화를 연기하겠다고 발표했다. 미국의 대북 대화 기조에 변화가 생길 가능성을 조심스럽게 점칠 수 있다.

향후 한국의 바람과는 달리 북한 비핵화의 노력이 경색 국면에 접어들 가능성을 배제할 수 없다. 만약 그렇게 된다면 미국은 북한에 대한 압박의 수위를 2017년보다 더 높일 가능성이 크다. 이런 우려가 현실화된다면 한반도에서 사라질 것으로 기대했던 제한핵전쟁의 가능성에 대한 대비가 무엇보다도 중요한 과제가 될 것이다. 앞에서 분석했듯이, 제한핵전쟁의 가능성에 대한 심각한 우려를 바탕으로 미국은 이에 대해 다차원적으로 대비하고 있다.

또한, 비록 한반도에서 핵위협이 사라진다 하더라도 핵을 보유한 중국, 러시아와 인접한 대한민국은 향후 이들 국가들로부터 야기되는 제한핵 사용 위협에 대비해야 할 것이다. 이뿐만 아니라 정밀유도무기 기술의 진보, 사이버 및 우주공간의 군사화 추세는 미래 한국의 안보에 지속적인 도전 요소로 작동할 가능성이 높다.

이런 맥락에서 이 연구는 안보환경의 변화에 따른 핵위협 증가 가능성 그리고 북한 핵위협 유지 가능성에 대한 대비를 위해 다음 일곱 가지 분야에 대한 정책 방향성을 제시한다.

첫째, 중국과 러시아의 핵전력 강화 추이와 전략 변화에 대한 지속적 추적이 필요하다. 강대국 경쟁 시대의 회귀라는 국제안보의 변화는 중·단기적으로 한국의 안보에서 구조적 환경으로 작용할 가능성이 매우 높다. 이에 따라 미국, 중국, 러시아 간 질적 핵 군비경쟁이 본격화될 경우 특히 중국과 러시아의 핵 현대화에 따른 위협이 미래 한국의 안보에도 영향을 미칠 것은 분명하다. 핵억제의 취약성을 감소시키기 위해 이 국가들이 가속화하고 있는 사이버 및 우주 전력 증강 노력 또한 궁극적으로 한국의 안보에 부정적 영향을 미칠 수 있는 요인들이다. 미국, 중국, 러시아의 핵전략과 전력 변화 그리고 이

것이 한반도 안보에 미칠 수 있는 영향에 대한 지속적 추적과 분석이 요구되는 시점이다.

둘째, 한국은 유사시 북한의 핵사용가능성을 최소화하기 위한 북한과의 제도화된 채널을 유지해야 한다. 한반도에서 핵사용가능성이 특히 우려될 수 있는 가장 중요한 이유는, 북한과 한국 및 미국 간에는 과거 미국과 소련이 냉전 기간 중 발전시켰던 원칙 또는 이른바 '위기관리 게임의 규칙(rules of the crisis management game)'들이 존재하지 않기 때문이다. 과거 미국과 소련 간에는 위기관리를 통해 확전 가능성을 낮춰야 한다는 암묵적 그리고 때로는 명시적 동의가 있었다. 제한전과 확전 관리(escalation management)의 중요성에 대한 상호 공유된 인식이 있었던 것이다(Larsen, 2014: 16).

앞에서 말하는 원칙 또는 위기관리 게임의 규칙들은 다음 여덟 가지로 요약할 수 있다(Kartchner and Gerson, 2014: 160~161). ① 위기 발발 전·중·후에 지속적으로 의사소통 채널을 유지한다는 것이다. ② 군사작전에 대해 정부 최고위 정책결정자에 의한 문민통제(civil-military relations)를 유지한다. ③ 상호 자제의 조건을 만들고, 외교적 노력이 성공할 수 있도록 군사행동의 속도를 때때로 중단하는 기간(pauses)을 둔다. ④ 자국의 외교 및 군사적 행동을 상호 조율하여 혼란스러운 신호를 보내는 것을 방지한다. ⑤ 자국의 결의를 분명히 전달하고 제한된 위기관리 목표에 부합하는 군사적 행동으로 국한한다. ⑥ 대규모 전쟁에 의지할 것이라는 인식을 줌으로써 선제공격을 고려하도록 강제하는 군사행동을 피한다. ⑦ 군사적 해결책을 모색하기보다 협상 의지를 전달하는 외교 및 군사적 옵션을 선택한다. ⑧ 상대가 위기상황으로부터 벗어날 수 있는 공간을 제공하는 외교 및 군사적 옵션을 선택한다.

이 원칙들 중 한반도 안보 상황에서 특히 문제가 될 수 있는 것은 북한과의 제도화된 채널이 불안정하다는 점이다. 이런 관점에서 최근 남북 간 핫라인이 다시 개설되었다는 점은 매우 긍정적이다. 발생 가능한 미래 한반도의 위기상황에서 이 핫라인이 위기관리의 중요한 제도적 통로로 작동할 수 있도록 노력을 기울여 나가야 한다.

이런 관점에서 북한의 확전 사다리에 대한 이해를 증진시키는 노력 또한 중요하다(Kartchner and Gerson, 2014: 148). 북한이 언제 어떻게 핵을 사용하고자 하며, 핵 문턱이 어디인지 등 북한의 핵교리, 태세, 전략 및 전력, 핵지휘통제에 대한 통합된 정보 수집 노력이 필수적이다.16) 핵전력을 둘러싼 북한의 구상에 대한 통합된 정보가 여전히 부족한 상황에서 한미동맹이 북한에 대해 "확전 사다리의 모든 계단에서 상대방보다 압도적 우위를 유지할 수 있는 능력"을 의미하는 확전우세를 쉽게 달성할 수 있을 것이라고 믿는다면 이는 매우 위험한 생각이다(Fitzsimmons, 2017). 북한 핵위협에 대한 전략적 대응 방안으로 제시된 새로운 유형의 군사전략의 타당성과 실현가능성에 대한 면밀한 논의가 필요한 이유가 여기에 있다.17) 만약 이런 논의가 결여될 경우 위기 상황 또는 전쟁이 통제 불가능한 상황으로 이어질 가능성을 배제할 수 없다.

셋째, 제한핵사용가능성을 고려한 한미 간 위기관리 태세 조율이 필요하다. 제한핵 사용 위협 또는 실제 사용가능성 증대를 21세기 새로운 위협으로 규정하는 미국의 인식이 중장기적으로 유지될 가능성에 대비한 한미 간 대비태세 조율 강화가 요구된다. 특히, 한미 간 긴밀한 위기관리 태세 시스템을 강구해 나가야 한다. 만약 북한 비핵화를 위한 한국과 국제사회의 노력이 좌절될 경우 전략핵전력을 활용한 트럼프 행정부의 적극적 군사력 시위가 예상되며 이에 따라 위기가 급격히 고조될 가능성이 있다. 2020년 2월 실전 배치 선언된 저강도 비전략 핵탄두를 장착한 트라이던트 SLBM은 한반도 위기 시 미국의 억제 옵션을 다변화시키는 데 도움을 줄 것이다. 그러나 위기가 급속히 악화될 가능성 또한 동시에 존재한다. 위기관리를 통해 전쟁 발발과 핵무기

---

16) 북한의 핵교리, 태세, 전략 및 전력, 핵지휘통제 체제에 대해서는 김태현(2016: 5~36), 김강녕(2017: 171~208) 참고.

17) 북한 핵위협 대응 목적에서 한국이 취할 수 있는 군사전략의 대안에 대한 최근 연구로는 박창희(2017: 5~29), 박휘락(2017: 67~90) 참고.

사용을 방지하기 위해 한미 양국은 북한 비핵화 노력의 실패 가능성에 대비하고, 북한의 핵사용 위협 상황을 가정한 시나리오를 바탕으로 주기적 폴밀게임(polmil game)을 실시함으로써 위기관리의 통합성을 증진시켜 나가야 할 것이다. 또한 북한에 의한 핵무기 사용이라는 최악의 시나리오에 대비하여 전시 억제(intra-war deterrence)를 어떻게 재확립할 것인가에 대한 검토가 필요하다(류기현·조홍일·차명환, 2017: 9~29).

더불어 한미 양국은 위기 수준을 세분화하여 단계별로 사용할 수 있는 군사옵션(표적 및 수단), 각 단계별 위기 고조 방지를 목적으로 한 전략적 커뮤니케이션 메시지 그리고 전달 경로를 면밀히 검토해 나가야 할 것이다. 이런 과정을 통해 한국은 제한핵 사용 관련 미국의 주요 결정 지점(decision points) 및 의사결정 메커니즘을 파악하는 데 주력해야 한다. 국가안보실은 국정원·국방부·합참·국방대학교·한국국방연구원 등과 미국의 핵확산 억제 관련 부서 및 기관을 통괄하는 핵전략 커뮤니티(가칭)을 설치하여 위기관리를 위한 정책 분석을 통합적으로 관리할 필요가 있다.

넷째, 핵확산 억제의 신뢰성 제고 노력을 지속해 나가야 한다. 한국은 미국의 핵전략, 교리 및 전력 변화를 지속 분석하여 핵확산 억제 신뢰성 보장을 위한 한미 간 협의에 반영해 나가야 한다. 특히 저강도 핵탄두 장착 트라이던트 SLBM, 저강도 핵탄두 장착 크루즈 미사일, B61-12 계열 중력탄의 개발 추이, 국방예산 배정 및 능력에 대한 정보를 지속적으로 추적해 나가는 것이 필요하다. 미국은 2018 NPR에서 B61-12계열 중력탄의 경우 아시아 지역에 대한 배치 능력 보유 필요성을 언급한 바 있다. 한국은 북한이 핵능력을 계속 증강하거나 또는 핵사용 위협을 지속할 경우 이중성능항공기와 중력탄의 아시아 역내 배치를 협의해 나갈 수 있을 것이다.

다섯째, 미국의 '핵·비핵전력 통합작전체계' 강화를 대비하고 한미 핵 기획 공유 체제의 기능 발휘를 가속화하는 정책적 조치를 취해야 할 것이다. 핵·비핵전력 통합작전체계와 관련하여 한미연합연습, 작전 기획, 교육훈련에 대한

미 측의 변화 양상을 추적하고 이에 대한 대응체계를 구축할 필요가 있다. 미국은 핵·비핵전력의 긴밀한 통합을 통해 융통성과 적응성을 발휘할 수 있도록 군사 기획 절차를 강화하고 이를 동맹국과 동기화(synchronization)하기 위한 협의를 개시할 것으로 예상된다. 특히 태평양 사령부를 중심으로 역내 동맹국들과 북한의 제한핵 사용 시나리오를 재검토하고, 비전략핵무기의 선제적 사용이 포함된 북핵 위협 대응 옵션과 관련한 훈련 강화가 예상되므로 이에 대한 면밀한 대비가 필요하다. 또한 한국은 한미 외교·국방(2+2) '확장억제전략협의체(EDSCG)' 내 '한미 핵 기획 공유 체계'(가칭)를 설치 또는 기존 회의체를 격상시키는 방식으로 양국 간 핵·비핵전력 통합 기획을 위한 제도적 장치를 보완해 나가는 것이 필요하다. 더불어 미국·나토 국가 간 핵확산 억제의 신뢰성을 제고하기 위해 설치한 핵 공유 체계를 면밀히 분석해서, 한국에 대한 미국의 핵확산 억제 신뢰성 증진을 위한 협상에 활용할 필요가 있다.[18)

여섯째, 제한핵 사용 관련 위기관리 능력 증대를 위한 기반 지식을 축적해 나가는 것이 필요하다. 러시아의 제한핵 사용 위협에 대비한 미국과 나토의 핵사용 교리 및 태세 변화를 지속적으로 추적해서 제한핵 사용 상황 발생 시 의사결정 및 군사력 운용에 대한 이해를 심화해 나가야 한다. 이와 함께 과거 미국의 유연반응전략, 슐레진저독트린 등 제한핵전쟁 교리의 변화를 분석하여 핵과 재래식전력을 결합한 군사 기획 내용이나 위기 시 의사결정과 군사력 운용에 대한 체계적 이해를 증진하고, 위기관리 사례를 분석하여 교훈을 도출해 나가는 작업이 필요하다.[19) 또한 정밀도 증가 및 폭발력 조절 등 비전략핵무기의 기술적 발전 추세가 비전략핵무기의 유용성에 대한 미국의 재인식과 교리 변화에 주는 영향에 대한 분석이 필요하다.

일곱째, 비핵전략적 공격 대응에 대한 미국의 정책 분석 및 한미 간 정책

---

18) 나토의 핵 공유 체제 도입의 정치적 배경과 함의에 대해서는 황일도(2017: 5~34) 참고.
19) 냉전 중 각 행정부가 고려한 제한핵 옵션 독트린의 발전에 대해서는 Colby(2014: 49~79) 참고.

조율이 필요하다. 미국이 비핵전략적 공격을 핵공격, 대규모 재래식 공격과 구분하여 중대한 비핵전략적 공격 발생 시 핵무기 사용가능성을 경고한 것은 기존의 정책과 크게 달라진 것이다. 비핵전략적 공격의 위험성에 대한 미국의 인식이 계속 강화될 것으로 예상되므로 이에 대한 대비가 필요하다. 특히, 미국이 핵무기 사용을 고려할 수 있는 비핵전략적 공격의 수준과 범위에 대한 분석이 필요하다. 비핵전략적 공격 억제 및 대응을 위해 핵 및 비핵 군사작전 통합 능력 제고를 위한 미국의 협의 노력이 강화될 것으로 예상됨에 따라 이에 대한 한국의 입장을 정리할 필요가 있다. 또한 비핵전략적 공격에 대비한 지휘통제 체제의 복원력 강화 등 미국의 정책을 분석하여, 한국의 지휘통제 체제 강화를 위한 시사점을 도출해 나가는 것도 시급한 과제이다.

참고문헌

김강녕. 2017. 「북한 핵전략의 유형적 특징과 전망」. ≪한국과 국제사회≫, 제1권 2호.
김태현. 2016. 「북한의 핵전략: 적극적 실존억제」. ≪국가전략≫, 제22권 3호.
류기현·조홍일·차명환. 2017. 「전시억제이론(Intra-War Deterrence theory)과 한반도 적용」. ≪국방정책연구≫, 제33권 3권.
박창희. 2017. 「북한의 핵위협에 대응한 한국의 군사전략」. ≪국가전략≫ 제23권 4호.
박휘락. 2017. 「북핵위협에 대한 예방타격의 필요성과 실행가능성 검토」. ≪국가전략≫, 제23권 2호.
이병구. 2014. 「미국의 국방비 감축 추세와 군사력 재조정: 분석 및 전략적 함의」. ≪국방정책연구≫, 제104권.
_____. 2019. 「미국의 INF 조약 탈퇴 선언과 동아시아 안보의 미래」. ≪국방연구≫, 제62권 2호.
이성훈. 2017. 「현대 핵전략의 이론체계 정립과 적용에 관한 연구」. ≪국방정책 및 군사전략≫, 안보연구시리즈 제4권 2호. 국방대학교 국가안전보장문제연구소.
퍼터, 앤드루(Futter, Andrew). 2016. 『핵무기의 정치』. 고봉준 옮김. 명인문화사.

황일도. 2017. 「동맹과 핵 공유: NATO 사례와 한반도 전술핵 재배치에 대한 시사점」. ≪국가전략≫, 제23권 1호.

Barrasso, John. 2018.6.5. S.2987 *John S. McCain National Defense Authorization Act for FY2019. Legislative notices.* https://www.rpc.senate.gov/legislative-notices/s2987-john-s-mccain-national-defense-authorization-act-for-fy2019(검색일: 2018.6.10).

BBC. 2015.3.15. "Ukraine conflict: Putin 'was ready for nuclear alert.'" https://www.bbc.com/news/world-europe-31899680(검색일: 2018.10.13).

Bennett, Jay. 2017.7.14. "Space Corps Moves Forward Despite Opposition From Mattis, White House." *Popular Mechanics.*

Brumfiel, Geoff and David Welna. 2018. "Trump Calls for 'Space Force' to Defend U. S. Interests Among The Stars." *NPR.* June 18, 2018.

Callender, Tom. 2018.7.31. "NDAA will give military critical boost in 2019." *The Daily Signal.* https://www.dailysignal.com/2018/07/31/ndaa-will-give-military-critical-boost-in-2019/(검색일: 2018.8.1).

Cheng, Dean. 2018.7.10. "Assuring American Access to the Ultimate Hight Ground: President Trump and the New U. S. Space Force." *The Heritage Foundation.*

Cimbala, S. J. 2016. "Nuclear Deterrence in Cyber-ia: Challenges and Controversies." *Air & Space Power Journa*l, Vol.30, No.3.

Clevenger, Andrew. 2018.8.28. "No Price Tag Yet for Trump's Space Force, Pentagon Says." *Roll Call.* https://www.rollcall.com/news/politics/no-price-tag-yet-trumps-space-force-pentagon-says(검색일: 2018.8.30).

Colby, Elbridge. A. 2014. "The United States and Discriminate Nuclear Options in the Cold War." in Jeffrey A. Larsen and Kerry M. Kartchner(eds.), *On Limited Nuclear War in the 21st Century.* Stanford: Stanford University Press.

Cooper, Helene. August 9, 2018. "Pence Advances Plan to Create a Space Force." *New York Times.* https://www.nytimes.com/2018/08/09/us/politics/trump-pence- space-force.html(검색일: 2018. 8.20).

Countryman, Thomas M. and Andrei Zagorski. 2018. "Urgent Steps to Avoid a New Nuclear Arms Race." *Arms Control Today*, Vol.48.

Department of Defense. 2018.2. *2018 Nuclear Posture Review.*

Deptula, Dave. 2018.11.5. "Whether The U. S. Scraps The INF Or Stays In, China Must Be Checked." *Forbes.*

Erwin, Sandra. 2018.3.13. "Trump: U. S. should have a 'space force.'" *Space News.*

Fitzsimmons, Michael. 2017.11.16. "The False Allure of Escalation Dominance." *War on the Rocks.*

Free, Mitch. 2018.8.15. "NDAA Will Reinvorate American Manufacturing – Can We Handle It?" *Forbes.*

H. R. 2401. 1993.11.18. Sec. 3116(Prohibition on research and development of low-yield nuclear weapons).

H. R. 2401. 1993.11.18. Sec. 3117(Requirement for Specific Authorization of Congress for Commencement of Engineering Development Phase or Subsequent Phase of Robust Nuclear Earth Penetrator).

Harshaw, Tobin. 2016.8.6. "America's nuclear dyad: that's all we need." *Pittsburg Post-Gazette.* http://www.post-gazette.com/opinion/Op-Ed/2016/08/09/America-s-nuclear-dyad-that-s-all-we-need/stories/201608050073(검색일: 2018.10.24).

Jaccard, Helen. 2018.1.2. "U. S. Developing New "Usable" Nuclear Weapons Under the Guise of "Life Extension." *VFP Golden Rule Project.*

Kaplan, Fred. 2016. "Rethinking Nuclear Policy: Taking Stock of the Stockpile." *Foreign Affairs,* Vol.95, No.5.

Kartchner, Kerry M. and Michael S. Gerson. 2014. "Escalation to Limited Nuclear War in the 21st Century." in Jeffrey A. Larsen and Kerry M. Kartchner(eds.), *On Limited Nuclear War in the 21st Century.* Stanford: Stanford University Press.

Kimball, Daryl. 2020.5. "The Open Skies Treaty at a Glance." *Arms Control Association.* https://www.armscontrol.org/factsheets/openskies(검색일: 2020.6.22).

Kristensen, Hans M. and Robert S. Norris. 2017.2.28. "Russian Nuclear Forces, 2017." *Bulletin of the Atomic Scientists.*

Kroenig, Matthew. 2016.12.23. "Trump Said the U. S. Should Expand Nuclear Weapons. He's Right." *MSNBC News.*

Larsen, Jeffrey A. 2014. "Limited War and the Advent of Nuclear Weapons." in Jeffrey A. Larsen and Kerry M. Kartchner(eds.), *On Limited Nuclear War in the 21st Century.*

Stanford: Stanford University Press.

Lieber, Keir A. and Daryl G. Press. 2017. "The New Era of Counterforce: Technological Change and Future of Nuclear Deterrence." *International Security*, Vol.41, No.4.

Mehta, Aaron. 2020.2.21. "The US Navy's New Nuclear Cruise Missile Starts Getting Real Next Year." *Defense News*.

Morton, C. 2013. "Stuxnet, Flame and Duqu - the Olympic Games." in Jason Healey(ed.), *A Fierce Domain: Conflict in cyberspace*. Vienna: CCSA Publication.

Narang, Vipin. 2015. *Nuclear Strategy in the Modern Era: Regional Powers and International Conflict*. Princeton: Princeton University Press.

Perry, William J. 2016.9.30. "Why It's Safe to Scrap America's ICBMs." *New York Times*.

Rogers, Katie. 2018.6.18. "Trump Orders Establishment of Space Force as Sixth Military Branch." *The New York Times*.

Ross, Jay. 2018.4.24. "Time to Terminate Escalate to De-Escalate — It's Escalation Control." *War on the Rocks*. https://warontherocks.com/2018/04/time-to-terminate-escalate-to-de-escalateits-escalation-control/(검색일: 2018.10.13).

SIPRI. 2018.6. "SIPRI YEARBOOK 2018, SUMMARY." https://www.sipri.org/sites/default/files/2018-06/yb_18_summary_en_0.pdf(검색일: 2018.8.1).

Sokov, Nikolai N. 2014.3. "Why Russia calls a limited nuclear strike 'de-escalation.'" *Bulletin of the Atomic Scientists*. http://thebulletin.org/why-russia-calls-limited-nuclear-strike-de-escalation(검색일: 2018.3.13).

U. S. House of Representative. "SEC.1636. Policy of the United States on Cyberspace, Cybersecurity, Cyber Warfare, and Cyber Deterrence." *John S. McCain National Defense Authorization Act for Fiscal Year 2019 Conference Report to Accompany H.R. 5515*. https://fas.org/sgp/news/2018/07/ndaa-1636.html(검색일: 2018.8.2).

U. S. PUBLIC LAW 108-136, SEC. 3116(Repeal of prohibition on research and development of low-yield nuclear weapons). 2003.11.24. https://www.gpo.gov/fdsys/pkg/PLAW-108publ136/pdf/PLAW-108publ136.pdf(검색일: 2018.10.13).

U. S. White House. 2017.12. *National Security Strategy*.

_____. 2018.2. *FY2019 Presidential Budget Requests*.

US Congress. "John S. McCain National Defense Authorization Act for Fiscal Year 2019."

H.R. 5515, p.782(W76 - 2 Warhead modification program). https://www.congress.gov/115/bills/hr5515/BILLS-115hr5515enr.pdf(검색일: 2018.10.13).

Voice of America. 2018.10.21. "트럼프 대통령 '중거리핵전력 조약(INF)' 탈퇴할 것." https://www.voakorea.com/a/4622505.html(검색일: 2018.10.24).

6장

미중 전략적 경쟁 시대 일본 아베 정부의 안보 및 군사전략*

박영준 | 국방대학교 군사전략학과 교수

1. 머리말

국교정상화 이래 최악이라는 표현이 사용될 만큼 최근 한일 관계가 극도
로 악화되고 있다. 2018년 10월 우리 대법원이 일본 기업들에게 일제하 강제
징용 피해자에 대한 배상 판결을 내린 것에 대해, 일본 아베 정부가 한국이 국
제법을 위반했다며 강한 불만을 표명했다. 급기야 2019년 7월과 8월에 반도
체 관련 세 가지 품목에 대한 수출규제조치를 취했고, 한국을 일종의 무역우
대제도인 화이트리스트에서 배제하는 정책을 결정했다. 이에 대응하여 한국
도 일본을 세계무역기구(WTO)에 제소했고, 나아가 2016년 체결된 한일 간 군
사정보보호협정(GSOMIA)의 종료 카드를 꺼냈다. 일반 국민들 사이에서도 일
본의 조치에 대한 반감이 확산되면서 일본 제품 불매운동과 일본 여행 자제
여론이 조성되었다. 한일 간 GSOMIA를 기존 한미일 안보협력 체제의 상징적
장치로 인식해 온 미국이 급거 중재에 나서고, 일본 정부도 수출규제 조치 관

---

* 이 글은 「일본 아베정부의 동아시아 안보/군사전략」, ≪합참≫, 제80호(2019)와 「동북아 정
 세평가와 일본의 대응」, ≪합참≫, 제82호(2020)를 수정·보완한 것이다.

련 양국 간 정책 협의 재개 등의 동향을 보이자 우리 정부도 11월 들어 군사정
보보호협정(이하 GSOMIA) 종료 조치를 유예한다고 발표하여, 한일 간 갈등은
일단 진정 국면을 맞이하게 되었다.

그러나 한일 관계 악화의 와중에 국내에서는 일본 아베 정부가 추진하는
제반 안보정책에 대한 불신감이 고조된 것이 사실이다. 아베 정부의 개헌 추
진 등을 전쟁 가능 국가로의 변신으로 파악하거나, 한미일 안보협력 체제 강화
가 오히려 한반도 평화 체제 구축 과정을 저해하는 냉전적 잔재라고 규정하는
주장이 제기된 것들이 그 사례이다. 그러나 일본 안보정책은 미국 트럼프 행
정부의 인도·태평양 전략과 중국의 일대일로 전략이 대립하는 가운데 그에 대
응하면서 추진되고 있음을 간과할 수 없다. 그렇다면 과연 일본 아베 정부의
안보전략은 동아시아 전체의 안보 정세 변화 속에서 어떤 대응을 보이고 있고,
자위대 및 미일동맹에는 어떤 변화가 나타나고 있는 것일까. 이런 일본 안보
정책의 변화가 한국 안보정책에 주는 함의는 무엇일까를 살펴보기로 한다.

2. 미중 간 전략적 경쟁과 동아시아 안보 질서 변화

1) 미국 트럼프 행정부의 글로벌 전략과 대중 정책

트럼프 행정부는 2017년 등장 이후 일련의 정책 문서와 정책 수정을 통해
중국을 잠재적인 경쟁 세력으로 인식하고, 경제적·군사적으로 중국에 대한
압박을 가하고 있다. 이 결과 오바마 정부 시기보다 더 선명한 미중 간 전략적
경쟁 구도가 노정되고 있다. 2017년 12월에 공표한 「국가안보전략서」를 통해
트럼프 행정부는 중국·러시아와 같은 수정주의 세력(revisionist power), 이란·
북한과 같은 불량국가(rogue states), 지하드 그룹과 같은 초국가적 위협 등의
세 가지 주요 도전이 미국 및 그 동맹국들과 경쟁하려 한다고 지적했다(The

White House, 2017). 이 가운데에서 특히 중국과 러시아가 미국의 접근을 거부하기 위해 군사능력을 증대시키고, 경쟁적인 영역에서 미국의 능력에 도전하고 있다고 분석했다.

마이크 펜스(Mike Pence) 미 부통령은 2018년 10월 4일, 미국 허드슨연구소에서 행한 연설을 통해 중국이 정치·경제·군사·선전 등 모든 영역에 걸쳐 그 영향력을 확대하고, 미국에 대한 중국의 이익을 강화하고 있다고 지적했다. 또한 군사적으로 중국이 육상·해상·공중·우주에 있어 미국이 갖고 있는 군사적 우위를 붕괴시킬 수 있는 군사능력 보유를 최우선 과제로 삼고 있다고 분석하면서, 그는 미국이 중국의 이런 계획을 반드시 실패시킬 것이라고 강조한 바 있다.[2]

이 같은 트럼프 행정부 주요 인사들의 대외전략관을 반영하여, 2019년 6월 국방성이 공표한 미국의 「인도·태평양 전략 보고서」는 중국이 정치·경제·안보 분야에서 공세적인 팽창정책을 추구하면서, 단기적으로는 인도·태평양 지역에서 패권을 노리고 장기적으로는 글로벌 패권을 지향하고 있다고 분석했다(The Department of Defense, 2019). 이에 대응하여 미국은, 트럼프 대통령이 2017년 11월의 베트남 APEC 정상회의에서 공표한 "자유롭고 개방된 인도·태평양 비전"의 전략에 따라 분쟁의 평화적 해결, 자유롭고 공정한 무역, 국제규범 준수 등의 원칙을 추구할 것이고, 구체적으로 역내 국가들인 일본·호주·한국·인도 등의 동맹국 및 파트너 국가들 간의 안보협력을 확대, 강화해 갈 것임을 천명했다.

미국 식자들 사이에서는 대중 강경 정책을 추진하기보다는 중국과 신뢰구축 및 협력관계를 구축하여 '투키디데스 함정'을 회피해야 한다는 유화론도 존재한다(Allison, 2015). 그러나 트럼프 행정부 들어 중국 군사능력의 급속한

---

[2] 이 연설에서 마이크 펜스 부통령은 대중 강경론을 주창해 온 허드슨 연구소의 마이클 필스버리(Michael Pillsbury) 박사를 높이 평가하고 있다.

확대가 미국의 기존 지위에 도전하는 양상에 대응하기 위해, 미국 군사 태세 강화는 물론이고 아태지역 동맹국들의 능력을 강화하여 대응해야 한다는 공세적 전략론이 힘을 얻고 있는 것이 지배적인 동향이다. MIT 대학의 리처드 사무엘스 등은 특히 중국 대응전략의 일환으로 일본이 기존의 '전진방어전략'에서 보다 기동적이고 공격적인 '적극적 거부전략(active denial strategy)'으로 변화해야 하며, 그 일환으로 장거리 타격능력 보유가 필요하다고 주장하기도 했다(Heginbotham and Samuels, 2018). 트럼프 행정부의 대중정책 및 인도·태평양 전략은 이런 대중강경론을 배경으로 하고 있다.

2019년 5월 5일 트럼프 대통령은 5000억 달러에 달하는 대중 무역적자를 문제시하며, 중국에 대한 보복관세 부과 방침을 밝혔다. 또한 그해 5월 15일에는 국가안보를 위협하는 기업의 통신장비 사용을 금지하는 국가비상사태 행정명령에 서명했고, 다음 날 미국 상무부는 중국 통신장비 제조회사인 화웨이 등 68개 계열사를 거래제한 기업 리스트에 포함시켰다. 이미 2019년 2월에 폼페이오 국무장관은 화웨이 제품을 사용하는 국가와는 동맹관계 유지가 힘들다고 발언한 바도 있다.

2019년 2월, 트럼프 행정부는 러시아와 체결했던 중거리핵전력 감축 조약(INF)에서 탈퇴한다는 방침을 표명했고, 결국 8월에 INF 조약은 종료되었다. 미국의 이런 정책은 표면적으로 러시아의 중거리미사일 개발을 견제하기 위한 것이었지만, 이면적으로는 아태지역을 사정권으로 삼는 중국의 중거리미사일 개발에 대응하기 위한 목적을 가진 것이기도 하다. 이같이 트럼프 행정부는 경제적·군사적으로 중국의 영향력 확대 및 미국에 대한 도전에 대응하는 보다 공세적인 전략과 정책을 구사하고 있다.

2) 중국 시진핑 정부의 국가전략과 대미 정책

미국의 압력에 직면하고 있는 중국 정부는 시진핑 주석이 여러 차례 밝혀

온 것처럼 2050년대까지 경제력이나 군사력 등 종합 국력 면에서 미국의 위상에 맞먹는 국가를 건설한다는 국가전략을 일관되게 추진하고 있다. 2019년 7월, 중국 국무원이 공표한 국방백서 『신시대 중국 국방』은 미국의 일방주의적 정책으로 인해 아시아·태평양 지역이 주요 국가 간 경쟁의 무대가 되면서, 지역안보의 불확실성이 초래되고 있다고 진단했다. 이런 상황에서 중국은 '적극 방어'의 군사전략을 취하면서, 2020년까지 기계화를, 2035년까지 국방 현대화를, 그리고 2050년대까지 세계 최고수준의 군대를 이룩한다는 목표를 제시했다(The State Council Information Office of the People's Republic of China, 2019).

시진핑 정부의 안보전략 형성에 큰 영향을 주고 있다고 평가되는 중국 국방대학 교수 류밍푸(劉明福) 인민해방군 대교는 일본 아사히신문과의 인터뷰를 통해, 트럼프 행정부의 인도·태평양 전략 추진으로 인해 향후 30년간 중미 간 경쟁이 전례 없는 양상으로 전개될 것을 예상했다. 그는 미국이 동맹국 일본을 이용하여 중국에 압력을 가하고 있기 때문에 향후 10년간 중미 관계는 피할 수 없는 위기를 맞이하게 될 것이라고 전망하면서, 중국으로서는 이에 대응하여 전략적 방어의 견지에서 미국에 맞설 수 있는 능력을 준비해야 한다고 주장했다(≪朝日新聞≫, 2019.5.15).[3] 중국내 대표적인 미국 연구자의 한 사람으로서 평소 중미 간 협력을 강조해 왔던 푸단 대학의 선딩리(沈丁立, Shen Dingli) 교수도 미국 트럼프 행정부가 일방주의적 행태를 보이면서 유엔 인권이사회나 파리기후변화협약 등 국제사회 규범에서 이탈하는 것이 오히려 중국이 국제적으로 도덕적 우위를 점할 수 있는 기회가 되고 있다고 평가했다(Shen, 2019.6.20).

이같이 대미 대결의 국가전략론이 강화되는 가운데 중국은 군사적으로나

---

3) 류밍푸 대교는 2010년 『중국몽』을 출간하여, 시진핑 정부의 중국몽 비전에 큰 영향을 준 바 있다(Mingfu, 2015).

외교적으로 미국의 대중 압박을 저지하려는 정책을 실시하고 있다. 2019년 1월, 중국은 괌 킬러로 불리는 DF-26의 발사 실험을 실시하고, 전략폭격기 H-6K를 남중국해 도서에 건설한 활주로에 착륙시키기도 했다. 2019년 8월 20일, 중국 국무위원이기도 한 왕이 외교부장은 한국 강경화 외교장관 및 일본 고노 다로(河野太郎) 외상과 연쇄 회담을 가진 자리에서 미국의 아시아 지역에 대한 중거리미사일 배치를 반대한다는 의견을 전달했다(《중앙일보》, 2019.8.22). 이 같은 조치들은 미국의 인도·태평양 전략에 대한 맞대응을 의미하며, 미국의 동맹국인 한국과 일본의 행동을 제약하는 것이기도 하다.

3. 미중 간 전략적 경쟁에 대한 일본의 인식과 대응전략

일본 아베 수상은 제2기 수상 취임 직전인 2012년 12월에 발표한 논문을 통해, 일본·인도·호주 그리고 미국과 하와이를 연결하는 안보의 다이아몬드 구상을 제시하면서, 일본판 인도·태평양 전략을 제시한 바 있다(Abe, 2012.12). 수상 취임 이후에 아베 정부는 2013년 12월 공표한 「국가안보전략서」에서 일본의 국가적 정체성을 해양국가·경제대국·평화국가로 규정하면서, 일본이 취해야 할 대외정책의 지침으로서 "국제협조주의에 기반한 적극적 평화주의"를 제시한 바 있다(國家安全保障會議及閣議決定, 2013.12.17). 그러면서 이 문서는 중국의 해공군력 증강과 군사활동 확대, 그리고 북한의 핵 및 미사일 능력 증강 등을 잠재적 안보 위협 요인으로 적시하면서, 이에 대응하기 위해 일본 자체의 억지력 강화, 미일동맹 강화, 한국·호주·인도·아세안 등 우방국가들과의 안보협력 강화를 구체적인 정책방침으로 제시했다.

같은 시기인 2013년 12월에 공표된 「방위계획대강」도 상위 문서인 「국가안보전략서」의 방침에 보조를 맞추면서, 특히 일본이 직면한 대외적 안보 위협으로서 북한의 핵 및 미사일 능력 증강, 중국의 해공군 활동 확대 등을 명시하고, 이에 대응하기 위해 자위대가 추구해야 할 전력 증강의 기준 개념으로서 '통합기동방위력'의 개념을 제시한 바 있다(國家安全保障會議及閣議決定, 2013.12.17). 그 이전인 2004년이나 2010년 공표된 「방위계획대강」에서는 각각 '다기능적·탄력적 방위력' 혹은 '동적 방위력'의 개념들이 제시되면서, 종전까지 일본 자위대를 표상해 왔던 '기반적 방위력' 개념을 대체해 왔으나, 아베 정부는 다시 새로운 전력 증강의 기준 개념을 제시했던 것이다.

이 같은 전략하에서 아베 정부는 2017년 11월, 트럼프 대통령이 공표한 인도·태평양 전략에 적극 공명하고 참가의사를 분명하게 밝히고 있다. 2018년 10월 24일 아베 수상은 국회에서 행한 소신 표명 연설에서 "아세안, 호주, 인도를 비롯한 기본적 가치를 공유하는 국가들과 함께 아시아·태평양에서 인도양에 이르는 지역에서 평화와 번영을 구축할 것"을 명언했고, 2019년 1월 28일, 역시 국회에서 행한 시정방침 연설에서도 "인도양에서 태평양에 이르는 광대한 바다와 하늘을 모든 국가에 은혜를 주는 평화와 번영의 기반으로 만들 것"이라면서, 이런 비전을 공유하는 국가들과 "자유롭고 개방된 인도·태평양을 만들 것"이라고 강조했다.

그런데 미국 트럼프 대통령의 정책 방향에 대한 아베 수상의 공식적인 지지 의사 태도와는 달리, 일본 내부에서는 미국의 일방주의적 정책 자체와 미중 관계 악화 가능성에 대한 우려가 존재하는 것이 사실이다. 예컨대 방위성 산하 방위연구소에서 나온 보고서는 트럼프 행정부가 주장하는 미일동맹 차원에서의 주둔 경비 전액 부담 요구 및 주일미군 철수 가능성에 대한 우려를 솔직하게 표명하면서, 한국 및 호주 같은 아태지역 동맹국들과의 협력 강화를 통해 미국의 일방주의적 태도를 완화해야 한다는 정책 제언을 포함하고 있다 (佐竹知彦, 2018).

아베 정부도 후술하듯이 중국과의 신뢰구축 희망을 눈에 띄게 표명하고 있다. 중국에 대한 대결적 이미지를 누그러뜨리기 위해 애초 표명했던 "인도·태평양 전략"이라는 표현을 수정하여, 2018년 11월부터는 "인도·태평양 구상"으로 명명하고 있기도 하다(조은일, 2019). 아베 수상도 사안에 따라 일본 독자의 자율적인 외교를 전개함으로써, 미국발 국제정세의 불확실성에 대비하는 모습을 보이고 있다. 예컨대 2019년 6월 13일 아베 수상이 테헤란을 방문하여 이란 최고지도자 알리 하메네이(Ali Hosseini Khamenei)와 회담을 갖고 미국·이란 관계를 중재하려 한 시도, 러시아와 수차례 정상회담을 개최한 것, 그리고 후술하듯이 중국과의 정상회담 및 전략 대화를 갖고 신뢰구축을 도모한 사실 등이 그러한 사례가 된다.

이같이 일본 정부는 미국 주도의 인도·태평양 전략에 적극 참가하는 외양을 취하면서도, 독자의 전략적 자율성(strategic autonomy)을 병행 추진하면서 불확실한 국제정세에 대비하고 있다. 이런 상황 속에서 일본 자체의 방위능력을 미일동맹하에서 강화하려는 노력도 지속하고 있다.

4. 안보정책 및 미일동맹: '다차원 통합방위력'과 인도·태평양 구상

1) 「방위계획대강 2018」과 '다차원 통합방위력' 구축

아베 정부는 2018년 12월 18일, 이전 2013년에 발표된 방위계획대강을 대체하는 새로운 방위계획대강을 공표하여, 변화된 안보 정세에 대응하는 안보정책의 방향을 보이고 있다(國家安全保障會議及閣議決定, 2018.12.18). 이 문서는 북한이 남북 및 북미정상회담에서 '한반도 비핵화'에 합의했음에도 불구하고, "핵과 미사일 능력에 본질적인 변화는 생기지 않았다"라고 분석하고, 대규모 사이버 부대와 특수부대를 보유하는 등 "북한 군사 동향이 일본 안전에 대한 중대하면서 절박한 위협이고, 지역 및 국제사회 평화와 안전을 현저하게 저해하는 것이 되고 있다"라고 경계하고 있다. 그에 더해 중국도 반접근·지역거부를 의미하는 "A2AD 능력을 강화"하는 등 보다 원방에서 작전을 수행할 수 있는 능력을 구축하고 있고, "기존 국제질서와 맞지 않는 독자 주장에 기반해 일방적으로 현상 변경을 시도하면서, 동중국해를 비롯한 해공역에서 군사활동을 확대·활발화하고 있다"라고 분석했다. 이를 바탕으로 "중국의 군사적 동향이 일본을 포함한 지역과 국제사회의 안전보장상 강한 우려가 되고 있다"라고 결론짓고 있다.

이 문서에서 아베 정부는 북한과 중국의 잠재적 위협에 대응하여 대외적으로 미일동맹의 강화, 호주·인도·동남아 국가들·한국 등 주변 국가와의 안보협력 강화를 안보정책 방향으로 제시하면서, 국내적으로는 '다차원 통합방위력'의 개념하에 전력 증강을 도모해야 한다는 방위 정책 방향을 제시하고 있다. 다차원 통합방위력이라는 "육해공이라는 종래 영역에 더해 우주, 사이버, 전자파 등 새로운 영역을 횡단적으로 연결시키는 새로운 방위력"을 의미하며, 방위계획대강은 이런 개념을 구현하기 위해 구체적으로 사이버 방어 부대를 신설해서 전자파 등의 이용을 통합 운용의 관점에서 관리·조정할 것과, 항공자위대 우주 영역 전문 부대 등을 신설할 것을 제언하고 있다.

2018년 기준 일본 방위비는 454억 달러에 달해 세계 8위 수준을 보이고 있다.[4] 이 같은 방위비를 바탕으로 아베 정부는 2013년 방위계획대강에서 제시된 '통합기동 방위력', 그리고 2018년 방위계획대강에서 추가된 '다차원 통합방위력'의 개념하에 소요되는 육해공 자위대의 군사능력을 극대화해 왔고, 그 외 안보환경 변화에 따라 요청되는 미사일방어체제 및 우주 관련 군사능력까지 증강해 왔다.

2006년에 재편된 통합막료감부는 육상자위대의 5개 방면대, 해상자위대의 자위함대, 항공자위대의 총대사령부 등 야전부대를 직접 통제하면서, 그 외 정보, 수송 등의 기능을 통합해 왔다. 그리고 2018년 방위계획대강에서 신

---

4) 물론 이 같은 방위비 규모는 7000억 달러에 육박하는 미국이나 2000억 달러에 달하는 중국에 비해 격차가 있는 것은 사실이다.

설 방침이 결정된 사이버 방어 부대도 통합막료감부 예하에 신설될 것으로 보인다.

육상자위대는 전차나 화포 같은 전력은 지속적으로 축소하고 있지만, 기존의 5개 방면대 체제를 유지하면서 이를 통할하는 육상총대사령부를 2018년 3월에 신설했고, 같은 시기에 수륙기동단(일종의 해병대)도 창설했다. 수륙기동단은 해상자위대와의 합동훈련 및 미국 해병대와의 연합훈련을 활발하게 수행하면서, 중국 인민해방군이 센가쿠 등지에 상륙해 올 경우에 대비한 반격 전력으로서의 역할을 수행할 것으로 전망된다. 또한 2007년에 도입된 미사일 방어체제 PAC-3에 더해, 육상 배치형 이지스 어쇼어 미사일방어체제를 도입하여 일본 동북방 2개소에 배치하려는 정책을 추진하고 있다.

해상자위대는 요코스카, 쿠레, 사세보, 마이즈루 등을 모항으로 하는 4개 기동함대를 주요 편제로 갖고 있고, 주요 전력으로서는 배수량 1만 4000톤에서 1만 9000톤에 달하는 4척의 헬기 탑재 호위함, 8척의 이지스 탑재 호위함, 22척의 잠수함 등이 있다. 특히 일본은 2018년 공표된 방위계획대강에서 1만 9000톤급의 호위함 이즈모와 카가의 내열 갑판을 보완하고 40여 대의 F-35B 수직이착륙기를 탑재함으로써, 2020~2022년부터 항모로 운용한다는 방안을 결정했다(≪朝日新聞≫, 2018.11.28; 2018.12.6; ≪朝日新聞≫, 2019.2.7). 이 경우 일본은 2척의 항모를 보유하는 효과를 거두게 된다. 향후 항모 보유 추진에 따라 일본 해상자위대는 항모 전단 구성에 필요한 잠수함 및 항공기 전력을 추가 증강할 가능성이 있다.

항공자위대는 기존의 3개 방면대 체제를 유지하면서, 2018년 현재 F-15J 200대, F-4 팬텀 50대, F-2 전투기 90여 대를 보유하고 있다. 이 가운데 노후화된 F-4 팬텀을 대체하여 F-35A 스텔스 전투기 42대 조달을 추진 중이며, 2018년 12월 아베 정부는 총액 1조 2000억 엔의 예산을 들여 다시 F-35A 100기의 추가 도입을 결정했다. 또한 F-2 전투기의 후계기 개발 및 도입도 검토하고 있다.[5] 특히 항공자위대는 2018년 방위계획대강에 따라 2023년까지 우주

부대를 신설할 계획을 갖고 있으며, 그 일환으로 우주 감시 레이더를 야마구치현에 설치할 예정으로 있다. 일본은 우주 부대 창설을 통해 미국과 우주 정보 공유 및 여타 우주개발 사업에도 적극 협조할 것으로 보인다. 2018년 10월, 일본은 미 공군의 우주사령부가 영국·호주·캐나다·뉴질랜드·프랑스·독일 등을 초청하여 주최한 다국 간 도상연습에 처음으로 참가했으며, 트럼프 행정부가 NASA를 통해 추진하는 달 탐사 구상에도 유럽·러시아·캐나다 등과 함께 참가하기로 결정했다(≪朝日新聞≫, 2019.1.29; 2019.3.10).

일본은 1998년 이후 미국과의 협력하에 개발에 착수한 미사일방어체제도 성공적으로 갖추고 있다. 2007년을 기점으로 일본은 해상배치 SM-3 요격미사일을 이지스함에 탑재했으며, PAC-3 요격미사일을 육상자위대 기지에 배치하여, 2단계 미사일방어체제를 구축했다. 이에 더해 일본은 2020년대까지 SM-3 블록 2A 미사일을 주축으로 하는 이지스 어쇼어 시스템을 도입하여 일본 내 2개소에 배치할 계획을 갖고 있는데, 이 경우 일본은 3단계에 걸친 미사일 방어망을 구축하게 될 것이다. 이 같은 미사일 방어망은 중국과 북한이 보유한 중거리미사일에 대해 효과적인 억지 수단을 제공하게 될 것이다.

여기에서 언급해 둘 필요가 있는 것은 일본의 핵무장 가능성이다. 일본은 원자력발전소 가동을 통해 핵탄두 6000개를 제조할 수 있는 플루토늄 46톤 내외를 비축해 두고 있고, 일본 내에서 핵무장을 주장하는 세력이 없는 것도 아니다. 이 때문에 일본의 독자적 핵무장 가능성이 언론 등에 의해 제기되고 있지만, 그 독자적인 핵무장은 일본을 둘러싼 핵 질서의 구조로 인해 쉽지 않을 것이다. 일본은 미국과의 원자력협정에 의해 핵연료를 제공받고 있는데, 일본의 핵개발은 당장 미일 원자력협정의 폐기를 불러와 일본 원자력발전소

---

5) F-2 전투기의 후계기에 대해서, 일본 방산업체들은 국내 생산을 주장하고 있고, 재무성 등은 비용 과다를 이유로 국외 전투기 도입을 검토하고 있다. 후보 기종으로는 미국의 F-35 개량형, 영국 BAE시스템의 템페스트, 미국의 F-15 개량형 등이 다각적으로 검토되고 있다.

의 가동 정지로 이어질 것이다. 또한 일본은 NPT의 회원국으로서 비핵화 규범의 준수를 요청받는데, 독자적 핵개발이라는 선택을 한다면 국제사회에서 불량국가라는 비난을 감수해야 한다. 국내적으로도 1960년대 이후 표방해 온 비핵 3원칙의 규범을 깨는 것이 정치적으로 쉽지 않을 것이다. 따라서 일본의 핵무장은 거의 불가능하다고 봐야 할 것이다. 다만 핵 억지 태세 구축은 일본 안보를 위해 불가결하고, 이를 위해 일본은 한국과 마찬가지로 미국과의 동맹 하에서 확장 억제의 신뢰성을 높이는 방식을 지속적으로 취할 것이다. 따라서 확장 억제를 제공하는 미국 전략사령부와 긴밀한 제휴 체계를 지속적으로 유지할 것이다.

이상에서 설명한 육해공 자위대의 재래식전력 강화, 그리고 미사일 방어 능력과 사이버 및 우주 군사능력 강화가 2018년 방위계획대강에서 표명된 '다차원 통합방위력'의 실체라고 볼 수 있다. 이 같은 군사능력을 바탕으로 일본은 종래의 육해공 차원에서의 군사 분쟁뿐 아니라, 이를 넘은 사이버나 우주 분야에서의 안보 위협에도 대응할 수 있는 태세를 구축해 가고 있다고 볼 수 있다. 또한 일본의 '다차원 통합방위력'은 동맹국 미국은 물론이고, 인도·태평양 전략을 공유하는 호주 및 인도 그리고 영국 및 프랑스와의 안보협력을 보다 실효성 있게 만드는 자산이 되고 있다.

2) 인도·태평양 전략하 미일 간 연합훈련 확대

일본은 자신들의 안보전략을 추구하는 데 있어 미국과의 동맹관계를 충분히 활용하고 있다. 이미 아베 정부는 2014년 7월, 각의 결정을 통해 종전에는 평화헌법하에서 그 행사가 제약된다는 입장을 표명해 온 '집단적 자위권'을 일본의 안위가 위협받을 수 있는 이른바 '존립위기사태'의 경우에 행사할 수 있다는 해석 변경을 한 바 있다. 그리고 2015년 4월에 미일 간에 「방위협력을 위한 지침(가이드라인)」을 개정하여 일본에 대한 직접적인 무력 공격 사태 외에도 일본 이외의 국가에 대한 무력공격이 발생하여 일본의 안위에 영향을 줄 수 있는 경우, 즉 존립위기사태에 임해서도 일본이 '집단적 자위권'을 행사하여 미국을 지원할 수 있다는 점을 명시했다.[6] 여기에 더해 트럼프 행정부 등장 이후 미국과 일본 간에 인도·태평양 전략이 공유되면서, 양국 간 연합훈련의 범위와 빈도가 확대되고 있다.

일본 육상자위대는 2019년 8월부터 9월에 걸쳐 미 육군과 오리엔트 쉴드 훈련을 실시하면서, 최초로 '전시증원연습(RSOI)'도 실시했다. 육상자위대 예하 수륙기동단도 미국 해병대와 수시로 연합훈련을 실시하고 있고, 최근에는 일본 남단 다네가시마 등의 해안에서 가상 적이 도서를 점유하고 있다는 시나리오하에 공동의 상륙작전 훈련을 실시하고 도서를 탈환하는 훈련도 실시했다. 해상자위대도 2019년 8월에 이지스함 묘코 등이 참가하여 미 해군 항모 로널드 레이건 등과 연합훈련을 실시했으며, 훈련의 지리적 범위도 일본 주변 해역뿐만 아니라, 남중국해 및 인도양까지 확대하는 양상을 보이고 있다. 2018년 9월과 10월에 걸쳐 해상자위대 소속 이즈모함과 잠수함 등이 남중국해 방면까지 항행하여 미국 및 필리핀 등과 연합 해상훈련을 실시하기도 했다. 항공자위대도 주일 미 공군은 물론, 괌 기지에서 발진하는 미국 전략폭격기들과 수시로 연합훈련을 실시하고 있다. 이런 현상은 2018년 6월, 싱가포르 북미정상회담 이후 한미 간 연합훈련이 축소되거나 중지되는 현상과 선명한 대조를 보이는 것이기도 하다.

일본은 미국 트럼프 행정부가 검토하고 있는 호르무즈해협에서의 '항행자유작전' 참가를 전향적으로 검토했다. 2019년 8월 7일, 미국 에스퍼 국방장관이 일본 방위상에게 호르무즈해협 항행자유작전 참가를 요청했을 때, 일본 측은 이미 소말리아 해적 대책에 투입되어 있는 호위함 1척과 초계기를 파견하

---

6) 이 외에 우주 및 사이버 공간상에서도 미국과 일본이 안보협력의 범위를 확대한다는 점이 명시되었다. 미일안전보장협의위원회 공동 발표에 대해서는 岸田外務大臣·中谷防衛大臣(2015.4.27) 참조.

는 방안을 긍정적으로 검토한 바 있고(≪朝日新聞≫, 2019.8.8),⁷⁾ 한국과 마찬가지로 호르무즈해협에의 자위대 파견을 단행했다.

3) 글로벌 안보 활동의 확대: 호주·인도·영국·프랑스와의 안보협력

일본 자위대는 인도·태평양 전략에 따라 미국 이외에 호주 및 인도와의 연합훈련도 확대하고 있다.

아베 정부 출범 이후 일본 정부는 호주와 빈번하게 2+2 회담, 즉 외교·국방 장관들이 회합을 갖고 공동의 안보협력 방안을 강구해 왔다. 2015년 11월과 2017년 4월에 각각 개최된 양국의 2+2 회담에서 양국은 '방문부대 지위협정' 체결에 합의했고 '상호군수지원협정(ACSA)' 개정에도 합의하여, 실질적으로 준동맹관계를 구축했다. 물론 호주 내에도 대중국 경제협력이 심화되면서 미국보다는 중국과의 전략적 관계 구축을 주장하는 견해가 있는 것도 사실이다. 예컨대 호주국립대학의 휴 화이트(Hugh White) 교수는 중국과의 교역액이 미국의 5배 이상에 달하고, 미국의 글로벌 영향력이 쇠퇴하는 현상을 고려하여 대중 협력정책 강화를 주장하고 있다(White, 2017.2.10). 그러나 미국 트럼프 행정부가 인도·태평양 전략을 명백히 표명한 이후, 호주의 맬컴 턴불(Malcolm Turnbull) 총리도 2017년 11월 『외교백서』를 공표하면서 중국의 부상에 대해 미국과의 안보협력관계를 강화할 것을 천명하고, 인도·태평양 전략에 적극 참가할 것을 명언했다. 이 같은 호주 안보전략 속에서 일본과의 안보협력도 심화되고 있다. 2017년 11월 7일, 일본의 고노 다로(河野太郎) 외상은 호주 외상과의 회담에서 인도·태평양 전략의 공유를 확인했고, 2018년 10월 10일 개최된 양국 간 2+2 회담에서도 양국 해군 간의 대잠 공동훈련 실시,

---

7) 일본은 아프리카 지부티에 기지를 설치하고, 이곳에 해상자위대 초계기도 배치해 놓고 있다.

공군 간의 공동훈련 추진 등을 지속적으로 추진하기로 합의했다(≪朝日新聞≫, 2018.10.11).

이 같은 호주와의 정치·외교적 협력 진전에 따라 양국 간의 연합훈련도 확대되고 있다. 2019년 5월 말, 미국과 호주가 서태평양 괌과 마리아나 해상에서 실시한 퍼시픽 뱅가드 훈련에 일본 해상자위대가 함정을 파견하여 연합훈련을 실시했다.[8] 2019년 9월 24일과 25일에 걸쳐 일본 항공자위대는 홋카이도 소재 지토세 공군기지를 거점으로 호주 공군과 최초의 공동훈련을 실시했다. 이 훈련 과정에서 일본은 이미 호주와 체결한 ACSA에 따라 호주 측에 대해 탄약 등 물자를 공급하기도 했다.[9]

일본은 인도와도 양자 간, 혹은 다자간 차원에서의 안보협력을 강화하고 있다. 2017년 9월과 2018년 8월, 일본의 오노데라 이쓰노리(小野寺五典) 방위상은 각각 인도의 국방상과 회담을 갖고 양국 간 ACSA 체결을 추진하여, 인도 육해공군과 자위대 간에 연합훈련을 실시하기로 합의했다(≪朝日新聞≫, 2018.8.20). 이에 따라 2017년 10월 미국과 인도가 인도양 해상에서 실시한 '말라바르 2017 연합해상훈련'에 일본 해상자위대의 이즈모 헬기 탑재 호위함이 참가했고, 2018년 9월에도 해상자위대의 호위함과 잠수함이 각각 인도양까지 진출하여 연합 해군훈련을 실시했다. 2019년 5월 초, 일본은 미국·인도·필리핀이 남중국해에서 실시한 연합 항행 훈련에 해상자위대 함정을 파견하여 참가하기도 했다.

일본은 미국 이외에 호주 및 인도와의 군사협력을 확대하면서, 인도·태평양 전략의 주축인 이 국가들과의 다자간 협의체 구축도 모색하고 있다. 2017년 11월, 필리핀 마닐라에서 미국·일본·인도·호주 등 4개국 외교 당국 실무자들

---

8) 한국 해군도 당시 구축함 왕건을 파견한 바 있다.

9) 일본이 ACSA 협정을 체결하고 있는 국가는 미국, 영국, 호주뿐이다. 양국의 연합훈련에 임해 고노 다로 방위상은 9월25일 지토세 기지에서 행한 환영사를 통해, 호주는 일본의 특별한 전략적 파트너라고 의미를 부여했다(≪朝日新聞≫, 2019.9.26).

이 모여 개방된 국제 해양 질서 구축 방안에 대해 논의한 회의가 그 실례이다 (佐竹知彦, 2018 재인용). 향후 이와 같은 4개국 간의 다양한 안보 협의체가 활성화될 것으로 전망된다.

일본은 영국 및 프랑스와도 군사협력을 확대하고 있다. 나토 협력국으로서 나토가 주관하는 다자간 회의에 지속적으로 참가해 온 일본은 2015~2016년부터 영국의 육해공군과 자위대 간의 연합훈련도 실시하고 있다. 2017년 1월에는 영국과 ACSA 협정을 체결했으며, 2014년 무기수출삼원칙이 폐지된 이후에는 영국과 공대지 미사일 등도 공동 연구·개발하고 있다. 또한 2017년 12월 13일에 개최된 양국 간 2+2 회담에서는 인도·태평양 전략을 공유하면서, 육해공 자위대와 영국군 간에 공동훈련을 확대 실시하기로 합의했다. 이 같은 안보협력 확대를 반영하여 2015년 영국의 국가안보전략서는 일본을 파트너에서 동맹의 위상으로 격상시키기도 했다. 1920년대 영일동맹이 해소된 이후 100여 년 만에 영국과 일본 양국은 동맹에 준하는 관계로까지 안보협력 관계를 심화하고 있는 것이다.

일본은 프랑스와도 안보협력을 확대하고 있다. 2018년 1월 26일 일본과 프랑스 양국은 2+2 회담을 갖고, 양국이 남중국해에서 항행의 자유 원칙을 공동 준수하기로 합의했다. 사실 프랑스는 자국을 태평양상에 해군기지를 가진 태평양 국가로 인식하고 있으며, 그 연장선상에서 미국의 동맹국인 일본은 물론 한국과도 이 지역에서의 안보협력을 강화하려고 하는 것이다.[10]

아베 수상은 2018년 1월 22일 국회에서 행한 시정방침 연설에서 일본은 자유민주주의, 인권, 법의 지배와 같은 기본 가치를 공유하는 국가들과 협력할 것이고, 그런 관점에서 미일동맹 강화는 물론이고, 유럽·아세안·호주·인도 등과 제휴하겠다는 방침을 표명했다. 이상에서 밝힌 호주, 인도 그리고 영

---

10) 2018년 7월 2일 프랑스 대사관저에서 개최된 해양안보 관련 세미나에서 파비앙 페논 (Fabien Penone) 주한 프랑스 대사가 한 인사말 중에서.

국 및 프랑스와의 안보협력관계의 심화는 이 같은 아베 수상의 대외정책 방침이 착실하게 이행되고 있음을 보여준다고 하겠다.

5. 아시아 정책의 새로운 전개: 대중 및 대북 정책

1) 대중 신뢰구축 정책의 추진

아베 정부는 「국가안보전략서」 및 「방위계획대강」 등을 통해 중국을 잠재적인 위협으로 설정하고 있고, 미국이 주도하는 인도·태평양 전략에도 적극 참가하면서, 미국의 대중 견제 정책에도 표면적으로 동조하는 모습을 보이고 있다. 그러나 동시에 일본은 중국 시진핑 정부와 다각적으로 신뢰구축을 도모하고 안보 면에서의 상호 협력을 추진하는 정책도 전개하고 있다.

2019년 1월 28일, 아베 수상은 시정방침 연설을 통해 자신의 2018년 10월 중국 방문을 통해 양국 관계가 완전히 정상화되었다고 언명하면서, 자신과 시진핑 주석 간에 양국이 국제기준하에서 상호 협조하고 상호 위협이 되지 않을 것이며, 자유롭고 공정한 무역 체제를 함께 발전시킬 것을 약속했다고 발표했다. 이후 양국 간에 외교 및 경제 분야 협력이 본궤도에 오르고 있다. 2019년 4월 25일, 중국 정부가 베이징에서 개최한 '일대일로(一帶一路) 국제협력포럼'에 일본도 대표단을 파견하여, 일대일로 프로젝트에 경제 분야를 중심으로 참가한다는 의향을 정식으로 표명했다. 2019년 6월에는 일본이 오사카에서 주최한 G20 정상회의에 시진핑 주석이 참가했다. 아베 수상은 시진핑 주석과 1시간 동안 정상회담을 갖고, 2020년도에 시 주석을 국빈 초청했고, 시진핑 주석은 이를 적극 수용했다.[11] 이후 8월 10일에는 일본과 중국 간 외교담당

---

11) 일본은 외국 정상의 자국 방문을 국빈, 공빈 등의 위상으로 나누어 구분하고 있는데, 국

차관급 전략 대화가 7년 만에 개최되었다.

외교 및 경제 분야 대화 재개와 동시에 군사 면에서도 자위대와 중국 인민해방군 간에 다각적인 신뢰구축 시도가 재개되고 있다. 2019년 4월 23일 일본은 중국 해군이 산둥성 칭다오에서 개최한 인민해방군 해군 창설 제70주년 기념 국제 관함식에 해상자위대 막료장 야마무라 히로시(山村浩) 제독과 함정 1척을 파견했다. 일본 해상자위대의 중국에 대한 함정 파견은 2011년 이래 처음으로 중국은 전범기(旭日旗)를 게양한 일본 함정을 환영했다.[12] 2019년 10월 7일, 일본이 사가미 해상에서 주최한 국제 관함식에 중국 해군의 미사일 구축함 태원이 참가했다. 중국 해군 함선이 일본이 주최한 국제 관함식에 참석한 것은 최초 사례로서, 태원함에는 헬기 1기와 승조원 200여 명이 승선한 바 있다.[13]

이상에서 살펴본 바와 같이 일본은 미국과의 동맹 체제하에서 미국이 주도하는 인도·태평양 전략에 적극 참가하고 있으나, 동시에 중국과도 경제적·안보적으로 다각적인 신뢰구축 노력을 병행하고 있다. 이는 아베 정부가 미일동맹 강화 외에 다각적인 전략적 자율성을 추구하면서 자신의 안보 태세를 강화하려는 의도를 반영하고 있는 것이다.

2) 북한과의 대화 모색

일본은 2017년 시점에서 북한의 핵실험 및 미사일 발사에 대한 대응으로

빈 방문은 천황 접견을 포함한 최상급 의전이다.

12) 이 같은 중국 조치는 2018년 10월, 제주 국제 관함식에 전범기를 게양한 일본 해상자위대 함정의 참가를 불허한 한국정부의 그것과 대비되었다.

13) 다만 이 시기 일본을 엄습한 태풍으로 인해 관함식 자체는 취소되었으나, 한국 해군 함선이 초청받지 못한 경우와 비교하면, 중국과 일본 간 군사적 신뢰구축은 상대적으로 돋보이는 것이었다.

유엔이 주도하는 대북 제재에 적극 참가했으며, 일본 자체의 대북 제재 조치도 실행했다. 다만 2018년 6월, 트럼프 대통령과 김정은 국방위원장 간 싱가포르 정상회담이 개최된 이후 아베 수상도 북한과의 정상회담 개최를 희망하는 적극성을 보이기 시작했다.

2018년 7월, 아베 수상은 측근인 기타무라(北村滋) 내각 정보관을 베트남에 파견하여 북한 통일전선부 김성혜 통일전략실장과 비밀리에 접촉하게 한 것으로 알려졌다(≪朝日新聞≫, 2019.3.1).[14] 이후 10월 24일, 아베 수상은 국회에서의 소신 표명 연설을 통해 김정은 위원장과 직접 회담을 희망한다는 의사를 표명하면서, 북일 간 현안이 되고 있는 납치자 문제와 핵 및 미사일 문제를 해결한 후 양국 간 국교정상화를 추진할 것이라는 의욕을 보였다. 2019년 1월 28일 아베 수상은 국회 시정방침 연설에서도, 김정은 위원장과 직접 만나 핵과 미사일, 납치자 문제 등 상호 불신의 껍질을 깨고, 양국 간 불행한 과거를 청산하면서 국교정상화를 추진한다는 방침을 재확인했다. 2019년 3월 스가 요시히데(菅義偉) 관방장관은 유엔 인권이사회에 11년간 연속 제출해 온 북한 인권 비난결의안을 2019년에는 기권한다는 방침을 결정했다. 일본이 2018년에도 제안국으로 참가하고 찬성 의결까지 했던 대북 인권 관련 결의안에 대해 기권하기로 한 것은 매우 이례적인 조치로, 일본 언론에서도 분석했듯이 북일 교섭을 촉진하기 위한 목적이었던 것으로 보인다(≪朝日新聞≫, 2019.3.14).

2018년 6월 이후 지속적으로 표명하고 있는 일본 아베 수상의 대북 정상회담 제안은, 북미정상회담 이후 북미 관계의 변화 속에 일본도 소외될 수 없다는 인식하에 추진되어 온 것으로 보인다. 한국으로서도 한반도 평화 체제 구축을 위해 북미 관계 정상화 및 북일 관계 정상화가 필수적이라는 인식하에 이 같은 일본 측의 대북 정책을 지원할 필요가 있을 것으로 생각된다.

---

14) 내각 정보관은 중앙 정보 조직이 존재하지 않는 일본에서 한국의 국정원장에 상당하는 직위라고 볼 수 있다.

6. 맺음말: 한국 안보정책에의 함의

머리말에서 지적했듯이 한일 관계가 최악의 국면을 보이고 지소미아 논란을 겪으면서, 그동안 진전되었던 양국의 안보협력도 정체상태를 보이고 있는 것이 사실이다. 그러나 앞에서 살펴본 것처럼 일본은 한국과의 관계 악화 속에서도 꾸준히 미일동맹을 다각적으로 발전시켜 왔고, 중국과도 양호한 신뢰관계를 구축하는 한편 북한에 대해서도 대화를 제기하는 안보정책을 전개해 왔다. 이 같은 상황 속에서 한일 관계 악화는 우리의 안보 태세에도 부정적인 영향을 줄 수 있다. 그 이유는 첫째, 한일 관계 악화가 그간 지소미아를 포함하여 북한 핵위협에 대응하여 구축해 온 한·미·일 안보협력 태세의 균열로 이어질 수 있고, 한미동맹에 대한 부담이 될 수도 있다. 둘째, 한일 안보협력 축소가 미일 간, 혹은 인도·태평양 전략 참가국들 간에 확대되는 안보협력의 네트워크에서 한국이 배제되는 결과를 낳을 수 있다. 셋째, 북한의 핵 및 미사일 도발이 재개되는 상황 속에서 한일 안보협력 축소는 대북 억제력의 유지 측면에서도 악영향을 끼칠 수 있다.

이런 관점에서 한국정부가 취했던 지소미아 종료 유예 조치는 올바른 방향으로 가기 위해 중요한 의미를 갖는다. 북한의 비핵화 및 한반도 평화 체제 구축, 나아가 아태지역의 평화와 번영을 위해서도 한국으로서는 미중 간의 전략적 경쟁구도를 주시하면서, 대일 안보정책을 설계해야 한다. 이를 위한 구체적인 과제로서 다음의 사항들을 제기할 수 있을 것이다.

첫째, 미국이 주도하는 인도·태평양 전략에 한국도 나름 참가한다는 입장을 분명히 밝힐 필요가 있다. 다행히 2019년 11월 2일, 우리 외교부와 미 국무부 차관보가 '신남방정책과 인도·태평양 전략 간 협력증진에 노력하는 양국 공동성명서'를 발표했다. 이 문서에서 양국은 경제적 번영뿐만 아니라 평화와 안전보장 분야에서도 협력할 것을 합의했기 때문에, 이 합의를 바탕으로 미국이 주도하는 역내에서의 다자간 항행훈련 등에 참가하면서, 한미동맹의 역할을 확대하고, 나아가 역내 다자간 안보협력에 적극 관여할 필요가 있다.

둘째, 일본이 그러하듯이 우리도 중국과의 신뢰구축 및 안보협력 확대에 지속적인 노력을 기울여야 한다. 한미동맹 및 한·미·일 안보협력 강화와 한중 간 협력 증진이라는 두 가지 정책과제를 동시적으로 추진해야 한다.

셋째, 한반도 평화 체제 구축을 위해 일본의 의지와 능력을 활용해야 한다. 한반도 평화 체제란 궁극적으로 북한 비핵화가 달성되고, 남북 간에 평화가 정착될 뿐 아니라 북미 간에 그리고 북일 간에 국교가 정상화되는 과정을 의미한다. 본문에서도 소개했듯이 일본 아베 수상은 북한과의 정상회담 의사를 지속적으로 밝히고 있다. 그렇다면 북한과 일본 간의 대화와 협력 증진을 지원하는 것을 한반도 평화 체제 구축 과정에서 불가결한 과제로 인식할 필요가 있다. 이런 점에서 한일 간 전략적 협의를 밀접하게 추진할 필요가 있는 것이다.

넷째, 일본이 미일동맹하에서 그러듯이 우리도 국방능력 강화와 한미동맹의 공고화를 위해, 미국과 지역전략도 공유하고 공동의 연합훈련도 지속하는 방안을 강구해야 할 것이다. 북한이 비핵화에 별다른 진전을 보이지 않고, 단거리 발사체를 연이어 발사하면서 '새로운 길'을 모색할 가능성이 높아지는 국면에서, 대북 협상력을 높이기 위해서라도 자체의 전력을 증강하고, 한미동맹 강화를 추진하는 것이 바람직한 안보전략이 아닐까 한다.

참고문헌

조은일. 2019. 「일본의 인도·태평양 구상: 지정학에서 지경학으로」. 2019년도 현대중국학
　　　회·현대일본학회 춘계학술회의 발표자료(2019.5.31).
앨리슨, 그레이엄(Graham Allison). 2018. 『예정된 전쟁』. 정혜윤 옮김. 세종서적

Abe, Shinzo. 2012.12. "Asia's Democratic Security Diamond."

Allison, Graham. 2015.9.24. "The Thucydides Trap: Are the U. S. and China Headed for War?" *The Atlantic.*

Shen, Dingli. 2019.6.20. "Why China can hold moral high ground." *Global Times.*

Heginbotham, Eric and Richard J. Samuels. 2018. "Active Denial: Redesigning Japan's Response to China's Military Challenge." *International Security*, Vol.42, No.4.

Liu, Mingfu. 2015. *The China Dream: Great Power Thinking and Strategic Posture in the Post-American Era.* New York: CN Times Books.

Minister for Foreign Affairs Kishida, 2015.4.27. "Minister of Defense Nakatani, Secreatary of State Kerry, Secretary of Defense Carter, Joint Statement of the Security Consultative Committee."

The Department of Defense. 2019.6.1. "Indo-Pacific Strategy Report: Preparedness, Partnership, and Promoting a Networked Region."

The State Council Information Office of the People's Republic of China. 2019.7 "China's National Defense in the New Era."

The White House. 2017.12. "National Security Strategy of the United States of America."

White, Hugh. 2017.2.10. "Australia turns toward China." *New York Times* International Edition.

岸田外務大臣,中谷防衛大臣,ケリー国務長官,カーター国防長官. 2015.4.27. 「変化する安全保障環境のためのより力強い同盟」.

國家安全保障會議及閣議決定. 2013.12.17.「国家安全保障戦略について」

_____. 2013.12.17.「平成26年度以後に係る防衛計画の大綱について」

_____. 2018.12.18.『平成31年度以後に関る防衛計劃の大綱』.

佐竹知彦. 2018.「日本: 不確實性の中の日米同盟」. 防衛研究所 編.『東アジア戰略概觀 2018』. 東京: 防衛京: 防衛研究所.

7장

중국의 대전략 전환과 글로벌 영역에서 국방의 역할 확대*

박창희 | 국방대학교 군사전략학과 교수

1. 머리말

최근 중국의 군사동향과 관련하여 주목할 만한 두 개의 이벤트가 있었다. 하나는 중국 국방백서 발간이고 다른 하나는 건국 70주년 열병식이었다. 전자가 중국의 대전략과 국방정책의 방향을 파악할 수 있는 드문 기회를 제공했다면, 후자는 1990년대 이후 수십 년 동안 중국이 건설해 온 군사력 수준을 가늠하는 계기가 되었다. 이 두 개의 이벤트는 중국이 장기적 관점에서 국가목표로 추구하는 강대국 부상을 위한 전략, 그리고 이를 추진하기 위해 필요한 역량과 깊은 관련이 있다는 점에서 분석해 볼 가치가 있다.

먼저 중국 국방부는 2019년 7월 24일 『신시대의 중국 국방(新時代的中國國防)』이라는 제목의 국방백서를 발표했다. 2015년 5월 이후 4년 만에 나온 이번 백서는 이전의 백서와 달리 훨씬 포괄적이고 비교적 상세한 내용을 다루고 있다. "시진핑 시대에 맞춘 시진핑의 국방백서"로 평가받는 이번 백서는 중국

---

*   이 글은 「2019년 중국의 국방: 글로벌 영역으로의 역할 확대」(2020), 『2019 중국정세보고』(국립외교원, 2020)에 발표되었던 것을 일부 수정한 것이다.

의 국방정책으로 국가주권·안보·발전 이익의 확고한 수호, 패권 및 팽창 추구 부인, 신시대 군사전략 방침 관철, 중국 특색 강군의 길 유지, 그리고 인류운명공동체(人類命運共同體) 건설 공헌 등을 골자로 한다(中華人民共和國國務院新聞辦公室, 2019.7.24). 이 가운데 이목을 끄는 것은 중국이 '인류운명공동체'를 건설하여 (비록 직접적으로 언급하지는 않았지만) 중국 주도의 새로운 질서를 구축하겠다는 의도를 드러낸 것이었다.

2019년 10월 1일 중국은 건국 70주년을 맞이하여 대규모 열병식을 가졌다. 시진핑은 기념사에서 "오늘 사회주의 중국은 세계의 동방에 우뚝 섰다"라며, "우리의 위대한 국가 지위를 흔들 어떤 세력도 없고 중국 인민과 중화민족이 앞으로 나아가는 데 저지할 어떤 세력도 있을 수 없다"라고 자신했다(习近平, 2019.10.1). 그리고 그러한 힘을 보여주듯이 열병식에서 미국 전역을 타격할 수 있는 대륙간탄도미사일(ICBM) 둥펑(DF)-41을 비롯해 신형 전략 자산을 대거 선보이며 무력을 과시했다. 대체적으로 열병식에서 공개된 무기의 성능이 미국에 근접했다는 평가가 나오는 가운데, '극초음속활강비행체(hypersonic glide vehicle)' 등 일부 무기체계는 미국이나 러시아보다 앞서 실전에 배치된 것으로 알려졌다.

이렇게 본다면 중국의 대외정책은 국가이익을 확보하는 데 그치지 않고 인류운명공동체 건설을 통해 기존 국제질서를 대체한다는 측면, 그리고 이를 뒷받침할 강력한 군사력을 구비해 가고 있다는 측면에서 그 어느 때보다도 야심차게 추진되고 있는 것으로 보인다. 미중 무역전쟁이 지속되고 '대만문제'와 동중국해 및 남중국해 문제를 둘러싼 대립과 갈등이 심화되고 있는 상황에서 중국은 이전처럼 자세를 낮추고 숨 고르기에 들어가기보다는 강대국 부상을 향해 거침없는 행보를 이어가고 있다.

이 글은 중국 국방백서와 건국 70주년 열병식을 중심으로 중국이 추구하는 대전략의 변화를 살펴보고, 이를 뒷받침하기 위한 국방의 역할과 동향을 분석한다. 이를 통해 최근 중국은 강대국 부상을 통해 국제질서를 변화시키려는 보다 야심 찬 목표를 지향하고 있으며, 중국의 국방은 국제질서 변화를 꾀하는 중국의 대전략 이행을 가속화하는 핵심 역할을 담당하고 있음을 보이고자 한다.

2. 중국의 대전략과 국방의 역할 확대

1) 중국의 대전략: '평천하'를 위한 인류운명공동체 건설

중국의 국가목표는 명확하다. 중국의 강대국 부상에 적어도 100년은 걸릴 것이라는 마오쩌둥의 언급으로부터 덩샤오핑의 3단계 현대화 주장, 장쩌민의 '중화민족의 위대한 부흥' 실현, 후진타오의 '화평발전론', 시진핑의 '중국몽'에 이르기까지, 중국의 목표는 강대국으로 부상하는 것이다. 특히 시진핑은 제19차 당대회 이후로 건국 100주년이 되는 21세기 중반에 이르러 "부강하고 민주문명적이며 조화롭고 아름다운 사회주의 현대화 강국"을 건설하겠다는 목표를 설정하고 있다(≪人民日報≫, 2017.10.22).

그러면 강대국으로 부상하기 위한 중국의 전략은 무엇인가? 1990년대 중국의 전략은 중국의 굴기를 방해할 수 있는 '중국위협론'을 약화시키는 데 주안을 두었다. 중국이 강대국으로 부상하더라도 위협이 되지 않을 것임을 설득하여 미국을 비롯한 서구의 견제를 저지하려는 것이었다. 이를 위해 중국은 1997년부터 상호신뢰, 호혜, 평등, 협력, 평화적 방법에 의한 분쟁 해결을 골자로 하는 '신안보 개념(新安全觀)'을 내세우며 다자주의에 적극 동참했고, 많은 국가들과 동반자관계를 확대하여 우호적 이미지를 구축하고자 했다 (Shambaugh, 2005: 24~25; Goldstein, 2005: 24; 38~39). 또한 후진타오 시기에는 평화(和平), 개방(開放), 협력(合作), 조화(和諧)를 중심으로 한 '화평발전(和平發展)' 노선을 내세워 중국의 강대국 부상이 평화적 국제환경을 조성할 것임을 강조했다(송기돈, 2012: 155~157).

그러나 중국의 대전략에 대한 논의는 시진핑 시기에 한동안 모호한 상태에 머물렀다. 이전과 마찬가지로 '중국위협론'을 부인하는 가운데 '적극작위(積極作爲)', '신형대국관계', '신형국제관계', '인류운명공동체' 등의 개념이 제시되었지만 이것이 외교 행태인지 대외 전략인지 아니면 장기적 비전인지 확실하지 않았다. '일대일로'의 경우 중국의 강대국 부상을 견인할 수 있는 지정학적·지경학적 전략으로 볼 수 있으나 이를 중국의 대전략 그 자체로 보기에는 뭔가 부족한 면이 있었다. 더욱이 이런 개념 및 구상들은 서로 연계되어 있으면서도 그 전후 관계가 명확하지 않아 혼란스러웠던 것이 사실이다.

그런데 이번 국방백서는 '인류운명공동체'가 중국의 대전략개념으로 자리 잡았음을 보여주고 있다(王政淇, 2018.1.17).[1] '인류운명공동체'라는 개념은 정치, 안보, 경제, 문화 그리고 생태 측면에서 인류 사회가 지향해야 할 발전 방향을 담고 있다. 먼저 정치적으로는 냉전기 구시대의 유물인 동맹 체제를 대신하여 "대화, 불대립, 비동맹"에 기반한 국제적 동반자관계를 구축해야 한다는 것이다. 안보적으로는 국제문제를 해결하는 데 서구식의 '군사적 해결'을 지양하고 대화를 통해 '정치적 해결'을 추구하자는 것이다. 경제적으로는 서구의 자유시장경제보다 '사회주의시장경제', 즉 시장의 기능과 국가의 통제기능을 적절하게 결합한 방식이 공정성 및 안정성 측면에서 더 나은 경제발전 모델이 될 수 있다는 것이다. 그리고 문화적으로는 서구 문화에 의존한 획일

---

1) '인류운명공동체'는 2013년 3월 시진핑이 모스크바 국제관계아카데미에서 진행한 강연에서 인류 문명의 발전 방향을 제시하며 처음 언급한 것으로, 2015년 9월 유엔본부에서 열린 유엔 창설 70주년 정상회담에서는 '상호 존중', '공평 정의', '합작 공영'을 키워드로 하는 신형국제관계를 통해 '인류운명공동체' 구축을 제시한 바 있다. 그리고 2017년 1월 18일 스위스 제네바에서 열린 '인류운명공동체 공동논의 공동구축' 고위급 회의에서 이 개념을 동반자관계(伙伴关系), 안보구조(安全格局), 경제발전(经济发展), 문명교류(文明交流), 생태건설(生态建设)을 중심으로 한 인류 사회 발전 청사진 등을 5개 견지(五个坚持) 사항으로 설명한 바 있다.

성에서 벗어나 서로 다른 문화 간 다양성을 인정하는 가운데 '조화, 포용, 존중'의 정신으로 교류하자는 것이다(Tobin, 2018: 157~164).

여기에서 '인류운명공동체' 개념은 중국이 강대국 부상을 통해 지향하는 하나의 '비전'일 수 있고 중국이 추구하는 최종 상태 또는 '목표'가 될 수도 있다. 그러나 그것은 중국이 강대국으로 부상하기 위한 하나의 '전략'일 수도 있다. 세계 인류의 관점에서는 궁극적으로 중국을 포함하여 모든 국가들이 꿈꾸는 공동의 '비전' 또는 '목표'가 되지만, 중국이 이를 활용하여 미국을 견제하고 강대국으로 부상하려 한다면 그것은 곧 '전략'이 될 수 있다.

실제로 중국은 '인류운명공동체' 개념을 비전이나 목표라기보다는 미국을 견제하기 위한 국가 차원의 대전략으로 활용하고 있다. 그것은 중국이 인류운명공동체 개념을 미국 주도의 국제질서에 내재된 취약점을 찾아 공략하는 데 이용하고 있기 때문이다. 즉, 중국은 미국 중심의 동맹 체제가 가져오는 국가들 간의 대립 양상, 자유시장경제의 불공정성, 문화적 배타성, 그리고 심지어는 서구 민주주의에서 나타나는 혼란과 무질서한 모습을 비판하고, 21세기에 인류가 과거 식민지 팽창시대, 냉전시대, 제로섬 게임이라는 구시대적 관습에 머물러 있어서는 안 된다고 주장한다(≪人民日報≫, 2015.5.18). 대신 미국이 주도하는 동맹 체계를 중국이 중심이 되는 동반자관계의 글로벌 네트워크로 대체하고, 서구의 선거 민주주의보다 중국의 권위적 통치 모델을 내세우며, 세계가 평화와 번영에 유리한 중국의 경제발전 방식을 인정하고 따라야 한다는 것이다(Tobin, 2018: 155~157). 따라서 인류운명공동체 개념은 미국 주도의 질서를 약화 및 해체시키고 중국에 유리한 여건을 조성한다는 점에서 강대국 부상을 위한 대전략으로 보아야 한다(Kania and Wood, 2019: 19).

이렇게 본다면 중국의 대전략이 국가이익의 확보를 넘어 국제적 영향력을 증진하는 방향으로 나아가고 있음을 알 수 있다. 미국 주도의 패권주의, 강권정치, 일방주의에 맞서 중국의 주권 및 안보 이익을 수호하는 데 그치지 않고 글로벌 거버넌스를 재건하여, 중국이 세계를 통합하고 글로벌 리더십을 행사하려는 것이다. '치국(治國)' 차원에서의 전략에서 나아가 '평천하(平天下)'를 위한 대전략으로 전환한 것이다.

2) 국방의 역할 확대

중국의 국방은 '인류운명공동체' 건설에 적극 참여하고 있다. 이번 국방백서는 인류운명공동체를 건설하기 위해 복무하는 것을 국방의 중요한 임무로 규정하고, "강한 중국군대는 세계평화와 안정 그리고 인류운명공동체를 건설하는 견고한 역량"이라고 언급했다(中華人民共和國國務院新聞辦公室, 2019.7.24). 이는 겉으로 보기에 중국군이 세계평화를 위해 노력하는 것으로 비쳐지지만, 사실은 중국 정부가 의도하는 바와 같이 글로벌 안보 거버넌스 체계를 재편하는 데 적극 참여하겠다는 것을 의미한다. 중국군이 국제질서 재편에 참여할 의지를 직접적이고 공식적으로 밝힌 것은 이례적이라 하지 않을 수 없다(Kania and Wood, 2019: 20).

이와 관련하여 중국 국방의 역할은 크게 두 영역으로 구분할 수 있다. 하나는 이전처럼 '치국'의 차원에서 국가안보와 이익을 확보하는 데 기여하는 것이고, 다른 하나는 '평천하'의 차원에서 중국이 주도하는 인류운명공동체 건설을 지원하는 것이다.

우선 국가안보와 이익이라는 관점에서 국방의 역할은 이전과 다를 바가 없다. 그것은 국방백서에서 언급하고 있는 것처럼 외부 침략을 억제하고 대응하는 것, 정치 안보·인민 안보·사회 안보를 수호하는 것, 대만 독립을 반대하고 견제하는 것, 티베트 독립과 동투르키스탄 등의 분열 세력을 진압하는 것, 국가주권·통일·영토보전 및 안보를 수호하는 것, 동중국해와 남중국해에서의 해양권익을 수호하는 것, 우주·전자기 공간·사이버공간에서의 안보 이익을 수호하는 것, 해외에서 중국 인민·조직·기구의 안전·권리·이익을 수호하는 것, 그리고 중국의 지속적 발전을 지원하는 것이다(中華人民共和國國務院

　　다음으로 글로벌 영역에서 국방의 역할은 인류운명공동체 건설에 적극적으로 나서 세계평화에 기여하는 것이다. 국방백서에서 열거한 그러한 활동으로는 유엔헌장의 목적과 원칙에 따라 한반도 문제, 이란 핵문제, 시리아 문제를 정치적으로 해결하는 데 건설적 역할을 담당하는 것, 세계 각국과 군사 교류 및 고위급 회담 등을 통해 평등·상호신뢰·원원(win-win) 협력하에 신형 안보 동반자관계를 체결하는 것, 상하이협력기구(SCO)·아시아 교류 및 신뢰구축 회의(CICA)·아세안지역안보포럼(ARF) 등 지역안보 협력기구에 참여하는 것, 양자 및 다자간 대화를 통해 영토 및 해양경계선 분쟁 해결을 위해 노력하는 것, 유엔평화유지활동 및 아덴만 파견 등을 통해 국제 공공 안보에 기여하는 것을 들 수 있다(中華人民共和國國務院新聞辦公室, 2019.7.24).

　　그러나 중국국방의 역할은 겉으로 드러난 것이 다가 아니다. 중국군은 다음과 같이 국방백서에서 언급하지 않은 세 가지 구체적인 과업을 수행함으로써 '대전략으로서의' 인류운명공동체 건설에 기여하고 있다.

　　첫째는 '일대일로'를 뒷받침하기 위해 해외기지를 건설하는 것이다. '일대일로' 구상은 양제츠(楊潔篪)가 언급한 대로 '인류운명공동체'를 실현할 수 있는 "중요하고 실질적인 플랫폼"이다. 그런데 중국은 육상 실크로드와 해양 실크로드를 따라 연결된 경제적 동맥을 군사적으로 보호하기 위해 일대일로를 군사화하지 않을 수 없다. 그래서 중국은 중앙아시아와 동남아 및 인도양 그리고 아프리카에 군사기지를 건설하고 있다. 이와 관련하여 인도·태평양사령관 필 데이비슨(Phil Davidson)은 2019년 7월 8일 '제4차 라틴아메리카 및 태평양도서국가 국방장관포럼'에서 웨이펑허(魏鳳和) 중국 국방장관이 "중국의 일대일로 구상은 세계 각지에 군사적 근거지를 마련하기 위한 것"임을 '사실상' 인정했다고 밝힌 바 있다(Erickson, 2019).

　　둘째는 국제안보에 기여할 수 있도록 무력 투사 능력을 강화하는 것이다. '신시대'에 중국군은 이전과 달리 글로벌한 영역에서 임무를 요구받고 있다.

테러리즘, 해적, 해상교통로 보호 등 해외에서 발생할 수 있는 새로운 위협으로부터 중국의 안전은 물론 국제안보를 수호해야 한다. 따라서 국방백서는 "중국군은 강대국 군대로서의 국제 의무를 적극적으로 이행함으로써 인류운명공동체의 요구에 충실하게 부응하고 있다"라고 언급하고 있다. 이는 유엔 평화유지활동이나 아덴만 파병에 그치지 않는 것으로, 가까운 미래에 중국군이 '세계경찰(global policemen)'로 나서 전통적으로 미군이 담당했던 '공공재' 안보에 대한 역할을 떠맡기 위해 준비하고 있음을 의미한다(Nouwens, 2019).

셋째는 전략적 억제 및 반격이 가능한 핵능력을 강화하는 것이다. 강력한 핵능력은 강대국으로서의 지위를 인정받고 전략적 공간을 확대하는 데 반드시 확보해야 할 선결조건이다. 중국이 일대일로를 군사화하고 무력 투사 능력을 확충하여 군사적 활동 범위를 넓혀가는 과정에서 미국 및 그 동맹국들의 견제를 받지 않을 수 없다. 대만이나 남중국해 문제를 놓고 대립할 수 있으며, 인도양과 서태평양 지역에서 군사적 긴장이 고조될 수 있다. 이런 상황에서 증강된 핵전력은 중국의 안보를 확실하게 담보할 수 있는 안전장치이다. 중국은 미국과 핵 균형을 유지함으로써 미국의 공격을 억제하고 전략적 안정을 유지할 수 있으며, 분쟁이 발발할 경우 '확전통제(escalation control)' 능력을 보유함으로써 최악의 상황을 피할 수 있기 때문이다.

이렇게 볼 때 2015년 국방백서가 대내외 위협으로부터 국가안보와 이익을 확보하는 데 초점을 맞췄다면, 2019년 국방백서는 중국의 강대국 부상에 따라 글로벌한 영역으로 군사적 역할을 확대하는 데 주안을 두고 있다. 그래서 국방백서는 "중국군은 중화민족의 위대한 부흥이라는 중국몽 실현을 전략적으로 강력하게 지탱하는 역할을 담당하고 인류운명공동체 건설에 새롭게 공헌할 준비가 되어 있다"라고 언급하며 결론을 맺고 있다(中華人民共和國國務院新聞辦公室, 2019.7.24).

3. 중국의 첨단 군사력 건설 동향 및 평가

1) 신형미사일 개발 통한 전략적 군사력 증강

2019년 10월에 거행된 건국 70주년 기념 열병식은 중국이 대미 억제 및 반격에 필요한 전력을 갖춰가고 있음을 보여주었다. 무엇보다도 중국군은 국부전쟁(局部戰爭), 즉 주변 지역에서의 군사적 충돌에 대비하여 중단거리 미사일전력을 강화해 왔다. 미국이 중거리핵전력(Intermediate-range Nuclear Force, INF) 조약에 발이 묶여 있는 사이에 DF-11, DF-15, DF-16, DF-17, DF-21, DF-26 등의 미사일을 대거 늘린 것이다.[2] 2019년 현재 중국은 미국이 갖고 있지 않은 SRBM 270~540여 기, MRBM 150~450여 기, IRBM 80~160여 기, 그리고 GLCM 270~540여 기를 보유하고 있다(Townshend and Thomas-Noone, 2019: 17). 그리고 이 전력들은 서태평양 지역에서 미국의 전진기지와 동맹국의 안보에 심각한 위협이 되고 있다. 미국이 2019년 8월 2일 INF에서 탈퇴하고 곧바로 중단거리 탄도미사일 및 순항미사일 개발에 나선 것은 중국과의 미사일 격차를 해소하기 위한 것으로 볼 수 있다.

중국의 중단거리 미사일은 미국의 항모를 타격하는 데 초점을 맞추고 있다. 이미 개발되어 실전에 배치된 DF-21D와 DF-26B는 미국의 항모를 직접 타격할 수 있는 전력으로 주목을 끈 바 있다. 그러나 이번 열병식에는 미 국방부의 여러 보고서에서 언급되지 않은 두 종류의 대함미사일이 등장했다. 먼저 DF-17 극초음속활강미사일은 60km 이하의 저고도에서 음속보다 약 10배의 빠른 속도로 정상적인 탄도를 그리지 않고 '물수제비'의 원리로 활공비행하며 1800~2500km를 기동하기 때문에 요격이 어려운 탄도미사일이다(Panda,

---

[2] INF 조약은 1987년 12월 레이건과 고르바초프가 체결하여 이듬해 6월 발효된 것으로 재래식 또는 핵탄두를 장착할 수 있는 500~5500km의 지상발사 중단거리 탄도 및 순항미사일의 생산, 실험, 배치를 전면 금지하는 것을 골자로 하고 있다.

2019). 또한 CJ(長劍)-100, 일명 DF-100은 음속의 3~4배로 2000~ 3000km를 비행하여 목표물 타격이 가능한 초음속 순항미사일로 알려지고 있다. 이들 신형 미사일들은 미국이 DF-21과 DF-26에 대비하여 개발한 SM-3와 SM-6 미사일 방어망을 돌파할 수 있을 것으로 추정된다(Robin, 2019). 이전에 미 합참 부의장 존 하이튼(John Hyten)은 중국이 개발하고 있는 극초음속활강체 공격에 대응할 방어무기를 갖지 않고 있다고 언급한 바 있다.

중국의 ICBM 및 잠수함발사탄도미사일(SLBM) 전력도 크게 개선되고 있다. 이번 열병식에서 중국은 처음으로 DF-41을 공개했다. 중국이 개발한 최신형 ICBM인 DF-41은 핵탄두 10개를 탑재할 수 있는 다탄두각개돌입미사일(MIRVs)로 사거리가 1만 4000km에 달해 미 전역을 타격할 수 있다. 또한 비록 열병식에서는 선보이지 않았지만 중국은 차세대 SLBM인 JL(巨浪)-3 개발을 완료한 것으로 보인다. 사거리 1만 3000km로 미 전역을 타격할 수 있는 JL-3은 2018년 11월에 이어 2019년 6월 2일 보하이만에서 시험발사가 이루어졌으며, 2020년에 취역할 신형 096형 SSBN에 탑재될 예정이다.

이처럼 중국은 기존에 보유한 DF-31AG, DF-5, JL-2와 함께 다양한 종류의 신형 미사일들을 개발함으로써 어떤 위협에도 대응할 전략핵무기를 갖고 있다는 메시지를 보내고 있다. 비록 미국은 양적으로 압도적인 핵무기를 갖고 있지만 이에 대응하는 중국의 전략은 미사일 방어망을 뚫을 수 있는 질적으로 높은 수준의 운반수단을 확보하여 확실한 반격을 가하겠다는 것으로 볼 수 있다(Zhen, 2019). 이를 통해 중국은 미국의 우세한 전략적 군사력에 대응할 수 있는 능력, 즉 적어도 최소 억제 또는 제한 억제 능력을 과시함으로써 전략적 균형을 유지하고 미국과의 재래식 군사적 충돌을 억제하며, 만일 군사적 충돌이 발생할 경우 확전을 방지하고자 한다. 나아가 이런 전략적 군사력의 확충은 향후 일대일로를 군사화하고 대외적 영향력의 확대 기반을 마련하는 데 기여할 것으로 믿고 있다.

2) 첨단 재래식전력 개발

중국군의 전력은 국방백서에서 언급한 것처럼 "장거리 정밀화, 지능화, 스텔스화, 무인화 추세로 발전"하고 있다. 이번 열병식에서 중국군은 장거리 정밀 타격이 가능한 지능화되고 스텔스 기능을 갖춘 무인체계를 선보이며 새로운 면모를 과시했다.

먼저 스텔스 기능을 갖춘 무기체계로는 공군의 J-20 제5세대 전투기가 대표적이다. 2017년 실전에 배치되기 시작한 J-20은 현재 20대 정도 보유하고 있으나 향후 200대까지 생산될 것으로 보인다. 비록 열병식에서는 등장하지 않았지만 중국은 스텔스 전략폭격기 H-20을 개발하고 있다. 항속거리 1만 2000km에 약 20톤의 무장을 탑재할 수 있는 H-20은 미국의 B-2 스텔스 폭격기와 비견되는 것으로, 향후 H-20이 개발된다면 중국의 핵 및 재래식 억제력을 크게 강화할 수 있을 것이다(DefenseWorld.net, 2018.5.10).

중국은 무인체계에서도 괄목할 만한 진전을 보이고 있다. 열병식에 공개된 WZ(無偵)-8 극초음속 스텔스형 고고도무인정찰기는 이전과 완전히 다른 새롭고 독특한 능력을 가진 신형전력으로 주목받고 있다. 미국의 SR-71과 유사한 외형을 가진 WZ-8은 마하 6~7의 극초음속으로 고고도를 비행하며 정찰임무을 수행하기 때문에 마하 10 이상의 무기가 아니면 요격이 불가능하다. 무엇보다도 WZ-8은 중국이 가진 다른 전략무기 체계와 결합하여 전력을 배가하는 효과를 거둘 수 있다. 예를 들어, 미 항모 등 표적정보를 획득한 다음 이를 바탕으로 DF-21D나 DF-26B 등의 대함 탄도미사일을 유도할 경우 정확하게 표적을 타격할 수 있기 때문에 미 해군에게 최대의 위협으로 될 수 있다(DefenseWorld.net, 2018.5.10).

GJ(攻擊)-11, 일명 '리젠(利劍)'은 미국과 프랑스에 이어 세계 세 번째로 스텔스 기능을 갖춘 무인공격기이다. 이는 미국의 무인전투기 X-47B와 유사한 모습을 갖고 있으며, 독자적으로 작전하거나 스텔스 전투기 J-20과 합동작전을 전개함으로써 이중으로 활용할 수 있다. 유인기와 무인기가 '클라우드 슈팅(cloud shooting)'과 같은 신작전 개념을 적용하여 합동으로 임무를 수행할 수도 있다. 또 다른 스텔스 무인기 '톈잉(天鷹)'은 현재 개발 중에 있으며, 고고도에서 고속으로 정찰 임무를 수행할 수 있는 무인기로 알려져 있다.

이번 열병식에서는 무인잠수정 첸룽(潛龍) 1호가 공개되었다. 첸룽은 해저 6000m에서 적 함정과 잠수함의 접근을 탐지하는 임무를 수행한다. 비록 열병식에는 등장하지 않았지만 중국은 8월 'JARI' 다목적 무인전투함을 진수하고 시험 항해에 들어갔다. 15미터 길이에 최대 속도 42노트, 최대항속거리 500해리의 능력을 가진 이 무인전투함은 미사일 공격, 어뢰 공격, 대잠작전, 대공작전, 대함작전 등 다양한 임무를 수행할 수 있으므로 작전 방식을 달리하면서 다목적으로 운용할 수 있다. 인공지능을 적용한 자율화 기능을 탑재할 경우 독자적으로 항해하면서 전투 임무를 수행할 수 있으며, 여러 대가 무리를 이루어 협동으로 작전할 수도 있다(≪大公報≫, 2018.11.12; Liu, 2019. 8.22).

중국의 재래식전력은 미 항모단을 무력화하는 데 주안을 두고 있다. 주변 지역에서 미중 간의 군사적 긴장이 고조되거나 충돌이 발생할 경우 미국은 반드시 항모 전단을 동원하여 군사적 우세를 달성하려 할 것이기 때문에 이에 대비하기 위해서는 미 항모를 공격할 수 있는 능력이 요구된다. 물론, 중국은 대만의 독립 움직임을 억제하고 동중국해 및 남중국해 해양영토 분쟁에서 주변국을 상대로 군사적 우세를 달성하고자 한다. 그러나 대만 및 주변국에 대한 군사 대비는 미국의 항모 개입을 저지할 수 있을 때 자동적으로 이루어질 것이니만큼, 중국의 재래식전력 증강은 미 항모단의 능력을 무력화하고 작전을 방해하는 데 집중되고 있다.

3) 중국의 군사력 평가

전반적으로 중국의 군사력은 선진국과의 기술적 격차에도 불구하고 일부 분야에서는 이미 선도하기 시작하고 있다. 중국은 자체 개발, 역설계, 스파이 및 사이버 해킹을 통한 기술 도용, 러시아와의 군사기술 협력, 민군융합 등을 통해 동시다발적으로 무기체계를 개발하고 있으며, 이 가운데 스텔스 및 무인체계 그리고 극초음속 발사체 분야에서 큰 성과를 거두고 있는 것으로 평가할 수 있다(Bommakanti and Kelkar, 2019). 지금까지 조심스럽게 예상했던 중국의 '군사굴기'가 시작된 것이다.

2019년의 열병식은 중국의 선진 무기기술을 유감없이 과시하는 계기가 되었다. 미국은 「인도·태평양 전략 보고서(Indo-Pacific Strategy Report)」에서 신형 SSBN 개발, 5세대 전투기 추가 도입, 미사일 도입 및 구축함 도입, 사이버 및 우주 분야 투자 등 전력 우위를 유지하기 위해 현대화할 전력 리스트를 발표한 바 있다(Department of Defense, 2019: 19). 그런데 중국은 이를 비웃기라도 하듯이 미국도 갖지 못한 신형 전력을 대거 공개했다.

이에 대해 엘사 카니아(Elsa Kania) 신미국안보센터(CNA) 연구원은 "무인 무기체계에서 초음속 비행체까지 중국이 첨단 영역에서 진정한 세계적 수준의 군대가 되겠다는 야심을 드러냈다"라고 평가했다(≪중앙일보≫, 2019.10.7). 호주 시드니 대학 '미국연구센터(US Studies Centre)'의 연구에 의하면 중국은 더 이상 '부상하는 국가'가 아니라 이미 '부상한 국가'로서 많은 군사 영역에서 미국에 도전하고 있다. 미국은 더 이상 인도·태평양에서 군사적 우위를 점하지 못하고 있으며, 세력균형을 유리하게 유지할 수 있는 능력이 점차 불확실해지고 있다. 중국이 가진 뛰어난 미사일 병기들은 미국과 동맹국들의 기지를 위협하고 있으며, 이 기지들은 수 시간 내에 정밀 타격으로 무력화될 수 있다. 이로 인해 인도·태평양지역에서 미국의 전략은 예전과 달리 동맹국을 방어하는 데 어려움을 겪을 수 있다고 본다(Townshend and Thomas-Noone,

2019: 9~25). 이런 평가들은 중국의 군사굴기로 인해 조만간 지역 내 군사력 균형이 위협받을 가능성을 제기한다.

그러나 중국의 군사력이 가까운 시일 내에 미국과 대등한 수준에 도달하거나 추월할 것으로 전망하기는 어렵다. 많은 전문가들이 지적하고 있는 것처럼 중국은 여전히 세계 각지에 무력을 투사하고 이를 사용하여 정치적 목적을 달성할 수 있는 능력 면에서 미국에 크게 뒤처져 있다. 중국이 극초음속활강체 개발과 같이 일부 분야에서 미국을 앞지를 수 있지만, 미국도 가만히 있지 않는 이상 그러한 기술적 우위가 지속될 것이라는 보장은 없다. 비록 중국이 극초음속활강미사일을 개발했더라도 이를 효과적으로 운용할 수 있는 정보화, 지능화된 지휘통제 체제를 갖췄는지도 알 수 없다. 중국의 군사력이 비약적으로 발전하고 있지만 여전히 존재하는 미국과의 기술격차와 군사력 운용의 실효성이라는 측면에서는 아직 불확실성을 떨치지 못하고 있다.

그럼에도 불구하고 중국이 미국과의 기술격차를 지속적으로 줄여가고 있음은 분명하다. 중국은 제5세대 전투기를 미국에 12년 뒤진 2017년 실전에 배치했지만, 앞으로 제6세대 전투기 개발에 있어서는 그 격차를 훨씬 더 좁힐 수 있을 것이다. 많은 전문가들의 예상과 달리 중국은 미국을 따라잡는 것을 넘어 일부 분야에서는 DF-17이나 CJ-100 개발 사례와 같이 미국을 '추월'하려 할 수도 있다. 더욱이 중국이 강대국 부상을 위한 대전략을 새롭게 정비하고 글로벌한 영역에서 군사적 역할을 모색하고 있다면, 중국의 국방은 더 이상 지역적 차원에 만족하지 않고 세계적 차원에서 무력을 투사하고 군사력을 운용할 수 있는 능력을 갖추는 데 주력할 것이다. 어쩌면 중국의 '평천하'를 향한 대전략은 나름 군사적 자신감에서 비롯된 것으로 볼 수도 있을 것이다.

여기에서 한 가지 주목할 것은 중국이 국방비를 더욱 증액할 수 있는 여력이 충분하다는 사실이다. 국방백서에 의하면 2012년부터 2017년까지 중국의 국방비는 GDP 대비 1.3%로 미국의 3.5%, 러시아의 4.4%, 인도의 2.5%, 영국의 2.0%, 프랑스의 2.3%에 비해 훨씬 적다(中華人民共和國國務院新聞辦公室,

2019.7.24). 물론, 중국의 공식 국방비는 실제 사용하는 국방비보다 적다고 보는 것이 대체적인 견해이다. 그러나 이를 감안한다 하더라도 중국의 GDP 대비 공식 국방비 비율이 미국보다 3배 적다는 것은 앞으로 훨씬 많은 국방비를 책정할 수 있다는 얘기가 된다. 시진핑이 제19차 당대회에서 21세기 중반까지 세계 일류 군대를 건설하겠다고 한 약속이 결코 공허한 것은 아님을 의미한다(王政淇·常雪梅, 2017.10.23).

4. 주요 군사 동향과 주변 지역 군사활동

1) 남중국해 인공섬 군사기지화

중국은 왜 남중국해를 군사화하고 있는가? 전시 남중국해 인공섬의 군사적 효용성은 낮다. 군사력을 배치하더라도 고정된 표적이기 때문에 적의 화력에 의해 삽시간에 무력화될 수 있다. 그럼에도 불구하고 남중국해 군사기지는 다음과 같은 이유에서 전략적으로 가치가 매우 크다.

첫째, 남중국해 군사기지와 여기에 배치된 중국군 전력은 평시에 남중국해를 통제하고 지배하는 데 기여할 수 있다. 과거 하이난다오(海南島)에서 출동해야 했던 해군 및 해경은 이제 인공섬에 머물면서 주요 해역에 수시로 무력을 전개할 수 있게 되었다. 당장 군사력을 동원하여 주변국이 석유를 탐사하거나 채굴하는 행위, 어족자원을 채취하는 행위를 하지 못하도록 방해할 수 있으며, 인접 국가들을 위협하여 중국이 주도해 만든 '남중국해 행동규범(Code of Conduct)'에 합의하고 중국이 원하는 방식으로 남중국해 영토 문제가 해결될 수 있도록 압력을 가할 수 있다. 군사훈련을 빌미로 항행을 금지하거나 남중국해 방공식별구역을 설정하여 오가는 항공기의 활동을 제약할 수도 있다(Congressional Research Service, 2019: 2).

둘째, 남중국해 군사기지는 하이난다오 싼야(三亞)항을 보호하는 역할도 담당한다. 중국은 싼야에 항모 두 척을 동시에 계류할 수 있는 세계 최대 규모의 항모 전용 해군기지를 만들었다. 위린(楡林)에는 해저터널에 094형 SSBN이 기항하는 잠수함 전용 기지도 있다. 미국의 7함대가 주둔하는 하와이에 비견되는 전략적 해군기지이다. 그러므로 남중국해 군사기지는 이 해역에서 활동하는 타국의 잠수함을 감시하고, 해상으로 접근하는 적 함정의 움직임을 조기에 파악하여 경고하는 등 하이난다오의 전략적 항구를 방어하는 전초기지의 역할을 할 수 있다.

셋째, 남중국해 인공섬에 설치된 군사기지는 대만 및 남중국해에서 분쟁이 발생할 경우 미군 전력을 제1도련 밖에 고착시키는 반접근·지역거부 네트워크의 일부로 기능할 수 있다. 물론 중국군 기지와 여기에 배치된 전력은 미국의 공격에 취약할 수밖에 없다. 그러나 남중국해 기지들은 자체적으로 대공 및 대함 능력을 갖추고 자체 방어에 나설 것이며, 중국 해군의 항모와 수상함 그리고 잠수함의 지원을 받아 미국의 공격을 최대한 저지하려 할 것이다. 이 과정에서 미 전력이 한동안 인공섬을 공략하는 데 고착된다면 중국군은 미군에 반격을 가할 시간을 확보할 수 있다(Congressional Research Service, 2019: 2).

마지막으로 남중국해 군사기지는 중국군이 원해로 진출하는 거점으로 기능함으로써 더 큰 정치적 목적을 달성하는 데 기여할 수 있다. 중국군이 서태평양 및 인도양 지역으로 나아가 압도적인 군사력을 현시하고 지역 국가들을 압박할 경우, 미국이 이 지역에서 실시하는 다양한 활동 및 군사훈련, 작전들은 위축될 수밖에 없다. 그러면 주변국들은 미국의 안보 공약에 대한 신뢰성에 의문을 갖게 되고 자국의 대외정책과 안보전략을 재검토하지 않을 수 없게 된다. 이런 상황에서 중국은 미국과 그 동맹 및 우방국들 간의 관계를 이간하고 미국 주도의 지역안보 구조를 약화할 수 있다.

지난 수년 동안 중국이 남중국해를 군사화하면서 이 해역에는 매우 불안정한 환경이 조성되고 있다. 종전에는 이 지역에 인공섬을 건설하고 무기를 배치하는 데 주력했다면, 이제는 정치적 영향력과 군사력을 앞세워 남중국해에서의 권익을 적극적으로 확보할 수 있게 되었다. 향후 중국이 이 기지를 전략적 거점으로 하여 남중국해에 대한 통제를 강화할 경우 대만 주변을 비롯한 서태평양에서 미국의 영향력은 제약될 수 있다.

2) 해외기지 건설

(1) 육상 해외기지 건설

중국이 해외에 건설하는 육상 기지에 대해서는 잘 드러나지 않고 있다. 중국이나 대상 국가 모두 군사기지의 존재에 대해 일절 부인하고 있다. 다만, 중국은 현재 아프가니스탄과 타지키스탄에 기지를 건설한 것으로 알려지고 있다.

먼저 중국은 2018년 말부터 아프가니스탄 '와칸 회랑(Wakan corridor)'에 군사기지를 건설했다. 중국 정부는 이를 부인하고 있지만 이 지역에서 무장경찰로 추정되는 병력이 활동하고 있는 정황이 포착되고 있다. 외신 보도에 의하면 중국은 신장(新疆) 서부 지역 국경 건너의 와칸 회랑에 1개 대대 약 500명의 병력을 주둔시키고 있으며, 이들의 임무는 아프가니스탄 군에 대테러 훈련을 제공하고 양국 정부 간 군사협력을 강화하는 것으로 알려져 있다(*Telegraph*, 2018.8.29, 2018; *Fox News*, 2019.2.28).

그런데 중국은 아프가니스탄에 기지를 건설하기 이전인 3~4년 전부터 타지키스탄에 군사기지를 운용하고 있다. 아프가니스탄과 접경한 산악지대에 위치한 이 기지는 아프가니스탄 와칸 회랑 입구로부터 약 16km 북쪽에 위치하고 있다. 위성사진에는 군사용으로 보이는 건물과 막사, 연병장 등이 들어서 있고, 신장위구르자치구에 배치된 부대의 배지를 단 중국군 병사들이 발견되고 있다. 인근 마을 주민들의 증언에 의하면 여기에 주둔한 병력은 수십 명 혹은 수백 명의 무장경찰로 추정되고 있다(Shih, 2019.2.18). 물론, 중국과 타지키스탄 정부는 이를 철저히 비밀로 유지하며 기지의 존재를 인정하지 않고 있다.

왜 중국은 굳이 아프가니스탄과 타지키스탄에 군사기지를 운용하고 있는가? 중국이 중앙아시아로 진출하는 이유는 분명하다. 그것은 중앙아시아로부터의 테러를 방지하기 위한 것이다. 1990년대 '동투르키스탄 독립운동' 세력이 아프가니스탄에서 탈레반의 후원하에 일어났으며, 이들 가운데 수백 명에서 수천 명의 위구르인들이 2014년 이후 중국을 떠나 시리아로 들어가 활동하고 있다. 2016년 키르기스스탄 중국 대사관이 시리아 알-누스라전선(al-Nusra Front)에 속한 단체의 자살폭탄테러를 받은 것은 이들과 무관하지 않다. 즉, 중국이 와칸 회랑과 그곳에 인접한 타지키스탄 지역에 군사기지를 건설한 것은 중앙아시아로부터 유입하는 테러 세력을 차단하려는 의도가 반영된 것으로 볼 수 있다.

그럼에도 불구하고 중국의 해외기지 건설은 '일대일로'의 군사화라는 관점에서 보지 않을 수 없다. '일대'에 연하는 주요 거점에 군사력을 주둔시켜 경제 벨트를 보호하고 주변 국가에 정치적·군사적 영향력을 확보하려는 것이다. 다만 중국이 아직 이 지역 군사기지를 비밀로 하고 현재 건설된 기지들이 육상 실크로드가 지나는 길에서 비켜나 있는 것은 중앙아시아 지역이 러시아의 전통적 영향권으로, 러시아의 눈치를 보지 않을 수 없기 때문이다. 향후 육상 실크로드 사업이 진척되면서 중국의 군사기지가 카자흐스탄, 우즈베키스탄 등으로 확대된다면 이 지역에 대한 러시아의 영향력은 잠식될 것이다.

(2) 해상 해외기지 건설

앨프레드 마한(Alfred T. Mahan)은 해양력의 조건으로 상선단 규모, 해군력, 해외 보급기지의 세 요소를 들고 있다(Mahan, 1957: 25). 여기에서 해외 보급기지는 과거 식민지를 의미하는 것으로 단순히 유류와 식량을 보급하는 기지가 아니라 함정이 기항하고 군대가 주둔하며 정비 및 수리가 가능한 항구적인 군사기지를 의미한다. 중국이 해외기지 건설에 나서는 것은 이것이 해양 강국으로 부상하는 데 필요한 조건임을 명확히 인식하고 있기 때문이다.

중국의 첫 해외기지는 2017년 8월 1일 임무를 개시한 지부티(Djibouti) 기지이다. 아프리카 최대 규모인 미국의 '르모니에 기지(Camp Lemonnier)'와 13km밖에 떨어져 있지 않은 중국군 기지는 36만 4000m^2 규모로 최대 3000~4000명의 여단 병력이 주둔할 수 있다. 다량의 탄약은 물론 순항미사일, 대함미사일 등 고성능 무기를 저장할 수 있는 무기 저장고와 선박 및 헬기를 보수할 수 있는 시설, 각종 헬기를 운용할 수 있는 계류장과 격납고가 설치되었다(정주호, 2017.7.28). 다만, 중국은 지부티 기지가 미국과 같은 군사기지가 아니라 해적 단속, 유엔평화활동, 인도적 지원, 재외국민 보호, 해상 보급로 안전을 유지하는 데 필요한 '보급기지'라고 주장하고 있다(Zhou, 2017.7.25).

중국이 두 번째로 해군기지를 건설할 지역은 파키스탄의 지와니(Jiwani)항으로 예상되고 있다. 중국은 일대일로 사업으로 추진되는 '중국·파키스탄 경제회랑건설(中國-巴基斯坦經濟走廊)' 프로젝트의 일부로 파키스탄의 과다르(Gwadar)항을 2015년부터 43년간 임차하여 운영수익의 9%를 파키스탄에 제공하기로 합의했다. 그리고 2017년 12월에는 중국군 대표단이 파키스탄을 방문하여 회담을 갖고 과다르항에서 서쪽으로 80km 떨어진 지와니반도에 중국의 해공군 기지를 건설하기로 합의했다. 과다르항은 이미 민간용 항구로 사용되고 있는 만큼 해군을 운용하는 데 필요한 정비 시설과 군수보급을 지원할 수 있는 군항을 별도로 건설하기로 한 것이다(Chan, 2018.1.5).

중국은 캄보디아에도 해군기지 건설을 추진하고 있다. 중국은 2019년 비밀리에 계약을 체결하여 캄보디아 남부의 리암(Ream)항 일부를 중국 해군이 독점적으로 쓸 수 있는 권리를 확보했다. 리암항에 부두 2개를 건설하여 중국과 캄보디아가 각각 하나씩 사용한다는 계약에 합의한 것이다. 이 계약에 따르면 중국은 리암 기지에 병력 주둔은 물론 군함 정박 및 무기 저장, 중국군의 무기 소지 인정, 그리고 캄보디아인이 중국 측 부지에 진입하려면 중국의 승인을 얻도록 규정했다(Page, 2019.7.22). 사실상 독자적인 군사기지를 확보한 것이다.

중국은 해상 실크로드의 '허리'라 할 수 있는 인도양 지역에서 군사기지를 확보하기 위해 노력하고 있다. 그러나 이 지역에서의 기지 확보는 여의치 않을 수 있다. 중국은 방글라데시의 치타공(Chittagong)항을 건설하고 있으나 방글라데시가 인도와 경제적으로 긴밀한 관계를 맺고 있기 때문에 군사적 용도로 활용할 수 있을지는 미지수이다. 2016년 12월 스리랑카의 함반토타(Hambantota)항을 99년 동안 임대하는 데 합의했지만 인도의 견제로 인해 군사기지화하기는 어려울 수 있다. 미얀마의 카육푸(Kyaukpyu)항 건설도 2021년 착공을 앞두고 있으나 미얀마 헌법상 외국 군대의 주둔은 불가능한 것으로 되어 있다. 중국군은 이 항구들을 재보급이나 의료지원 등의 용도로 활용할 수는 있으나 이를 군사적 거점으로 활용하기 위해서는 인도의 방해를 극복해야 한다.

중국의 육상 및 해상 군사기지는 전략적으로 매우 큰 의미가 있다. 미국이 동남아 - 인도양 - 중동을 잇는 국가들에 소홀한 틈을 타 정치적·경제적으로 취약한 이 국가들에 대해 영향력을 제고함으로써, 중국이 추구하는 '전략으로서의' 인류운명공동체 개념에 순응·동화할 수 있다. 그리고 일대일로에 연하는 군사기지를 근거지로 하여 군사활동을 강화함으로써 미국이 수행해 온 공공 안보 역할을 대신할 수 있다. 즉, 중국의 해외 군사기지 확보는 향후 강대국 부상을 준비하고 앞당기기 위한 전략적 조치로 볼 수 있다.

3) 주변 군사활동

현대 역사를 통해 중국은 다양한 정치적 목적을 달성하기 위해 다양한 형태의 군사력 사용 경험을 보유한 국가이다. 중국은 주변 약소국은 물론, 한국전쟁이나 중소국경분쟁에서와 같이 미국 및 소련 등 강대국을 상대로 한 군사력 사용을 주저하지 않았으며, 이를 통해 상대 국가에 단호한 '정치적 메시지'를 전달하고 행동의 변화를 요구해 왔다. 최근 중국은 주변국을 상대로 '싸우지 않고 승리'하기 위해 증강된 군사력을 동원하여 과시 및 무력시위를 지속하고 있다.

(1) 대만해협 군사활동

대만에 대한 중국의 군사활동은 트럼프 취임 직후 미국의 대만정책이 변화하면서 본격적으로 이루어졌다. 2016년 12월 2일 트럼프가 미중 관계에서 37년간 지속된 외교적 관행을 깨고 차이잉원(蔡英文) 대만 총통과 전화로 통화하자 중국은 이를 대만의 '장난질'로 규정하고, "중국은 대만의 무분별한 행동을 징벌할 능력이 있으며 이 능력을 사용하는 데 있어 조금도 주저하지 않을 것"이라고 경고했다. 그리고 곧바로 H-6K 전략폭격기 2대를 보내 대만을 위협하며 비행하도록 했다.

이후 2017년 1월 미 하원이 '대만여행법'을 발의하고 대만에 대한 14억 달러 규모의 무기 판매를 결정했을 때, 그리고 그해 12월 트럼프가 '2018 회계연도 국방수권법'에 서명했을 때에도 중국은 군사훈련으로 맞섰다. 중국의 대만해협 무력시위는 2018년 3월부터 8월까지 트럼프의 '대만여행법' 서명과 이에 따른 미 관리들의 대만 방문, '2019 회계연도 국방수권법' 처리, 그리고 AIT 경비를 위한 해병대 파견 계획이 발표되면서 최고조에 달했다. 중국은 3월 17일 트럼프가 '대만여행법'에 서명한 직후인 3월 20일 랴오닝 항모를 동중국해에서 대만해협에 진입시키고, H-6K 폭격기와 Su-35 전투기를 동원하여 대만해협에서 군사훈련을 실시함으로써 무력을 시위했다. 이런 훈련은 8월까지 지속적으로 반복적으로 이루어졌다.

2019년에도 중국은 대만에 대한 강압의 수위를 낮추지 않았다. 미국의 대만정책이 대만 내 독립 세력의 입지를 강화할 것을 우려한 중국은 대만 주변에서의 군사훈련을 지속하며 미국과 대만을 압박했다. 특히 6월 5일 미 정부가 대만에 20억 달러 규모의 무기를 판매할 것이라고 보도한 데 이어, 7월 8일 대만에 M1A2T 에이브럼스 전차와 스팅어 미사일 등 22억 달러 상당의 무기를 판매하고, 8월 20일 80억 달러 어치의 F-16V 전투기 66대를 판매하는 계획을 승인했다고 발표하자, 중국은 대만을 겨냥해 상륙 훈련을 포함한 군사훈련을 더욱 강화했다(*The Guardian*, 2019.7.9; Zhang, 2019.8.23).

중국이 대만에 대해 고강도의 군사적 압박에 나선 이유는 크게 두 가지로 볼 수 있다. 첫째는 미국의 대만정책에 대한 경고이다. 미국에 대해 '하나의 중국' 원칙을 준수하여 미·대만 정부 간 교류를 중단하도록 요구하는 것으로, 트럼프 행정부가 하나의 중국 원칙을 무시하고 대만과의 관계 개선에 나선다면 대만을 상대로 한 무력 사용도 배제하지 않겠다는 의지를 과시하려는 것이다. 둘째는 대만 차이잉원 정부와 대만 국민을 압박하기 위한 것이다. 대만의 독립 추구는 중국이 참을 수 없는 레드라인임을 명확히 전달하고, 레드라인을 넘을 경우 무력 사용 의지를 과시하여 대만 내 독립 여론을 억제하려는 것이다.

(2) 남중국해 군사활동

남중국해에서 중국의 군사활동은 필리핀의 제소에 따른 국제상설중재재판소의 판결이 내려진 2016년 7월을 전후해 증가하기 시작했다. 2015년 12월 랴오닝 항모 전단이 처음으로 남중국해에 전개하여 훈련을 가진 데 이어, 2016년 5월 H-6K가 남중국해를 비행하고 남해함대가 남중국해 및 서태평양 일대에서 훈련을 실시한 것은 이 판결에 영향을 주기 위한 의도가 작용한 것으로 보인다. 그리고 2016년 9월에는 러시아와 매년 동해 및 동중국해에서 진행했던 '해상연합 II' 훈련을 처음으로 남중국해에서 실시하고, 이후로 2017년 중반기까지 랴오닝 항모 전단과 해공군을 동원하여 남중국해와 서태평양을 넘나들며 1개월에 한 번 꼴로 훈련을 실시했다.

2018년 인공섬 군사화에 대한 미국의 견제가 강화되면서 중국의 군사활동은 급속히 증가했다. 중국은 1월과 4월 랴오닝 항모 전단을 이 해역에 전개하여 훈련을 실시했는데, 이는 미국의 '항행의 자유작전(FONOP: Freedom of Navigation Operation)'이 지속되고 3월 미 항모단이 남중국해에서 훈련한 데 대한 대응으로 볼 수 있다. 특히 4월 중국 해군 창설 69주년 기념 해상 열병식을 남중국해 해상에서 갖고 실사격 훈련을 통해 무력을 시위한 것은 남중국해 군사화를 통해 영유권 주장을 강화하려는 것으로 볼 수 있다. 5월 중국 공군 H-6K가 서사군도 우디섬(Woody Island, 永興島)에서 처음으로 이착륙 훈련을 실시하고, H-6J 폭격기 4대를 남부 광시 좡족자치구의 군사기지에 배치하여 투입전력을 증강한 것도 이런 의도로 풀이할 수 있다.

남중국해에 군사기지를 건설한 중국은 2019년에도 이 해역에 대한 영유권을 주장하면서 더 큰 전략적 이익을 확보하기 위해 나서고 있다. 과거에 랴오닝 항모단을 동원한 군사훈련으로 주변국에 심리적 위협을 가했다면, 이제는 베트남, 필리핀, 말레이시아의 자원 채취를 방해하고 해경의 순찰을 정기화함으로써 물리적 위협을 가하고 있다. 2018년 12월 수십 명의 필리핀 병력이 주둔하고 있는 티투섬(Thitu Island, 中業島, Pag-asa) 주변에 270여 척의 해양 민병을 보내 필리핀 어선의 접근을 차단해 오고 있으며, 2019년 7월 3일에는 중국 해양지질 조사선 HYDZ(海洋地質)-8호와 해경 함정이 뱅가드 뱅크(Vanguard Bank, 萬安灘, Bai Tu Chinh) 서북쪽의 베트남 EEZ 내에 진입하여 지질조사를 하며 베트남 해군 및 해경과 대치한 사례가 그것이다(*Reuters*, 2019. 8.24; Huong, 2019.8.8; Heydarian, 2019.4.18).

이처럼 중국이 주변국의 우려와 국제적 비난을 감수하며 분쟁수역에서의 군사활동을 강화하는 데에는 다음과 같은 의도가 작용한 것으로 볼 수 있다. 첫째는 주변국이 남중국해에 매장된 자원을 채굴하지 못하도록 저지하고 이를 중국이 확보하려는 것이다. 베트남이 매년 채굴하는 석유 및 가스의 양은 2200~3300만 톤으로 알려져 있다. 중국은 베트남 해역에 HYDZ-8호를 보내면서 베트남이 일방적으로 '중국의 관할권' 내에서 탐사 작업을 시작했기 때문이라고 하여 베트남의 자원 채취가 이 도발의 원인임을 밝힌 바 있다

(Heijmans, 2019.8.23; Asia Maritime Transparency Initiative, 2019.7.16).

둘째는 분쟁 당사국들에게 COC(Code of Conduct) 합의를 종용하려는 것이다. 블룸버그(Bloomberg) 보도에 의하면 중국은 2018년 6월 합의된 COC 초안에서 남중국해에서 모든 외국의 참여를 배제하는 공동 탐사를 추진하겠다는 의도를 밝혔다. 이 지역의 자원을 중국과만 나눠야 한다는 것이다. 또한 중국은 외국 군대와의 어떤 군사훈련도 거부할 권한을 가지려 하고 있으며, 남중국해 국가들과 공동으로 순찰을 실시할 것을 주장하고 있다(Heijmans, 2019.8.23). 이런 중국의 의도는 9단선 이내에 대한 자원 개발을 주도하고 행정적 통제를 장악하기 위한 것으로, 아마도 중국은 남중국해에서 의도적으로 적대감을 표출함으로써 아세안 국가들에게 이런 합의를 종용하려는 것으로 보인다.

셋째는 베트남 및 필리핀의 미국과의 군사 안보협력을 견제하려는 의도도 작용한 것으로 보인다. 우선 베트남의 경우 2018년 3월 미 항모의 다낭항 방문과 고위급 교류를 통해 미국과 관계를 증진하고 있으나 아직 국방 및 군사 분야 협력으로는 이어지지 못하고 있다. 석유 채굴을 빌미로 베트남에 압력을 가하는 것은 미국과의 군사협력을 강화할 경우 더 큰 보복에 직면할 것이라는 신호를 주려는 것으로 보인다. 다음으로 필리핀은 (비록 두테르테가 친중 노선을 걷고 있지만) 미국의 동맹국으로서, 2019년 4월 F-35B를 적재한 상륙공격함 와스프(Wasp)호가 미·필리핀 연례 훈련인 '발리카탄(Balikatan)'에 참여하여 분쟁수역 인근에서 훈련을 실시한 바 있다. 중국으로서는 필리핀으로 하여금 미국과의 동맹관계를 강화하지 않도록 견제하기 위해 남중국해 문제를 빌미로 일정한 수준의 긴장을 조성하려는 것으로 보인다.

(3) 동중국해 군사활동

중국의 동중국해 군사활동은 2012년 9월 일본 정부가 조어도(釣魚島, 일본명 魚釣島)를 매입하여 촉발된 중일 영유권 분쟁을 계기로 지속적으로 이루어졌다. 그리고 2017년 11월 트럼프와 아베가 '인도·태평양 전략'에 합의하고 12월에 중국을 도전 국가로 명시한 미 「국가안보전략서」가 발표되면서 중국의 군사활동은 더욱 빈번해졌다. 2017년 12월 18일 중국 공군의 H-6K 폭격기와 J-11 전투기 각 2대, TU-154 정찰기 1대가 KADIZ(한국방공식별구역)에 무단 진입한 후 JADIZ(일본방공식별구역) 내로 들어가 쓰시마섬 남쪽을 통해 동해로 진입하는 훈련을 실시했다. 그리고 다음 달인 2018년 1월 중국 해경 함정은 일본이 영유권을 주장하는 조어도 영해에 진입했으며, 중국 해군의 핵잠수함과 프리깃함이 조어도 접속수역에서 일본 해상자위대와 추격전을 벌인 바 있다(김수혜, 2018.1.16). 3월 중국 공군은 서태평양으로 전개하여 비행훈련을 가졌으며, 4월에는 랴오닝 항모 전단이 동중국해, 서태평양, 남중국해에서 실탄사격 훈련을 실시했다. 5월 중국 로켓군은 신형 ICBM DF-41을 시험발사하여 미일을 상대로 전략적 타격력을 과시했다.

이런 가운데 중국군은 미야코(宮古)해협을 드나들며 서태평양으로 진출하는 훈련을 정례화하고 있다. 2019년 3월 중국 공군 H-6K 폭격기가 미야코 수로를 통과하여 동해함대 Type 054 장카이 II급 호위함대와 합류하여 훈련을 실시했으며, 4월에도 H-6K 폭격기, 조기경보통제기, 전자전기, 정찰기, 전투기들이 바시 해협을 통과하여 미야코수로를 통해 복귀하는 훈련을 실시했다. 그리고 6월에는 랴오닝 항모 전단이 11일 동중국해 미야코해협을 지나 서태평양에 진입하여 훈련을 실시했다. 중국 해경의 규모가 커지면서 센카쿠 열도 주변 해역에서의 순찰도 일상화되고 있다.

동중국해에서 중국의 군사활동은 미국과 일본을 겨냥한 것이다. 그것은 첫째로 '인도·태평양 전략'에 대한 반발과 함께 미일의 압력에 물러서지 않겠다는 의지를 과시한 것으로 볼 수 있다. 특히 2017년 12월 18일 중국 공군이 서태평양에서 훈련하면서 같은 시기에 전략폭격기를 동원하여 JADIZ를 침범한 것은 주일 미군기지와 일본 본토를 동시에 타격할 수 있음을 위협한 것으로 해석할 수 있다(정주호, 2017.12.19). 둘째로 대만 및 남중국해 문제에 개입하려는 미국과 일본의 움직임을 견제하려는 것이다. 트럼프 행정부 등장 이후 대만 및 남중국해에서 긴장이 고조되는 것을 막기 위해 동중국해로 관심을 돌리려는 의도가 작용한 것이다. 셋째로 서태평양에 대한 훈련을 일상화함으로써 제2도련선 이내 해역에 대한 군사적 영향력을 지속적으로 확대하려는 것이다. 물론, 중국의 군사활동 확대는 역으로 미일동맹이 강화되고 '인도·태평양 전략'이 본격화되는 빌미를 제공함으로써 중국 안보에 부메랑이 될 수 있다.

(4) 한반도 주변 군사활동

중국의 한반도 주변 군사활동은 한국정부의 사드 배치 결정을 계기로 2016년 크게 증가하여 2017년 한반도 정세가 악화되고 한미 연합훈련이 강화된 기간에 최고조에 달했다. 특히 2017년 1월에는 중국 공군 H-6K 전략폭격기 6대와 Y-8 조기경보기 1대, Y-9 정찰기 1대가 이어도를 거쳐 대한해협을 통과, 동해까지 진출하여 무력을 시위하는 수준의 위협을 가했다. 이는 시기적으로 한국의 사드 배치 결정에 반대하고 지소미아(GSOMIA) 체결로 한일 군사협력이 강화되는 움직임을 견제하기 위한 것으로 볼 수 있다. 2018년 초부터 김정은의 비핵화 의사 표명과 한미 연합훈련 중단으로 인해 한반도 정세가 완화되었음에도 불구하고 중국의 군사활동은 줄어들지 않았는데, 이는 북미 핵협상에 대한 기대감이 높아지는 가운데 '중국 패싱'에 대한 우려감을 반영한 것으로 보인다(박창희, 2018; 386~388).

2019년 중국군의 한반도 주변 군사활동은 크게 줄었다. 중국 공군이 KADIZ를 침범하여 동해로 진출한 횟수를 볼 때 2018년 8회였던 것이 2019년에는 2회에 그쳤다. 다만, 2019년 중국은 러시아와 연합으로 한반도 및 동중국해 일대에서 비행에 나섬으로써 주목을 끌었다. 7월 23일 오전 중국군 H-6 폭격기 2대와 러시아군 Tu-95 폭격기 2대가 동해 NLL 북쪽에서 합류한 후 KADIZ에 무단으로 진입하여 울릉도와 독도 사이를 지나 남쪽으로 비행했다.

중·러 군용기들이 KADIZ를 벗어날 무렵 러시아군 A-50 조기경보통제기 1대가 동해에 출현하여 단독으로 독도 영공을 두 차례 침범했다. 우리 군은 F-15K와 KF-16 등 전투기를 출격시켜 요격에 나섰고, 독도 영공을 침범한 러시아 A-50 군용기에 대해서는 차단 기동과 함께 플레어를 투하하고 380발의 경고사격을 가하는 등 전술 조치를 취했다.

　중국과 러시아 군용기가 각각 KADIZ를 침범한 적은 있지만 이처럼 동시에 연합으로 침범한 것은 이례적이다. 또한 러시아 군용기가 독도 영공을 두 차례 침범하여 우리 전투기가 경고사격을 가한 것도 전례가 없던 일이다. 중·러는 KADIZ 무단 진입과 영공침범에 대해 적반하장식으로 반응했다. 화춘잉(華春瑩) 중국 외교부 대변인은 "방공식별구역은 영공이 아니며 각국이 국제법에 따라 자유롭게 비행할 수 있다"라며 우리의 항의를 일축했다. 세르게이 쇼이구(Sergey Shoygu) 러시아 국방장관은 독도 영공을 침범한 A-50 조기경보통제기에 대해서는 함구한 채 "우리 폭격기는 영공을 침범한 사실이 없다"라고 주장했다. 러시아 국방부도 한국 영공침범 사실을 부인하면서 오히려 "한국 전투기가 러시아 항공기를 위협하는 위험한 작전을 수행했다"라고 발표했다.

　중·러의 연합 비행은 미국의 '인도·태평양 전략'에 공동으로 대응하겠다는 의지를 드러낸 것으로 볼 수 있다. 러시아군사전문가 드미트리 트레닌(Dmitri Trenin) 모스크바 카네기센터장이 말한 것처럼 "지역 내 미국의 움직임과 능력에 분명하게 대항"하기 위해 양국이 군사적으로 협력하고 있음을 과시하려는 것이다(Trenin, 2019.7.31).

　그러나 중·러는 보다 구체적으로 다음과 같은 두 가지 의도에서 이번 연합 비행을 실시한 것으로 보인다. 하나는 미국이 INF 파기를 10일 앞둔 시점에서 향후 한국 및 일본에 중거리미사일을 배치할 가능성을 견제하려 했을 수 있다. 실제로 마크 에스퍼(Mark Esper) 미 국방장관은 INF가 종료된 8월 2일 호주에서 "냉전 시기 군축조약(INF조약)에서 탈퇴한 만큼 태평양 지역에 몇 달 안에 중거리 재래식 미사일을 배치하고 싶다"라고 언급했으며, 중국과 러시아는 이에 대해 강력하게 반발한 바 있다. 즉, 중·러는 미국의 INF 탈퇴에 따라 미사일 배치 가능성을 사전에 예상하고 한일을 상대로 무력시위를 한 것이다.

다른 하나는 한일 관계에 균열을 유도하려 했을 수 있다. 러시아 공군기가 독도를 침범한 것은 한일 공군이 동시에 출격하여 독도 상공에서 대치하는 상황을 연출하도록 유도함으로써 그렇지 않아도 강제징용 피해자 배상 문제로 악화된 한일 관계를 파국으로 몰고 가려는 의도가 있었던 것으로 보인다. 비록 중국 공군기는 독도를 침범하지 않았지만 이번 비행이 연합으로 기획되었던 만큼 중국도 사전에 이런 도발 계획을 인지하고 있었을 것이다.

5. 지역안보에의 시사점과 한국의 대응 방향

1) 지역안보에의 시사점

중국은 강대국으로 부상하더라도 패권을 추구하지 않고 다른 국가를 위협하지 않으며 영향권을 추구하지 않을 것이라고 말한다(Trenin, 2019.7.24). 그러나 실제로는 해외에 군사기지를 건설하고 주변국을 위협하며 경제적·군사적 영향력을 행사하고 있다. 세계평화를 지향하는 인류운명공동체 건설을 주장하면서도, 취약한 국가들을 자본으로 회유하고 주변국에 군사력 압력을 가해 중국의 이익을 확보해 나가고 있다. 많은 국가들은 중국의 국제관계 원칙이나 인류운명공동체 주장에 의구심을 갖고 있지만 점차 중국의 요구에 순응하거나 양보하지 않을 수 없는 상황에 처하고 있다.

이런 가운데 중국이 주변국의 대외정책에 개입할 가능성이 높아지고 있다. 중국은 이번 국방백서에서 '개입주의'라는 용어를 삭제했다. 2015년 백서에서 국제안보를 저해하는 요소로 미국의 '패권주의, 강권정치, 개입주의'를 지목했으나(中華人民共和國國務院新聞辦公室, 2015.5), 이번 백서에서는 '개입주의'를 '일방주의'로 대체한 것이다. 이는 중국이 국제법과 국제규범에 도전하면서 주변국을 상대로 자국이 내세우는 원칙과 규범을 강요할 수 있음을 의도한 것으로 보인다. 실제로 중국군은 그 전위대로 나서서 주변국의 정책 결정에 압력을 행사하고 있다. 남중국해에서 해군과 해경을 투입하여 분쟁 당사국을 압박하거나 대규모 군사훈련으로 대만을 위협하는 행위, 동중국해 및 한반도 주변에서의 군사활동, 그리고 중앙아시아 기지 및 해상 기지 확보를 통해 군사적 거점을 확보하는 것이 그러한 사례이다.

중국의 군사적 압력이 높아지는 가운데 주변국들은 별다른 대응 방안을 모색하지 못하고 있다. 베트남은 자국의 배타적 경제수역(EEZ: exclusive economic zone) 내에서 이뤄지는 중국의 불법적 행위를 유엔에 상정하고자 했으나 한계를 느끼고 있다. 비록 미국을 비롯한 우방국들은 베트남의 편에 설 수 있으나, 중국은 이미 동남아, 중앙아시아, 아프리카에서 지지 국가들을 확보하고 있어 채택되지 못할 가능성이 있다(Trang, 2019.9.24). 중국과의 관계를 파국으로 몰고 갈 부담도 있다. 두테르테는 노골적으로 미국이 필리핀의 이익을 위해 중국과 전쟁을 하지는 않을 것이라며 미국에 의존할 수만은 없다고 언급했다(Placido, 2019.4.22). 그리고 그는 2019년 8월 말 시진핑과 만나 대규모 경제 지원을 받는 대신 그동안 고조되었던 남중국해 갈등에 대해 함구했다. 대만도 중국이 사이버공격을 가하여 전력공급 체계를 마비시키거나 해저케이블을 파괴하는 행위, 그리고 단기간 해상을 봉쇄하는 등의 국지적 도발을 야기할 경우 미국의 보호를 받기 어렵다고 판단하고 있다(Kristof, 2019.9.4). 한국과 일본도 마찬가지로 중거리미사일을 배치할 경우 중국으로부터 가해질 보복조치를 부담스러워하지 않을 수 없다.

이는 결국 미국과 중국 간의 전략적 균형에 근본적인 변화가 나타나고 있음을 방증하는 것일 수 있다. 미국은 다양한 정부 보고서를 통해 중국을 견제하고자 하는 의지를 보이고 있으나, 효과적이고 일관성 있는 전략적 태세를 유지하지 못하고 있다. 동맹국들에게 미국의 주둔과 미국의 능력이 할 수 있는 것을 확실하게 보여주지 못하고 있으며, 전략적 파트너들과의 관계를 파트너십이 아닌 부담 분담이라는 이해타산적 관점에서 접근하고 있다. 심지어 무역전쟁을 벌이고 있지만 그 전쟁이 누구를 겨냥하는 것인지 명확하지 않다(Werner, 2019.7.30).

이런 상황에서 중국은 주변국에 대한 압력의 수위를 높일 것이다. 세계평화와 인류운명공동체 건설이라는 논리를 내세워 자국의 영향력 확대와 주변국 강압을 정당화할 것이다. 그리고 한반도 및 지역문제와 관련하여 미국의 동맹국인 한국에 대해서도 더 큰 정치적·군사적 압력을 가하려 할 것이다.

2) 한국의 대응 방향

우선 한국은 중국이 새롭게 추구하는 '대전략'에 대응할 수 있는 개념을 정립할 필요가 있다. 즉, 중국이 '인류운명공동체' 주장에서 내세우는 동맹 체제에 대한 비판과 동반자관계 요구, 자유시장경제보다 중국식 발전모델에 대한 선전, 서구 민주주의 대신 중국의 권위적 통치체제 고집, 그리고 국제법과 국제규범에 대한 도전에 대해 우리가 어떤 논리로 맞서야 하는지를 고민해야 한다. 또한 중국이 국제관계의 틀로서 강조하고 또 자국의 입맛에 맞춰 이용하는 '상호존중, 공평정의, 합작공영의 원칙'을 한국의 입장에서 어떻게 정의하고 우리 이익에 부합되도록 활용할 것인지를 고민해야 한다. 중국이 단일 이슈가 아닌 종합적인 안보 프레임으로 접근하고 있는 만큼 우리도 큰 틀에서 대응전략개념을 구상할 필요가 있다.

이와 관련하여 한국은 중국의 전략에서 배워야 한다. 중국의 전략은 기만적이고 이중적이다. 장기 전략과 단기 전략, 평화공세와 무력 행동, 방어전략과 공세전략, 유화전략과 강압전략을 동시에 전개하고 있다. 장기적으로 국제질서의 성격을 변화시키기 위해 국제사회에 평화적이고 방어적인 이미지를 각인시키고 온건한 대외정책을 내세우지만, 그 이면에서는 군사력을 확보하고 군사기지를 건설하며 주변국을 공략·강압하고 있다. 그들의 '적극방어전략'에서 볼 수 있는 것처럼 전체적으로는 방어이지만 부분적으로 공세를 병행하는 것이다.

그런데 한국의 전략은 중국의 전략에 비해 단조롭다. 한없이 평화적이고, 방어적·유화적이다. 국제법과 규범에도 매우 충실하다. 상대를 기만하거나 속일 줄 모른다. 위협적이고 공세적인 전략은 더더욱 찾아볼 수 없다. 중국이 보기에 한국은 수가 단순하고 낮은 국가일 수 있다.

따라서 한국은 보다 적극적으로, 때로는 공세적으로 중국을 상대할 필요가 있다. 중국이 갖고 있는 취약점을 찾아 공략하는 것이다. 중국이 말하는 인류공동체 개념에서 터부시하는 동맹 체제, 자유시장경제, 민주정치체제 그리고 국제법과 국제규범은 그 자체로 그들의 취약점이 될 수 있다. 동맹 체제와 관련하여 한미동맹, 한·미·일 협력, 인도·태평양 전략은 중국의 안보를 위협하는 요소임에 분명하다. 자유시장경제와 관련하여 지적재산권 침해, 사이버 절도, 외국기업 차별, 빚더미 외교 등의 이슈, 그리고 정치적으로 독재와 소수민족 탄압, 홍콩 문제, 인권유린 등은 가시와 같은 문제들이다. 그리고 국제법 및 규범과 관련하여 항행의 자유, 헤이그 중재재판소 결정 불복, 주변국 강압, KADIZ 무단 진입 등도 마찬가지이다. 이런 이슈들을 일부러 끄집어내어 불필요하게 외교적 갈등을 빚을 필요는 없지만, 양국 관계에 이런 이슈들이 부각된다면 한국은 이에 대한 입장을 분명히 밝힐 필요가 있다.

사실 중국이 지도자들의 연설, 공식 문서, 고위급 교류, 학술 토론 등을 통해 중국이 지향하는 원칙과 규범을 반복해서 언급하는 것은 치밀한 전략의 일환으로 이뤄지고 있다. 자신들의 아이디어를 상대방에게 주입시키는 일종의 '사상전'인 셈이다. 중국이 내뱉는 개념들을 깨닫지 못하고 계속 반복하도록 하는 것은 중국의 제안을 수용한다는 신호를 주고 그들의 입장을 강화시켜 줄 수 있다. 그리고 결국에는 그들의 전략에 말려들게 되고 결정적 순간에 우리의 주장이 먹혀들지 못할 수 있다. 중국이 동맹, 자유시장경제, 민주주의, 국제법에 의한 지역 질서 등과 관련하여 부정적으로 말할 때 우리는 이를 논리적으로 반박하고 거부해야 하며, 이에 대한 우리의 입장을 분명하게 밝혀야 한다.

한국은 단독으로 중국의 압력에 맞서기가 버거울 수 있다. 동맹국 및 우방국과의 전략적 협력이 강화되어야 하는 이유이다. 이와 관련하여 한국이 고려할 수 있는 조치를 몇 가지 제시하면 다음과 같다. 첫째는 한미동맹의 발전적 조정을 통해 동맹의 역할 및 범위를 지역 차원으로 확대하는 것이다. 물론 중국은 동맹 체제를 구시대의 유물로 간주하고 있기 때문에 이에 반발할 수 있다. 국내적으로도 극심한 찬반 논란을 불러일으킬 수 있다. 그러나 중국이 내세운 '대전략으로서의' 인류운명공동체 개념이 우리의 가치에 반하고 정책적으로 수용될 수 없는 것이라면 일본 및 호주와 마찬가지로 미국의 동맹이라는 차원에서 나름의 역할을 찾고 협력해야 한다. 직접적으로 중국을 겨냥하지 않는 가운데 지역 안정과 세계평화라는 관점에서 한미동맹을 조정함으로써 한미 양국이 비록 낮은 수준에서나마 중국을 견제할 수 있는 방안을 모색할 필요가 있다.

둘째는 한국 스스로 외교안보의 외연을 확장하는 것이다. 한국이 한반도 문제에만 고착되어 지역 현안에 무심하면 지역안보 아키텍처에서 제자리를 찾지 못할 수 있다. 중국에게는 한국이 자국의 요구에 순응한다는 잘못된 메시지를 줄 수 있다. 한국이 한반도는 물론 주변 지역에서 존재감을 드러내기 위해서는 일본, 호주, 인도, 동남아시아 국가들과의 안보 관계를 강화하고 군사협력을 증진할 필요가 있다. 안보 관련 국책 연구기관 주도하에 지역 국가들의 외교 및 국방 인사들이 지역 현안을 논의하고 위기 시나리오를 연습할 수 있는 안보전략 프로그램을 마련하여 지역안보에 대한 공감대를 형성할 수 있는 기회를 조성할 수 있다. 그리고 이런 공감대가 확산되면 이를 바탕으로 군사협력을 확대하여 인도양이나 서태평양 일대에서 지역 국가들과 양자 및 다자간 훈련을 실시할 수도 있다. 물론, 이런 연습과 훈련에 중국이나 러시아를 배제할 필요는 없다.

셋째는 우리 군을 외교안보적으로 활용하는 것이다. 과거 유엔평화유지군을 파견했던 국가들을 포함하여 전략적으로 중요한 지역에 군사기지를 건설하는 방안을 고려해 볼 수 있다. 개별 기지가 부담스럽다면 미군기지를 공동으로 사용하면서 연합으로 국제안보 활동을 전개하는 방안도 가능할 것이다. 한국군의 해외 군사기지 운용은 세계평화와 지역 안정이라는 국제적 공의에 기여할 수 있을 뿐 아니라, 한국의 외교적·군사적 존재감을 높이고 중국군의 일방적인 군사행동을 견제하려는 국제적 노력에 동참하는 의미를 가질 수 있다.

6. 맺음말

중국의 인류운명공동체 건설은 군사굴기를 동반하고 있다. 지금까지 강한 군사력 건설을 중국 현대화의 전략적 임무로 간주해 온 것처럼, 중국은 대외적으로 영향력을 확대하는 과정에서 군사력을 증강하고 이를 적극 활용함으로써 주변국들로 하여금 중국의 이익을 인정하고 요구를 수용하도록 강요할 것이다. 약 15년 전 중국이 '진주목걸이' 전략으로 해양 진출을 시도할 것이라는 다소 미심쩍었던 전망이 이제 현실화되고 있다. 마찬가지로 현재 아프가니스탄과 타지키스탄에 마련된 해외 군사기지는 앞으로 육상 실크로드와 연하는 요충지를 따라 추가로 건설될 것이다. 현재 1도련 내에서 빈번하게 이뤄지고 있는 중국의 군사활동은 앞으로 서태평양과 인도양, 나아가 발트해와 북극해 등지에서 광범위하게 전개될 것이다. 그리고 이처럼 중국군의 해외기지 및 활동 범위가 확대될수록 인류운명공동체를 지향하는 중국의 정치외교적 영향력은 더욱 강화될 것이다.

중국의 강대국 부상과 군사굴기에 가장 큰 영향을 받는 국가들 가운데 하나는 한국일 수밖에 없다. 그리고 그러한 영향은 북한의 비핵화나 한반도 평화 체제 구축 그리고 한반도 통일 등의 이슈와 관련하여 긍정적이기보다는 부정적으로 작용할 가능성이 크다. 따라서 한국은 중국의 대외정책과 군사전략을 미국의 관심사나 미일동맹의 문제로 치부하여 외면하거나 중립적 입장을 취해서는 안 된다. 한반도 문제와 관련하여 중국과 협력할 분야가 분명히 존재하고 그 중요성을 부인할 수 없지만, 동시에 그러한 협력을 추진하는 데 따르는 한계를 분명히 인식해야 한다. 그리고 그러한 한계를 극복하기 위해 미국과의 전략적 협력은 물론 일본, 호주, 인도, 아세안 등을 비롯한 지역 국가들과의 전략적 연대 방안을 모색할 필요가 있다.

이제 중국의 군사굴기는 현실이 되고 있다. 중국의 국방 및 군 현대화 2단계가 완료되는 2035년이 되면 적어도 아시아 지역에서 중국의 군사력은 미국의 우세를 상쇄할 수 있을지도 모른다. 중국은 이미 국방의 역할을 글로벌한 영역으로 확대하고 있으며 주변에서의 이익을 확보하기 위해 이웃 국가들을 상대로 적극적으로 군사활동을 전개하고 있다. 중국의 군사적 부상이 한반도 및 지역안보에 미칠 영향을 면밀하게 분석하여 이에 대비할 수 있는 외교안보 전략을 세우는 일이 그 어느 때보다 절실한 시점이 아닐 수 없다.

참고문헌

김수혜. 2018.1.16. "핵잠수함·기관포 탑재함으로". ≪조선일보≫.
박창희. 2018. 「중국의 군사」. 국립외교원 중국연구센터 엮음. 『2018 중국정세보고』. 국립외교원 중국연구센터.
송기돈. 2012. 「중국 '화평발전' 외교정책의 구도·개념 분석」. ≪사회과학연구≫, 제36집 2호.
신경진. 2019.10.7. "쥐랑-2, 둥펑-41은 미국 타격권. 중국 '나라의 보물'". ≪중앙일보≫.

정주호. 2017.7.28. "中 지부티 해군기지 지하화…'규모·경비 예상 초월'". 연합뉴스.
_____. 2017.12.19. "중국 폭격기 잇따른 대만 일주 위협비행". 연합뉴스.

Asia Maritime Transparency Initiative. 2019.7.16. "China Risks Flare-up over Malaysian, Vienamese Gas Resources."

Bommakanti, Kartik. Ameya Kelkar. 2019. "China's Military Modernisation: Recent Trends." *ORF Issue Brief,* No.286. Observer Research Foundation.

Chan, Minnie. 2018.1.5. "First Djibouti. Now Pakistan Port Earmarked for a Chinese Overseas Naval Base, Sources Say." *South China Morning Post.*

Congressional Research Service. 2019. *U. S.-China Strategic Competition in South and East China Seas: Background and Issues for Congress.* September 24, 2019.

Defense World.net. 2018.5.10. "China May Have Developed Long Range Bomber."

Department of Defense. 2019. *Indo-Pacific Strategy Reoprt: Preparedness, Partnerships, and Promoting a Networked Region.* June 1, 2019.

Erickson, Andrew S. 2019. "China's Defense White Paper Means Only One Thing: Trouble Ahead." *The National Interest.* July 29, 2019.

Fox News. 2019.2.28. "China Denies Speculation of Military Presence in Afghnistan."

Global Times. 2019.7.24. "China's Military Strong But Defensive."

Goldstein, Avery. 2005. *Rising to the Challenge: China's Grand Strategy and International Security.* Stanford: Stanford University Press.

Heijmans, Philip. August 23, 2019. "China, Vietnam Spar on High Seas over $2.5 Trillion in Energy." *Bloomberg.*

Heydarian, Richard J. 2019.4.18. "Duterte's Scarborough Shoal Moment." *Asia Maritime Transparency Initiative.*

Kania, Elsa. Peter Wood. 2019. "Major Themes in China's 2019 National Defense White Paper." *China Brief,* Vol.19, No.14. July 31, 2019.

Kristof, Nicholas. 2019.9.4. "This Is How a War with China Could Begin." *The New York Times.*

Liu, Zhen. 2019.10.2. "China's Latest Display of Military Might Suggests Its 'Nuclear Triad' Is Complete." *South China Morning Post.*

Mahan, Alfred T. 1957. *The Influence of Sea Power upon History 1667-1773.* New

York: Hill and Wang.

Military Watch. 2019.10.3."Why China's New WZ-8 Hypersonic Surveillance Drone is Very Bad News for the U. S. Navy."

Nouwens, Meia. 2019.7.26. "China's 2019 Defense White Paper: Report Card on Military Reform." IISS Analysis.

Page, Jeremy, Gordon Lubold, and Rob Taylor. 2019.7.22."Deal for Naval Outpost in Cambodia Furthers China's Quest for Military Network." The Wall Street Journal.

Panda, Ankit. 2019.10.7. "Hpersonic Hype: Just How Big of a Deal Is China's DF-17 Missile?" The Diplomat.

Placido, Dharel. 2019.4.22. "War over Scarborough not worth it for the US, says Duterte." ABS-CBN News.

Reuters. 2019.8.24."Chinese ship inches closer to Vietnam coastline amid South China Sea tensions."

Robin, Sebastien. 2019.10.5. "Chian's New DF-100 Missile: Designed to Kill U. S. Navy Aircraft Carriers?" The National Interest.

Shambaugh, David. 2005. "Return to the Middle Kingdom?: China and Asia in the Early Twenty-First Century," In Power Shift: China and Asia's New Dynamic. Berkeley: University of California Press.

Shih, Gerry. 2019.2.18. "In General Asia's Forbidding Highlands, a Quiet Newcomer: Chinese Troops." The Washington Post.

Telegraph. 2018.8.29."China 'Building Miltary Base in Afghanistan' as Increasingly Active Army Grows in Influence Abroad."

The Guardian. 2019.7.9."US approves potential sale of $2.2bn in arms to Taiwan, stoking China's anger."

Thu, Huong Le. 2019.8.8. "China's Incursion into Vietnam's EEZ and Lessons from the Past." Asia Maritime Transparency Initiative.

Tobin, Liza. 2018. "Xi's Vision for Transforming Global Governance:.A Strategic Challenge for Washington and Its Allies." Texas National Security Review, Vol.2, No.1.

Townshend, Ashley and Bredan Thomas-Noone. 2019. Averting Crisis: American Strategy, Military Spending and Collective Defense in the Indo-Pacific. The United States Studies Centre. August 2019.

Trang, Pham Ngoc Minh. 2019.9.24. "Should Vietnam Bring the South China Sea to the United Nations?" *Asia Maritime Transparency Initiative*.

Trenin, Dmitri. 2019.7.31. "U. S. Obssession with Containment Driving China and Russia Closer." *Global Times*.

Werner, Ben. 2019.7.30. "New Chinese Military Strategy Casts U. S. Military in Asia as Destabilizing." *U. S. Naval Institute*.

Zhou, Laura. 2017.7.25. "China Sends Troops to Military Base in Djibouti, Widening Reach across Indian Ocean." *South China Morning Post*.

≪大公報≫. 2018.11.12. "JARI-USV無人艇魚雷反潛".

习近平. 2019.10.1. "在庆祝中华人民共和国成立70周年大会上的讲话." ≪新華網≫.

王政淇. 2018.1.17. "习近平日内瓦演讲一周年:世界为何青睐‘人类命运共同体'". ≪人民網≫.

王政淇·常雪梅. 2017.10.23. "十九大舉行集体采訪, 聚焦中國特色强軍之路". ≪人民日報≫.

≪人民日報≫. 2015.5.18. "為世界許諾一個更好的未來".

_____. 2017.10.22. "新征程：全面建设社会主义现代化国家."

中華人民共和國國務院新聞辦公室. 2015.5. 『中國的軍事戰略』.

_____. 2019.7.24. 『新時代的中國國防』.

8장

푸틴의 전쟁과 러시아 전략사상*

김영준 | 국방대학교 군사전략학과 교수

1. 머리말

오랫동안 전략을 연구해 온 콜린 그레이(Colin S. Gray)는 전략을 정치적 목적과 군사력 관계 간의 가교라고 정의했다(Gray, 1999: 17). 영국의 저명한 전략사상가 로렌스 프리드먼(Lawrence Freedman)은 전략을 "힘을 창출하는 술(術)"이라고 정의했다(Freedman, 2008: 20). 한국의 저명한 전략사상가 박창희는 현대의 전쟁은 전략의 수행 주체, 시간, 공간, 수단과 성격, 그리고 추구하는 결과가 기존의 패러다임보다 매우 다양하게 변했기 때문에, 기존의 재래식 전쟁 중심의 전략을 넘어서 새로운 전략의 개념이 재정의되어야 한다고 지적하고 있다(박창희, 2013: 94~103쪽; Gray, 1999: 113~114). 박창희의 지적대로 21세기로 진입하면서 전략과 전쟁의 형태와 양상은 더욱 복잡하고 다양한 형태로 변화해 나가는 것을 확인할 수 있다(Bartholomess, 2012).

이런 전략과 전쟁수행 방식 혹은 전쟁관은 각 국가별로 다른 형태로 다양

---

* 이 글은 「푸틴의 전쟁과 러시아 전략사상」, ≪국가전략≫, 제22권 4호(2016), 153~182쪽을 일부 수정한 것이다.

하게 구사, 발전되어 온 것을 우리는 역사를 통해 확인할 수 있다. 즉 한 국가의 전략과 전쟁수행 방식, 전쟁관은 해당 국가의 독특한 지정학적 상황, 역사, 전략문화 속에서 결정되고 발전되어 간다고 볼 수 있다. 예를 들어 미국은 과학기술을 중시하는 문화 속에서 화력, 공군력, 해군력과 정밀유도무기 등 첨단 과학기술을 중심으로 한 전쟁문화가 발전되어 왔으며, 이는 걸프전, 이라크전과 아프가니스탄전으로 알려진 '충격과 공포' 및 럼스펠드독트린 등을 통해 널리 알려져 있다. 미국의 전략사상가 애드리언 루이스(Adrian R. Lewis)는 미국 군사전략 및 전쟁문화의 핵심을 과학기술에 대한 미국인들의 믿음에 있다고 지적했다(Lewis, 2012: 35~39; Weigley, 1973). 이에 반해 영국은 섬이라는 지정학적 특성으로 인해 해양 전략이 발전되어 왔고, 미국보다 상대적으로 부족한 자원 때문에 군수 및 화력지원에 의존한 전쟁수행 방식보다, 적에 대한 야간공격이나 기습 혹은 간접 접근 전략을 선호하는 전략이 발전되어 왔다(Lewis, 2001: 91~113; Hart, 2008: 101~104; Bond and Alexander, 1986: 598~623). 이 밖에 독일, 프랑스, 러시아와 중국 등 주요 강대국들은 오랜 역사를 통해 각국의 독특한 전략문화, 전쟁수행 방식과 전쟁관을 발전시켜 왔다(Citimo, 2005; Mao, 1986; 박창희, 2015).

러시아에서도 오랜 역사와 방대한 영토, 다양한 전쟁을 통해서 독특한 전략사상과 전쟁관이 발전되어 왔다. 러시아 전략사상들도 다른 나라들처럼 시대와 지정학적 환경의 변화를 반영하여 다양한 형태로 발전하여 왔다. 이런 러시아 전략의 오랜 역사와 전통, 중요성에도 불구하고, 한국 학계에서는 미국이나 영국, 독일과 중국, 일본 등에 비하여 그 연구가 많이 발전되어 오지 못했다. 국제사회의 주요 행위자이자 한반도 4강의 주요 일원으로, 또한 북한 인민군의 모델로서 러시아의 전쟁관과 전략사상에 대한 연구는 매우 중요하다. 기존 연구는 이제까지 푸틴의 전쟁에 대한 사례별 연구 혹은 외교정책 전반, 에너지 안보, 북·중·러 경협 및 국방개혁에 대한 연구가 대다수를 이루었다(고상두, 2015: 1~31; 이홍섭, 2013: 99~119; Chang, 2015: 98~120; Woo, 2015:

383~400; 김성진, 2013: 165~188; 김정기, 2011: 113~151; 신범식, 2012: 341~373; 신범식, 2013: 427~463; 신범식, 2013: 95~132; 김경순, 2012: 147~177). 이런 연구들에 더하여 러시아 전략사상에 대한 연구가 보충된다면, 러시아 외교안보 방향에 대해 더욱 포괄적인 연구가 가능할 것이다.

이 글은 학계에서 연구된 사례가 드문 러시아 전략사상을 다루었다는 점에서 새로운 점이 있고, 이에 더하여 크게 두 가지의 새로운 주장이 담겨 있다. 첫째로, 필자는 러시아 전략의 역사를 고찰한 후 러시아 전략사상의 특징을 포괄성, 실용성, 미래 전쟁 본질에 대한 예측과 대비를 바탕으로 한 창조성이라는 세 가지로 정의했다. 이는 특히 볼셰비키혁명 이후의 러시아 전략은 마르크스·레닌주의를 바탕으로 한 정치 이데올로기화로 인해 경직되었다는 기존의 통념과 배치되는 주장이다. 마르크스·레닌주의의 교조적·폐쇄적인 이데올로기적 특성으로 인해 러시아 전략사상도 역시 그럴 것이라는 선입견이 굳어졌고, 이는 냉전이 종식될 때까지 오랫동안 고착되어 왔다. 서방세계가 가진 러시아군의 이미지는 폐쇄적이고 권위주의적인 낡은 대규모 군대였다. 그러나 이렇게 굳어진 통념과 달리 러시아의 전략은 가장 경직되었을 것으로 보이는 볼셰비키혁명 초창기 때부터 놀라울 정도의 포괄성, 실용성과 창조성을 보여주었고, 이는 소련 시대 전반에 걸쳐 계속 유지되었다. 이런 러시아 전략사상의 열린 사고와 높은 개방성과 적응성은 당시의 시대적 상황 때문에 가능한 것이었다. 1차 세계대전 종결과 러시아 내전의 시작이라는 취약한 시대적 안보 상황 때문에, 안보 제일주의의 문화 속에서 적의 침입을 막아내기 위해 포괄적이고 실용주의적이며 창조적인 모든 수단들이 동원되었던 것이다. 그리고 뒤이은 스탈린 시대와 제2차 세계대전 동안에도 그때마다의 독특한 시대적 안보 상황을 바탕으로 이 같은 러시아 전략사상의 특징들은 지속적으로 유지·발전되었고, 현 푸틴의 전쟁수행 방식과 전략에도 잇닿아 있다. 이 글에서는 1917년 볼셰비키혁명 이후인 레닌·스탈린 시대하에서 러시아 전략사상이 얼마나 포괄적이고 실용주의적이었으며, 높은 창조성이 유지되었는지를 보여줄 것이다. 또한 이런 특징들이 요즘 하이브리드 전쟁이란 개념으로 널리 알려져 있는 푸틴의 전쟁수행 방식과 전략에도 그대로 이어져 오고 있음을 증명할 것이다.

두 번째로, 이 글에서는 일반적으로 푸틴의 하이브리드 전쟁이 냉전 이후 걸프전 등 서구 전략의 영향을 받아 발전된 형태로 알려져 있으나, 실제로 이러한 전쟁수행 방식과 전쟁관은 기존 러시아 전략사상의 전통하에서 유지·발전되어 온 연속성 측면이 강하다는 것을 논증할 것이다. 즉, 기존에 알려진 바와 같이 걸프전 이후 Revolution in Military Affaris나 Network Centrick Warfare 등 미국을 중심으로 한 서구 전략사상의 급속한 변화와 발전이 하이브리드 전쟁 개념에 영향을 준 것은 사실이다. 하지만 푸틴의 하이브리드 전쟁은 이런 서구 전략사상의 영향에 더하여 포괄성·실용성·창조성이라는 러시아 전략사상 특징들의 연속성 위에서, 서구 전략사상과는 다른 독특한 형태로 발전되었다는 점을 밝힐 것이다.

2. 러시아의 지정학적 안보환경

러시아 전략사상의 역사는 러시아의 역사만큼 길고 오랜 전통을 간직하고 있다. 러시아는 유라시아 대륙에 걸쳐 있는 방대한 영토를 차지해 왔기 때문에 그 외교 정책의 본질이 공격적인 확장주의라고 많이 알려져 왔다. 그러나, 주로 차르 시대에 이뤄진 러시아의 영토 확장은 단순히 중앙정부 주도의 공격적인 영토 확장으로 보기에 복잡한 성격이 있다. 17세기 동안 러시아 상인들은 모피로 쓰일 동물의 털 무역을 위해 점점 더 시베리아 쪽으로 이동했고, 이 광대하고 척박한 지역에는 영토주권을 주장하는 세력이 없어서, 러시아인들의 무역 이동을 위한 특별한 의도와 노력 없는 이동로 확장이 자연스럽게 영토 확장으로 이어졌다. 18세기 동안에는 일반적으로 알려진 중앙정부 주도의 크고 작은 전쟁을 불사한 주도면밀한 확장정책이 지속되었다. 19세기 동안에는 중앙정부 주도에 의한 대규모 영토 확장보다 변방 접경지역 군 지휘관들의 개인적인 사욕을 위한 영토 확장으로 인해 중앙아시아로의 진출이 계속되었다. 이 당시 러시아 중앙정부는 코카서스 지역 정복을 의욕적으로 추진했다. 그러나 지속적인 확장이 당시 지역들 간 세력균형의 붕괴를 초래해서 러시아의 위상이 불안정해질 것을 고려하여, 러시아 중앙정부는 발칸반도나 오토만 제국 쪽으로는 의도적으로 진출하지 않았다(Kim, 2015). 즉, 수세기에 걸쳐 진행되어 왔던 러시아의 영토 확장 중 일부는 중앙정부에 의해 의욕적으로 진행된 정책의 결과물이지만, 다른 일부는 중앙정부 주도가 아닌 변방 접경지역 군 지휘관들이 사적으로 획득해 간 부분이었고, 또 다른 일부는 무역을 위해 상인들이 자연스럽게 나아간 불모지로의 이동 통로 개척이 영토 확장으로 이어진 것이었다. 결국 러시아의 영토 확장 중 일부만이 유혈충돌을 각오한 중앙정부 주도의 공격적 팽창정책에 의한 것이고, 다른 많은 지역에 걸친 영토 확장들은 무혈 이동 및 접경지역 변방 군 지휘관들의 개인적 욕심에 의해 진행된 것이었다. 이는 러시아 외교안보 정책이, 냉전시대 동안 서방 학계에서 강조해 온 것처럼 전쟁을 불사하는 중앙정부 주도의 주도면밀한 공격적 팽창주의라고 단정 짓기 곤란한 복잡한 성격을 가지고 있다는 것이다.

서방세계는 냉전시대 동안 적이었던 소비에트연방의 공격성을 강조하고, 마르크스·레닌주의의 확장에 대한 경계심을 바탕으로 주장했던 도미노이론을 강조하기 위해, 차르 시대 러시아의 팽창주의 외교정책의 공격성을 과장하는 경향이 있었다. 그 당시 서방 학계에서는 전통적인 러시아 외교안보 정책의 본질이 공격적인 팽창주의 전략이며, 이것이 소련 시대에도 그대로 이어져 오고 있다고 주장했고, 그 초점은 소련의 완충지대(buffer zone) 및 부동항 확보를 위한 지정학적 탐욕에 맞춰졌다. 그러나 이는 사실과 다른 부분이 많았다. 현대 러시아인들에게 가장 중요한 세계사적 사건으로 기억되어 현재까지도 러시아인의 정체성과 애국심에 가장 큰 영향을 주고 있는 제2차 세계대전 중의 독소전쟁은 독일 나치군의 러시아 영토 선제공격이 개전 원인이었다. 이 외에 러시아 역사상 주요 전쟁이었던 나폴레옹의 러시아 정벌이나 러일전쟁도 그 시작은 모두 프랑스와 일본 등 외국의 선제공격이었다는 것을 볼 때, 러시아 외교정책의 본질이 공격적 팽창주의라는 것은 냉전시대 서방세계의 자의적 역사 해석이 낳은 선입견이었다. 이런 이유로 러시아인들은 자신들이 역사적인 주요 전쟁 때마다 외세의 침략을 받은 희생자라고 인식해 오고 있다. 제2차 세계대전 때처럼 외부로부터 침략을 받을지 모른다는 러시아인들의 두려움이 냉전시대 소련 외교안보 정책의 근간을 이루었다는 것을 냉전 이후 많은 역사학자들이 사료들을 통해 밝혀내고 있다(Mastny, 1996; Hosking, 2006; Cohen, 2009; Kim, 2015: 555~575). 물론 러시아 주변국들이 역사적으로 러시아에 의해 수없는 침략과 피해를 당한 것은 부인할 수 없는 사실이고, 존 루이스 개디스(John Lewis Gaddis)처럼 냉전 이후 공개된 러시아 사료를 기반으로 이전보다 더욱 스탈린의 공격적인 외교안보 전략을 비난하는 학자도 있다(Gaddis, 1997; Gaddis, 2005). 현대 러시아사와 동유럽 역사에 정통한 역사가 티모시 스나이더(Timothy Snyder)도 그가 'Bloodlands'라고 지칭한 독일과 소련 사이 동유럽 지대의 수천만 명의 양민학살을 연구하면서, 독일과 소련, 즉 히틀러와 스탈린의 공격적인 외교안보 정책이 많은 약소국 사람들의 대규모 희생을 불러왔다고 주장했다(Snyder, 2010). 주변국에 러시아가 공격적인 행동을 자행한 역사적인 사례는 많다. 그러나 러시아인들은 본인들이 행했던 공격적인 침략들과 별개로, 자신들은 늘 외세의 침략을 받아왔다는 희생자 의식이 강한 것이 사실이다. 러시아인들이 스스로 공격자였으면서 그보다 더욱 강하게 지니게 된 희생자 정체성은 다양한 역사적 경험을 통해 강화되어 온 것이다.

앞서 설명한 대로 러시아는 광대한 영토 확보로 인해 공격적 팽창주의 외교정책의 역사를 지닌 것으로 해석되어 왔다. 하지만 역설적으로 그 광대한 영토 때문에 러시아는 너무나 많은 안보적 취약성을 가지게 되었다. 러시아의 광대한 영토를 물리적으로 모두 지킨다는 것은 불가능했고, 그러한 지정학적 특성은 러시아인들에게 언제 어떤 형태로 외세에게 침략당할지 모른다는 안보 취약에 대한 근본적 두려움을 안겨주었다(Marshall, 2015). 몽골의 침략과 오랜 지배가 이런 두려움의 역사적 기원이라는 것은 의심할 수 없는 사실이다. 더군다나 20세기에 이르러 겪게 된 러시아 내전 시의 외세 침략과 제2차 세계대전 당시의 독일군 침략은 오늘날에도 러시아인들에게는 생생한 치욕과 두려움으로 자리 잡고 있다. 이런 배경 때문에 제2차 세계대전 승전일인 5월의 'Victory Day'는 러시아에서 가장 큰 기념일로 자리 잡았다. 모든 러시아인들에게 본인들의 가족 혹은 친척이 희생되었던 2차 세계대전은 그들의 정체성과 안보관에 가장 큰 영향을 준 사건이었다. 독일의 침공으로 시작된 독소전쟁에서 러시아인들은 군인과 민간인을 합쳐 2500만에서 3000만 명이 죽었고, 이는 40만 명의 희생자를 낸 미국과 영국에 비해 엄청난 규모였다. 러시아 전쟁 역사가 데이비드 스톤(David R. Stone)은 독소전쟁이 시작된 1941년 6월부터 1945년 5월까지 1시간마다 1000명의 소련 사람이 죽었다고 지적했다(Stone, 2010: 2~3).

군사전략 사상가 루이스(Adrian R. Lewis)도 이런 엄청난 피해로 인해 전쟁 이후 모든 러시아 가족이 전쟁으로 인한 집단적 외상후스트레스장애(PTSD: Post Traumatic Stress Disorder)에 시달렸다고 지적한다(Lewis, 2012: 69~70). 즉, 광대한 영토로 인해 취약했던 안보가 결국 외세의 침입으로 수천만 명의 희생을 낸 전쟁으로까지 이어진 것이다. 이런 이유로 외세의 침입에 대한 두려움은 냉전시대 소련의 외교정책은 물론 오늘날 푸틴의 외교안보 정책에도 큰 영향을 주고 있는 것이다. 오늘날에도 빅토리 데이(Victory Day) 때마다 전쟁을 기억하고 희생한 참전용사들을 기억하는 추모행사를 통해서, 제2차 세계대전의 경험은 현재까지 러시아인들의 정체성 형성에 가장 중요한 사건으로 영향을 끼치고 있다. 최근에는 빅토리 데이 때마다 러시아는 물론 전 세계에 퍼져 사는 러시아인들을 중심으로 가족 중 참전용사 사진을 들고 퍼레이드를 하는 자발적인 불멸의 연대(Immortal Regiment) 행사의 규모가 점점 더 확산되고, 이 행사에 푸틴도 참전용사였던 아버지의 사진을 들고 참여하는 등 2차 세계대전은 여전히 현대 러시아에 강력한 역사적 사건으로서 영향을 끼치고 있다. 이런 지정학적 안보환경에서 비롯된 러시아인들의 안보관은 러시아 전략사상에 지속적인 영향을 미쳐왔고, 이것이 러시아 전략사상의 특징에도 영향을 주었다.

3. 러시아 전략사상의 특징

1) 포괄성

앞서 살펴본 대로 러시아 전략사상은 러시아가 처한 독특한 지정학적 안보환경과 각 시대의 정치적·경제적 상황 속에서 형성, 발전되어 왔다. 광대한 영토로 인한 안보 불안은 안보와 생존을 러시아 사회의 중요한 가치로 만들었고, 안보와 생존을 위해선 모든 수단과 방법을 동원해야 한다는 총체적 안보관 즉 안보 제일 의식을 형성했다. 또한 20세기 초반의 볼셰비키혁명을 기점으로 세계 노동자혁명을 무력으로 달성해야 한다는 마르크스·레닌주의가, 정치·경제·사회·문화 등 모든 자원이 정치적 목표를 위해 활용될 수 있다는, 안보전략의 포괄성이 더욱 확장되는 독특한 전략문화를 형성해 왔다. 이와 함께 세계혁명 달성이라는 목표를 위한 도구로서의 안보와 군사라는 개념하에서, 정치와 군사의 관계가 통합, 일원화되었다. 요컨대, 안보를 달성하기 위한 수단으로서 정치·경제·사회·문화 속의 모든 방안을 동원하는 것이 자연스러운 일이 되었다. 볼셰비키가 테러와 여론전, 정보전과 심리전을 통해 혁명이라는 정치적 목표를 달성했듯이, 볼셰비키의 전략관에서는 최고 목표를 위해 사회의 모든 수단을 동원할 수 있다는 사고방식은 지극히 자연스러운 것이었다. 이처럼 볼셰비키혁명을 통해서 안보 수단의 개념적 확대가 이루어졌고, 소련의 클라우제비츠라 불리는 미하일 프룬제(Mihail Frunzǎ)와 저명한 전략사상가 알렉산드르 스베친(Aleksandr A. Svechin)을 통해 통합성이라는 구체적인 전략 구상 방안이 발전되었다. 통합성이라는 구체적 전략 구상에 더하여, 러시아가 겪어왔던 크고 작은 분쟁들을 통해 축적된 다양한 경험들은 러시아 전략사상의 포괄성이라는 특성을 더욱 발전시키게 된다.

러시아 내전 중 장차 레온 트로츠키(Lev Trotsky)에 이어 러시아군의 최고 지휘관이 되는 프룬제는 '통합 군사 독트린'이라는 군사교리 통합의 필요성을 느끼게 된다. 차르 시대 전직 장교들을 많이 영입했지만, 적이었던 백군에 비해 볼셰비키의 적군은 비정규전 및 게릴라전 경험만 있는 오합지졸이었기 때문에, 프룬제는 내전을 겪으며 좀 더 전문적인 군 집단의 필요성을 느끼게 된다. 더욱이 군 전체가 공격적인 전략을 기초로 전쟁을 준비·실행할지 지연전을 기초로 전쟁을 준비·실행할지, 방향성을 제공할 통합적인 지표가 필요하다고 느꼈다. 현재는 지극히 자연스러운 생각이지만, 당시 볼셰비키의 적군은 독트린은 고사하고 정규전을 배워나가는 단계의 다소 복잡한 초창기 정규군의 모습이었기 때문에, 프룬제의 생각은 이런 군대의 기초 틀을 잡기 위한 중요한 구상이었다(Kokoshin, 1995: 29). 해외 군사교육 경험이 있던 프룬제는 당시 군사 강대국인 독일을 주요 모델로 높이 평가했고, 그의 구상도 독일의 정규군 모델에서 영향을 받았다. 독일군 참모본부에 대해 경외심을 갖고 있던 프룬제는 독일식 선진 군사제도를 소비에트 특성에 맞게 통합군제로 발전시키는 한편, 마르크스·레닌주의의 혁명 목표를 달성하기 위해 군 편제를 군사기술적인 영역과 정치적인 영역으로 구분하고자 했다(Kokoshin, 1995: 30). 내전 승리 이후 프룬제는 붉은 군대의 열악한 수준을 비판하고, 제국주의 군대의 반공격이 예상되는 미래전에 대비해서 통합 군 부대를 구성하고, 내전 경험을 통한 정치사상 및 군사 교육을 통해 훈련해야 한다고 주장했다. 그는 내전에서도 기동과 공격적인 전술이 성공을 거두었기 때문에, 제국주의 군대의 기술적 우월성을 이기기 위해서 기동과 공격적인 전술이 필요하다고 주장했다. 또한 내전 때 유지되었던 농민을 기반으로 한 지역방위 민병대는 해체해서 통합군에 흡수해야 한다고 주장했다. 프룬제는 대규모 징집을 주장하면서, 소규모 부대와 지역 농민들의 민병대를 바탕으로 한 지금의 붉은 군대로는 기술적으로 우월한 제국주의 군대를 이길 수 없다고 주장했다. 즉 대규모 징집과 전문적인 교육·훈련을 통한 정규화된 붉은 군대를 제국주의 군대가 두려워할 것이라고 주장했다. 기본적으로 수세적인 농부들로 구성된 지역 민병대보다 공세적인 노동자들에 의한 정규군이 미래전에 적합하며, 지역 중심 민병대는 기동전에 부적합하기 때문에 잘 훈련된 통합 정규군이 필요하다고 강조했다. 러시아 내전 당시 붉은 군대를 창설하고 지휘한 레온 트로츠키는 이런 프룬제의 주장들을 조목조목 반박했다. 현재 러시아 환경을 직시해야 하며, 프룬제가 주장한 통합 군사 독트린은 시기상조라고 주장했다. 특히 고정된 독트린은 교조화가 되어 시대 환경의 변화에 오히려 장애가 될 수 있음을 지적했다. 이런 지적에 대한 반박으로 프룬제는 그런 염려가 있다면 통합 군사 독트린은 교조적으로 굳어질 독트린이 아닌 유동적인 가이드 역할로 쓰면 된다고 반박했다(Rice and Zelikow, 1995: 13~16). 오랜 논쟁 끝에 결국 프룬제의 주장이 시대적 요구로 받아들여져, 프룬제가 주장한 기동성 공격 전술에 맞는 통합군 체제가 형성되고, 내전 이후에는 트로츠키에 이어 프룬제가 차세대 붉은 군대 지도자로 활약하게 된다.

프룬제와 트로츠키 간, 그리고 그 둘을 지지하거나 반대하는 이들 간의 공개적인 전략 관련 담론은 당시 소련에서 매우 익숙한 모습이었으며, 이는 러시아 전략이 공개적인 비판과 논쟁을 통해 건설적으로 발전해 왔음을 보여주는 상징적인 사례이다. 미국은 2차 세계대전 이후 공군을 창설하고 3군 체제를 확립했고, 각 군 체제의 전통과 특성을 확보하는 군사제도를 지니게 되는 반면(골드워터-니콜라스 법으로 합동성을 강화하던 시대에도 3군 각 군의 특성과 문화는 유지되는), 러시아는 현재까지도 총참모부가 군정과 군령을 행사하는 통합군 체제의 특성을 유지해 오고 있다. 러시아 전략사상의 포괄성이 단순히 프룬제를 통한 군사 독트린과 군사제도의 통합만을 의미하는 것은 아니지만, 이 같은 통합성도 다른 서방국가들에 비해 독특한 양상임은 분명하다.

소련 초기의 이런 통합성과 포괄성을 상징적으로 보여주는 전략사상으로는 전략사상가 스베친의 '통합 군 지휘관'이라는 개념이 있다. 통합 군 지휘관이란, 지휘관이 정치·경제·사회·문화 전반의 모든 것을 이해하고 고려할 수 있는 능력과 식견을 갖춰야만 한다는 것으로, 이런 개념이 발달하게 된 배경에는 스베친이 창조한 작전술 개념의 발전이 있다. 스베친은 본인이 참전했던 러일전쟁에서 현대 전쟁이 이전과 비교할 수 없는 넓은 전역에서 광범위하게 진행되는 것을 체감하고, 넓은 전장에서의 전장 통제가 힘들어짐을 경험하게 되었다. 그리고 그와 같은 문제점으로 인해 연속적인 전술 실패를 겪으면서, 기존의 전략·전술 체계로는 다가올 현대전에 대처하기 힘들다는 인식을 갖게 되었다. 스베친은 광범위한 현대전의 전장에서는 상급 부대 지휘관들의 효과적인 지휘를 위해서 현대전에 맞는 지휘통제 체계가 필요하고 생각했다. 이를 위해 전역에서 전략적인 성공을 보장할 수 있는, 기존의 '전략·전술'의 2체제 사이에 작전술 개념을 추가한 '전략·작전술·전술'의 3체제를 창안하게 되었다(Kipp, 1988). 스베친은 러일전쟁 이전에 유능한 지휘관으로 여겨졌던 군 지휘관들이 광범위한 전장에서 수없이 실패한 사례들을 지켜보면서, 한 사람의 탁월한 지휘관이 전장에서의 성공을 보장할 수 없다는 것을 깨닫는다. 현대전의 거대하고 방대한 전역에서 복잡해진 전쟁의 효과적인 승리을 위해 작전술을 창안했던 것이다(Svechin, 1927: 25~30). 그 후 스베친이 러시아 총참모대학 교수로 지내는 동안 그는 작전술의 개념을 더욱 정교하게 발전시켰고, 이후 프룬제가 총참모대학 교장으로 취임하면서 그의 작전술 개념을 붉은 군대 전략 수립에 직접 반영하게 되었다. 내전 이후 스베친의 개념에 따라 붉은 군대는 새로운 군대로 변모되고 있었다(Svechin, 1927: 37~39).

스베친은 이런 작전술 개념과 함께, 국가 지도자와 군 지휘관의 전쟁을 대비하는 역량과 식견, 즉 전략적 리더십에 대하여 많은 연구 산물을 내놓았다. 작전술이 현대전의 광범위한 전역에서 효율적인 전장 통제를 위한 '통합성' 차원에서 나온 지휘통제 방안을 위한 개념이라면, 이어진 통합 군 지휘관 개념은, 지휘관은 정치·경제·사회·문화 등의 광범한 분야 전반에 걸쳐 국가의 모든 역량과 자원을 이해하고 전쟁을 대비해야 한다는 문제의식에서 나온 개념이었다. 또 한편 스베친은 국가 지도자(민간인)도 전쟁과 군의 무력 사용, 군사전략에 대한 깊은 이해와 식견을 갖춰야 한다고 주장했다. 스베친에 따르면 통합 군 지휘관은 사회의 모든 자원을 활용해서 전쟁을 대비할 수 있는 포괄적인 식견과 역량을 갖춘 지도자여야 한다. 즉 정치·경제·사회·문화의 모든 것을 이해하고, 이런 국가의 자원을 어떻게 전장에서의 승리와 연결시킬 수 있는가에 대한 고민을 군 지휘관은 해야 한다는 것이다. 군 지휘관은 전술과 전투만 이해하면 되는 것이 아니라는 것이다. 즉 스베친은 전쟁이 단순한 전투들만이 아니라 국가의 모든 역량이 효율적으로 집중 운영되는 총체전이기 때문에, 사회의 모든 영역을 읽고 운영할 수 있는 포괄적인 식견을 가진 군 지휘관상을 제시했던 것이다. 이는 러시아에서 오랫동안 국가 지도자와 군 지휘관이 갖춰야 할 전쟁 지도자상의 모델이 되었다(Svechin, 1927: 40~46). 이 같은 지휘관상은 세계혁명을 이끌어야 할 투철한 정치 이데올로기를 갖춘 자가 군 지휘관이 되어야 한다는 마르크스·레닌주의와도 일치하는 군 지도자상이라고 해석할 수 있는 모델이다.

스베친의 개념대로, 실제로 소련의 전쟁 대비 체제와 전쟁수행 체제는 그 어떤 나라보다 국가의 모든 자원과 역량을 최대한 조직적이고 전략적으로 활용하는 체제였다. 공산주의 체제의 국가주도형 사회주의 경제모델은 스베친이 주장한 총체전을 위한 포괄적인 전쟁 대비 체제에 가장 적합했다. 고스플랜(GOSPLAN)의 소련 전쟁을 위한 역할은 다른 어떤 나라의 전쟁수행 모델보다 독특했다. 고스플랜의 주요 임무는 평시 동안 사회주의 경제정책의 계획과 수행만이 아니라, 곧 다가올 전쟁을 대비하고 전시에 전쟁을 수행할 조직으로서 국가 자원과 역량을 총결집·운영하는 데 있었다. 제2차 세계대전 이전 미하일 투하쳅스키(Mikhail Tukhachevsky)가 주도한 소련 경제체제의 군사화 및 붉은 군대의 발전을 위한 군수산업의 팽창정책의 중심에도 이 고스플랜의 역할이 핵심적이었다(Samuelson and Shlykov, 2000; Stoecker, 1998; Stone, 2000; Stone, 2010; Harrison, 2008). 제2차 세계대전 초기 당시 독일 나치 군대의 충격적인 기습에도 불구하고 소련 군수산업 기지를 전시 계획에 따라 신속히 우크라이나 지대로 이동했기 때문에 성공적인 군수지원을 통한 지연전으로 승리를 보장받을 수 있었는데(Glantz and House, 1995; Roberts, 2006), 이는 고스플랜으로 대표되는 총체전을 위한 국가 자원 동원 체계가 소련 승리의 가장 중요한 원동력이었다는 것을 보여준다.

러시아는 이후 넓은 영토에서 크고 작은 분쟁들을 겪으면서 전쟁은 무력만이 아닌 정치·경제·사회·문화의 모든 것이 투입되는 총체전이라는 인식을 더욱 발전시키게 되었다. 그리고 이를 수행하기 위한 비상상 전략들, 오늘날 '4세대 전쟁'이라 일컬어지는 비정규전, 심리전, 정보전, 여론전, 분란전 등의 다양한 방안들을 발전시키게 된다. 특히 중앙아시아 및 코카서스 지방에서의 갖가지 비정규전 경험들은 러시아인들에게 제1, 2차 세계대전 같은 정규전만 대비해서는 승리를 보장받을 수 없다는 강한 기억을 남기게 된다. 바로 19세기 동안 중부 코카서스에서 알렉세이 에르몰브가 주도했던 여러 산악전, 세르니애브 장군이 이끌었던 중앙아시아 정복 전쟁, 19세기 후반 부하라 지방을 포함한 중앙아시아의 여러 반란 진압전 그리고 냉전 이전의 아프가니스탄 전쟁까지, 러시아는 정규전과 다른 성격의 다양한 경험들을 통해 다양한 전략과 전술을 발전시켜 왔던 것이다(Baumann, 1993). 이것이 러시아 전략사상의 특징인 포괄성이 형성·발전하게 된 역사적 배경이며, 이런 특징은 오늘날 러시아인들의 전쟁관과 전쟁수행 방식에 지속적으로 영향을 끼치면서 하이브리드 전쟁의 형태로 발전·계승되고 있다.

2) 실용성

　마르크스·레닌주의로 굳어진 소련의 정치적 교조성은 서방세계에 대해 오랫동안 소련군의 폐쇄적이고 교조적인 이미지를 강화시켰다. 즉 냉전 기간 동안 서방에게 각인된 소련군의 이미지는 정치적으로만 무장되고 기술적으로는 낙후된 숫자만 많은 폐쇄적인 군대였다. 이런 믿음과 통념을 강화시킨 데에는 제2차 세계대전 이후 소련군을 상대했던 구데리안 등 독일군 장교들의 증언을 바탕으로 집필된 저서들이 큰 역할을 했다. 대표적인 것이 2차 세계대전 이후 소련군과 싸운 독일군 주요 지휘관들의 증언을 토대로 작성된 리델하트 편집의 『The Red Army』이다. 1957년에 출간된 이 책은 평소 적이었지만 영미권 군인과 군사학자들의 흠모와 존경을 받았던 독일의 하인츠 구데리안(Heinz Guderian) 장군 등의 글을 토대로 작성되었기 때문에 영미권에서 소련군 이미지 형성에 절대적인 영향을 끼쳤다. 기술적으로 낙후되어 서방세계의 무시를 받아왔던 러시아와 러시아군의 이미지가 동맹군이었음에도 불구하고 더욱 악화되었던 것이다. 독일군 장교들의 증언으로 형성된 열등한 러시아군에 관한 이미지는 소련이 냉전의 주적이 되면서 강화되었던 명백한 이유가 있었지만, 냉전이 종식된 지 오래인 지금에도 그 부정적인 이미지는 크게 변하지 않고 있다(Hart, 1956).

　이런 이미지를 강화시킨 데는 미군과 영국군들이 직접 경험한 소련군에 대한 인상에도 일부 기인했다. 2차 세계대전 동안 소련은 미국의 대규모 군수지원 프로그램, 즉 렌드 리스(Lend Lease)를 통해 대량의 기술지원을 받았는데, 이 지원에는 미군 무기, 트럭 등 사용자의 기술이 필요한 지원이 많이 포함되어 있었다. 당시 농민 출신들이 소련군으로 대규모 긴급 징집되던 시절에 소련 병사들의 기술 운용 능력은 영미권 군인들에 비해 차이가 컸다. 소련 농촌에서 거의 볼 수 없었던 차량을 어느 날 병사로 징집된 소련 병사가 운전할 수는 없었다. 상대적으로 기술 문화에 익숙하지 않던 전쟁 초창기 소련군 모습들이 이를 지원해 주던 미국 병사들과 기자들에게 낙후성과 후진성이라는 깊은 인상으로 남았던 것이다. 그러나 세계 최초의 기갑부대가 러시아에서 시작되었듯이 러시아군의 기술 이해 능력이 부족한 것은 아니었다. 다만 대량 희생으로 인해 교육과 훈련 과정 없이 농촌에서 바로 징집된 대다수의 소련 병사들이 현대식 무기체계에 익숙하지 않았던 것이다.

러시아군은 전반적으로 군사력 운용술과 전쟁수행 방식에 있어서는 매우 열린 실용적인 입장을 갖고 있었다. 마르크스·레닌주의로 이미지화되었던 붉은 군대는 정치적인 특성이 강화되었을 뿐, 군을 운용하는 수단과 전략에서는 매우 실용적인 특성을 바탕으로 발전되어 왔다. 러시아군은 정치적으로 가장 교조적이던 볼셰비키혁명 직후인 1920년대에도 군사와 전략 문제에 한해서는 실용적인 측면이 매우 강했다. 이런 특유의 실용적 특성은 광대한 영토를 기반으로 서방 제국주의 세력이 공격해 올 것이라는 안보 불안중에서, 그리고 어떤 수단과 방법을 동원해서라도 적에게 패배해서는 안 된다는 공동체적 위기의식에서 기인한 것이었다. 러시아 전략사상의 특징인 실용성은 이런 안보 환경을 기반으로 러시아 역사 속에서 많은 사례를 통해 확인된다. 가장 대표적인 것은 흥미롭게도 가장 정치적으로 교조적이고 강직하다고 알려져 있는 레온 트로츠키를 통해서였다.

레닌과 함께 볼셰비키혁명의 주역들은 1차 세계대전의 굴욕적 협상을 마치자마자 러시아 내전, 그리고 이를 통한 외세의 간섭이라는 더욱 근본적인 생존 위기를 맞게 된다. 레온 트로츠키는 소련의 붉은 군대 창설을 책임지는 위치에서, 많은 반대를 불러오게 되는 차르 시대 장교의 대규모 붉은 군대 영입이라는 주장을 펼치게 된다. 이는 혁명 초기 가장 격렬하고 과격하게 구차르 세력을 엄벌해야 한다던 트로츠키의 이미지와는 정반대의 정책이었다. 레온 트로츠키는 내전이 시작되던 1918년 즈음에 걸쳐 다음과 같은 주장을 담은 연설을 자주 한다.

동지 여러분! 우리 소비에트 연방은 잘 조직된 정규군이 필요합니다. …… 국제 제국주의에 맞서 싸울 힘을 줄 군대가 필요합니다. 이 군대는 우리를 보호할 뿐 아니라 국제 노동자 동지들의 투쟁을 도울 군대입니다. …… 우리가 차르의 군대에 협력했던 장교들이 필요하다고 할 때, 많은 동지들은 그들의 영입을 절대 반대합니다. 그러나 우리는 군사전문가가 필요합니다. 역사적 과업을 달성하기 위한 기술적 수단으로 군대가 필요합니다. 정치적 힘은 여전히 동지들 손에 있을 것이고, 군에 배치될 '정치군사위원'들이 군부대와 구성원들을 전반적으로 감시·통제할 것입니다. 이 정치군사위원들의 권한은 막강합니다. 군사전문가들은 기술적인 영역만을 책임지고, 군사적인 부분과 작전과 전투적인 행위만 책임지는 반면, 군부대의 조직과 교육, 훈련과 정치 분야는 온전히 소비에트 동지들의 대표인 정치군사위원들이 책임질 것입니다. 우리는 현재 다른 방법이 없습니다. 우리는 싸우기 위해서, 기술적인 지식이 필요해서 이런 결정이 내려졌다는 것을 기억해야 합니다(Trotsky, 1923: 13~24).

트로츠키는 전직 차르 시대 장교들의 충성도와 가능성에 대해 의심의 눈초리를 보내던 많은 이들의 걱정을 불식시키기 위해 세계 군대 제도사에 남을 만한 독특한 군사제도를 창설하게 된다. 바로 정치군사위원 제도가 그것인데, 당 소속인 이 위원들은 대부분이 차르 시절 장교 출신인 군 지휘관을 감시하면서 필요에 따라 즉결 처분까지 할 수 있는 막강한 권한을 소유하고 있었다. 이런 특수한 제도가 허락될 수 있었던 당시 상황을 살펴보면 흥미롭다. 바로 붉은 군대 모든 보병 연대장의 82퍼센트, 사단장과 군단장의 83퍼센트, 군 지휘관의 54퍼센트가 전직 차르 시절 장교였던 것이다(Kipp, 1988: 7). 이들이 단합해서 볼셰비키 지도부를 무력으로 뒤집을 수 있다는 불안감은 과한 것이 아니었다. 트로츠키의 예상대로 군사전문가들의 지휘를 받은 붉은 군대는 초창기의 압도적인 열세에도 불구하고 수많은 외세의 지원을 받은 전문적이고 전투 경험이 많았던 정규군 백군을 물리치고 승리를 거두었다. 트로츠키가 붉은 군대로 영입한 차르 시대 군 장교들 중에는 스베친과 투하쳅스키처럼 소련 군 초창기에 지대한 공헌을 했던 전략사상가들도 포함되어 있었다. 트로츠키 가 보여준 탁월한 실용주의는 볼셰비키혁명이 물거품이 될 수 있다는 안보에 대한 불안감에 기인했지만, 그 후에도 이 같은 실용주의는 이어졌다. 독재자 로 알려진 스탈린이 2차 세계대전 동안 보여준 탁월한 실용주의에 입각한 군 지도력이 그것이었다.

스탈린은 무자비한 독재자로 알려져 있고, 사실 2차 세계대전 이전에 정 치적 대숙청으로 알려진 무자비한 정치 행위를 통해 유능한 러시아 고위 장교 들을 대부분 제거했었다. 숙청당한 이들 중 투하쳅스키와 스베친이 가장 대 표적인 저명한 장교들이었다. 스탈린의 무자비한 정치 숙청은 투하쳅스키가 창안한 'Deep Operation(종심작전)' 이론에 기반한 붉은 군대의 발전들도 멈 추게 했다. 젊은 장교들의 진급이 대거 이루어졌지만, 투하쳅스키와 스베친 의 정치적 숙청과 함께 그들이 발전시킨 군사교리도 붉은 군대 안에서는 금기 시 되었고, 그들의 책도 금서로 지정되어 비밀리에만 읽을 수 있었다. 스탈린 은 전쟁 이전 명성대로 매우 실용적이지 못한 방식으로 군의 발전을 가로막았 다. 그러나 이랬던 스탈린도 제2차 세계대전이 진행되면서, 현장에 있는 자신 의 군 지휘관들을 전폭 신뢰하고 그들에게 재량권을 부여하는 실용주의적인 전쟁 지도자로 변모한다. 반대로 히틀러는 초창기 구데리안 장군 등의 기갑 부대 및 전격전 아이디어를 적극 경청하는 실용주의적이고 열린 지도자였으 나, 제2차 세계대전이 진행되면서 본인의 의사결정만 고집하는 독선적 지도 자로 변모했다. 독소전쟁 중에 히틀러는 사단 및 연대, 대대급의 의사결정까 지 현장 지휘관의 결정을 무시하고 본인이 간섭하여 좌지우지하는 지휘를 하 다가 결국 대규모 패배를 맞게 된다. 결정적인 사례가 모스크바 점령을 앞두 고 전쟁의 승리가 코앞에 다가왔을 때, 곡창지대이자 군수산업이 몰려 있는 우크라이나 지대로 히틀러가 병력을 분산 진출시킨 것이다. 이 결정에 대한 부하 지휘관들의 대규모 반대를 묵살하고 자신의 의견만 관철시킨 히틀러는 결국 병력 운용의 선택과 집중에 실패했고, 러시아의 혹독한 겨울 전에 전쟁을 끝내려던 목표도 실패했다. 이 때문에 겨울 준비 없이 러시아 영토에 진입했던 독일군은 엄청난 피해를 보게 된다. 반면에 스탈린은 전쟁 이전에 보였던 정치 숙청 지도자의 모습과 달리 전시 때는 게오르기 주코프(Georgy Zhukov) 등 유능한 러시아 현장 지휘관에게 최대한 자율권과 재량권을 부여했다. 독일 침공에 관한 정보들을 묵살했던 자신의 과오 때문인지, 그는 현장 지휘관들의 의견을 최대한 존중하는 전쟁 지도력을 보여준 것으로 평가받고 있다(Glantz, 1995: 156). 저명한 러시아 전쟁사학자인 조프리 로버프(Geoffery Roberts)와 데이비드 글란츠(David M. Glantz)는 정치 숙청의 무자비성과 무관하게, 전쟁 지도자로서의 스탈린의 실용주의적 태도와 지휘력을 매우 높게 평가한다. 군 지휘관들의 의견을 최대한 존중하고 재량권을 부여한 스탈린의 지도력은 대체 불가했으며, 스탈린의 실용주의적 지도력이 없었다면 제2차 세계대전의 연합국 승리는 불가능했다고 평가했다(Roberts, 2006; Glantz, 1995). 스탈린은 숙청 대상으로 여길 수도 있었던, 과거 자신의 지위를 위협했던 수많은 영웅적인 지휘관들의 활약을 계속 지원했고, 이들의 결정이 본인의 결정과 배치되었을 때도 수없이 그들의 주장을 가감 없이 수용했다. 수많은 독소 전역의 전투 사례들은 전쟁 지도자 스탈린의 전장에서의 실용적 면모를 뒷받침하고 있다(Erickson, 1975; Erickson, 1983; Glantz, 1998; Glantz, 2005). 최근 들어 실용주의적인 전쟁 영웅 스탈린은 러시아 국민들에게 푸틴 시대에 부활한 영웅으로 상기되는 전기를 맞고 있다.

3) 창조성

러시아 전략에서 창조성은 미래 전쟁에 대한 끊임없는 연구와 탐색 그리고 이에 따른 대응 방안을 개발하려는 일련의 노력을 통해 계속 이어지고 있다. 이전에 살펴본 대로, 통합 군사 독트린에 관한 트로츠키·프룬제 공개 논쟁 등을 통해 비쳐진 모습들은 러시아 전략에서의 창조성이 열린 담론과 논쟁을 통해 이뤄진다는 것을 보여주었다. 유명한 전략 논쟁이었던 공격 전략과 지연 전략에 관한 투하쳅스키·스베친 논쟁은, 논쟁을 통해 창조적인 전쟁수행 방식을 찾아가는 러시아 전략사상의 대표적인 담론 형태였다. 러시아 전략사상가들은 공적인 담론의 장에서 끊임없이 논리적인 경연을 이어왔고, 모든 참관자들이 공개적으로 특정인의 주장을 지지 혹은 반대하는 가운데 논쟁을 심화해 가는, 그 같은 과정을 통해 가장 최적의 창조적인 안을 도출해 나갔다. 즉 담론 민주주의가 러시아의 전략 분야에서 매우 왕성하게 이루어졌다. 이는 서방세계가 갖고 있는 교조주의적인 러시아군이라는 선입견과 배치되는 사실이다.

앞서 살펴본 바, 트로츠키가 시행한 전직 차르 시대 장교의 붉은 군대 대규모 영입과 이들의 쿠데타를 방지하기 위한 정치군사위원 제도의 도입은 러시아 전략의 창조성을 보여준 대표적 사례였다. 이런 창조적인 제도가 내전 승리를 뒷받침했고, 내전 기간 동안 성공적인 제도로 정착했다. 백군의 전세가 유리해 그들의 승리가 유력해 보였던 내전 초기에도 이런 창조적 제도의 성공적 운영으로 인해 단 한 건의 전직 차르 장교들의 유의미한 배신이나 반란은 없었다. 내전 승리의 주역은 이처럼 차르 시대 장교들의 군사 전문성을 도입하는 한편 이들의 충성을 담보하기 위한 정치군사위원 제도를 고안한 트로츠키의 창조적 발상이었다. 이런 트로츠키의 창조성은 제1차 세계대전 이전에 대량 산업 전쟁을 예고한 러시아의 폴란드 출신 산업가 장 드 블로흐(Jean de Bloch)의 노력과 견줄 만하다. 블로흐는 폴란드 출신의 성공적인 사업가로 제1차 세계대전 이전에 대량 산업 전쟁을 예견하고, 이를 위한 러시아의 대비가 필요하다고 주장하며 러시아군 현대화에 많은 노력을 했던 인물이었다(Gareev and Slipchenko, 2007: V). 미래 전쟁을 예견하고 대비하려던 그의 자세는 러시아 전략사상의 역사에서 자주 발견되는 모습이다. 내전 이후에는 앞서 설명한 대로 트로츠키와 프룬제가 통합 군사 독트린과 통합군 제도를 둘러싸고 공개 논쟁을 벌였고, 프룬제의 주장대로 지역 농민 중심의 민병대를 해체하고 통합군 체제를 수립했다. 창조적인 통합군 체제의 출발도 공개적인 담론과 논쟁을 통한 결실이었다. 이어진 스베친과 투하쳅스키의 공격과 지연 전략에 관한 논쟁은 세계 전략사에 한 획을 그을 만큼 유명한 담론이었고, 종심작전(deep oeration)과 소련식 지연전이라는 창조적인 전쟁수행 방식이 이런 과정을 통해 발전되었다. 이 논쟁은 마치 같은 시대에 경제정책과 복지국가에 관해 공개 담론을 벌였던 20세기 초반의 유명한 존 케인스(John Keynes), 프리드리히 하이에크(Friedrich Hayek) 논쟁에 견줄 수 있다.

투하쳅스키는 소비에트 연방을 분쇄시킬 제국주의 세력의 침공이 다가오고 있으며, 이를 막기 위해서는 국가 총력 대비 체제가 필요하다고 보았다. 또한 미래의 전쟁은 결정적인 초기 전투 한두 곳의 승리가 전쟁의 승패를 결정짓기 때문에, 기동성이 보장된 대규모 기갑부대 창설이 필요하다고 주장하며, 종심작전 혹은 종심전투(deep battle), 즉 적의 종심 깊숙한 곳에 있는 중추부를 타격하는 작전술을 바탕으로 한 국가 총전 시 준비 태세를 주장했다. 그는 이를 위해 대규모의 국방 예산 증액을 요청했다. 물론 그의 주장은 경제정책을 국가 최우선 정책이라고 생각했던 지도자 스탈린과 그의 측근 국방장관 볼로시로브(Voroshilov)에 의해 계속 거절되었다. 그럼에도 불구하고 투하쳅스키는 지속적인 주장을 펼쳤고, 스탈린과 볼로시로브는 그의 급진적인 국방예산 증가 요구를 거부하며 그를 전쟁광이라며 비난했다. 1931년 만주사변이 터지고, 극동 지방으로 정세를 파악하기 위해 급파된 볼로시로브는 일본군의 현대화와 전쟁 분위기의 심각성을 깨닫고 스탈린에게 이를 보고했다. 이 만주사변은 근본적인 러시아인들의 안보 불안을 조장했고, 러일전쟁을 치른 지 얼마 되지 않은 러시아인들에게는 치명적인 현존 위협으로 여겨졌다(Kim, 2015b; Stone, 2000). 이런 안보환경의 변화를 계기로 스탈린은 투하쳅스키가 주장한 국방예산의 급진적 증대와 국가의 총력 전시 준비 태세 요청을 수용하고 지원하기 시작했다. 즉 소비에트 연방 사회의 군사화는 세상에 알려진 것처럼 볼셰비키혁명 직후 스탈린에 의해 시작된 것이 아니라, 투하쳅스키의 주장이 1931년 만주사변으로 증명되면서 시작되었던 것이다(Samuelson, 2000; Stoecker, 1998; Stone, 2000).

이처럼 투하쳅스키의 주장이 받아들여지기까지, 스베친과 투하쳅스키는 어떤 전략이 미래전에 부합하는지를 놓고 열띤 토론을 벌여왔다. 스베친은 한두 번의 결정적인 초기 전투 승리가 전쟁의 승리를 보장한다는 투하쳅스키의 의견에 반대하며, 소련은 광대한 영토가 있으므로 이 영토의 자원과 지형을 활용한 지연 전략이 전쟁의 승리를 보장한다고 주장했다. 결정적인 전술적 공격은 당연히 미래 전쟁에 중요한 요소일 수 있고, 공격 전술도 이를 위해 중요하지만, 전략 차원에서는 한두 곳의 결정적인 승리보다 소련의 지정학적 특성상 지연 전략을 준비하는 것이 미래전 승리를 보장한다고 주장했다 (Kokoshin, 1995; 147~192; Rice, 1986: 648~676; Svechin, 1927). 투하쳅스키의 주장이 받아들여져 그의 숙청 전까지 붉은 군대는 종심작전을 구현하기 위한 군대로 발전해 나갔다. 세계 최초의 기갑부대가 독일이 아닌 투하쳅스키 발상에서 비롯된 러시아에서 시작되었다는 것은 많이 알려지지 않은 사실이다. 러시아 전략의 창조성이 얼마나 많이 소개되지 않고 서방세계를 통해 부정적으로 그려져 왔는가는 냉전이 끝나고 나서 밝혀지기 시작한 사실들이다. 그러나 그의 숙청과 함께 그의 주장에 기초했던 군의 발전은 일시 정지되었고, 명확한 방향 없이 붉은 군대는 독일군의 침공을 맞게 되었다. 2차 세계대전에서 붉은 군대는 결국 투하쳅스키가 아닌 스베친이 주장한 군대의 조직과 전략을 구현하며 승리를 맞이하게 된다. 미래 전쟁의 본질을 예측하고 이에 적합한 방어 태세를 확립하려는 노력은 공개 논쟁들과 담론 등을 통해 창조적인 대응 방안들로 구현되어 왔다. 학술 및 군사지 혹은 회의장을 통한 이런 공개 논쟁들은 러시아 전략사상계에서 오랫동안 매우 자연스러운 논쟁이었으며, 이런 공개적 갑론을박들은 많은 창조적 발상들을 낳았다. 소련 시절의 토론은 정치투쟁으로만 이루어졌을 것이라는 서방세계의 고정관념과 달리, 전략과 군의 미래상에 관한 러시아 내에서의 공개 논쟁들은 수많은 창조적 발상들을 낳았고, 이는 오늘날 러시아의 전략 전통으로 뿌리 깊게 자리 잡고 있다.

4. 러시아 전략사상으로 본 푸틴의 전쟁

러시아 전략사상은 다양한 측면을 갖고 있지만 앞에서 대표적인 세 가지 특징을 도출해 보았다. 바로 포괄성, 실용성, 창조성이 그것이다. 이런 세 가지 특성의 연속성 면에서 푸틴의 하이브리드 전쟁 개념과 그를 뒷받침하고자 하는 국방개혁, 그리고 푸틴 행정부 시절 이뤄진 여러 전쟁 사례에 접근해 볼 수 있다. 소련의 군과 전략도 차르 시대와 완전히 단절되어 새롭게 만들어진 것이 아니었듯이, 냉전 이후의 러시아군과 전략도 소련 시절의 군과 전략의 특성이 사라진 채 백지에서 만들어진 것은 아니었다(Stone, 2006). 푸틴의 하이브리드 전쟁 개념도 푸틴 시대의 독특한 안보환경이 주요한 배경이 되었지만, 러시아 전략사상의 연속성 측면에서 발전되고 형성된 개념이라는 것은 러시아 전략사상의 특성들을 통해 쉽게 살펴볼 수 있다.

마흐무트 가레예프(Makhmut Gareev) 장군은 2차 세계대전 참전군인으로, 러시아군사대학 교장으로 오래 재직해 오면서 본인의 참전 경험과 오랜 연구를 바탕으로 현재 러시아 전략사상계의 권위자로 활동해 온 전략사상가이다. 블라디미르 슬리프첸코(Vladimir Slipchenko) 장군은 전역 이후 군 학자로 활동해 오면서 1999년과 2002년 사이에 6세대 전쟁(미국의 4세대 전쟁과 유사)에 관한 책을 3권 출판하면서, 미래전에 대비한 러시아군의 대응 방향에 관한 권위자로 활동해 왔다. 이 둘은 클라우제비츠와 스베친이 전쟁 경험을 통한 미래 전쟁 대비 원칙을 준비했던 전통을 이어받아, 20세기 후반부터 새로운 전쟁 형태에 대한 그들의 예측을 기반으로 러시아군이 나아갈 바를 제시해 오고 있다(Gareev, 2007: v-ix). 이들은 걸프전 이후 미래전의 본질은 정보전을 바탕으로 한 정밀유도무기 체계의 시대가 올 것이라 예상하고, 이에 대비한 러시아군의 개혁을 주문했다. 이는 오랫동안 위기와 침체에 빠져 있던 러시아군이 나아가야 할 방향을 탄탄한 이론을 바탕으로 구체적으로 제시했다는 점에서 푸틴의 국방개혁 노선에 많은 영향을 끼친다. 푸틴이 체첸에서의 비정규전과 테러를 겪고, 미군이 주도하는 걸프전과 이라크전을 목격하면서, 두 사상가가 주장한 방향을 바탕으로 국방개혁을 구상하게 된 것이다.

그루지야 사태 당시 러시아군의 약점이 전 세계에 공개됨에 따라 그루지야 사태 이후인 2008년경 푸틴은 세금 담당 장관이었던 최측근 아나톨리 세르듀코프(Anatoliy Serdyukov)를 새로운 국방장관으로 임명하고 러시아 국방개혁에 전면적인 드라이브를 걸게 된다(Thomas, 2011). 마흐무트 가레예프(Makhmut Gareev)와 블라디미르 슬리프첸코(Vladimir Slipchenko)가 산파역을 한 러시아 국방개혁의 방향은 미국의 네트워크중심전(Network-Centric Warfare) 모습과 유사했다. 첨단 정보통신을 기반으로 결정적인 적의 중심을 정밀유도무기로 공격해서 적의 전쟁 의지를 분쇄한다는 개념이었다(McDermott, 2011; McDermott, 2011). 러시아의 전통이었던 미래전의 본질에 대한 예측을 바탕으로 공개적인 담론을 통해 창조적인 전략을 추구하고 실행한다는 전략사상의 특징이 그대로 이어져 온 것이다. 이런 모습에 이어서 발전되는 하이브리드전쟁(Hybrid Warfare) 개념에서는 러시아 전략사상의 창조성과 포괄성이라는 특징이 더욱 명확하게 나타나게 된다.

푸틴은 드미트리 메드베데프(Dmitry Medvedev) 행정부 말기 재집권을 위한 준비를 하던 시기 대규모 반푸틴 시위를 겪으며, 이런 대규모 시위들은 사회 혼란과 친미 정권 창출을 원하는 미국의 CIA가 이를 기획·지원하고 서방 언론들이 협조하고 있다고 믿게 되었다. 푸틴은 러시아 주재 미국 대사관이 CIA가 기획한 대규모 시위의 현장 지휘를 맡고 있다면서 이런 미국의 음모가 러시아에 대한 가장 심대한 위협이라고 주장했다. 푸틴 재집권 당시 러시아 주재 미국 대사였던 마이클 맥폴(Michael McFaul)은 당시 본인은 신상 위협과 러시아 정보기관의 미행에 시달렸을 뿐만 아니라 크렘린이 조종하는 러시아의 모든 언론과 방송에서 자신을 러시아의 적이자 대규모 시위대를 재정지원, 주동하는 인물로 몰아세웠다고 회고했다(Stoner, 2015: 167~187). 푸틴은 서방 세계 방송에서 비난하는 러시아의 민주주의 탄압 등 반 푸틴 언론 보도들이 러시아를 위협하는 전쟁 전략이라고 보고, 이에 대응하기 위해 오래전부터 방송과 신문을 장악하고 최측근을 방송통신위원장에 임명해서 조직적인 여론전과 정보전을 펼쳐오고 있었다. 다양한 언어로 전 세계에 방송되는 러시안 텔레비전(RT: Russian Television)가 가장 대표적인 푸틴 행정부 선전전의 선봉이라고 할 수 있다.

'민주화혁명(Color Revolution)'이라는 세계적 현상은 푸틴 행정부에게 결정적인 위기의식을 제공했다. 푸틴은 구소련 지역의 대규모 민주주의 요구 시위와 혼란이 서방세계 특히 미국 CIA의 조종에 의해 확산되고 있다는 의심을 굳히고, 이런 민주화혁명을 차단하기 위해, 하이브리드전쟁(Hybrid Warfare)의 주요 격멸 대상을 민주화혁명으로 규정했다. 그에 따라 러시아 총참모장인 발레리 게라시모프(Valery Gerasimov)는 북부 아프리카와 중동으로까지 퍼져나간 이런 시위들이 서구 세력 간섭으로 내전과 비극을 낳았으며, 모든 러시아인들은 모든 비군사수단을 총동원해서 이런 혁명을 차단하는 데 모든 열정을 기울여야 한다고 강조했다. 러시아 국방장관 세르게이 쇼이구(Sergey Shoigu)도 민주화혁명을 러시아의 주요 위협으로 지목하고 이는 새로운 형태의 전쟁이라고 강조했다(Reisinger and Golt, 2014). 최근 들어 서구에서도 분란전과 정보전, 사이버전과 테러 등 다양한 형태의 비살상 전투 사례에 대한 연구를 심화해 오고 있지만, 중앙정부가 국가의 총역량을 결집해서 방송과 언론을 통해 적극적으로 포괄적인 전쟁 전략을 실행해 나가는 국가는 북한을 제외하고 러시아뿐이다.

크림반도 합병과 우크라이나 사례에서 보여준 하이브리드 전쟁은 러시아가 얼마나 전쟁을 포괄적이고 창조적으로 수행해 나가는지 보여주는 대표적인 사례이다. 먼저, 러시아는 크림반도 합병을 앞두고 RT 같은 영어 방송들을 통해 러시아의 입장을 전달하고 선동하는 선전전을 조직적으로 펼쳤다. 당시 RT의 방송은 "러시아가 옳다"가 아닌 "더 많은 질문을"이라는 방송 제목을 모토로 내세우고, 크림반도와 우크라이나 사태와 관련한 서방세계의 주장이 틀렸음을 반복 주장했다(Kofman and Rojansky, 2015). 그 후 크림반도 독립을 위한 투표가 결정되었을 때에도 러시아의 모든 언론들이 일제히 나서서, 크림 자치 정부의 독립을 위한 주민투표가 얼마나 합법적인지에 관해 조직적으로 러시아에 유리한 법률 논리를 설파했다. 또한 동부 우크라이나에서 서방 기자들이 목격한 바에 따르면, 동부 우크라이나 지역 독립에 도움이 될 수 있는 지역 내 러시아 시민권자 수 증가를 위해 그 지역 주민들에게 러시아 여권들이 음식 꾸러미와 함께 무료로 배포되었다고 한다. 군사적으로는 구소련 시절 많이 실행되었던 적 위협을 위한 대규모 비상 군사 소집 훈련인 스냅 인스펙션(snap inspection)이 우크라이나 사태로 인한 긴장 국면 속에서 실행되었다. 2014년 2월에 실시된 이 긴급 훈련에는 무려 6만 5000명의 러시아 군인과 177대의 비행기, 56대의 헬리콥터와 5500대의 트럭 및 장갑차가 72시간 안에 소집되었다. 이 같은 심리전 및 선전전은 우크라이나의 반러시아 세력에 러시아군이 자신들을 언제 기습할지 모른다는 큰 공포감을 불러일으키기에 충분했다(Kofman, 2015: 3). 또한 자칭 '리틀 그린 멘(Little Green Men)'이라 불리는 친러시아계 지역 보안대가 지역 자치 방어라는 이름으로 국기 표시 없이 동부 우크라이나와 크림반도에서 활동하면서, 러시아를 반대하는 지역 주민들에게 엄청난 위협을 가했다. 이들은 자신들의 출신과 신분을 알리지 않은 채 크림반도 및 동부 우크라이나에서 활동하는 친러시아계 무장 민병대들이다. 이들은 무력 사용에 관한 어떤 법적 권한도 없는 상태지만, 우크라이나의 무정부적 상황이 이들의 활동을 가능하게 만들었고, 이들은 반러시아 성향 지역 주민들이게 그 존재만으로도 큰 위협이 되고 되었다. 2014년 5월 푸틴은 크림 지역에서 활동하며 여론전에 기여한 300여 명의 자국 기자, 카메라맨,

기술자들에게 메달을 수여하는 등 방송 및 언론과 소셜미디어를 전쟁 수단으로 적극 활용하는 포괄적인 전쟁수행 방식을 실행해 왔다(Kofman, 2015: 4~5). 이렇듯 푸틴 행정부가 크림 합병과 우크라이나 사태를 통해서 보여준 전략의 포괄성과 창조성은 비단 냉전 이후 새롭게 창조된 것일 뿐만 아니라, 오랜 전쟁의 역사를 겪으면서 발전된 전통적 전쟁수행 방식의 연장선상에서 나온 것이었다. 중앙아시아에서의 여론전, 반정보전, 선동전 등과 코카서스 산악지역에서의 비정규전, 테러 등을 겪으면서 발전된 다양한 형태의 러시아만의 전쟁수행 방식들이 유지·발전되어, 지금의 하이브리드 전쟁 형태가 된 것이다(McDermott, 2013).

5. 맺음말

이 장에서 필자는 학계에서 많이 연구되지 않았던 러시아의 전략사상사를 소개하고자 했다. 또한 러시아 역사를 통해서 다양한 성격을 지닌 러시아 전략사상을 세 가지 특징으로 정의하고자 시도했다. 그리고 이와 같은 러시아 전략사상의 특징들을 발견함으로써, 서방 학계에 의해 굳어진 러시아군과 그들의 전략에 대한 기존의 잘못된 통념을 깨뜨리고자 했다. 즉, 러시아군은 정치적으로 교조주의적이고 폐쇄적인 구식 군대라는 서방세계의 냉전주의적 고정관념을 깨뜨리고자 했다. 러시아 역사 속에서 살펴본 러시아 전략사상의 흐름은 이런 고정 관념과 반대였다. 러시아인들은 끊임없는 공개토론과 논쟁을 통해 미래 전쟁에 대비한 창조적인 전략을 고안·발전시키려고 노력했으며, 이를 실현하고 달성하기 위해서는 언제든지 고도의 실용성을 발휘하는 모습을 보여왔다. 이런 특징들은 외세의 침입에 취약한 방대한 영토라는 지정학적 안보환경 속에서 더욱 발전될 수 있었다. 외세 침략에 노출되어 있다는 안보 불안감이 낳은 러시아인들의 안보 제일주의는, 통합성을 기반으로 모든 국가 자원을 전쟁 대비와 승리를 구현하는 데 동원·운영해야 한다는 총력전과 총체전의 전쟁관으로 발전되었다. 이는 모든 군사적·비군사적 수단을 전쟁 승리를 위해 동원할 수 있다는 포괄성이라는 특징으로 이어졌다. 오늘날 푸틴의 하이브리드전쟁이 이런 러시아 전략사상의 특징을 잘 보여주는 전쟁 형태라고 할 수 있다. 즉 하이브리드전쟁은 냉전 이후 백지에서 탄생되었거나 서구의 전략사상을 무비판적으로 도입한 전쟁수행 개념이 아니라, 러시아 전략사상의 오래된 역사의 연속선상에서 발전된 전쟁수행 개념인 것이다.

러시아 전략사상의 특징을 잘 구현하고 있는 푸틴 행정부의 하이브리드전쟁은 당분간 다양한 모습으로 지속, 발전될 것이다. 특히 우크라이나 사태를 통해 보여준 러시아 전략의 포괄성과 창조성의 특징은 다른 국가들이 놀랄 정도의 양상으로 발전되어 나가고 있다. 광대한 영토라는 지정학적 특성이 낳은 러시아인들의 안보 불안감은 앞으로도 러시아 전략의 이런 특성들을 더욱 발전시켜 나가도록 하는 원동력이 될 것이다.

참고문헌

고상두. 2013. 「러시아 외교정책의 국내적 결정요인: 제3차 북핵실험을 중심으로」. ≪국방 연구≫, 제56권 3호.
_____. 2015. 「러시아의 우크라이나 사태 개입요인에 관한 내용분석」. ≪국방연구≫, 제58권 4호.
김경순. 2012. 「러시아군 개혁의 동향과 전망: 2008년 군 개혁을 중심으로」. ≪국제관계연구≫, 제17권 1호.
김성진. 2013. 「시리아 사태에 대한 러시아의 외교정책: 국내외 요인을 중심으로」. ≪국방 연구≫, 제56권 4호.
김정기. 2011. 「러시아의 전면적 군개혁: 현황과 전망」. ≪전략연구≫, 제53호.
박창희. 2013. 『군사전략론: 국가대전략과 작전술의 원천』. 플래닛 미디어.

_____. 2015. 『중국의 전략문화: 전통과 근대의 부조화』. 한울엠플러스.

신범식. 2012. 「러시아의 대 동북아 석유·가스 공급망 구축: 국제·지역 정치적 의미 및 영향에 대한 네트워크 세계 정치론적 이해」. ≪국제정치논총≫, 제52권 3호.

_____. 2013a. 「북-중-러 접경지대를 둘러싼 초국경소지역 개발협력과 동북아시아 지역 정치」. ≪국제정치논총≫, 제52권 3호.

_____. 2013b. 「러-중 관계의 전개와 러시아의 대 중국 외교안보 정책」. ≪전략연구≫, 제59호.

이홍섭. 2013. 「21C 러시아군 개혁의 배경과 방향: 네트워크 중심전(NCW) 대비」. ≪슬라브학보≫, 제29권 1호.

Bartholomess, Jr. and J. Boone(eds.). 2012. *U. S. Army War College Guide to National Security Issues Volume 1: Theory of War and Strategy.* Carlisle Barracks, PA: U. S. Army War College.

Baumann, Robert F. 1993. "Russian-Soviet Unconventional Wars in the Caucasus, Centeral Asia, and Afghanistan." *Leavenworth Papers.* No.20. Fort Leavenworth, KS: The US Army Combat Studies Institute.

Bond, Brian and Alexander, Martin. 1986. "Liddell Hart and De Gaulle: The Doctrines of Limited Liability and Mibile Defense," in Peter Paret(ed.). *Makers of Modern Strategy: from Machiavelli to the Nuclear Age.* Princeton, NJ: Princeton University Press.

Chang, Duckjoon. 2015. "Russia's Relations with China after the Ukraine Crisis: With a Focus on Their Relationship in Central Asia." *The Korean Journal of Security Affairs.* Vol.20. No.2.

Citimo, Robert M. 2005. *The German Way of War: From the Thrity Years' War to the Third Reich.* Lawrence, KS: University Press of Kansas.

Cohen, Stephen F. 2009. *Soviet Fates and Lost Alternatives: From Stalinism to the New Cold War.* New York, NY: Columbia University Press.

Erickson, John. 1975. *The Road to Stalingrad: Stalin's War with Germany.* New Haven and London: Yale University Press.

Erickson, John. 1983. *The Road to Berlin: Stalin's War with Germany.* New Haven and London: Yale University Press.

Freedman, Lawrence. 2008. "Strategic Studies and the Problem of Power," in Thomas G.

Mahnken and Joseph A. Maiolo(eds.). *Strategic Studies: A Reader*, pp.9~21. London and New York: Routledge.

Gaddis, John Lewis. 1997. *We Now Know: Rethinking Cold War History*. Oxford and London: Oxford University Press.

Gaddis, John Lewis. 2005. *The Cold War: A New History*. New York, NY: Penguin Books.

Gareev, Makhmut and Slipchenko, Vladimir. 2007. *Future War*. Fort Leavenworth, KS: Foreign Military Studies Office.

Glantz, David M. and House, Jonathan M. 1995. *When Titans Clashed: How the Red Army Stopped Hitler*. Lawrence, Kansas: The University Press of Kansas.

Glantz, David M. 1998. *Stumbling Colossus: The Red Army on the Eve of World War*. Lawrence, KS: The University Press of Kansas.

Glantz, David M. 2005. *Colossus Reborn: The Red Army at War, 1941~1943*. Lawrence, KS: The University Press of Kansas.

Gray, Colin. 1999. *Modern Strategy*. Oxford: Oxford University Press.

Harrison, Mark(ed.). 2008. *Guns and Rubuls: the Defense Industry in the Stalinist State*. New Haven and London: Yale University Press.

Hosking, Geoffrey. 2006. *Rulers and victims: the Russians in the Soviet Union*. Boston, Mass: Belknap Press of Harvard University.

Kim, Youngjun. 2015a. "Stalin's Cold War Strategy, 1945-1953." Ph.D Dissertation. The University of Kansas, Lawrence, Kansas.

_____. 2015b. "Russo-Japanese War Complex: A New Interpretation of Russia's Foreign Policy towards Korea." *The Korean Journal of International Studies*, Vol.13. No.3.

Kipp. Jacob W. 1988. *Mass, Mobility, and the Red Army's Road to Operational Art, 1918~1936*. Fort Leavenworth, KS: The US Army Foreign Military Studies Office.

Kokoshin, Andrei A. 1995. *Soviet Strategic Thought, 1917~1991*. London: The MIT Press.

Kofman, Michael and Rojansky, Matthew. April. 2015. "A Closer Look at Russia's "Hybrid War"." *Kennan Cable*. No.7. Washington D.C.: Woodrow Wilson International Center for Scholars Kennan Institute.

Lewis, Adrian R. 2001. *Omaha Beach: A Flawed Victory*. London and Chapel Hill: NC: The University of North Carolina Press.

_____. 2012. *The American Culture of War: The History of U. S. Military Force from World War II to Operation Enduring Freedom.* London and New York: Routledge.

Liddell Hart, B. H(ed.). 1956. *The Red Army: The Red Army- 1918 to 1945 The Soviet Army - 1946 to Present.* NY: Harcourt, Brace and Company.

Liddell Hart, Basil. 2008. "Strategy: Indirect Approach," in Thomas G. Mahnken and Joseph A. Maiolo(eds.). *Strategic Studies: A Reader.* London and New York: Routledge. pp.101~104.

Mao, Tse-tung. 2007. *On Guerrilla Warfare.* New York: BN Publishing.

Mastny, Vojtech. 1996. *The Cold War and Soviet Insecurity: the Stalin Years.* Oxford and New York: Oxford University Press.

McDermott, Roger N. 2011a. *The Reform of Russia's Conventional Armed Forces: Problems, Challenges and Policy Implications.* Washington, D.C.: The Jamestown Foundation.

_____. 2011b. *Russian Perspective on Network-Centric Warfare: The Key Aim of Sedyukov's Reform.* Fort Leavenworth, Kansas: Foreign Military Studies Office.

_____. 2013. *The Brain of the Russian Army: Futuristic Visions Tethered by the Past.* Fort Leavenworth, Kansas: Foreign Military Studies Office.

Paret, Peter(ed.). 1986. *Makers of Modern Strategy: from Machiavelli to the Nuclear Age.* Princeton, NJ: Princeton University Press.

Reisinger, H. and Golt, A. 2014. "Russia's Hybrid Warfare: Waging War below the Radar of Traditional Collective Defense." *Research Paper.* No.105. Rome, Italy: The Research Division of the NATO Defense College.

Rice, Condolezza. 1986. "The Making of Soviet Strategy," in Peter Paret(ed.). *Makers of Modern Strategy: from Machiavelli to the Nuclear Age.* Princeton, NJ: Princeton University Press.

Rice, Condolezza. Philip Zelikow. 1995. *Germany Unified and Europe Transformed: A Study in Statecraft: with a New Preface.* Havard: Havard University Press.

Roberts, Geoffrey. 2006. *Stalin's Wars: from World War to Cold War, 1939~1953.* New Haven and London, Yale University Press.

Samuelson, Lennart and Vitaly Shlykov. 2000. *Plans for Stalin's War Machine:*

Tukhachevskii and Military-Economic Planning, 1925~1941. New York: St. Martin Press.

Snyder, Timothy. 2010. Bloodlands: Europe between Hitler and Stalin. New York: Basic Books.

Stoecker, Sally W. 1998. Forging Stalin's Army: Marshal Tukhacevsky and the Politics of Military Innovation. Boulder, Colorado, Westview Press.

Stone, David R. 2000. Hammer and Rifle: The Militarization of the Soviet Union, 1926~1933. Lawrence, KS: University Press of Kansas.

Stone, David R. 2006. A Military History of Russia: From Ivan the Terrible to the War in Chechnya. London: Praeger Security International.

Stone, David R.(ed.). 2010. The Soviet Union at War, 1941~1945. New York: Pen & Sword Books.

Stoner, Kathryn and Michael McFaul. Summer. 2015. "Who Lost Russia(This Time)? Vladimir Putin." The Washington Quarterly, Vol.38. No.2.

Svechin, Alexander A. 1927. Strategy. Minneapolis, Minnesota: East View Information Services.

Thomas, Timothy L. 2011. Russia Forges Tradition and Technology Through Toughness. Fort Leavenworth, KS: Foreign Military Studies Office.

Trotsky, Leon. 1923. How the Revolution Armed: the military writings and speeches of Leon Trotsky. Volume 1. London: New Park Publications.

Weigley, Russell F. 1973. The American Way of War: A History of United States Military Strategy and Policy. Bloomington, IN: Indiana University Press.

Woo, Pyung-Kyun. 2015. "The Russian Hybrid War in the Ukraine Crisis: Some Characteristics and Implications." The Korean Journal of Defense Analysis, Vol.27. No.3.

Marshall, Tim. 2015.10.31. "Russia and the Curse of Geography: Want to Understand Why Putin Does What He Does? Look at a Map." The Atlantic.

3부
–
한반도 전략 환경과 한국의 안보전략

9장

북한 김정은 정권의 군사전략*

김태현 | 국방대학교 군사전략학과 교수

1. 머리말

　2018년 이후 한반도는 군사적 대치 국면에서 벗어나 해빙 무드에 접어들었다. 2017년 한 해 동안 북한은 수차례의 미사일 발사 실험과 핵실험을 강행하면서 미국과의 군사적 충돌까지 감수하는 듯한 저돌적인 모습을 보였다. 그러다가 북한은 2018년 2월 평창동계올림픽을 계기로 '완전한 비핵화'의 의지를 내비치면서, 2018년 6월 싱가포르와 2019년 2월 하노이에서 미국과 정상회담을 가지는 등 비핵화협상에 임하고 있다. 나아가, 북한은 2018년 판문점 선언에 이어 9월에는 한국과 9·19남북군사합의서를 체결함으로써 한반도의 군사적 긴장완화와 평화 체제 구축에 대한 기대를 한층 높였다. 그러나 2019년 2월 하노이 정상회담 이후 북미 비핵화협상이 교착상태에 접어들면서 현재 한반도 평화 체제는 적지 않은 불확실성에 둘러싸여 있다. 이와 더불어 북한의 향후 대남정책과 군사전략도 불투명해지고 있는 상황이다.

---

*　이 글은 「북한의 공세적 군사전략: 지속과 변화」, ≪국방정책연구≫, 제33권 1호(2017)를 일부 수정·보완한 것이다.

2018년 이후 한반도 평화무드의 이면에는 북한이 여전히 대내외적으로 열악한 상황에 처해 있음을 유의할 필요가 있다. 북한은 2006년 1차 핵실험 이후 국제규범에 반하는 핵실험 및 미사일 시험발사를 지속적으로 강행하고 있어 제재국면에서 벗어나지 못하고 있으며, 국제적으로 고립되어 있다. 대내적으로도 불안정 요소가 증가하고 있다. 북한을 이탈하는 주요 인사가 발생하면서 북한 권력엘리트 내부의 동요 조짐이 보이는가 하면, 북한체제 내부에 정보화가 급속도로 진행되면서 사회체제가 이완되는 가운데 김정은 독재권력의 정당성이 도전을 받고 있는 상황이다. 북한체제를 둘러싼 대내외적 여건이 악화되는 가운데에도 김정은은 3대 세습 체제를 구축하여 지구상에 유례없는 왕조체제를 유지해나가고 있는 실정이다.

이렇듯 북한이 당면한 대내외 환경이 복잡해지는 가운데 이 글은 북한이 추구해 온 군사전략을 평가하고 향후 경로를 전망하는 데 목적을 둔다. 북한을 둘러싼 전략 환경이 악화되는 가운데 최근 나타난 북한의 군사적 행태는 다분히 이중적이었다. 김정일 시대 이후 북한은 전면전보다 국지도발과 같은 제한적 군사력 사용에 집중해 왔다. 2000년대 북한의 군사도발은 NLL 주변 해상 도발 위주로 이뤄졌는데, 이것은 공간적으로 확전을 피하면서도 강압효과를 극대화하는 데 방점을 둔 것으로 평가된다. 북한은 '핵 선제공격'과 '서울 불바다'와 같은 수사적 위협을 하면서도 실제로는 확전통제와 위기관리에 관심을 가지는 모습을 보였다.

한편, 북한은 군사력을 전방위적으로 증강시키며 저돌적인 '군사강국'의 행태를 보이고 있다. 북한은 2010년 천안함 폭침과 연평도 포격 도발과 같은 모험주의적인 군사 공격을 감행했다. 2012년 8월 25일에는 선군영도 기념행사에서 '3년 이내 조국통일대전을 성사시킬 것'을 주문하고 전쟁 준비에 주력해 왔다. 그러면서 북한은 2013년 전쟁 위기 조성 국면과 2015년 목함지뢰 도발 국면에서처럼 수사적으로는 극도의 위기감을 조성하면서도 그에 상응하는 비례성 있는 행동은 수반하지 않았다는 점에서 일견 신중한 전략을 지향하는 것처럼 인식되기도 했다. 그러나 북한은 2016년 한 해 동안 2회의 핵실험, 20회가 넘는 미사일 발사 시험을 감행하여 국제사회에 노골적으로 도전했다. 김정은은 방사포, 공군력 등 재래전 전력을 증강하면서 수시로 전방부대 현장 지도를 강화하고 대남공격 위협 수위를 높이는 등 매우 공세적인 모습을 보였다. 2017년 8월에는 미국의 태평양 군사기지인 괌(guam)을 화성-12형 탄도미사일로 포위 사격하겠다고 협박하면서 '서울 불바다'를 위협하는 등 극단적인 공격 성향을 보이기도 했다(≪노동신문≫, 2017.8.10). 외부에서는 이미 오래전부터 북한의 이런 행동을 비예측적·비이성적, '미친(crazy)' 또는 '제정신이 아닌(insane)' 것으로 평가해 왔다(Friedman, 2013.12.24; Alic, 2013.3.6).

북한의 이런 이중적인 군사적 행태에 대한 평가는 엇갈린다(김태현, 2015: 167~204). 첫째, 북한의 군사전략이 제한전쟁 기반의 수세적 군사전략으로 변화했다는 주장이 있다. 수세적 제한전쟁론자들은 북한의 경제력과 전쟁 지속 능력과 같은 '객관적 지표'에 주목하고, 북한을 '합리적 행위자'라고 전제한다. 이에 따르면 북한은 냉전 종식 이후 열악한 생존환경으로 인해 남북 체제 경쟁에서 뒤지고 있어 무력적화통일 노선을 포기하고 '정권 생존'에 목표를 둔 수세적 제한전을 추구할 수밖에 없다는 것이다(DIA, 2013: 14~15). 북한은 전쟁 지속 능력의 약화, 중국과 러시아로부터 전쟁 지원 획득 제한, 미국의 압도적인 거부 능력 때문에라도 공세전략 추구는 무리라는 것이다(연합뉴스, 2016.12.23). 북한이 전면전을 추구할 경우 정권 생존에 치명적 위협이 될 것이라는 점을 누구보다도 김정은이 가장 잘 알고 있을 것이라는 인식도 같은 맥락에서 이해할 수 있다(DIA, 2013: 15). 이 논리에 따르면 향후 한반도의 전면전은 '의도되지 않고, 통제되지 않은 우발적 형태'로 발생할 가능성이 높다고 전망된다(Scaparotti, 2014.3.25: 5). 최근 북한의 군사력 건설이 대량살상무기에 집중되어 왔다는 점도 수세적 제한전쟁론자들의 주요 논거로 이용된다(DNI, 2014: 5~6).

둘째, 북한군은 여전히 적화통일을 위해 전면전을 추구하는 공세적 군사전략을 유지한다는 평가가 있다. 이런 결전 추구론자들은 북한의 '혁명과 해방'의 인식, 그리고 '비합리적 행위자'로서 북한체제의 특수성에 주목한다. 이에 따르면, 북한은 대내외 안보환경의 악화에도 불구하고 적화 전략을 폐기하지 않았으며 한국이 생각하는 것처럼 '합리적'으로 행동하지만은 않을 것이라고 전제한다(김기호, 2014: 28). 북한은 6·25전쟁처럼 기습전, 배합전, 속전속결을 요체로 하는 전략을 유지하면서 현대전 특성을 고려하여 전술적 변화를 모색하고 있다는 것이다(국방부, 2014: 24; 국방부, 2016: 23). 이런 주장을 뒷받침하는 주요 근거로서 재래식전력의 지속적 증강, 노동당 규약의 적화통일 조항, 북한 지도부의 호전적 발언, 미군의 태평양지역 군비 감축 추세, 중국의 대북 영향력 약화로 인한 북한의 오판 가능성 등이 언급되고 있다. 이들은 핵무기와 미사일 같은 비대칭전력을 수세적 용도에 국한하지 않으며, 한국 사회 혼란 조성과 미군철수 유도 등 공세적으로도 충분히 사용할 것으로 평가한다.

북한의 군사적 행태가 두 가지 속성이 혼재된 양상을 보이고 있어 일방의 주장이 다른 주장을 완전히 배제하지 못하는 상황이다. 한편으로는 북한이 처한 열악한 현실을 무시하고 적화통일론의 입장에서만 북한의 군사전략을 설명하는 것이 억지스러워 보인다. 그렇다고 북한의 적화통일론이 비현실적이라 해서 북한의 군사전략이 수세적 또는 방어적이라고 예단하기는 섣부르다. 북한이 추구하는 적화통일론이 실현가능성이 없다고 예단하는 것은 우리 스스로 만들어놓은 '사고의 틀'에 갇혀 북한을 있는 그대로 보지 못하는 거울 이미지(mirror image)의 착각일 수도 있다. 이런 배경하에서 국방백서도 북한의 전쟁물자가 1~3개월 분량에 지나지 않아 "외부의 지원이 없으면 장기전 수행이 제한될 것"으로 평가하면서도 북한이 적화통일을 위해 기습전, 배합전, 속전속결전을 추구한다는 혼재된 평가를 내리고 있다(국방부, 2016: 28~29).

최근에는 북한이 이 두 가지 관점을 넘어 '새로운 전략' 노선으로 접어들었다는 평가도 제기된다. 이런 전망은 김정은이 경제·핵 병진노선을 채택한 이후 북한의 전략이 핵과 연계될 수밖에 없다는 점에 주목한다. 실제로 2013년

3차 핵실험 이후 북한이 핵능력 고도화와 함께 전쟁수행 체계도 핵 중심으로 재편하는 움직임이 감지된다. 어떤 형태가 되었건 새로운 전략은 핵을 사용하는 군사전략이 될 것이며, 그것은 핵을 공세적 결전주의 또는 수세적 제한주의 패러다임과 배합하는 방식의 '김정은식 주체 전략'이 될 것으로 전망된다.

다양한 평가가 이뤄지는 가운데 이 글은 북한의 군사전략을 '공세주의'의 관점에서 설명하는 데 목적을 둔다. 북한의 군사행태에 대한 기존 논쟁은 '공세적 전면전 대 수세적 제한전'의 구도로 진행되어 왔지만, 이런 이분법적 논쟁 구도는 북한 군사에 내재된 본질을 설명하기에는 충분하지 않다. 북한군은 역사적으로 일관되게 공세 일변도의 성향을 보여왔으며, 최근에 와서 다소 신중해 보이는 듯한 행동은 오히려 '덜 공세적'이라고 표현하는 것이 적합하다. 이 때문에 필자는 '공세적인가, 아니면 수세적인가?'라는 질문보다 '북한군이 왜 공세주의를 포기하지 못하는가?'에 주목한다. 이 글은 북한의 공세주의는 정치·이념·지정학·역사적 요인 등이 복합적으로 구조화되어 있어 수세 전략으로의 근본적인 변화가 쉽지 않다는 점을 전제한다.

이 관점을 토대로 이 글은 북한의 공세적 군사전략은 상황에 따라 그 형태를 조금씩 달리하는 카멜레온처럼(Clausewitz, 1976) '대담한 전격전(bold blitz-krieg) → 계산된 제한전(calculated limited war) → 유연한 핵 배합전(flexible nuclear combination)'으로 진화되고 있지만 그 본질은 공세주의에 있다고 주장한다. 따라서 탈냉전 이후 북한의 전략은 대담한 방식에서 '계산된 제한전' 형식으로 변화되었지만 이런 변화 양상은 열악해진 전략 환경에 '순응'하기 위한 전술적 변화일 뿐 수세 전략으로의 대전환이 아니라고 간주한다. 이를 바탕으로, 김정은 시대의 군사전략은 핵능력 고도화를 통해 전략적 대안을 상황과 조건에 따라 탄력적으로 다변화해 나가는 '유연한 핵 배합 전략'으로 진화하는 것으로 평가한다. 핵무기가 고도화될수록 북한은 핵과 각종 전력을 배합하는 방식으로 다양한 상황에 유연하게 대응할 수 있도록 경우의 수와 선택지를 늘려갈 것이다. 김정은이 평시나 전시를 불문하고 핵위협을 앞세우며 더욱 공세적·변칙적으로 군사력을 운용할 수 있음을 시사한다.

비슷한 맥락에서 이 장에서는 2018년 이후 북한이 북미 간 비핵화협상에 참여하고 있는 상황을 고려하여 향후 북한이 '비핵화 프로세스'하에서 추구할 수 있는 군사전략을 전망한다.

2. 북한 군사의 영향 요인

1) 정치적 요인

정치와 군사는 밀접한 연계성이 있다. 군사는 적을 필요로 하는데, '적과 동지를 구분하는 것'이 바로 가장 '정치적인 것(das politische)'이라는 점에서 정치는 군사의 존재 이유가 된다(Schmitt, 1963). 모든 정치적 동기와 행동은 적과 동지의 구분으로 귀결되며, 이런 구분이 비로소 모든 군사행동에 정당성을 부여하기 때문이다. 북한체제는 공식적으로는 '계급'을 기준으로 적과 동지를 구분하지만, 실질적으로는 '수령에 대한 충성'을 기준으로 적과 동지의 경계가 명확해지는 수령 절대주의 독재체제이다. 따라서 북한체제에서는 '수령 결사옹위'의 기준에 부합하지 않으면 '적'으로 간주된다. 이런 독특한 방식의 적과 동지의 구분, 즉 '정치적인 것'은 북한 군사를 지배하는 핵심 관점이다.

군사를 권력 확보·유지의 수단으로 보는 북한 특유의 군사 사상은 북한의 절대주의 독재체제와 밀접하게 연계된다. 정권 수립 초기부터 김일성을 비롯한 항일유격대 집단은 북한 지역에서 건당·건국·건군의 핵심이라고 자임했고, 군대가 권력의 중심적 기반으로 자리매김했다(김광운, 2003: 112). 김일성이 '권력은 총구에서 나온다'고 강조한 것도 군이 권력의 주요 수단임을 인정하는 것이다(『혁명의 위대한 수령 김일성 동지께서 령도하신 조선 인민의 정의의 조국해방전쟁사 I』, 1972: 19). 북한이 사대주의와 종파주의 추방 논리로 주체사상을 발전시키고 김일성 1인 지배체제를 공식화한 이래 3대 부자 세습을 성공시킨 것도 군권 장악이 통치력 확보로 연결된 결과로 볼 수 있다. 권력 승계 과정에서 김정일과 김정은이 조선인민군 최고사령관 직함을 우선적으로 장악했던 것을 볼 때 군권이 독재체제를 지탱하는 핵심 기제임을 알 수 있다.

북한의 '총대 중시 사상'은 김정일·김정은 시대를 관통해 온 핵심 이념이다. 김정일 시대에 위기 극복 전략으로 등장한 선군정치도 군을 앞세운 체제 수호 전략이었다. 1990년대 고난의 행군 시기를 거치면서 북한은 체제 수호의 마지막 보루로서 군의 중요성을 재인식하고 선군정치라는 새로운 통치방식을 전면에 내세웠다. 1989년 동독 체제 붕괴 과정에서 동독 인민군이 체제 붕괴를 방관하는 모습을 반면교사 삼아 김정일은 체제 수호를 위한 군의 내적 기능을 강화하고 군의 절대적인 충성심을 요구했다.

김정은의 군에 대한 인식도 이전과 크게 다르지 않다. 김정은은 '김일성·김정일 주의'를 통치이념으로 들고 나와 군을 1인 지배체제를 정당화하는 도구로 사용하고 있다. 이 과정에서 '수령 결사옹위'를 더욱 강화하고, 이 중추적인 기능을 군에 부여하고 있다. 이것은 군에 대한 강력한 정치적 통제와 복종의 문화를 만들어냈다. 그러나 3대 권력세습 기간을 지나면서 김정은의 '미숙한 어린 지도자' 콤플렉스는 군 지도부에 대한 과도한 숙청을 유발했다. 김정은은 2012년 리영호 총참모장을 시작으로 군부 숙청을 반복했고, 2015년 5월 현영철 인민무력부장 처형으로 그 정점을 찍었다. 인민군 최고사령관과 당 중앙군사위원장을 시작으로 군부를 장악한 김정은은 제7차 당 대회 이후 당위원장·국무위원장으로 추대받아 당·정·군의 '최고 수위'를 장악하고 친정체제를 구축했다.

수령 절대주의라는 1인 권력 독점체제를 가진 북한은 '수령 결사옹위'를 기준으로 적과 동지를 구분하며, 이런 방식의 '정치적인 것'은 북한 군사의 경직성과 공세주의를 유발한다. 북한군은 '수령의 군대'로서 김정은 유일 지배를 수호하는 내적 기능과 적화통일의 외적 기능을 실현하는 수단이다. 권력

안정화에 골몰하는 김정은에게 군은 더할 나위 없이 좋은 정치선전의 도구이다. 김정은은 돌발적 인사 단행, 과감한 대남 군사도발, 최전선 순시 등 공세적이고도 '용기 있는' 최고사령관의 모습을 연출하여 자신의 권력을 대내외에 과시하기 위한 수단으로 군을 이용해 왔다(박영자, 2015). 김정은에 대한 무조건적인 복종이 요구되는 상황에서 북한군에서는 집단사고, 오지(misperception)와 오산, 비합리적 심리 작용 등의 변질이 나타날 수 있다. 이렇듯 북한군은 공포 통치에 의해 맹목적인 충성심이 강요되기 때문에 자칫 남북 체제 경쟁의 우열 관계를 제대로 읽지 못하고 무모한 공세주의로 나갈 수도 있다.

2) 이념적 요인

북한은 공식적으로 마르크스·레닌주의의 계급적 적대주의에 기반을 둔 '정의의 혁명전쟁'을 추구한다. 김일성은 전쟁을 "폭력 수단에 의한 어떤 계급의 정책의 연장"이라고 규정하면서 "계급해방을 실현하기 위한 국내 혁명전쟁", "제국주의의 예속으로부터 벗어나기 위한 식민지 민족해방전쟁", "제국주의 침략으로부터 조국을 보위하기 위한 조국방위전쟁"을 그 유형으로 제시했다(조선로동당출판사, 1972: 305~307). 여기에는 전쟁을 정치의 수단으로서뿐만 아니라 새로운 지배체제 전환의 매개체로 보는 '실존적 전쟁관(existential war)'이 내재되어 있다(Muenkler, 2003: 98~100). 이것은 혁명전쟁이 상대방과 적당히 타협하는 것에 주안을 두는 현실전쟁(real war)이 아니라, 상대를 완전히 꺾어서 영구적 평화를 수립하는 데 목적을 두는 절대전쟁(absolute war)의 성격을 띤다는 의미이다(김태현, 2012; 김태현, 2015). 이로 볼 때 북한의 혁명전쟁관은 기존 질서를 파괴하고 완전히 새로운 국가로 대체시키는 데 목적을 두면서 한국정부와 군이 완전히 타도될 때까지 폭력을 극단적으로 사용하는 전쟁이다(Griffith, 1961: 7). 이것은 북한식 표현으로 모든 것을 걸고 사생결단을 내는 '판가리(판갈음) 싸움'이다(≪중앙일보≫, 2004.3.29).

북한의 혁명전쟁관은 북한 실정에 맞게 변종시킨 주체 혁명관으로 발전되었다. 주체 혁명의 구체적 적용은 남조선혁명 전략으로 정립되었다. 남조선혁명 전략은 전 한반도를 '김일성·김정일주의화'하고 공산사회를 실현시키기 위해 전개하는 모든 실천적 행동 지침이다. 북한이 조선노동당의 당면 목적으로 규정한 '민족해방민주주의혁명'은 한국을 미국의 식민지로 인식하고 한국정부를 식민지 대리 통치 정권으로 규정하는 데서 비롯된다. 북한은 미제 식민지 지배로부터 억압받는 남한 주민들을 구원해야 한다는 '해방' 인식을 가지고 있기 때문에 '민족해방'은 주한미군을 한국에서 축출하여 남한 주민을 해방시킨다는 의미이다(정영철, 2012: 198). 나아가 '(인민)민주주의 혁명'이란 미국 대리 통치 정권인 한국정부를 한국 '인민'의 힘으로 타도하고 인민정권을 수립하자는 것을 뜻한다. 이처럼, 북한은 미제 축출·주한미군 철수·자주화를 의미하는 민족해방과, 한국정권 타도 후 인민정권 수립·민주화를 의미하는 민주주의혁명을 남조선혁명의 기본 원칙으로 보고 있다(유동렬, 2013: 95).

남조선혁명 전략의 기본 방침은 유효하다. 혁명전쟁 사상은 1962년 '자위적 군사노선과 4대군사노선'을 거쳐 1964년 '전 조선혁명을 위한 3대혁명 역량강화 노선'으로 진화했다. 북한은 탈냉전 이후 1990년대 후반 '고난의 행군' 시기를 겪으면서 체제 생존의 위기까지 몰리는 등 자신을 둘러싼 전략 환경이 열악해지자, 일견 '민족공조론' 등과 같이 남북한 공존을 모색하는 전략 변화를 시도하는 것처럼 인식되기도 했다. 북한은 현실적으로 무력이나 체제 경쟁을 통한 남조선혁명 완수가 어렵다는 정세 인식을 가지고, 한국 체제를 무력화시키기 위한 현실적 전략으로 통일전선전술을 채택했다. 하지만 북한이 추구하는 '혁명과 해방'의 인식하에 추진되는 대남전략의 대강이 근본적으로 변화했다고 보기는 어렵다(김동식, 2013: 20). 남조선혁명 전략에 담긴 '해방'인식과 그에 따른 단계에 따라 차이가 있지만 "결정적 투쟁은 오직 폭력적 방법에 의해서만 승리할 수 있다"라는 김일성의 언급에서 보듯이 기본 투쟁 수단은 폭력이다(중앙정보부, 1979: 302). 북한의 혁명전쟁론은 2000년 이후에도 정세 변화에 따라 그 형태를 변화시켜 왔을 뿐 '해방' 인식과 그로 인한 공세성의 기본 골격과 이념 체계는 지속되고 있다(정영태, 2012).

북한의 혁명전쟁 사상은 전쟁불가피론과 정의의 전쟁론으로 연결된다. 북한은 민족해방을 위한 미제국주의자와의 전쟁은 불가피한 것이며, 이런 목적으로 수행되는 전쟁은 항상 정당한 전쟁이라고 주장하고 있다. 김정일은 "미제를 때려눕히고 조국을 통일하자면 어느 때든지 한번은 놈들과 맞서 판가리 싸움을 해야 합니다"라면서 전쟁 필수론을 펴고 주민들에게 대적관을 주입시켜 왔다(조선중앙통신, 2016.2.22). 김정은도 "적들과 반드시 한번은 맞서 싸워야 한다"라는 인식하에 '반세기 넘도록 대를 이어가며' 군사력을 준비해 왔다고 강조했다(조선중앙통신, 2016.2.3). 이것은 북한체제 내부의 주민과 물자를 전쟁으로 동원하기 위한 명분으로 기능하고 있다.

혁명전쟁관에 내재된 공세적 군사주의는 정권 안보와도 밀접한 상관관계를 가진다(Bermudez, 2006: 3~4). 북한은 경제 악화, 정책 실패, 체제 불만으로부터 주민의 관심을 돌리기 위한 명분으로 미국을 주적으로 지속시켜야 할 필요가 있다(Scaparrotti, 2014: 5). 북한은 고난의 행군과 같은 자신들의 열악한 처지가 미국과 한국의 압살 정책 때문이라고 선전하고 있다. 나아가, 북한은 '적과 동지의 구분'을 체계적으로 조작하여 자신들이 추구하는 대남 전략을 '정의의 전쟁'으로 포장하고 있으며, 이를 위해 공세적 군사교리를 채택해 왔다. 냉전기 소련과 동독이 '신사고'와 '방어적 군사교리' 채택 이후 급격하게 붕괴 일로를 걷게 되었다는 점을 볼 때 북한의 공세주의는 정권 안보를 지탱하는 이념적 근거로 기능한다(Bundesminister der Verteidigung, 1992).

한편, 북한의 '주체'와 '선군'의 이념적 지향은 독자적 군사노선 형성에 영향을 미쳤고, 반대로 이것은 공세성을 촉진하는 순환 고리를 형성하고 있다. '주체'와 '선군'의 등장은 북·중 동맹을 유지하면서도 독자적 군사 역량을 발전시켜 안보 정세 변화에 따른 대중 의존성을 줄여나가고 중국의 북한에 대한 '결박(tethering)' 의도를 제한하는 효과를 거두기도 했다(Weitsman, 2004). 북한이 1990년대부터 국제사회의 반대와 압박에도 불구하고 핵무기 개발을 강행한 것도 이런 독자적 군사노선의 맥락에서 이해할 수 있다. 이것은 북한 군사가 배타적 자주성을 띠게 되는 기반이 되었으며, 북한군이 강대국에 의해 잘 제어되지 않는 공세성을 유지하는 데 의미가 있다.

3) 지리와 지정학적 요인

한 국가의 전략은 지리와 지정학에 영향을 받는다. 최근 세계화, 정보화, 네트워크화, 첨단과학의 발달로 국가 간 상호 접촉의 거리와 시간이 좁혀지고 있기 때문에 지리와 지정학은 전통적 안보 시대의 유물이라는 편견이 있어왔다(Fettweis, 2000: 58~71). 그러나 군사작전도 결국에는 군사력을 영토라는 공간에 투사하여 공간과 인간 요소에 대한 통제력을 확보하는 데 주안을 두는 것이므로 군사전략은 공간과 밀접한 연관이 있다(Hansen, 1997: 1). 따라서 지리는 군사전략의 기반이 되는 변수이다(Clausewitz, 1976).

북한 군사전략에서도 '지리' 변수는 중요한 의미를 가진다. 1960년대 김일성은 '주체전법'을 확립하는 과정에서 소련과 중국의 군사 사상을 기계적으로 이식하는 것을 금지한 후 '실정에 맞게' 교육훈련을 전개하고, '자연 지리적 조건에 맞는 전법'을 연구하며, '지형과 체질에 맞는 무기'를 제작해야 한다고 강조했다(≪노동신문≫, 1972.4.19; 김일성, 1974: 340). 여기서 언급된 '자연 지리적 조건'이란 동고서저의 지형, '닫힌 후방'을 가진 한국과 '열린 후방'을 가진 북한이 대치하는 반도적 특성, 군사분계선에 근접한 '서울의 지리적 위치' 등을 의미한다. 첫째, 한반도의 동고서저형의 지리 조건은 북한의 공격, 방어 전략에 큰 함의를 준다. 남북한을 관통하는 큰 통로는 개활지대가 발달되어 있는 서부지역(개성~문산, 철원, 동해 축선)은 한국 공략을 위한 공격축선으로서 의미가 크며, 산악지대가 발달된 동부지역은 방어에 유리함을 제공한다. 특히 후자는 북한의 중심(center of gravity)인 평양에 대해 물리적 측방 방호를 제공하기 때문에 동부지역의 노력을 절약하여 다른 지역에 선택과 집중을 가능하게 하며, 유사시 동부의 천연 장애물을 이용하여 장기 항전을 할 수 있다는 계산을 가지고 공세 행동을 감행할 수 있다. 둘째, '닫힌 후방을 가진 한국'과 '열린 후방을 가진 북한'으로 대비되는 한반도 지리적 특성은 북한의 공세주의를 촉진하는 변수이다. 북한은 한국 지형의 짧은 종심과 좁은 정면, 그리고 바다에 둘러싸인 막다른 지전략적 특성을 이용하여 전후방 동시 전장화로 신속 결전을 추구할 수 있다. 반대로 중국대륙으로 연결된 북한의 '열린 출구'는 북한 지도부의 생존성을 견고하게 지탱하고 있다. 북한 지도부는 6·25전쟁 때처럼 패전이 임박한 경우 중국으로 도주하여 지속적인 저항을 할 수 있기 때문이다. 북한이 만약 중국을 등에 업고 산악지대를 이용하여 게릴라전과 같은 '더러운 전쟁'을 수행할 경우 협상과 재기의 발판을 마련할 여지가 있다. 셋째, 한국의 전략적 중심인 수도권은 북한군의 전방 화력에 광범위하게 노출되어 있어 군사적 인질로 이용될 수 있다. 북한은 수도권을 위협하는 것만으로도 한국군에게 지속적인 전투 준비 태세와 피로를 강요할 수 있다.

더 중요한 변수는 지정학(geopolitics)이다. 환경결정론과 숙명론이라는 한반도의 전통적인 지정학적 콤플렉스와는 달리(Booth and Trood, 1999: 93; 지상현, 2013: 292; 이영형, 2006; Flint, 2006: 21), 북한은 강대국 간 경쟁 구도 속에서 상당한 관계적 힘(relational power)과 촉매 억제력(catalytic deterrence)을 가지고 있다. 중국이 북한을 미국과 일본 등 해양 세력을 첨단에서 방어할 수 있는 전략적 완충지대로 인식하고 있기 때문이다. 미중 경쟁 관계와 그로 인한 불확실성은 북한의 전략적 가치를 상승시키며 북한은 이 기회를 틈타서 강대국에게 더 많은 지원을 요구할 수 있다. 따라서 북한이 의도적으로 '사고'를 치더라도 중국은 북한의 편에 설 가능성이 크다. 이것이 북한이 중국에 대해 발휘할 수 있는 관계적 힘이다. 이런 관계적 힘은 촉매 억제력을 창출한다. 촉매 억제란 약소국의 특수한 지정학적 조건으로 인해 분쟁 시 후원국의 불안을 고조시켜 군사 지원과 개입을 유도함으로써 위협을 억제할 수 있는 능력을 의미한다(Cohen, 2005). 북한의 지리적 위치가 중국에게 '전략적 중요성'으로 이해되면 될수록 촉매 억제력은 더 커진다(Handel, 1981: 45). 촉매 억제가 작동하기 위해서는 북한의 확전 능력이 신뢰할 만하다는 점을 제3국에게 인식시키는 것만으로도 충분하다(Narang, 2014). 북한이 압박 국면에 몰려 붕괴가 예견되는 상황에서 중국으로 하여금 '북한 상실'이 감당할 수 없는 비용을 초래할 수 있다는 점을 인식시킨다면 중국 개입 가능성은 증가되며, 이것으로 북한의 방어력은 강화된다.

북한의 지리적·지정학적 조건은 북한 입장에서 불확실성이 있음에도 불구하고 공세주의를 강화시키는 변수로 작용할 수 있다. 북한은 완충지대의 촉매 억제력, 중국과의 근접성과 열린 후방, 산악지대의 천연 저항선이라는 방어력의 이점을 가지고 있다. 북한이 자신의 공세 행동에 대해 중국이 두둔할 수밖에 없다는 점과 든든한 후방 저항선이 구축되었다고 판단한다면 공세성은 더욱 증가될 것이다. 1950년 인천상륙작전에서 패퇴 후 유엔군이 진격하는 상황에서 김일성이 "소련과 중국이 조선으로 인해 제3차 세계대전이 발발하는 것은 바라지 않는다 하더라도, 미제국주의자들이 말하듯이 조선은 중요한 전략적 지점이기 때문에 소련과 중국이 미국인들이 조선 전체를 장악하게 두지는 않을 것이라고 생각한다"라고 말한 것도 이런 지정학적 계산을 반증한다(국사편찬위원회, 2006: 147).

4) 역사적 요인

현대 북한의 군사전략은 김일성의 만주 유격대 경험, 6·25전쟁 경험에 기원을 두고 있다. 김일성의 만주 유격대 경험이 주로 유격전 사상과 인적 구성에 영향을 주었다면, 6·25전쟁 준비기의 소련군 정규전 사상은 군사력 운용전략에 많은 영향을 미쳤다. 현대 북한군이 독자적인 전쟁수행 관점을 정립하는 데 가장 광범위하게 영향을 미친 것은 6·25전쟁이다.

첫째, 김일성의 1930년대 만주 항일 무장투쟁 경험은 '사실'보다 '신화'로서 지대한 영향을 미쳤다. 1930년대 중국인과의 연합부대인 동북항일연군에서 활동했던 김일성은 지도적 위치에서 무장투쟁을 한 것은 아니었음에도 '총대'를 가지고 정권을 세워야 한다는 군사주의 원칙과 유격전 사상을 정립한 것으로 보인다. 북한은 4대군사노선 중 하나인 전민 무장화 방침을 김일성의 만주 빨치산 경험으로부터 이끌어냈다고 해석하고 있는데, 이것은 북한군의 정체성을 '김일성 신화'와 연결 지으려는 사후적 해석으로 보인다(≪노동신문≫, 1968.12.4). 유격대 경험의 실질적인 영향력은 북한군을 '김일성의 군대'로 창설하는 과정에서 발휘되었다. 김일성은 해방 이후 조선인민군 창군 과정에서 평양학원을 설치하는 데 역점을 두고 '김일성 부대'의 골간을 만들어나갔다. 김일성은 철저히 만주 빨치산의 혁명 전통을 계승한 군대를 만들고자 했으며, 이 군대는 곧 김일성의 권력 기제로 구조화되었다. 이 때문에 북한군에는 유격전 중시의 군사문화가 형성되었고, 유격전 중시의 군사문화는 6·25전쟁 수행과 종전 이후 '제2전선', '배합전'과 같은 군사전략 개념을 배태했다.

둘째, 1948년 창설된 북한군은 현대전 수행 경험이 없었기 때문에 소련군의 무기체계, 교리와 전술 등 정규전 사상의 영향을 받았다(장준익, 1991: 61). 소련군 영향이 가장 크게 작용한 분야는 전쟁계획 수립 분야였다. 1949~1950년 소련과 북한은 대남 무력통일을 위한 '개전 전략' 모형을 크게 세 가지 형태로 발전시켰다. 첫 번째 개전 모형인 '도발받은 정의의 반공격전'은 1949년 3월에 스탈린이 제시한 전략으로서 한국으로부터 먼저 도발을 유도한 뒤 북한이 반격을 감행한다는 구상이다(정병준, 2007: 371). 이것은 1949년 당시 미국 개입이 우려되는 상황에서 남한에 대한 개전의 국제적 정당성과 명분을 얻기 위해 우선 한국의 공격을 받고 난 뒤 반공격 형태로 개전해야 한다는 스탈린의 계산이 작용한 결과였다.

이보다 한 단계 더 진화된 개전 모형은 '국지전의 전면전화' 구상이었다. 이것은 한국이 북침할 의도를 드러내지 않은 상황에서 조바심을 느낀 김일성이 1949년 8~9월에 제안한 개전 전략이었다. 김일성은 남한이 선제공격을 하지 않더라도 위장된 명분을 내세워 옹진을 선제공격하여 점령한 후, 사정이 허락하면 전면전화하겠다는 복안을 제안했다. 그러면서 김일성은 옹진반도 혹은 옹진·개성지역을 먼저 점령한 후 국제정세를 고려하여 남진한다면 '2주-2개월'이면 남한점령을 완료할 수 있다고 자신했다(바자노프, 1997: 26). 소련도 당시 38선에서의 국지적 분쟁으로 인해 누가 먼저 공격했는지 구분하기 어렵다는 점을 노리고 38선 도발을 빌미로 옹진반도와 개성시를 보복 공격하는 방안을 제시하기도 했다. 세 번째 개전 모형은 1950년 4월 스탈린이 김일성에게 제시한 '3단계 공격 계획'으로서 ① 38선으로의 병력 집중 → ② 위장 평화통일 공세(남한의 거부와 북한의 반박) → ③ 옹진에서 개전하여 국지전의 전면전화 및 속전속결의 형식으로 구성되었다(바자노프, 1997: 54). 북한이 주장하는 1950년 '조국해방전쟁' 수행에서 적용되었던 3단계 공격작전은 국지전을 개시하여 개전 주체를 위장하며, 기습 공격과 속전속결로 한국과 미국이 정신 차릴 시간과 여유를 주지 않고 신속한 전격전을 수행하는 데에 있었다. 이처럼, 6·25전쟁 준비기에 한국 침략을 위해 구상된 세 가지 전쟁 모형은 현대 북한군의 군사적 결전 사상 형성의 토대가 되었다. 최근에도 북한군은 개전에 있어 이와 유사한 수법을 응용하여 국제적 정당성과 명분을 축적하는 데 관심을 두어왔다.

셋째, 전쟁 이후 북한의 6·25전쟁 전훈 분석은 전후 독자적인 군사전략 발전과 군사력 건설을 위한 방침을 세우는 데 영향을 미쳤다. '3년간에 걸치는 가렬한 판가리 싸움'으로 규정된 6·25전쟁은 시작부터 끝까지 그 자체가 북한군에게 살아 있는 군사교본이다(≪노동신문≫, 2015.7.26). 김일성은 이미 1969년 "우리가 가지고 있는 전쟁 경험은 미제와 3년간 싸운 고귀한 경험이기 때문에 금을 주고도 바꿀 수 없다. …… 조국해방전쟁 경험을 참작해서 우리나라 실정에 맞게 전투훈련을 잘해야 한다. 절대 쏘련의 것을 가져오지 말라"라고 하면서 6·25전쟁의 경험에 기초한 군사력 건설과 전략 발전을 주문했다

(김일성, 1974: 328~340).

6·25전쟁 경험은 북한의 주체 전략 발전에 역사적 토양이 되었다. 정치적
으로, 북한은 침략전을 성공하기 위해서 미군 개입을 차단해야 한다는 점을
주목했다. 군사적으로는 전격전 수행 속도를 보장하기 위한 인적·물적 동원
그리고 교육훈련의 중요성에 주목했다. 전자는 남조선혁명 전략으로 상징되
는 정치전으로, 후자는 주체전법과 4대군사노선 등 군사교리와 국방정책에
영향을 미쳤다. 북한은 6·25전쟁의 의의를 다음과 같이 강조하고 있다.

우리 당의 군사노선은 혁명전쟁의 경험과 현대전쟁의 객관적 요구를 충분히
구현할 수 있게 담보한다. 전군 간부화와 전민 무장화 방침에는 항일무장투쟁과
조국해방전쟁의 귀중한 경험이 일반화되어 있다. 지난 전쟁경험은 유사시에 부
대를 확장함에 있어서 일상적으로 수많은 군사간부를 길러내며 간부 예비를 준
비하고 조성하는 것이 얼마나 중요한가를 보여주고 있다. 전군 간부화와 전민 무
장화는 전체 인민이 임의의 시각에 임의의 장소에서 적을 결정적으로 소멸할 수
있게 군사적으로 준비될 것을 요구할 뿐만 아니라 바로 그와 같은 요구를 충분히
담보하여 준다. 전군 현대화와 전국 요새화는 현대전쟁의 합법칙적 요구를 정확
히 반영하고 있다(≪노동신문≫, 1968.12.4).

나아가, 1960년대 이후 북한이 한반도 지형에 맞는 무기체계 개발과 전법
의 발전, 산악전·야간전 등 교육훈련을 강조한 것도 전훈 분석에서 비롯된 것
들이었다. 특히 북한이 유격전과 정규전의 배합전을 대남 군사전략의 기본
교리로 발전시킨 것은, 소련식 전격전의 기본 골격은 가져오되 한반도의 실정
에 맞게 재조정하여 속전속결로 한반도를 석권하겠다는 '제2의 조국해방전쟁'
의 재현을 고려에 둔 것이다.

3. 북한의 안보전략과 국방정책

1) 북한의 안보전략

한 국가의 안보전략은 국가의 생존과 번영에 관한 원칙을 포함한다. 미국은 안보전략을 안보(security), 번영(prosperity), 가치(values), 국제질서(international order)의 네 가지로 구분하고 각각의 목표와 방법을 제시하고 있다(The White House, 2010). 한국도 안보전략 목표를 영토·주권 수호와 국민 안전 확보, 한반도 평화 정착과 통일 시대 준비, 동북아 협력 증진과 세계 평화·발전에 기여 등 세 가지로 구분하고 이를 달성하기 위한 기조와 전략 과제들을 밝히고 있다(국가안보실, 2014). 이처럼 국가는 자신의 생존, 번영, 가치 등 안보전략의 3축에 관한 지침을 정형화된 문서로 노출하거나, 비정형화된 형태로 암시한다.

북한도 생존, 번영, 가치에 대한 안보전략을 가지고 있다. 북한은 문서 형태로 자신들의 안보전략을 종합적으로 밝힌 적은 없지만 당 회의와 관영 매체를 통해 안보 철학을 드러낸다. 북한 안보전략의 기원은 김일성 시대로 거슬러 올라간다. 김일성 시대 북한의 독자적인 안보전략은 '경제·국방 병진노선'으로 대표된다. 김일성은 1950년대 후반 '8월 종파사건'과 같은 권력투쟁을 마무리한 뒤, 1962년 쿠바미사일위기 시 소련의 소극적인 자세와 중소이념분쟁 격화라는 국제적 상황에 직면하자 자위적인 국방 체계를 확립하기로 결정했다. 김일성은 1962년 12월 제4기 제5차 전원회의를 소집하여 "한손에는 총을 들고 다른 한손에는 낫과 망치를 들고"라는 구호를 내걸고 경제·국방 병진노선과 '국방에서의 자위' 방침을 결정했다(김일성, 1979: 207).

김정일 시대에 와서 대내외 상황이 열악해지자 북한은 경제·국방 병진노선의 큰 틀은 유지하면서도 생존에 역점을 둔 선군혁명 노선을 추진했다. 김정일은 1990년 동구권 사회주의국가 몰락에 따라 '군 중시사상'을 내세우며 체제 수호를 위한 군의 역할을 강조해 왔다. 북한은 경제난으로 재래식전력 증강이 정체된 가운데 선군정치 강화와 함께 전략무기 중점 개발로 군 중심의 위기관리 체계를 강화했다(통일연구원, 2014: 134). 김정일 시대에 강조된 '정치군사강국', '총대 중시', '수령 결사옹위'와 같은 구호들은 김정은 안보전략 수립에 영향을 주었다. 김정은은 총대 중시를 통한 체제 수호 전략이라는 정치적 유산을 김정일로부터 물려받아 정권 출범과 동시에 '혁명 수뇌부 결사옹위'를 최우선적 목표로 내세웠다(≪노동신문≫, 2012.4.23).

김정은은 경제·국방 병진노선과 선군정치를 계승하여 '경제·핵 병진노선'을 공식적인 안보전략으로 집대성했다.[1] 북한은 2013년 3월 31일 당 전원회의에서 "경제건설과 핵무력 건설을 병진시킬 데 대한 새로운 전략노선"을 채택하고 국방비를 늘리지 않고도 전쟁 억제력과 방위력을 높여 경제건설에 힘을 집중할 수 있다고 역설했다(≪노동신문≫, 2013.4.1). 북한은 2016년 5월 제7차 당 대회에서 병진노선을 '항구적인 전략적 노선'이라고 천명함으로써 더 이상 북한의 비핵화를 거론하는 것은 김정은 정권에서 용납할 수 없는 의제가 되었다(김정은, 2016.5.8; 홍민, 2016: 1). 김정은은 '국방 위주의 국가기구 체계'를 확립하고 '선군의 원칙과 요구'에 맞게 모든 분야를 개조하며 경제·핵 병진노선을 포기하지 않고 지속적으로 추진할 것임을 분명히 했다(연합뉴스, 2016.12.24). 북한이 내놓은 병진노선은 사실상 핵 최우선 정책이었다. 북한은 제7차 당 대회에서 병진노선의 우선 순위가 '선핵후경(先核後經)'에 있음을 분명히 했다(김갑식, 2016: 2). 이런 북한의 병진노선은 파키스탄과 인도식 핵보유국으로 인정받은 뒤 국제사회와의 대화를 통해 제재 국면을 돌파하려는 데 궁극적인 목적을 두고 있는 것으로 인식되었다. 나아가, 북한은 군사적으로

---

1) ≪우리 민족끼리≫, 2013년 4월 28일 자. 명칭에서도 알 수 있듯이 김정은의 '경제·핵 병진노선'은 김일성의 '경제·국방 병진노선'과 형식과 내용 면에서 유사성을 보이고 있다. 김정은은 "오늘 경제건설과 핵무력 건설을 병진시킬 데 대한 우리 당의 전략적 노선은 어버이 수령님께서 제시하시고, 위대한 장군님께서 철저히 구현하여 오신 경제와 국방 병진로선의 계승이며 심화발전이다"라고 주장했다.

는 '생존성을 갖춘 제2격 능력(survivable 2nd strike)'을 보유하여 억제력과 강압력을 확보함과 동시에 핵 군축 협상을 통해 북미 관계를 정상화하고 안전보장과 경제 지원을 획득하려는 계산을 가진 것으로 보인다. 그러면서, 북한이 핵무력과 경제의 상호연계성을 강조하는 것은 국방공업 및 국방과학기술 부문의 비약적 발전을 경제 분야로 확산시켜 경제를 살리겠다는 의도를 내포하고 있다고 볼 수 있다.

병진노선이 군사적 공세성을 내재하고 있는 근본적인 이유는 그것이 안보전략의 세 번째 축인 한반도 적화통일과 밀접하게 연계되어 있기 때문이다. 북한체제의 최상위 규범이랄 수 있는 교시적 성격의 김일성·김정일의 유훈, 그리고 조선노동당 규약에서 '한반도 적화통일'은 포기할 수 없는 가치로 간주된다. 이를 위해, 북한은 인민군이 '조국통일의 결사대'로서 '만단의 결전 준비 태세'가 되어 있어야 함을 항상 강조하고 있다(≪노동신문≫, 2012.1.1). 그러면서 북한은 미국을 상대로 핵보유국 인정, 대조선 적대시 정책 철회, 평화협정 체결, 주한미군 철수 등을 원칙으로 하는 통일 노선을 제시하고, 한국을 상대로 한미동맹 절연과 한미 군사훈련 중지를 요구해 왔다. 이와 같은 적화통일론은 김정은의 통치를 정당화하는 이념적 기반을 제공하고 있기 때문에 북한 정권으로서는 포기할 수 없는 가치이다. 김정은은 남조선혁명을 완수한다는 '구실'이 있어야만 자신의 독재체제를 정당화할 수 있기 때문이다.

북한이 주장하는 병진노선은 안보에 문제가 생기지 않으면서 경제를 회생시키기 위해 국방 재원을 어느 시점과 방식으로 인민 경제에 재분배하느냐가 관건이었다. 북한은 이미 김일성·김정일 시대에 과도한 군사 중심의 재원 배분이 이루어졌기 때문에 단숨에 체질 변경을 하기는 어렵다. 북한이 핵을 보유한다 하더라도 한미동맹이 강력한 재래식전력을 유지하는 한 급격하게 군비를 감축하는 것도 어려운 일이다. 결국, 병진노선은 국제사회의 대북제재 심화로 외부 자본유입을 어렵게 만들며, 국가 재원 배분 시 민생경제 부분을 배제할 수밖에 없음을 고려할 때 생존과 번영의 이중 목표는 병진적으로 달성하기 어렵다(통일교육원, 2016: 183~184). 대규모 병력을 감축하는 과정에서 발생할 수 있는 군부의 불만을 잠재우는 것도 문제시될 수 있다.

2018년 북한이 평창동계올림픽을 계기로 '완전한 비핵화'에 대한 의지를 내비친 이후 각각 두 차례의 남북 정상회담과 북미정상회담을 거쳐 비핵화협상에 임하고 있다. 북한은 비핵화협상을 본격적으로 개시하기 전인 2018년 4월 노동당 제7기 4차 전원회의에서 새로운 전략노선을 제시했다. 북한은 '병진노선의 승리'를 선포한 후 '사회주의 경제건설 총력 집중'을 새로운 전략노선이라고 주장했다. 김정은은 2018년 신년사에서 '완전한 비핵화'를 재확인하면서 북미 관계 개선과 한반도 평화 번영 및 군비통제를 주장하고 나섰다. 이런 북한의 '경제발전' 전략은 비핵화에 대한 기대와 한반도 군사적 긴장완화에 대한 기대를 높였다. 북한이 주장하는 새로운 전략노선이 '북한의 완전한 핵폐기'를 전제로 한 것인지는 아직 신중한 평가가 필요하다.

2) 국방정책: 자위적 군사노선과 4대군사노선

북한이 추구하는 국방정책 목표는 체제 수호와 적화통일로 대별된다. 이런 국방정책 목표는 북한군이 '수령 결사옹위'와 '남조선혁명'을 위한 핵심 수단이라는 점을 전제로 하는 것이다. 김정은은 "당과 수령에게 충실하지 못한 사람은 아무리 군사가다운 기질이 있고 작전술에 능하다 해도 우리에겐 필요 없다"라고 하면서 북한군의 최우선 사명이 혁명의 수뇌부를 결사옹위하는 데 있음을 명확히 했다(≪조선일보≫, 2012.10.29.; ≪노동신문≫, 2016.4.25). 북한 헌법도 "조선민주주의인민공화국 무장력의 사명은 선군혁명 로선을 관철하여 혁명의 수뇌부를 보위"하는 것으로 명시하고 있어 이를 제도적으로 뒷받침한다. 한편, 당 규약에서 규정한 바와 같이 '전국적 범위에서 민족해방 민주주의 혁명과업'으로 규정된 한반도 적화통일은 북한 국방정책 목표의 두 번째 큰 축이다('조선노동당규약 전문', 2010.4).

북한의 국방정책 기조는 자위적 군사노선과 4대군사노선이다. 북한은 헌법 제60조에서 "국가는 군대와 인민을 정치사상적으로 무장시키는 기초 위에서 전군간부화, 전군현대화, 전민무장화, 전국요새화를 기본내용으로 하는 자위적 군사로선을 관철한다"라고 명시하고 있다('조선민주주의인민공화국 사회주의 헌법', 2010년 4월 9일 자 개정). 자위적 군사노선은 1962년 '경제·국방 병진노선'에서 비롯되었다. 북한은 자위적 군사 사상을 "현대전의 특성과 전쟁 승리의 주객관적 요인 그리고 우리나라의 구체적 실정을 과학적으로 타산한 주체사상의 구현"이라고 규정하고 있어 표면적으로는 소련과 중국의 지원과 영향을 배제한 개념으로 보이지만(≪노동신문≫, 1972.4.19), 실제로는 주변국의 지원을 최대한 이용하는 데 주안을 두어왔다(김일성, 1979: 257).

자위적 군사노선을 관철하기 위한 세부 실천전략이 바로 4대군사노선이다. 북한은 1962년부터 1966년까지는 전인민의 무장화, 전국토의 요새화, 전군 간부화에 중점을 두었으나, 1966년 10월 2차 당대표자회에서 '군의 현대화'를 추가하여 오늘날의 4대군사노선에 이르게 되었다. 북한은 1970년부터 본격적으로 4대군사노선을 추진하여 1980년대에는 기계화 군단을 창설하여 기습 공격 능력을 강화하고 미사일 개발을 하는 등 현대전 능력을 대폭 증강했다. 1990년대 들어서 경제 악화에도 불구하고 북한은 지속적으로 군사 현대화에 열을 올렸다. 북한은 2006년 기준으로 국방비 규모가 국민총소득(GNI)의 30%를 차지할 만큼 경제 규모에 맞지 않는 과도한 국방비를 군 현대화에 투입하는 것으로 분석된다(권양주, 2010: 163). 이 결과 최근에 와서 북한군은 총참모부의 조직 개편과 '통합전술지휘통제체계' 구축을 통해 C4I 능력을 강화하고 있으며, 기갑부대와 기계화부대에는 천마호 및 선군호 전차를 배치하는 등 장비 현대화를 통해 작전 능력을 향상시키고 있다(국방부, 2016: 24).

김정은 시대에 와서 북한 국방정책은 경제·핵 병진노선을 지원하는 형태로 재편되는 움직임이 감지된다. 김정은은 '자강력 제일주의'와 '선군혁명노

<표 9-1> 북한의 4대군사노선

구분	정책 목표
전군 간부화	모든 군인들을 정치사상, 군사기술로 단련시켜 유사시 한 등급 이상의 높은 직무를 수행
전군 현대화	군대를 현대무기와 전투기술 기재로 무장하여 최신 무기를 능숙하게 다루고, 현대 군사과학과 군사기술을 습득
전민 무장화	인민군대와 함께 노동자 및 농민을 비롯한 전체 근로자 계급을 정치사상, 군사기술로 무장
전국 요새화	방방곡곡에 광대한 방위 시설물을 축성하여 철벽의 군사 요새 건설

자료: 통일연구원, 2014: 130.

선'을 제시하면서 '군사중시, 군사선행의 원칙'을 기반으로 하여 '자위적 국방 공업'으로 발전시켜야 한다고 주장했다. 나아가, 김정은은 군 전투력 강화 기조도 새롭게 밝히고 있다. 김정은은 2016년 신년사에서 '4대 강군화 노선'을 새로운 군사력 건설 노선으로 제시했다("2016년 김정은 신년사", 2016.1.1)[2] 4대 강군화 노선은 2014년 12월 1일 김정은이 언급한 '군력 강화의 4대 전략적 노선'의 변형된 표현으로 보이지만 이에 대한 공식적인 설명이 나온 바는 없다. 다만, 2015년 4월 25일 '제5차 훈련일군대회' 관련 보도에서 '군력 강화의 4대 전략적 노선'을 언급하면서 '정치사상 강군화'와 '도덕 강군화'를 강조했고(≪노동신문≫, 2016.4.25),[3] 2015년 6월 고사포병 사격경기에서 '전법 강군화', '다병종 강군화'를 언급한 것으로 보아 이 네 가지 요소를 4대 강군화 노선으로 지칭하는 것으로 추정된다(김동엽, 2016.12.8).

---

2) '4대 강군화 노선'을 처음 언급한 것은 2015년 11월 초 인민군 제7차 군사교육일꾼대회 관련 보도에서였다.

3) 김정은은 2014년 12월 1일 인민군 제963부대 직속 포병중대를 시찰하면서 처음으로 '4대 전략적 로선과 3대 과업'이라는 용어를 사용했다. 김정은은 2014년 11월 제3차 대대장 및 대대정치지도원대회에서 "인민군대의 강군화를 군건설의 전략적 로선"으로 제시했다는 점에서 4대 전략적 로선은 강군화와 연계시킬 수 있다(김동엽, 2015: 94~95).

〈표 9-2〉 4대 강군화 노선

〈표 9-2〉 4대 강군화 노선

구 분	주요 선전 내용
정치사상 강군화	• 적과의 대결은 물리적 힘의 대결이기 전에 사상과 신념, 도덕의 대결이며 정치사상적·도덕적 우월성은 혁명군대의 최강의 무기
도덕 강군화	• 정치 훈련을 작전전투 훈련에 앞세우며 지휘성원들과 군인들을 싸움꾼으로 키우기 전에 혁명적 수령관이 확고히 서고, 백옥 같은 충정과 순결한 양심과 의리를 지닌 혁명가 양성
전법 강군화	• 현대전의 요구와 양상에 맞는 주체전법과 김일성·김정일 군사전략·전술을 발전 • 육군, 해군, 항공 및 반항공군, 전략군 사이를 보다 유기적으로 연계하는 새로운 전략·전술 체계
다병종 강군화	• 군종, 병종, 전문병들 사이의 협동 동작 완성 • 현대전의 요구와 양상에 맞게 기동부대와 화력 증가 등 각 병종의 능력 강화와 배합 능력 향상

자료: ≪노동신문≫, 2016월 4월 25일 자; 조선중앙통신, 2016년 4월 11일 자; "2016년 김정은 신년사"; 통일연구원(2015) 등 다 출처 종합.

4대 강군화 노선의 일차 목표는 김정은 결사옹위 체계를 강화하는 데 있다. 김정은은 "적과의 대결은 물리적 힘의 대결이기 전에 사상과 신념, 도덕의 대결이며 정치사상적·도덕적 우월성은 혁명군대의 최강의 무기"라고 규정하면서, '수령 결사옹위'를 중심으로 철저하게 적과 동지를 구분해 나가는 군내 정치화 작업을 강화하여 군통수권에 대한 절대성을 확보하고자 한다(≪노동신문≫, 2016.4.25). 주목할 점은 북한이 '전법 강군화'와 '다병종 강군화'를 제시하면서 육·해·항공 및 반항공군·전략군의 군종 간 협동성을 강화하는 전략·전술 개발과 교육훈련을 강화하여 '핵 시대'에 맞는 군 체질 개선을 시도하고 있다는 점이다(통일연구원, 2015; 24~25). 4대 강군화 노선은 핵능력 고도화 시기에 부응하는 김정은식의 국방정책 노선으로 지속될 가능성을 배제할 수 없다(조선중앙통신, 2016.1.10).[4]

---

4) 2016년 1월 4차 핵실험이 끝난 이후 보도에서 김정은은 "인민군 제5차 훈련일꾼대회, 제4차 포병대회, 제7차 군사교육일군대회 등 여러 대회들을 계기로 인민군대를 무적필승의 최정예 혁명강군으로 강화 발전시키기 위한 중요한 이정표가 마련되게 되었다"라고 평가했다.

2018년 이후 북한의 국방정책에 있어 특기할 점은 한국이 제의한 재래식 군비통제 협상에 응했다는 점이다. 북한은 2018년 4월 남북정상회담 이후 '판문점 선언' 이행을 위한 '남북장성급군사회담'에 참여하여 서해 해상의 우발적 충돌 방지를 위한 합의서 복원과 동서해 지구 군통신선 완전 복구에 합의했다. 나아가 9월 19일 북한은 평양공동선언의 부속합의서로서 '판문점 선언 이행을 위한 군사분야 합의서'를 체결했다. 2018년 11월부터 북한은 DMZ 내 시범적 GP 철수, JSA 비무장화 조치에 응하기도 했다.

3) 북한의 전 방위적 군사력 강화

(1) 핵 및 미사일 능력 고도화

김정은 시대에 와서 북한이 가장 역점을 두는 전력 증강 분야는 핵과 미사일이었다. 북한은 2013년 2월 3차 핵실험 이후 경제·핵 병진노선을 표방하면서 핵 고도화에 총력을 집중했다. 북한은 2016년부터 2017년까지 총 3회의 핵실험을 통해 핵무기의 소형화, 경량화 기술을 '상당 수준'으로 확보했다. 2017년 9월 3일 북한은 제6차 핵실험을 마치고 ICBM에 탑재할 수 있는 수소탄 시험에 성공했다고 발표했다. 미 국제전략연구소(CSIS)는 북한의 핵실험이 50~140kt의 위력을 가진 것으로 평가했다.[5]

북한은 무기급 핵물질인 플루토늄과 고농축우라늄(HEU) 생산을 지속하고 있다. 북한은 2009년 6자회담에서 탈퇴한 이후 계속해서 플루토늄 생산을 해왔다. 2018년 9월 평양 남북정상회담에서 북한은 미국이 상응하는 조치를 이행할 경우 영변 핵시설을 영구적으로 불능화할 의지가 있다고 주장했다. 그러나 미국 정보기관은 북한이 또 다른 은닉 핵시설을 보유하고 있을 가능성이 있다고 평가하고 있다(*Reuters*, 2018.6.30; Porter, 2018.7.26). 미국 정부의 출처

---

5) https://missilethreat.csis. org/country/dprk/(검색일: 2020년 8월 30일)

를 인용한 공개 첩보에 따르면 미국은 북한 '강선' 지역의 핵시설을 식별했다. 한국 국가정보원은 2019년 3월 "북한의 영변 5㎿ 원자로는 작년 말부터 중단돼 재처리시설은 현재 가동 징후가 없지만, 우라늄 농축 시설은 정상적으로 가동하고 있다"라고 평가했다(≪중앙일보≫, 2019.3.7). 제2차 북미정상회담 이후 2019년 5월 트럼프 미국 대통령은 폭스 뉴스와의 인터뷰에서 북한이 "1개 또는 2개의 핵시설을 없애려고 했다. 하지만 북한은 5개를 가지고 있다"라고 했다[Korea Joongang Daily, 2019.5.21; "Trump Interview: Immigration Reform, China Trade, Iran, Terror, Tax Cuts, 2020(2019.5.20)"].

북한이 보유한 핵물질 생산량이 얼마인지에 대한 일관된 평가는 아직 없다. 미국의 핵전문가 헤커(S. Hecker) 박사는 북한이 플루토늄 32~54kg(핵탄두 6~8개 분량)을 확보한 데 이어 매년 6kg(핵탄두 1개 분량)을 추가 생산할 수 있으며, 고농축우라늄은 이미 300~400kg(핵탄두 12~16개 분량)을 확보한 데 이어 매년 150kg(핵탄두 6개 분량)을 추가할 수 있다고 전망했다.[6] 한국 「국방백서」(2018)에 따르면 북한은 수차례의 폐연료봉 재처리 과정을 통해 핵무기를 만들 수 있는 플루토늄을 50여 kg 보유하고 있으며, 고농축우라늄도 상당량 보유한 것으로 평가된다(대한민국 국방부, 2018: 25). 2017년 8월 미국 국방정보국(DIA)은 북한이 60개의 핵무기를 만들 정도의 핵물질을 가지고 있으며 미사일에 탑재할 정도로 탄두를 소형화할 수 있는 능력을 갖춘 것으로 평가했다(The Washington Post, 2017.8.8). 스톡홀름 국제평화연구소(SIPRI)는 북한의 핵 보유 수량을 2018년에는 10~20개로 평가했으나, 2019년에는 20~30개로 상향 조정하여 평가했다(SIPRI, 2019). 일부 전문가들은 북한이 35개의 핵무기를 만들기에 충분한 핵물질을 보유하고 있다고 평가하며, 매년 7개의 핵무기를 제조할 핵물질을 생산하고 있다고 평가하고 있다("North Korea's Nuclear and Ballistic Missile Programs").

---

6) http://www. 38north.org/2016/09/shecker091216 (검색일: 2020년 8월 30일)

북한은 핵무장력 강화와 함께 투발수단으로서 3축 체제(triad)를 지향하고 있다. 북한이 중점 개발하고 있는 투발수단은 탄도미사일로서 SCUD, 노동, 무수단 미사일은 실전 배치한 상태이며 대륙간탄도미사일 개발에 박차를 가하고 있다. 2017년 들어 북한은 북극성-2형(2.12), 화성-12형(5.14), 화성-14형(7.4, 7.28), 화성-15형(11.29) 등 다양한 사거리의 탄도미사일을 지속적으로 시험발사 하면서 핵투발수단의 고도화와 더불어 핵 실전 배치를 앞당기기 위해 노력하고 있다. 이중에서 2017년 5월 14일 북한은 신형 중장거리미사일 '화성-12' 미사일을 시험발사 했는데, 최대 고도 2111.5km까지 상승하여 787km를 비행한 후 목표 수역에 정확히 떨어졌다고 주장했다. 이 미사일은 정상 각도로 발사한다면 사거리 4500~5000km에 달하며 미군기지가 있는 괌은 물론 알래스카까지 도달할 수 있는 것으로 보인다(KBS 뉴스, 2017.7.4). 실제, 2017년 8월 북한은 화성-12형으로 미국 괌을 포위사격하겠다고 위협하기까지 했다. 북한은 8월 29일과 9월 15일 일본열도 상공을 통과하여 태평양상으로 실거리 사격을 했다.

　　나아가, 북한은 대륙간탄도미사일 개발에도 일부 성공한 것으로 평가된다. 2017년 7월 4일 북한은 G20회담을 앞두고 국제사회가 주목하는 가운데 ICBM급 화성-14형을 시험발사 했다. 한국 국방부는 이것이 KN-17(화성-12형)을 2단 추진체로 개량한 것으로 사거리가 확장된 'ICBM급 신형탄도미사일'이라고 하면서도(연합뉴스, 2017.7.4), "사거리는 7000~8000km로 평가했지만 나머지 재진입 기술이나 이런 것들이 확인된 바 없다"라면서 ICBM 개발 성공이라고 단정하지 않았다(KBS 뉴스, 2017.7.5). 미 국방부도 사거리와 관련해서는 분명히 이를 ICBM으로 평가했지만(*NBC NEWS*, 2017.7.4), 미 본토를 정확하게 타격하는 데 필요한 유도 및 통제능력은 아직 갖추지 못한 것으로 평가했다(*abc NEWS*, 2017.7.18). 1차 시험을 한지 24일 만인 7월 28일 밤 북한은 또 다시 성능을 개량한 화성-14형 미사일의 2차 시험발사를 강행했다. 이것은 1차 시험 때보다 사거리가 최대 5000km 연장된 미사일로 분석되었다(SBS,

2017.7.31). 북한은 미사일 사거리에 있어서는 ICBM급에 도달했지만 대기권 재진입 기술은 아직 확보하지 못한 것으로 평가되고 있다(≪중앙일보≫, 2017.8.12). 2017년 11월 29일 북한은 ICBM급인 화성-15형을 고각 발사한 이후 '국가 핵무력 완성'을 선포했다. 이것으로 북한은 한국, 일본, 태평양 미군 시설까지 핵을 탑재하여 타격할 기술적 능력을 구비했으며 ICBM급 사거리를 확보한 것으로 평가된다. 하지만 북한이 투발수단에 탑재하여 운반할 수 있는 핵탄두를 성공적으로 생산했다는 결정적인 증거는 아직 없다. 북한은 아직 화성-14, 15형 탄두의 대기권 재진입 기술 확보를 검증할 실거리 사격을 하지 않았기 때문에 이에 대한 추가적인 확인이 필요하다. 2018년 2월 미 합참은 북한이 아직 "재진입 기술을 확보하지 못했다"라고 평가했지만, 2018년 1월 폼페오 미 CIA 국장은 북한이 "미 본토 도달 가능한 미사일에 탄두를 장착하는 목표 달성까지 앞으로 수개월 남았다"라고 전망한 바 있다(CBS NEWS, 2019.1.30). 2019년 4월 미 북미항공우주방위사령관(NORAD)은 "북한의 ICBM 생산 및 실전 배치가 임박"했다고 평가했으며, 국방정책 차관보는 "북한이 1년 이상 핵 탑재 능력을 갖춘 미사일을 시험발사 하지 않고 있지만, 북한은 다양한 고체연료 중거리미사일과 ICBM, 잠수함 발사 미사일을 보유하고 있다"라고 밝혔다.[7] 미 미사일방어청장(MDA)은 "북한의 탄도미사일 개발은 계속해서 진행 중"이라고 평가했다.[8]

북한은 2017년 11월 '국가 핵무력 완성'을 선포한 이후 미사일 발사 시험을 유보해 왔으나 2019년 5월부터 탄도미사일 발사 시험을 재개했다. 북한은

---

7) "John Rood(Under Secretary of Defense for Policy): Strategic Forces Subcommittee Hearing on Missile Defense," 2019.4.3, https://www.armed-services.senate.gov/hearings/19-04-03-missile-defense-policies-and-programs(검색일: 2019. 8.4).

8) "US Missile Defense Officials Point to Evolving N. Korean Missile Threats," KBS World Radio, 2019.4.4.; "Subcommittee on Strategic Forces: Missiel Defense Policies and Programs," 2019.4.3, https://www.armed-services.senate.gov/hearings/19-04-03-missile-defense-policies-and-programs(검색일: 2019.8.4).

5월 4일과 5월 9일 두 차례 단거리 미사일을 발사했다. 루이스 미국 미들버리 국제학연구소장은 북한이 두 차례 발사한 단거리탄도미사일(SRBM)인 'KN-23'은 500㎏ 무게의 재래식 탄두 및 핵탄두를 싣고 최대 450㎞까지 비행하는 것으로 분석했다(Lewis, 2019.6.5). 2019년 7월 25일 북한은 사거리 600km로 평가되는 신형 탄도미사일을 두 발 발사했다. 한국 국방부 장관은 "최근 북한이 발사한 이스칸데르와 유사한 형태의 미사일"이라고 언급했고 이런 미사일은 "저고도에서 풀업(하강 단계서 상승) 기동"을 하는 능력을 갖추고 있다고 설명했다(≪한국일보≫, 2019.7.31). 북한은 2019년 8월 6일 황해도 과일군 일대에서 동해상으로 내륙을 가로지르는 '신형 전술유도탄'을 발사했다.

북한은 핵무기의 소형화와 경량화 기술도 상당한 수준으로 확보했다. 북한은 플루토늄탄을 스커드와 노동미사일에 탑재할 정도의 상당한 기술력을 확보한 것으로 추정된다(Witt, 2015: 7). 2017년 8월 ≪워싱턴포스트≫는 미 국방정보국(DIA)의 보고서를 인용하여 북한이 이미 "ICBM급 미사일에 의한 발사를 포함해 탄도미사일 발사를 위한 핵무기를 개발했다"라고 보도하기도 했다(*Washington Post*, 2017.8.8). 한국 국방 당국도 북한이 핵탄두를 미사일에 탑재할 만큼 소형화하는 것에 거의 근접했다고 공식 평가했다. 송영무 국방부 장관도 2017년 9월 4일 "북한이 6차 핵실험을 통해 핵탄두를 500㎏ 이하로 소형화·경량화하는 데 성공한 것으로 추정한다"라고 언급한 바 있다(≪국민일보≫, 2017.9.4). 재진입 기술만 확보된다면 ICBM에 핵을 탑재하여 실전 배치 하는 것이 가능하다는 의미이다. 한국 국방 당국자는 북한이 대기권 재진입 기술을 확보하는 데 1~2년 걸린다고 전망했다(연합뉴스, 2017.8.13).

한편, 북한의 SLBM(잠수함 발사 탄도미사일) 실전 배치도 가시화될 것으로 전망된다(국가안보전략연구원, 2016b; 문근식, 2015: 28~29). 북한은 2016년 4월 23일 잠수함발사탄도미사일 KN-11(SLBM, 북극성-1) 사출 시험을 하여 30㎞ 비행에 성공한 이래, 8월 24일 신포 인근 해상에서 1발을 시험발사 하여 동해상에서 500km를 비행하는 데 성공했다(≪노동신문≫, 2016.8.25). 북한은 2016

년 8월 SLBM 비행 시험을 시행한 후, SLBM을 3~4발 탑재할 수 있는 3000톤급 잠수함 건조에 노력을 기울여 온 것으로 보인다. 미국의 북한 전문매체인 38노스는 2019년 4월 12일 위성사진 분석 결과를 토대로 북한이 몇 년간 개발을 계속해 오던 신형 잠수함을 신포에서 건조하고 있는 것으로 분석한 바 있다(Liu, Makowsky and Town, 2019.4.12). 2019년 7월 23일 북한은 김정은 국무위원장이 새로 건조한 잠수함을 시찰했다면서 잠수함의 측면 사진을 공개했다. 북한이 구체적인 제원과 특성을 언급하지 않았지만, 한국 국방부는 "북한의 신형 잠수함에 SLBM을 3개 정도 탑재할 수 있을 것"으로 분석했다(연합뉴스, 2019.7.31). 2000톤급의 기존 신포급 잠수함이 SLBM 발사관을 1개 장착할 수 있다는 점을 고려할 때 신형 잠수함이 실전 배치될 경우 북한의 전략적 핵 억제력과 공격력은 더욱 강화될 것이다. 2019년 10월 2일 북한은 새로운 잠수함 발사 탄도미사일인 '북극성-3형'을 고각으로 시험발사 했다. 이 미사일의 최대 비행고도는 910km, 비행거리는 약 450km로 탐지되었다. SLBM은 탐지와 추적이 쉽지 않아 실전 배치가 이루어질 경우 외부의 핵 선제공격으로부터 생존 가능한 제2격 능력에 근접하게 된다. 이 밖에도 북한은 투발수단의 생존성을 높이기 위해 이동식 발사대도 200대 이상 보유하고 있다(박재완, 2016: 113).

2018년 이후 두 차례 북미정상회담과 '완전한 비핵화'에 대한 의지 표명에도 불구하고 북한의 핵 및 미사일 능력이 약화되었다는 신뢰할 만한 근거가 없다. 북한이 2017년 말까지 핵개발을 완성한다는 목표를 세우고 핵능력 고도화에 박차를 가하고 있다는 '첩보'는 이미 어느 정도 '사실'인 것으로 드러났다(연합뉴스, 2016.12.27). 일부 분석에 따르면 북한은 2020년까지 최소 20기의 핵무기로 확증 보복(assured retaliation) 능력을 증가시킬 것이며, 최대 100기의 핵무기로 안정된 보복 능력을 보유하게 되어 전술핵무기를 전쟁계획에 포함할 수 있는 수준까지 고도화될 것으로 전망했다(Wit and Ahn, 2015: 29~30). 랜드연구소(RAND)도 북한이 2020년까지 핵무기 50~100개를 보유하고, 2020~2025년

에 ICBM, SLBM 등 다양한 투발수단을 실전 배치할 수 있을 것으로 전망했다.[9]

(2) 비대칭전력 및 대량파괴 전력의 증강

핵·미사일 분야를 제외하더라도 북한은 남북경쟁의 열세, 경제 사정 악화로 인해 재래식 군비경쟁에 승산이 없다는 점을 인식하고 비대칭·재래식전력을 복합적(hybrid threats)으로 건설하고 있다(≪조선일보≫, 2011.7.2; 통일연구원, 2016: 130). 북한은 전면전의 핵심 능력인 전시 동원 및 속전속결 능력, 배합전 수행에 필요한 비정규전 능력, 그리고 전략적 수준에서 한미동맹을 강압할 수 있는 비대칭전력을 지속적으로 증강하고 있다. 특히 북한은 한국의 심리적·물리적 마비를 위해 군사작전 차질 유발과 국가기반체계를 공격할 수 있는 6800여 명의 사이버전 인력을 운영하고 있다(국방부, 2014: 24). 김정은은 최근 "사이버전은 핵·미사일과 함께 인민군대의 무자비한 타격능력을 담보하는 만능의 보검"이라며 전략사이버사령부를 창설하고 사이버공간에서 대남도발을 전개하고 있다(임종인 외, 2013: 15).

북한은 2000년대 들어 특수전 부대 전력 증강에 역량을 집중했다. 특수전 부대는 인민군 총참모부 직할 11군단과 육·해·항공 및 반항공군이 각각 보유하고 있는 특수전 부대들로서 약 20만 명에 육박한다. 이들은 평시에는 국지도발, 대남 테러행위, 주민 폭동 진압 자산으로 이용될 수 있으며, 전시에는 지휘통제 시설 및 정밀유도무기 마비, 기동부대와의 배합, 도시 및 산악 유격전 등 광범위한 임무에 활용될 수 있다(박용환, 2016: 131~134). 특수전 부대는 AN-2기를 이용하여 동시에 약 5000여 명이 공중으로 침투할 수 있으며, 공기부양정과 상륙함정을 이용해 해상을 통해 침투할 수 있다. 2015년 8월 목함지뢰 도발 국면에서 북한은 준전시상태를 선포해 놓고 AN-2기 발진 태세, 잠수함 50척 기동, 공기부양정 10여 척 기동 상태에서 특수전 부대를 남하시키는

---

9) http://www.rand.org/research/primiers/nuclear-north-korea.html

움직임을 보였다(YTN 뉴스, 2015.8.26; SBS 뉴스, 2015.8.26).

이 밖에도 북한은 장사정포, 잠수함, 화생 무기 등 다양한 비대칭전력을 보유하고 있다. 미국도 장거리 발사체가 없는 핵무기보다, 소형 잠수함 70여 척, 장사정포 1만 3000여 문의 위협이 더 크다고 평가하고 있다(*Stars and Stripes*, 2012.1.12). 장사정포의 경우 2007년 2500여 문에서 2010년 5000문으로 대폭 증가했다(Cordesman, 2011). 170mm 자주포와 240mm 방사포로 구성된 장사정포는 수도권의 대량 인명 살상이 가능하다. 최근에는 300mm 방사포 개발을 통해 대전권까지도 타격할 수 있는 능력을 구비했다. 2019년 5월 4일 북한은 동부전선에서, 5월 9일 서부전선에서 포병 훈련을 했다. 이 화력 훈련에서 북한은 300밀리 방사포, 240밀리 방사포, 152밀리 신형 자주포 등 장거리 타격 수단들도 함께 발사했다(조선중앙통신, 2019.5.10). 나아가 북한은 2019년 7월 31일과 8월 2일 '신형 대구경 조종방사포'로 명명한 발사체를 발사했다. 2019년 8월 10일 북한은 함흥 일대에서 동해상으로 '신형 전술 지대지미사일'로 규정하는 단거리 탄도미사일 2발을 발사했고, 8월 16일에는 강원도 통천 북방 일대에서 동해상으로 미상의 단거리 발사체 2발을 발사했다. 이 미사일은 고도 약 30㎞, 비행거리 약 230㎞, 최대속도 마하 6.1 이상인 것으로 평가되었다(≪동아일보≫, 2019.8.16). 2019년 8월 24일과 9월 10일 북한은 '초대형 방사포'로 명명한 발사체를 동해상으로 2회 발사했다.

북한은 2500~5000톤 규모의 화학무기를 보유하고 있고 생물무기를 자체적으로 배양하고 생산할 능력도 가지고 있으며, 화학무기를 스커드미사일에 탑재할 수 있는 것으로 평가된다(국방부, 2016: 28). 2017년 2월 북한은 쿠알라룸푸르 공항에서 김정남을 암살할 때 화학작용제(VX)를 사용하고, 4월에는 시리아 정권이 사린가스를 사용하여 어린이를 포함한 자국 민간인 90여 명을 살해함으로써 국제사회를 경악케 했다. 북한은 화학무기를 전방 군단에 배치해 놓고 있어 유사시에는 개전 초기에 화학무기를 사용하여 한국군 전방부대를 집중적으로 공격할 수 있으며, 수도권과 후방 지역에 대한 대량살상을 통해 혼란을 조성할 수도 있다. 화학무기는 스커드, 노동 등 각종 미사일은 물론 수도권을 위협하는 장사정포, 박격포, 항공기 장착용 화학탄, 무인기와 드론 등 다양한 수단에 탑재될 수 있다(Bermudez Jr., 2017: 20). 화학무기는 투발수단, 화학작용제 및 기상여건에 따라 살상 효과를 산정하기 어렵지만, 북한이 만약 야포와 같은 재래식 투발수단으로 공격 시 화학작용제 5000톤으로 서울시 면적의 약 4배를 오염시킬 수 있다는 분석이 있다(권양주, 2010: 244). 북한이 장거리미사일에 장착할 능력을 보유할 경우에는 보다 위협적이다(≪한국경제≫, 2017. 6.14).

북한이 보유하고 있는 생물무기의 규모를 추정하는 것은 현실적으로 어려우나, 북한은 수 주 내에 군사 무기화할 수 있는 충분한 양의 생물작용제를 가진 것으로 추정된다.[10] 북한은 탄저균, 천연두, 페스트 등 다양한 종류의 생물무기를 자체 배양하고 생산할 수 있는 능력도 있는 것으로 보인다(국방부, 2016: 28). 생물무기는 실제 사용했다고 알려진 사례는 없지만 항공기, 야포, 무인기, 드론, 기구 등을 이용한 투발과 곤충 매개물, 특수부대 요원의 직접 투여 등 다양한 수단으로 운용될 수 있다. 생물무기는 화학무기와 달리 사용하더라도 잠복기가 있어서 주체 식별이 어려우므로 테러용으로 사용할 수 있다. 북한 공군에서 공격용 무인기의 무전체계 개발 작업에 관여했다고 밝혀진 북한의 망명 외교관 증언에 따르면, 북한은 생화학 물질을 주입할 수 있는 1200리터 크기의 연료통을 탑재한 무인기를 300~400대 보유하고 있으며, 이를 이용해 한 시간 내에 서울에 대량 생화학 공격이 가능하다고 주장했다(*Washington Times*, 2017.5.22).

최근에는 북한의 무인기 도발도 큰 위협으로 대두되었다. 2014년 3대의

---

10) "Department of State, John R. Bolton, Under Secretary for Arms Control and International Security: Remarks to the 5th Biological Weapons Convention RevCon Meeting, Geneva, Switzerland, November 19, 2001," https://2001-2009.state.gov/t/us/rm/janjuly/6231.htm(검색일: 2017.7.8).

북한 무인기 추락 물체가 발견된 이후 2017년 6월에도 다시금 발견되었다. 최근 발견된 무인기는 2014년 것에 비해 날개 크기와 연료 탑재량을 늘려 항속거리가 2배 늘어났고, 약 3㎏의 생화학무기 또는 폭약을 탑재할 수 있는 것으로 평가됐다. 이것은 5월 초 북한 강원도 금강군 지역에서 이륙해 군사분계선(MDL) 상공을 지나, 주한미군 사드가 배치된 경북 성주골프장 상공을 선회하는 등 약 5시간 30분 동안 490㎞를 비행하며 장착된 카메라로 사진 551장을 촬영했다(≪경향신문≫, 2017.6.21). 무인기 이륙 시점은 주한미군이 사드기지에 사격통제레이더, 발사대 2기, 교전통제소 등 핵심 장비를 반입한 지 6일이 지난 시점으로 조사됐다. 북한이 사드 장비의 배치 상태를 파악하기 위해 무인기를 날려 보낸 것으로 분석된다.

(3) 재래식전력의 현대화

북한은 비대칭전력에 집중적으로 투자하면서도 재래식전력의 현대화를 통해 전면전 능력을 지속적으로 보강하고 있다. 이런 추세는 북한의 군사전략이 다양한 전력을 다양한 상황에 맞게 '배합'하여 민첩하고 '유연'한 전략을 추구하고 있다는 점을 반증한다. 북한의 전면전 수행 능력은 약한 것으로 인식되고 있으나(연합뉴스, 2016.12.23),[11] 재래식무기 성능을 지속적으로 개량하는 등 재래식전력은 2000년 이후에도 계속해서 증강되어 왔다는 점을 주목할 필요가 있다. 아직까지 북한이 군사비나 재래식무기를 감축했다는 근거가 없다.

북한군은 여전히 현역 119만 명, 예비군 762만 명 규모의 대병력을 지닌 군대이다(국방부, 2016: 26). 북한군은 약 4300여 대의 전차와 2500여 대 이상의 장갑차를 보유하고 있어 지상군에 의한 전격전 능력은 여전히 막강하다.

---

11) 국정원장은 국회 정보위 전체회의에서 "북한의 전차, 함정 등 재래식 장비의 70~90%가 30년 이상 경과해 잦은 고장으로 차질을 빚고 있으며, 무리한 병력동원과 만성적인 보급품 부족으로 탈영이 증가하고 있어 전비 태세는 지속적으로 약화될 것"으로 전망했다.

북한의 지상군은 총참모부 예하 10개의 정규 군단, 2개의 기계화 군단, 91수도방어군단, 11군단(일명 폭풍군단), 1개 기갑사단, 4개 기계화보병사단 등으로 편성되어 있다(국방부, 2016: 23~24; 이춘근, 2012: 176~179). 이런 대규모 북한 전력의 70% 이상이 평양-원산선 이남지역에 배치되어 있다는 점은 한국정부와 군에 있어 커다란 위협이 되고 있다. 이처럼 대량 기습 공격 전력이 배치된 '제1전선'에 추가하여 특수전 부대가 한국의 후방 지역인 제2전선에서 교란전을 전개하여 배합전을 수행할 경우 한미동맹군에게는 더욱 치명적이다.

2000년대 북한은 노후화된 재래식무기체계를 현대화하는 데 역점을 두었다. 특히 북한군은 한국군에 비해 열세한 공군력을 보강하기 위해 노력했다. 북한은 F-15K 등 한국의 최신 전투기에 대한 방공무기로 SA-16 휴대용유도탄, AA-8/ AA-11유도탄을 도입했다(≪국민일보≫, 2011.4.7). 북한은 2001년 러시아와 체결한 '군사협력 협정'에 기초하여 MiG-29 조립생산, SU-30전투기, T-80/90전차, S-300 요격미사일, 대전차미사일, 구축함 등 신형 무기체계, 위성정찰 사진의 제공, 정찰용 무인항공기, 북한이 보유하고 있는 구소련제 장비 부속품을 비롯한 노후 탄약 교체 등을 요구해 온 것으로 알려졌다(김진무, 2003: 96~197; 유영철·백승주, 2001). 2010년 5월 김정일은 중국에 젠훙-7(JH-7) 전폭기 30여 대와 ZTZ-99전차, PHL-03 방사포를 확보하려고 요청했으며(≪중앙일보≫, 2010.5.9), 2011년 8월 러시아 방문 시에서도 공군 사령관 리병철 대장을 동행하여 신형 전투기 지원을 요청했지만 거절당한 것으로 알려졌다(≪조선일보≫, 2011.8.27). 김정은도 집권 이후 공군 부대에 대한 현장 지도를 강화하고, 조종사들의 전투비행술 경연대회를 개최하는 등 공군력 증강에 노력을 쏟고 있다(연합뉴스, 2015.8.22). 일각에서는 2015년 초 북한이 다목적 전투기인 러시아산 수호이 SU-35의 구입을 러시아에 요청했다고 알려졌다.[12] 북한은 국제사회로부터 항공유 수입제재를 받고 있는 상황에서도 2017

---

12) http://www.voakorea.com/a/3055095.html (검색일: 2020년 8월 30일)

년 6월 5일 '항공 및 반항공군 비행지휘성원들의 전투비행술 경기대회-2017'
을 개최했다(연합뉴스, 2017.6.5). 북한은 최근까지 핵을 중점적으로 개발해 나
가면서도 대공방어 능력 증강과 같이 핵전력화를 염두에 둔 선별된 재래식전
력을 집중적으로 건설해 나가고 있다.

4. 북한의 군사전략

1) 기본 전략: 대담한 전격전(bold blitzkrieg)

북한의 전통적 전략은 대담한 전격전을 통해 한반도 적화통일을 달성하는
'조국해방전쟁' 모형에 기반을 두고 있다. 이것은 '미 제국주의'의 식민지하에
살고 있는 '남조선 인민'들을 '해방'시킨다는 혁명전쟁의 논리로서 '6·25전쟁
모델'을 기반으로 한 군사전략이자, 현재 군사전략의 골간을 이루는 기본전략
이다. 혁명전쟁 전략의 핵심 요체는 정치전과 군사전의 배합에 있다.

첫째, 1단계는 유리한 전략 상황을 조성하기 위한 여건 조성 단계로서, 주
한미군 철군 또는 유사시 개입 의지를 약화시키는 주안을 두는 정치전 국면이
다. 북한은 그간 한미동맹과의 대결에서 힘의 불균형을 극복하고 승리 가능
성을 높이기 위해 물리적 열세를 상쇄할 수 있는 영역을 식별하여 비대칭적
방법을 개발해 왔다. 그 비대칭성의 열쇠는 '정치적 성역(political sanctuary)'을
축성하는 데 있다(Arreguin-Toft, 2001: 122). 이를 위해 북한은 민주국가의 중
심인 여론을 공략하여 반전 여론을 조성하고 한미동맹을 이간질하는 정치전
을 전개해 왔다. 북한의 정치전은 한반도 문제에서 미국이 손을 떼도록 하는
데 목적을 둔다. 미군이 철수한 상태, 또는 적어도 미군의 추가 개입이 없는
남북 간 양자대결이라면 북한이 해볼 만한 도박이라고 판단할 수 있다. 이 때
문에 북한은 여론을 호도하거나 한국 문제를 '골칫거리'로 전락시켜 미국 개

입 의지를 약화, 철군을 유도하는 데 주안을 둔다.

둘째, 2단계는 북한이 '대담한 전격전(bold blitzkrieg)'으로 미군 개입 이전에 한반도를 조기 석권하여 무력통일을 기정사실화(fait accompli)하는 군사적 결전단계이다. 대담한 전격전은 '개전 전략'과 '전쟁수행 전략'으로 대별된다. 남북 간 전쟁은 '민족 간 분쟁'과 '국제적 분쟁'이라는 이중성을 가지고 있기 때문에 '개전의 명분'을 대내외적으로 어떻게 확보하느냐가 전쟁에서 대단히 중요한 문제이다. 개전의 정당성(jus ad bellum)은 전쟁수행과 결과의 유불리에 지대한 영향을 미친다(Fiala, 2008: 9~13).

북한의 개전 전략은 정의의 전쟁 시나리오에 근거한다. 평시부터 '미 제국주의'와의 끊임없는 전쟁이 불가피하다는 논리를 앞세운 정의의 전쟁론으로 북한 내부적으로는 개전 명분과 구실이 확고히 구축되어 있다. 그러나 북한에게 이것으로는 충분하지 않다. 북한 정권을 제외한 누구도 이를 정당한 개전 명분(just cause)으로 수용하지 않기 때문이다(Fotion, 2007: 10~11). 이런 배경하에서 북한이 구상하는 개전 전략은 '1950년 조국해방전쟁'의 세 가지 개전 모형을 변용하고 있는 것으로 보인다. 북한은 '1949년 도발에 대한 정의의 반격전' 시나리오에 기반을 두어 6·25전쟁을 일으킨 경험이 있다. 이런 관점에서, 1976년 8월 18일 판문점 도끼만행 사건도 '정의의 전쟁'을 위장하기 위해 북한이 마음먹고 미국을 전쟁으로 유도하기 위해 벌인 자작극으로 해석된다. 김일성은 1975년 4월 북경을 방문하여 가진 중국 지도자와의 만남에서 "만약 적이 먼저 전쟁을 시작한다면 강력한 반격으로 통일을 이룰 것"이라고 했는데, 중국은 이를 두고 북한이 판문점 사건을 일으켜 미국이 먼저 선제공격을 해오도록 유도했고 이를 계기로 소련과 중국을 끌어들여 전쟁을 수행하려 했다고 분석했다(김광수, 2006: 145~146). 북한의 1968년 청와대 기습 및 푸에블로호납치사건도 미국을 자극하여 먼저 공격해 오도록 유도한 뒤 이를 기회로 북소 간 그리고 북중 간 방위동맹을 발동하여 전면전화 하겠다는 구상으로 해석된다. 13)

정의의 전쟁 형식으로 전쟁을 개시한다는 구상을 가진 북한이 추구하는 전쟁수행의 전략은 '주체전법'으로 요약된다. 1960년대부터 대두된 주체전법의 핵심은 배합전이다. 북한은 1970년대에 '정규전과 유격전, 전선작전과 척후투쟁 배합'의 개념을 제시한 이래(한익수, 1974: 372), 1980년대 말까지 정규군과 비정규 부대를 결합하여 한국 지형에 적합한 전법을 완성했다. 김일성은 배합전이 전쟁 승리의 결정적 요인이라고 간주하고 소부대와 대부대, 경보병 부대와 정규병, 대부대작전과 소부대작전, 유격전쟁 경험과 현대적 군사기술 등의 배합, 그리고 유격전법과 현대전법의 결합, 유격부대·정규군·산악전의 배합 등 다양한 배합 형태를 제시했다(김일성, 1974: 329~340). 배합전의 목적은 미 증원 전력의 대대적인 개입 이전에 신속한 기동을 통해 한국군을 격멸하여 한반도를 신속히 점령하는 데 있다.[14] 이를 위해 북한군은 1980년대에 소련군의 전격전 개념을 수정하여, 산악이 많고 도로망이 제한되는 한국 지형을 감안해서 기계화부대 편제에 군단·여단 체제를 적용하여 기동성을 살렸다(김광수, 2006: 157). 이와 함께 북한군은 1970년대에 창설한 경보병여단·정찰여단·해상저격여단·항공저격여단 등 비정규전 부대를 전후방의 모든 군단과 사단에 편제하고, 정규부대의 신속한 진출을 보장하고 작전적으로 배합하는 임무를 부여했다. 이로써 1980년대 들어 정규부대와 비정규부대를 전술적·작전적·전략적 차원에서 배합하여 한국 전역을 석권할 수 있는 군사적 토대가 구축되었다.

전후방 동시 전장화를 통해 미 증원 전력 도착 이전에 한국 내 '유생역량'

---

13) 주북 체코대사에 의하면 1968년 2월 푸에블로호납치사건 이후 북한은 한미 연합군의 공격을 우려하면서도, 오히려 그러한 공세적인 행동을 기대하고 있는 것으로 보이며, 이를 빌미로 무력통일을 위한 준비와 동원에 박차를 가하고 있다고 분석했다(Person, 2010).

14) ≪노동신문≫, 1972년 4월 19일 자. 북한은 유격전법과 현대전법 배합은, 유격대 활동으로 2전선 지역인 한국 후방 지역에 혼란을 조성하면서 정규군의 1전선 지역의 대규모 공격과 결합하여 "대규모적인 정규작전과 영활한 유격전을 배합"함으로써 "조국 땅을 완전히 해방"하는 전략이라고 규정하고 있다.

을 소멸하는 '대담한' 형식의 전격전은 현재까지도 기본전략으로서 유효하다. 북한은 1전선과 2전선의 배합 능력 및 고속 기동전 수행 능력을 강화하면서 인민군 전력의 대부분을 평양~원산선 이남에 배치하여 한국군의 조기 섬멸에 중점을 두고 있다. 지상군과 공군의 화력 증강, 기계화 전력 증강, 비정규전 부대의 후방지역작전 능력은 전후방 동시 전장화를 위한 핵심 전력이다. 특히, 전방 지역 장애물을 극복하고 기동력을 보장하기 위해서 공군 전력이 필수적이기 때문에 북한은 한국 공군에 필적하는 공군력 확보에 주력하고 있다. 북한은 냉전기에는 소련으로부터 한국 공군 F-16에 필적하는 신형 전투기인 MiG-29, MiG-23, SU-25 등을 도입할 수 있었으나 탈냉전기 이후 공군력에서 점차 열세에 처하게 되자, 이를 상쇄하기 위해 장사정포와 미사일 개발에 눈을 돌려왔다.

대담한 전격전식 적화 전략은 1948년 북한 정권 수립 이래 현재까지 '3일 전쟁', '일주일 전쟁', '7일 전쟁' 등 다양한 이름으로 회자되어 왔다. 김정은 시대에도 북한은 2012년 북한의 대남 선전 매체를 통해 '3일 전쟁' 시나리오를 공개했다. 북한군은 1일차에 거대한 '불마당질'과 함께 경보병 부대 5만 명을 투입해 한국 후방 지역을 타격하고 11군단을 이용해 서울과 주요 도시에 침투하여 미국인 15만 명을 인질로 삼겠다는 것이다(우리 민족끼리, 2012.4.22). 김정은이 2012년 8월에 승인했다고 알려진 '7일 전쟁'도 북한이 기습 남침 또는 국지전이 전면전화될 경우 미군이 본격 개입하기 전인 7일 만에 한반도를 석권하겠다는 야심 찬 계획으로 알려져 있다. 이를 위해 북한은 핵, 미사일, 방사포, 특수전 부대 등 비대칭전력을 이용하여 초전 기선을 제압한 뒤 재래식전력으로 전쟁을 마무리한다고 한다(《중앙일보》, 2015.1.8).

최근의 안보환경 변화와 자원 제약을 고려할 때 북한이 추구하는 '대담한 전면전'은 많은 문제점에 봉착해 있다. 북한의 대부분의 전쟁물자는 약 1~3개월 분량만 확보하고 있어 외부 지원과 추가 구매 없이는 장기전 수행이 어려운 실정이다(국방부, 2014: 29). 북한의 재래식전력은 노후화되고, 유류, 탄약과 같은 전쟁 지속 능력이 상당히 약화되어 한미동맹군을 상대로 침략전쟁을 감행한다면 조기에 작전한계점(culminating point)에 도달할 가능성이 크다 (OSD, 2015: 9). 따라서 북한이 추구하는 대담한 군사전략은 그 실현가능성에 의문이 제기된다. 북한이 추구하는 양 전선 배합전의 실현가능성도 의문시된다. 1전선의 전방 집단군과 전선사 및 최고사 예비부대들이 한미동맹의 공군력과 지상군의 방어선을 극복하고 한국의 남부지역까지 세력을 확장할 수 있을지 의문시된다. 이미 2000년대 중반의 전쟁모의 결과에 의하면, 북한 지상군은 남침을 하더라도 한미동맹의 첨단무기체계와 공군력에 의해 전투력을 제대로 발휘하지 못하고 수도권 전방 지역에서 저지되는 것으로 분석되었다(연합뉴스, 2006.4.23). 북한이 대규모 재래식전력으로 '무경고하'에 한국을 침략할 가능성도 배제할 수는 없겠지만, 부족한 병참 지원과 노후화된 장비, 교육훈련 부실로 인해 전략적 기습은 실현가능성이 떨어진다(DIA, 2014). 최근에 미군이 수행한 재래식전쟁의 사례가 북한에게는 반면교사가 될 수 있다. 미군은 1990년 이후 수행한 걸프전, 코소보전, 이라크전, 아프간전에서 공군력을 비롯한 압도적인 화력과 정밀 타격능력을 활용하여 약소국의 재래식 군대를 단기간에 섬멸한 경험을 가지고 있기 때문이다.

2) 보조 전략: 계산된 제한전쟁

북한은 김정일 시대를 지나면서 도전적 안보환경과 열악한 자원을 감안하여 한반도 적화 전략의 절대 목표(absolute object)보다는 정권 생존의 현실 목표(real object)를 추구하는 모습을 보여왔다(OSD, 2015: 5). 북한은 '혁명의 수뇌부 결사옹위'라는 생존 이익을 확보하기 위해 '고도로 계산된 현실 전쟁' 개념을 따르고 있는 것으로 평가된다(Drew and Snow, 2006: 31~34).15) 일각에서

---

15) Drew와 Snow는 국가이익을 생존 이익, 핵심 이익, 중요 이익, 부차적 이익으로 구분하

는 북한의 군사전략이 수세로 전환되었다는 분석도 있지만, 엄밀하게 말하면 현실에 '순응'하고 있다는 것이 보다 정확한 표현이다. 그렇다고 이것이 이전의 대담한 전격전을 포기했음을 의미하지는 않는다. 북한은 기본적으로는 '대담한 전격전'을 계승하면서도 현실적 여건을 고려하여 평시에는 국지 도발을 통해 정치 이익을 확보하는 강압전략(coercive strategy)을, 전시에는 일부 지역 점령을 통해 신속한 종전을 달성하는 비대칭 제한전(asymmetric limited war) 등 '계산된 제한전'을 보조 전략으로 모색하는 것으로 평가된다.

계산된 제한전쟁의 핵심은 평시부터 위기관리와 확전통제 체계를 구축하는 데 있다. 기존 군사전략이 국지전을 전면전화하여 확전하는 데 주안을 두었다면, 김정일 시대의 '계산된' 제한전은 의도적 또는 우발적인 국지적 군사충돌이 발생하는 경우 확전통제를 해가면서 대응 방향을 모색하는 방식으로 발전했다. 2002년 2차 북핵 위기 이후 대북 선제공격 가능성을 공공연히 밝히던 미국이 2003년 이라크전쟁을 벌이자, 북한은 '전시사업세칙'을 제정했다(연합뉴스, 2005.1.5). 북한은 최고사령관 권한하에 '전시'가 선포되면 24시간 내에 총동원 체제에 돌입하도록 하면서, 전쟁 기간을 방어·공격·지구전 시기로 분류하여 3선 방어를 취하도록 명시했다(김광용, 2005). 이것이 미국 위협에 대한 수세 전략으로의 전환을 상징한다는 평가도 있지만(≪경향신문≫, 2005.1.5), 오히려 북한이 평시 위기관리에서 전면전으로 전환할 때의 "전당, 전군, 전민이 총동원된" 전시 전환 준비에 주안을 두고 있다고 보아야 한다(≪경향신문≫, 2005.1.5). 즉, 이것은 일종의 위기관리 매뉴얼로서 2차 북핵위기 이후 미국의 일방주의가 위협으로 인식되는 상황에서 북한이 '신중한' 위기관리와 체계적 전시 전환 준비에 주안을 두고 있다는 것을 암시한다.

이처럼, 김정일 시대에 와서 군사전략상 주목할 변화는 북한군의 확전통

고 있는데, 생존 이익이란 적의 공격이나 공격 위협으로부터 국가를 반드시 수호해야 하는 이익으로 정의된다.

제 행태에 있다. 북한이 고도로 '계산된' 전략을 추구했다는 주장은 바로 이런 확전통제의 구조적 환경을 현실적으로 인식하고 있었음을 전제로 한다. 첫째, 국제적 차원의 확전통제 구조는 확전 방지를 위한 중요한 변수였다. 북한은 중국이 자신을 동북아 이익을 위한 완충지대로 간주한다는 사실을 잘 알고 있었다. 이 때문에 북한이 자행하는 도발로 유발된 불안정은 미국과 중국의 우려를 자극하고, 이것이 다시 한국과 북한을 자제시키는 구도로 환원된다는 점이 도발이 거듭되고 강도가 세질수록 더욱 명확해졌다. 이런 중국의 약점과 국제적 확전통제 구조의 '허점'을 북한은 전략적 생존 공간으로 인식하고, 자신이 어떤 사고를 치더라도 중국을 방패막이로 내세울 수 있다는 학습을 했다. 둘째, 확전통제를 위한 군사적 차원의 조치는 더욱 중요하다. 그것은 북한 스스로 군사력 투사의 시공간적 범위를 철저히 '제한'하면서도 도발의 '구실'을 확보하여 한국의 보복을 무력화하거나 제한하는 데 있었다. 2000년대 북한 입장에서 그러한 위기관리와 확전통제가 용이한 지리적 지점은 남북 간 분쟁 유발이 가능했던 서해 NLL 지역이었다. 북한은 '도발-대응-역대응'의 악순환 고리가 반복되는 것을 차단하기 위해 현장 작전 종결에 역점을 두고 선택과 집중 및 기습 전략을 구사했다. 2010년 천안함 폭침과 연평도 포격 도발에서처럼 북한이 무모할 정도의 군사 공격을 감행했음에도 불구하고 확전이 되지 않았던 데에는 앞에서와 같은 확전통제에 부합한 국제적·군사적 구도가 직간접적으로 작동되었다는 점을 부인할 수 없다.

이렇게 볼 때 김정일 시대의 평시 군사전략은 국지도발과 같은 저강도분쟁을 통해 정치적 협상과 양보를 얻어내는 강압전략(coercive strategy)으로 특징지어진다. 강압은 위협을 통해 상대의 행동을 중지 또는 원상회복시키는 것으로, 힘의 사용을 통한 전면적 파괴가 아니라 힘의 유보와 제한적 사용에 초점을 맞추는 것이다(George, 1991: 3). 북한은 핵과 미사일, 재래식전력, 비대칭전력 등을 동원한 다양한 방식의 군사도발을 통해 '도발 → 대화 제의 → 협상'의 구도를 조성하여 한국과 미국의 행동 변화를 유도해 왔다(Scaparrotti,

2015). 또한 북한은 2000년대 초중반에 정당성과 명분 축적, NLL 해역을 활용하여 확전통제 대책을 강구한 상태에서 '계산된' 군사도발을 주도했다. 이와 같은 북한의 강압전략은 한국의 민감한 정치 메커니즘을 건드리는 화전 양면 전략으로 가시화되었다. 이런 전략에는 고도의 심리적 계산과 군사전략의 민첩한 운용이 요구된다. 이것이 가능했던 근본적인 원인은 한국 사회 내부의 남남갈등 이외에도 북한이 대량살상력으로 한국 사회에 대해 심리적 확전우세를 장악할 수 있었던 데에 있었다. 이를 위해 북한은 지전략적 이점을 이용하여 장사정포로 수도권을 위협하고 핵 선제공격 위협으로 한국민들에게 전쟁 공포심을 자극했다. 북한은 여론전과 평화공세를 통해 한국 사회 내부의 분열과 갈등을 조장하는 방법도 사용해 왔다. 북한은 일종의 '깡패 이미지' 또는 '비이성적 행위자'라는 평판 효과(reputation effect)를 이용하고 핵과 비대칭 전력을 배합하여 공갈, 협박, 위협, 시위 등을 변칙적으로 운용함으로써 한국 사회에 확전 공포심을 조장하고 한국정부의 대응을 무력화해 왔다.

평시 강압전략의 형태가 전시 전략 변화에도 영향을 미쳤다면 가능성 높은 유형은 '비대칭 제한전'으로 볼 수 있다. 2000년대 초중반 북한은 미군의 군사제재 가능성, 그리고 불안정 사태 시 국제 개입(R2P)이 논의되는 등 다양한 유형의 '잠재적 위기'에 직면할 수 있는 상황에서 위험부담이 상대적으로 적은 제한전에 관심을 가졌을 것이다. 북한은 핵 및 재래식 억제력을 기반으로 하여 양 전선을 공격하되 군사 목표를 정권 생존에 두면서 한미동맹과 국제사회를 유리한 협상으로 압박하기 위한 목적으로 군사력을 제한적으로 운용하는 데 관심을 보였을 것으로 추론할 수 있다. 이를 위해, 북한은 재래식·비대칭전력 배합, 핵·재래식전력 배합, 살상·비살상 전력 배합, 1전선·2전선 배합 등 다양한 형태의 침략 대안을 발전시켰을 것으로 보인다. 이 과정에서 북한의 핵무기는 군사 주도권을 장악하고 심리적 확전우세를 유지하는 데 유용한 수단으로 인식되었다(국가안보실, 2014: 29). 북한 입장에서는 2000년 이후 정권 안보에 위협을 주는 환경을 자신에게 유리하게 조성하기 위해서는 예방 공격과 선제공격도 배제하지 않았을 것으로 보인다.

3) 새로운 전략으로 진화: 유연한 핵 배합전(flexible nuclear combination)

(1) 핵을 사용하는 전쟁수행 체계 발전

김정은 시대 군사전략의 핵심 개념은 '핵무기'이다. 핵무기는 단순한 무기체계 이상이다. 무기체계이자 전략 그 자체이기 때문이다. 단일 무기체계로서 핵만큼 억제·강압·격퇴·격멸과 같은 전략 개념을 가지고 전쟁수행 전반에 포괄적인 영향을 미치는 전쟁 수단은 아직 존재하지 않는다. 그것을 가능케 하는 것은 절대무기(absolute weapon)로서 핵무기가 가지고 있는 대량살상력과 그로 인한 공포심이다(Brodie, 1946). 북한의 핵무장은 평시 내지 전시에 구사할 수 있는 전략적 대안을 보다 다양한 형태로 확장함으로써 전략적 유연성을 발휘할 수 있게 되었음을 의미한다. 북한은 김일성·김정일 시대를 거치면서 진화해 온 '대담한 전격전'과 '계산된 제한전'의 기본 골격은 계승하면서도 핵보유에 따른 새로운 전략을 추가하는 방식으로 전략을 발전시키는 움직임을 보이고 있다.

북한은 핵무장을 고려하여 전쟁수행 체계를 정비하고 있다. 그것도 다양한 위기상황에 '유연'하게 대응할 수 있는 위기관리·전시전환 체계, 핵교리 신설, 군조직 개편, 교육훈련 및 전략·전술 체계 등 다방면에서 이뤄지고 있다. 2012년 9월 전시세칙 개정은 핵시대를 대비해 위기관리 체계를 구축하기 위한 신호탄으로 보인다. 북한은 개정 세칙에서 전시상태 선포 권한을 '당 중앙위, 당 중앙군사위, 국방위, 최고사령부 공동명령'으로 수정하고, 전시 선포 시기도 '한미동맹 침략', '남한의 지원 요청', '국지전의 확전' 상황 등 세 가지로 명기했다(연합뉴스, 2013.8.22). 이것을 2012년 8월 25일 원산에서 열린 당 중앙군사위원회 확대회의에서 김정은이 승인했다고 알려진 '7일 전쟁' 각본의 '신작전계획'과 연계해 볼 때, 북한이 군사력을 보다 공세적으로 사용할 것으로 추정할 수도 있다(정성임, 201: 74). 하지만, 보다 주목할 점은 북한이 전시 선포 시기를 세 가지로 명시함으로써 다양한 위기상황을 보다 탄력적이고 유연하게 관리하려고 했다는 데 있다. 각각의 전쟁 경로마다 그에 맞는 특색 있는 대응전략이 요구되기 때문에 북한은 '상황'에 맞게 보다 '유연'하게 대응하겠다는 것으로 읽힌다. 전략을 유연하게 해주는 수단이 핵무기이다.

한편, 북한은 제3차 핵실험 이후 처음으로 핵사용 '교리'를 밝혔다. 북한은 2013년 3월 31일 조선노동당 중앙위원회 전체회의에서 '경제·핵무력 건설 병진노선'을 발표하고, 4월 1일 최고인민회의에서 '자위적 핵보유국의 지위를 더욱 공고히 할 데 대하여'라는 핵보유 법령을 공포했다. 이 법령은 총 10개 항으로 구성되어 있으며 이 중에서 핵무기 운용을 직접적으로 다룬 것은 다음의 3개 항이다(전봉근, 2016: 5; 전성훈, 2013.4.8: 5~6).

- 제2조: 조선민주주의 인민공화국의 핵무력은 세계의 비핵화가 실현될 때까지 우리 공화국에 대한 침략과 공격을 억제, 격퇴하고, 침략의 본거지들에 대한 섬멸적인 보복타격을 가하는 데 복무한다.
- 제4조: 조선민주주의인민공화국의 핵무기는 적대적인 다른 핵보유국이 우리 공화국을 침략하거나 공격하는 경우, 그를 격퇴하고 보복타격을 가하기 위해 조선인민군 최고사령관의 최종명령에 의하여서만 사용할 수 있다.
- 제5조: 조선민주주의인민공화국은 적대적인 핵보유국과 야합하여 우리 공화국을 반대하는 침략이나 공격행위에 가담하지 않는 한 비핵 국가들에 대하여 핵무기를 사용하거나 핵무기로 위협하지 않는다.

북한은 우선 핵사용 목적을 억제, 격퇴, 보복으로 규정하고, 핵 지휘통제권이 오로지 '조선인민군 최고사령관'에게 있다고 명기했다. 그러면서 "적대적인 핵보유국과 야합하여 우리 공화국을 반대하는 침략이나 공격 행위에 가담하지 않는 한 비핵 국가들에 대하여 핵무기를 사용하거나 핵무기로 위협하지 않는다"(5조)라고 하여 사실상 한국과 일본에 대한 핵사용 가능성을 열어놓고 있다. 나아가, 북한은 2016년 5월 제7차 당 대회에서 "우리의 자주권을 침해하지 않는 한 먼저 핵무기를 사용하지 않을 것"이라고 하면서 적어도 공식적으로는 핵의 '선제 불사용(no first use)' 원칙을 공표했다. 북한이 선언적으로는 핵 선제공격을 배제하여 신중한 핵교리를 선택한 것으로 보이지만, 실제로는 상대방의 핵공격 또는 비핵공격 여부에 관계없이 핵 일차 사용을 시사하는 공격적인 핵교리를 채택하고 있다. 북한은 2016년 두 차례의 핵실험 이후 인민군 최고사령부, 국방위원회, 외교부, 관영 매체 등 다수 명의로 한국에 대한 핵 선제타격을 위협해 왔다. 북한은 성명과 보도를 통해 한미연합연습을 핵전쟁 도발로 규정하고 "무자비한 핵 선제공격"으로 대응할 것이라고 경고했다. 이와 같은 북한 위협은 핵 선제공격 의지를 드러내는 것으로 공식적인 핵교리와는 상충되며, 북핵이 수세용에 국한되지 않는다는 것을 암시한다.

김정은은 핵무기 능력의 고도화에 따라 군 조직도 개편하고 있다. 북한은 탄도미사일 전력 운용을 담당하던 미사일지도국을 2012년 전략로켓사령부로 확대 개편했고, 2014년부터는 육·해·공군과 동격의 제4군종으로서 전략군을 창설했다(국방부, 2014: 28). 전략군 신설 및 체계화는 중국의 '제2포병'과 유사하게 다양한 미사일부대를 통합해 지휘 체계를 일원화하고, 핵의 소형화·경량화를 통해 다종화된 타격력을 제고하기 위한 노력으로 평가된다(통일연구원, 2015).[16] 나아가, 북한은 2012년 5월 공군을 '항공 및 반항공군'으로 개편하여 핵시설 보호 전력 증강을 시도하고 있다. 제7차 당 대회에서도 북한은 재차 '반항공 전력'의 중요성을 언급하면서 대공 방어 능력을 강화하는 등 한미동맹의 1차 공격으로부터 핵과 미사일 시설을 보호하여 2격 능력의 생존성

---

16) 2012년 3월 김정은은 '조선인민군 로켓사령부'를 시찰했다는 소식이 알려진 후, 2012년 4월 15일 열병식에서 김정은은 '전략로켓군'을 직접 호명했으며, 2014년 5월 29일 북한 매체는 김정은의 전술 로켓 발사 훈련 지도 소식을 전하면서 '전략군'이라는 새로운 명칭을 사용하여 새로운 군종의 탄생을 보도했다.

을 강화하는 데 정성을 쏟고 있다. 이런 군 조직 개편을 통해 북한은 핵무기의 실전 배치를 염두에 두고 그 운용체계를 구축하려고 준비하는 것으로 보인다.

교육훈련 분야에서도 핵을 통합한 체제로 개편되는 움직임이 감지된다. 김정은은 2014년 12월 군력 강화를 위한 '4대 강군화 노선'을 제시하면서 핵무기 개발에 따른 '병종의 강군화'로 교육훈련 재정비를 강조하고 나섰다. 북한은 최근 '군종·병종·전문병들 사이의 협동동작 완성'과 '다병종화되고 다기능화된' 전투원 육성을 강조하고 있다. 이것은 육군, 해군, 항공 및 반항공군과 더불어 최근 제4군종으로 추가된 전략군 등 군종 사이를 보다 유기적으로 연계하는 새로운 전략·전술의 필요성이 반영된 것으로 보인다(통일연구원, 2015: 24~25). 핵 고도화에 따라 북한은 다병종의 강군화를 통해 육·해·항공 및 반항공군·전략군 간의 합동성을 강화하겠다는 의미이기도 하다.

이런 노력들을 결합하여 북한은 '핵을 사용하는 새로운 전략'을 개발하는 데에도 관심을 기울이고 있다. 김정은은 2015년부터 '전법의 강군화'를 함께 들고 나와 '현대전의 요구에 맞는 주체전법과 김일성·김정일의 전략·전술' 및 '육·해·항공 및 반항공군·전략군을 유기적으로 연계하는 새로운 전략·전술 체계'를 발전시키라고 강조하고 있다(≪노동신문≫, 2016.4.25). 북한이 핵무기 실전 배치를 가정하여 핵억제력과 재래식전력을 결합하는 다양한 방어 및 공격 전략·전술 체계를 발전시켜 전시 및 평시에 적용하려는 준비를 병행해 나갈 것임을 짐작할 수 있다.

(2) 핵을 사용하는 군사전략

김정은의 핵전쟁 전략에 대해 구체적으로 알려진 바는 없다. 다만, 핵무기의 등장은 기존의 재래식 군사력 균형의 등식을 완전히 깨트린 것이 사실이다. 핵무기의 기본 논리인 '억제'에 기반해 다양하고 변칙적인 군사전략의 수립이 가능하기 때문이다. 전략의 변칙성은 핵과 다양한 전력들의 배합으로 만들어질 수 있다. 북한의 핵무기는 북한 군사전략의 선택의 폭을 넓혀주고 행동에 융통성을 부여하는 수단이 된다.

김정은은 주체전법의 전통을 계승하면서 핵전략을 추가하는 '핵 배합 전략'을 추구할 것으로 보인다. 북한은 전통적 배합전 방식에 핵을 추가하여 핵·비대칭전·재래전을 배합하는 방식으로 다양한 상황에 대응하는 유연함을 확보할 수 있다. 북한의 재래식전력이 노후화되고 있는 상황에서 북한은 핵무기와 비대칭전력의 배합, 핵의 전략적 운용과 재래식전력의 전술적 배합, 또는 이 세 가지 요소를 순차적 또는 동시에 배합하는 새로운 형태의 배합 전략을 구사할 수 있다. 북한이 최근 '다병종의 강군화'의 기치하에 육·해·항공 및 반항공군 등의 재래식전력과 제4군으로 추가된 전략군 간의 합동성을 강화하고 있는 것도 이런 의도를 구현하기 위한 조치로 보인다. 소형화된 핵능력과 장거리 미사일 능력을 보유하게 될 북한은 기존의 '대담한 전격전'과 '계산된 제한전' 방식을 조건과 상황에 따라 융통성 있게 변용할 수 있다.

첫째, 북한은 김정일 시대의 전략을 계승하여 핵억제력에 기반을 둔 변형된 형태의 계산된 제한전을 구사할 수 있다. 이것은 현재 북한의 핵능력을 감안할 때 가능성이 높은 전략으로 볼 수 있다. 북한의 현재 핵능력은 적화 전략의 목표를 달성하기에는 충분하지 않지만, 외부 공격을 억제·보복·격퇴하는 용도로는 유용하다(DNI, 2012: 7). 북한의 핵능력은 '1차공격의 불확실성 (uncertainty of first strike)'에 의존하는 실존 억제 수준이지만(Forsyth Jr., 2012: 6; Hagerty, 1996: 79),[17] 유사시 중국의 불안을 자극하여 개입을 유도하는 촉매 억제(catalytic deterrence)와 정권의 생존이 심대하게 위협받는다고 판단할 경우 한국, 일본을 핵 인질로 하여 선택적 보복을 수행할 능력은 상당하다 (Cohen, 2005). 이로 볼 때 국지도발과 같은 저강도분쟁에서 핵위협을 이용한 제한전은 북한에게 유리한 전략이 될 수 있다. 앞으로 한반도에서는 핵의 대

---

17) 한 번의 타격으로 상대의 핵능력을 100% 파괴하지 못하는 한 어느 일방이 먼저 선제공격을 할 수 없다는 논리를 '1차 공격의 불확실성'으로 정의한다.

량파괴력 때문에 전면전 가능성은 줄어드는 반면 저강도분쟁 가능성은 증가
하는 패러독스(stability-instability paradox)가 나타날 것으로 전망되는 가운데
(Roehrig, 2016: 182), 북한은 '비합리적 행위자'라는 평판을 이용하여 낮은 위
기 단계에서도 핵무기를 사용할 수 있다는 인상을 유발하며 핵 문턱을 넘나드
는 적극적 핵태세를 보일 수 있다(김태현, 2016: 11).[18] 북한은 김정은 1인 독
재체제의 '위험한 지도자'라는 평판과 군사적 모험주의 이미지를 축적해 왔기
때문에(Bermudez, 2006: 16~17), 충동적으로 핵을 사용할 수 있다는 인식을 조
성할 수 있다. 이것은 한국과 일본에 대한 미국의 '확장억제'의 신뢰성을 취약
하게 만들 수 있으며, 미국으로 하여금 동맹에 대한 안보공약 이행 결심 과
정에 딜레마를 줄 수도 있다. 재래식전력이 우월한 한미동맹을 상대로 북한
은 재래식전력만으로는 저강도 수준에서 우위를 점하기 어렵기 때문에, 핵
무기와 재래식전력을 배합한 형태로 공세적 제한전을 구사할 가능성이 높
은 것이다.

2013년 김정은이 주장한 '우리식 전면전'은 핵억제력을 기반으로 하는 배
합 전략과 궤를 같이한다(조선중앙통신, 2013.3.8). 이런 핵 배합전 방식은 지난
2013년과 2015년 전쟁 위기 조성 국면에서 그 윤곽을 어느 정도 드러냈다고
볼 수 있다. 북한은 2013년 3월 핵위협을 앞세운 전쟁 위기를 조성했는데, 여
기서 핵과 재래식전력을 신속하게 결합하는 전쟁수행 방식을 드러냈다. 북한
은 3월 5일 '전면 대결전에 진입한 상태'를 선언한 이후 핵공격 위협(3.21) → 전
략 로켓 '1호 전투 근무 태세' 진입(3.26) → 전략 로켓군 타격 계획 비준(3.29) →
북남관계 전시 상황 선포(3. 30) 등 10일 만에 전면전 수행 체계를 과시했다
(조선중앙TV, 2013.3.26; 조선중앙통신, 2013.3.30). 2015년 8월 '준전시상태' 국
면에서 나타난 북한의 행동은 2013년 국면보다 훨씬 공세적이었다. 북한은 '8

---

18) 핵 문턱(nuclear threshold)이란 한 국가가 '특정 인내 수준'에 도달했을 경우 핵무기 사용
을 결심한다고 믿을 만한 인식상의 한계선이다.

월 20일 최후통첩 → 8월 21일 준전시상태 선포'에 이어 다양한 전력들을 실전 기동시키는 과감함을 보였다. 북한은 8월 21~25일간 스커드 발사 준비, 전체 잠수함 전력의 70%인 50여 척의 기동, 전방 지역 포병 전력 증강, 공기부양정 20여 척을 남포해상 배치, 특수전 전력의 전방 배치 등 전통적인 '배합전'을 준비하는 모습을 드러냈다. 이런 일련의 행동을 종합해 보면, 김정은은 '핵위 협'을 전면에 내세운 상태에서 특수전, 잠수함, 공기부양정, 미사일 및 포병 전력 등 비대칭전력을 동원하면 수도권을 공략할 수 있으며, 나아가 상륙작 전을 통해 한국을 유린할 수 있음을 과시한 것이다(김태현, 2015: 29).

  둘째, 북한은 핵을 보다 공세적으로 운영하여 대담한 전격전과 배합할 가능 성도 있다. 이것은 북한이 선전하고 있는 '판가리 결전'의 형태로서 가능성은 높다고 볼 수 없으나 배제할 수는 없다(≪조선중앙방송≫, 2005.4.17; 조선중앙통 신, 2011.7.25; ≪노동신문≫, 2015.7.26; 조선중앙통신, 2016.11.4).[19] 만약 북한이 이것을 염두에 두고 있다면 한국에게는 가장 위험한 전략이 될 것이다. 북한 핵능력이 고도화되는 시점에 북한은 핵을 이용하여 한국, 일본, 미국을 상대 로 현상 타파를 달성하기 위해 공세전략으로 전환할 수 있다. 북한은 자신의 체제 생존에 위협이 되는 요소들을 억제·격퇴하는 것이 핵전략의 1차적 목적 이라고 주장하고 있으나, 한반도 적화 통일이라는 총체 전략을 고려할 때 핵 사용을 방어적 성격에 국한할 것으로 단정하기는 어렵다(김재엽, 2016: 40). 북 한은 남북체제 경쟁에서의 열세, 재래식 군사력의 열세를 극복하고 전쟁수행 의 주도권을 장악하기 위해 전쟁 초중반부터 핵을 사용할 가능성도 배제할 수 없다(박창권, 2014: 174~176).

  특히, 한국의 짧은 작전적 종심을 고려할 때 대담한 전격전을 통한 단기결

---

19) 북한은 '판가리 결산', '판가리 결전', '최후 판가리 결산', '판가리(판갈음) 싸움'이라는 용 어를 사용하고 있다. 이 개념들은 김정일 시대 때부터 사용된 것으로 알려져 있으며, 주 로 김정일과 김정은이 통일을 위해 미국과의 최후 일전을 벌여야 한다는 문맥으로 사용 되어 왔다.

전 전략은 북한이 언제라도 선택할 수 있는 대안이다. 북한은 2013년, 2015년 도발 때처럼 핵을 앞세우고 비대칭전력을 이용하여 국지적인 분쟁을 일으킨 다음 상황의 추이를 보고 확전 가능성을 판단하는 변칙적이고 유연한 방식의 전략을 얼마든지 추구할 수 있다. 나아가, 개전초기 단계에서 북한은 핵, 미사일, 방사포, 특수전 요원으로 초반 기선을 잡은 뒤 주한미군이 개입하기 이전에 1전선의 대규모 재래식전력을 투입하여 전격전식으로 한국을 석권하려 할 수 있다. 핵무기를 한국의 협소한 공간에 위치한 대도시, 또는 대병력용으로 사용할 수 있다는 가능성 또는 위협만으로도 한국민과 군의 전의 상실을 자극할 수도 있다(한용섭, 2018: 130~142). 대륙간탄도미사일에 핵무기를 장착하거나, 최근 개발한 것으로 추정되는 SLBM을 이용하여 미국 본토와 태평양 지역에 배치된 미군 군사기지를 공격할 수 있는 능력만 확보한다면 미국의 개입 의지에도 심대한 부정적 영향을 미칠 수 있다. 북한이 미군 증원 전력이 한반도에 도달하기 이전에 핵위협 및 핵 시위로 미국 내 반전여론을 조성한다면 한미동맹의 대응을 심각한 딜레마에 빠지게 할 수도 있다.

4) '비핵화 프로세스'와 군사전략 방향

2018년 이후 북미 간 비핵화협상이 전개되면서 북한 비핵화에 대한 낙관론과 신중론이 교차하고 있다. 하지만 이들은 공통적으로 북한 전역에 산재된 핵시설, 은닉과 은폐의 가능성, 신고와 강제 사찰의 어려움 때문에 고도화된 북한의 과거 및 현재 핵을 '완전히 비핵화'하기란 불가능에 가깝다는 점에 공감한다(NBC NEWS, 2018.6.30). 국제사회에서도 북한의 '완전한 비핵화'가 현실적으로 달성하기 어려운 목표라는 인식이 묵시적으로 형성되고 있는 것으로 보인다. 북한 비핵화 프로세스의 로드맵이 어느 정도의 시일이 소요되느냐에 관계없이 '완전한 비핵화'의 최종 상태는 'CVID'가 아닌 '부분 핵무장'으로 귀결될 가능성이 높다. 이렇게 된다면 북한이 공식적으로는 '완전한 비핵화'의 프로세스를 통해 '비핵 국가'로 선포되겠지만, 실질적으로는 핵능력의 모호함이 남아 있는 '사실상의 핵 무장국(de facto nuclear armed state)'의 지위를 가지게 될 가능성이 있다는 의미이다.

결론적으로, 북한이 의도하든 아니든 간에 비핵화협상의 끝은 자연스럽게 북한의 핵 효과가 발휘되는 방향으로 귀결될 가능성을 배제할 수 없다. 왜냐하면 아무리 철저한 검증을 거친 '완전한 비핵화'라 하더라도 '북한이 핵을 보유하지 않고 있다는 확신이 없는 한' 북한의 핵 모호성 전략은 먹혀들 수 있기 때문이다. 북한 외무상 이용호가 "핵은 포기하더라도 핵지식은 포기하지 않겠다"라고 발언한 것처럼 완전한 비핵화 이후에도 북한이 핵공갈과 위협을 암시적으로 가할 경우 억제력을 발휘할 수 있는 여지가 충분하다고 볼 수 있다(≪한국일보≫, 2018.8.10). 비핵화 프로세스의 과도기와 최종적 단계에서 북한이 최소한 '부정도 긍정도 아닌 모호한 상태'의 핵무장 지위를 가진다면 북한은 '실존적 억제력'을 발휘할 수 있다(Bundy, 1983). 북한이 '모호성의 핵전략'을 추구한다면 한국과 일본과 같은 주변국에 대해서는 억제력의 비대칭성을 확보하게 될 것이다.

이렇게 될 경우 북한의 핵능력은 '모호성'에 맡겨둘 가능성이 높으나 실질적으로는 북한과 일본, 미국 태평양 지역을 타격할 수 있을 정도의 핵능력은 보유하려 할 수 있다. 이스라엘의 삼손 옵션처럼 최후의 수단으로 사용되어야 하는 핵무기라면 북한은 적어도 한국, 일본, 미국 태평양 기지 내 주요 시설 등을 초토화할 수 있는 능력은 보유하고 있으려 할 것이다. 북한은 미국과의 심대한 핵능력의 차이에도 불구하고 미국이 성공적인 1차 공격을 수행하리라는 확신이 없을뿐더러 북한이 소량의 핵무기로 보복을 못한다는 보장도 없다는 인식을 가진다면 함부로 공격하지 못할 것이라고 계산할 수 있다(Forsyth Jr., 2012: 6). 이런 실존적 억제력을 발휘하기 위해서 북한은 '2격 능력'으로 대가치 표적을 공격할 수 있는 태세는 남겨놓을 것으로 보인다. 그렇다면 북한은 적어도 중단거리 미사일 능력은 유지할 것이다. 나아가, 북한은

2019년 7월 공개한 신형 잠수함과 10월 시험 발사했던 새로운 SLBM('북극성-3형')의 능력을 확대하여 전략적 타격능력을 은밀하게 보유할 수 있다. 이런 모호한 상태의 핵능력 보유는 정치·군사적으로 북한의 군사전략의 변화를 견인할 것으로 전망할 수 있다.

다만, 북한의 군사력 건설에서 가장 중요하게 고려해야 할 변수는 자원 결핍 문제이다. 북한은 2000년대 중반부터 전면전 수행 시 전쟁 지속 능력이 3개월을 넘기지 못하는 것으로 평가되고 있는 실정을 고려하면 '전략적 공세'의 추구는 사실상 제한된다. 더구나 국제사회의 전 방위적인 대북제재 압박 속에서 북한이 비핵화협상으로 나올 수밖에 없었던 대내적 위기상황을 고려한다면, 대내적 자원 결핍이 북한의 전략 변화에 얼마나 심대한 영향을 미치는지 짐작하고도 남음이 있다(이석, 2017). 자원 결핍이라는 관점에서 북한이 발전시켜 나갈 수 있는 전략은 정교해야 한다. 모호한 형태의 핵전략을 취할 경우 북한은 여전히 자원 소모의 딜레마에서 탈피하지 못한다. 핵 문턱이 높은 만큼 대량의 재래식전력을 유지해야 하기 때문이다. 그러나 북한이 현재 비핵화협상에 나온 이유 중의 하나도 국가 차원의 '자원 결핍'이라는 점을 감안한다면 높은 핵 문턱을 유지하는 데에서 야기되는 대량의 재래식 군비 유지의 악순환을 반복하지 않으려 할 것이다.

이런 배경하에서 북한의 향후 군사전략은 전략 목표 수정, 남북미 간 상호 위협 감소, 그리고 유사시 대응 능력 구축의 세 가지 범위에서 새로운 지향점을 가질 것으로 전망된다. 첫째, 북한의 한반도 적화 전략이라는 공세일변도의 전략 목표를 수정할 가능성이 없지 않다. 북한의 자원 결핍은 북한 정권을 위협한다. 여기에 재래식전력을 대량으로 확장하는 것은 더욱 불안정성을 촉진한다. 따라서 재래식 군비경쟁을 회피하는 것은 결국 전략 목표를 현상유지로 조정하여 군비를 절약하는 데서 출발할 것이다. 북한이 공세적 전략 목표를 포기하고 수세적 목표로 수정할 경우 대규모 전력 증강은 불필요해질 것이다. 이렇게 될 경우 북한의 군사전략은 전면전에 집중하기보다는 제한적인 정치적 목표를 달성하는 데 주안을 두는 제한전쟁과 국지도발에 비중을 둘 것으로 예상할 수 있다. 북한의 체제 특성상 공세지향적 전략 목표를 포기하고 수세적으로 체질을 변경할 수 있을지는 여전히 미지수이나, 비핵화 프로세스에서 모호성의 핵전략을 지향하게 될 경우 전략 목표의 조정은 불가피해질 수 있다.

둘째, 북한에게는 재래식전력의 낭비가 초래되지 않도록 하는 위협 감소가 중요한데, 위협 감소는 군축협상과 군비통제를 통해 달성될 수 있다(한용섭, 2015: 80). 북한이 위협 감소를 추구하는 방식은 두 가지 경로를 따를 것으로 예상할 수 있다. 첫 번째 경로는 남북 간의 재래식 위협을 감소시키는 것이다. 북한이 가장 두려워하는 위협은 자신의 전략적 중심을 겨냥할 수 있는 공중 정밀 타격, 그리고 서해 해상분계선을 따라 배치되어 있는 해군 전력과 백령도에 배치된 해병대 전력이라고 볼 수 있다. 이 때문에 북한은 우발적 확전방지 장치를 마련하면서 한국군의 첨단 전력을 감소시킬 수 있는 방식으로 군비통제를 요구할 수 있다. 북한이 전방 포병부대를 MDL 이북으로 철수·재배치하고 반대급부로 한국군 포병부대의 후방 재배치를 요구할 수도 있다. 다만 이런 운용적 군비통제도 핵전략의 모호성에 기반한다고 가정하면 '수도권 대량 섬멸 능력'을 쉽사리 포기할 것으로 보이지 않는다. 두 번째 경로는 북미 간의 위협을 감소시키는 것이다. 북한이 주장하는 이른바 'CVIG'는 한국이 아니라 미국만이 보증해 줄 수 있는 것이라는 점에서 북한이 인식하는 외부 위협의 본질은 미국에 있다. 여기서 북한이 주장하는 가장 큰 위협은 미국의 핵우산을 비롯한 전략 자산이다. 결국 북한은 비핵화협상 과정에서 조선반도 비핵화 5대 조건에서 주장한 것처럼 미국의 전략 자산이 한국 지역에 주둔하지 못하도록 요구하면서 장기적으로는 주한미군의 철수를 주장할 가능성을 배제하지 못한다(조선중앙통신, 2016.7.6).

셋째, 북한은 위협 감소가 되지 않을 '유사시'에 대비하여 재래식 대량살상능력을 보유하여 대량 파괴 전략을 지향할 가능성이 있다. 북한은 상호 불신에 기인하는 위협 대응을 위해서 '전략적으로는 수세를 지향하고, 작전적 및 전술적으로는 공세를 지향'하는 접근 방법을 택할 가능성이 있다. 여기에는 한국의 전략적 중심인 수도권 대량 파괴와 화학무기를 사용한 대량 섬멸전 능력이 포함된다. 또한, 북한은 국지도발에서 공세적으로 대응하여 핵 확전이 가능하다는 점을 인식시켜 북한 정권 생존을 보장하는 데 역점을 두려할 것이다.

이런 배경하에서 북한은 한편으로는 전략적 타격능력을 필요로 하며, 다른 한편으로는 신속 대응 전력들을 필요로 할 것으로 보인다. 전략적 타격능력은 유사시 한미동맹의 위협 행동을 억제하거나, 한국정부의 의지를 변경시키기 위해 강압하려는 경우 사용할 수 있는 전력들을 말한다. 북한은 현재 DMZ 이북 145km 이내에 기동 및 포병 전력 대부분을 배치하고 있어 수도권 한국 국민들을 군사적 인질로 이용할 수 있다. 북한은 앞으로도 전략적으로 한국의 대도시를 파괴하고 인명을 대량 살상할 수 있는 보복 능력을 갖춰 나가는 데 노력을 기울일 것이다. 이것은 핵능력과 유사한 수준의 보복 능력을 가지고 있기 때문에 평시 억제력으로 상당한 의미가 있다. 특히, 북한이 핵무기로 '모호성'의 전략을 지향할 경우 핵 문턱은 높아질 것이므로 북한이 유사시 한미동맹의 '위협'을 억제하기 위해서는 장사정포와 같이 한국의 전략적 중심인 수도권을 대량 타격할 수 있는 군사력을 지속적으로 유지하려 할 것이다. 이를 통해 북한은 유사시 한국과의 제한전과 국지전에서 확전우세를 장악하고 분쟁 국면을 자신에게 보다 유리하게 이끌고 가려 할 것이다.

나아가, 신속 대응 전력으로는 특수전 부대와 경량화된 보병 전력과 같이 사태 발생 시 신속하고 정확하게 병력과 장비를 현장에 투사하여 위협 요소를 제거하는 세력들을 말한다. 북한은 국가적 차원에서 자원 결핍에 시달리고 있기 때문에 남북한 간 재래식 군비경쟁에서 비등한 수준으로 보조를 맞춰 나가기는 힘들 것으로 보인다. 따라서 북한은 저렴하지만 높은 효율을 발휘하는 '저비용 고가치' 전력 체계와 같은 비대칭전력 중심의 선택적 전력 증강을 지향해 나갈 것으로 보인다. 이를 위해 북한은 특수전 부대 및 잠수정 전력과 같은 은밀하고 민첩한 형태의 군사력 투사가 가능하도록 할 것이며, 우발적 군사분쟁 가능성이 있는 NLL과 DMZ 지역에서의 현장 작전 종결을 위한 능력을 확충하는 데 노력을 기울일 것으로 보인다.

5. 맺음말

북한은 김정은 시대에 접어들면서 군사 분야에서도 많은 변화를 꾀하고 있다. 가장 핵심적인 변화는 경제·핵 병진 노선을 '항구적인' 전략 노선으로 명기하고 핵능력 고도화에 총력을 기울여 왔다는 점이다. 그간 일각의 주장과는 달리, 북한은 핵을 단순한 정치적 협상용에서 군사적 용도로 전환할 가능성이 커지고 있다. 이와 더불어 북한은 경제 침체와 자원 부족 등 대내외적 압박에도 불구하고 재래식 군사력을 전방위적으로 증강하고 있다.

북한의 군사전략은 많은 변화에도 불구하고 '군사적 공세주의'는 그 본질적 성향을 잃지 않고 지속성을 유지하고 있다. 북한 정권 수립 이후 현재까지 북한의 공세적 군사전략은 상황에 따라 그 형태를 조금씩 바꾸면서 '대담한 전격전', '계산된 제한전', '유연한 핵 배합전'과 같은 다양한 방식으로 진화되어 왔다. 그러나 그 본질은 공세주의에 있다. 탈냉전 이후 다소 수세적이 된 듯 보이는 북한의 군사전략은 수세로의 대전환이라기보다 열악한 전략 환경에 대한 '현실 순응'의 과정으로 보는 것이 적절하다. 이 글은 "굶어 죽어가는 북한이 무슨 전쟁을 하겠는가?"라는 생각이 우리 식의 합리적 사고의 틀에서 본 거울 이미지일 수 있음에 더 주목했다.

북한체제의 속성상 정권 안보와 군사적 공세주의는 떼어놓고 생각할 수 없다. 북한은 이념적 적대주의의 관점에서 미 제국주의의 식민지 상태에 있는 '남조선'을 해방시킨다는 명분으로 침략전쟁을 정당화하고, 자신의 독재

행위와 인권유린 행위를 비롯한 공포 통치를 정당화하고 있다. 공세주의에 기초한 '혁명과 해방'의 논리를 포기하는 것은 인민군의 존재 이유를 포기하는 것과도 같다. 이것은 자칫 체제 정당성에 대한 의구심을 북한군과 주민들에게 불러일으켜 사상적 이완과 정권 붕괴를 초래할 수 있다. 북한은 정권 생존을 위해 체계적인 조작으로 '적과 동지'를 뚜렷이 구분하고 적으로 규정된 세력에 대한 분노감으로 북한군과 주민들의 결집을 유지하고 있다. 적을 판별하는 기준은 오로지 '수령'에게 있다. 김정은은 '남조선 혁명'을 자신의 통치를 정당화하기 위한 사상적 명분으로 이용하기 때문에 이를 실현할 능력이 얼마나 있는지는 부차적인 문제로 간주한다.

김정은 시대 군사전략은 '핵'을 사용하는 전략으로 발전하고 있다. 북한이 핵으로 무장하게 되면서 북한의 군사전략은 핵무기의 대량 보복 능력에 의존하여 다양한 대안들을 배합할 수 있는 '유연한 핵 배합 전략'으로 발전하고 있다. 김정은은 핵 실전 배치를 염두에 두고 기존에 적용해 오던 김일성 시대의 '대담한 전격전'과 김정일 시대의 '계산된 제한전'을 계승하여 핵사용과 결합하는 방식으로 다양한 형태의 전략을 구사할 수 있게 되었다. 그것은 다양해지는 위기상황에 보다 '유연하게' 대응할 수 있고 상황을 주도적으로 끌고 갈 수 있음을 의미한다. 북한은 핵무기를 전시와 평시 및 수세와 공격을 막론하고 분쟁의 전 영역에 걸쳐 탄력적으로 사용할 수 있다. 북한의 핵무기는 기본적으로 억제 수단으로 사용하겠지만, 전략적·작전적 수준의 공격 수단으로 활용될 가능성도 배제할 수 없다.

북한은 공식적으로는 핵사용을 수세적 용도에 국한하고 있는 것처럼 보이지만 핵은 '상상하는 대로 사용할 수 있는' 절대무기이다. 김정은은 2012년 집권 이후 핵보유를 전제로 전쟁수행 체계를 개편해 왔다. 그러한 조짐들은 군 조직체계, 전력 증강, 교육훈련, 전시세칙 개정 등에서 나타나고 있다. 앞으로 북한 핵능력의 고도화는 공세적 군사주의를 더욱 촉진시키는 변수로 작용할 것이다. 현재까지 김정은의 핵 배합 전략이 '실존 억제력'에 불과한 핵능력 때문에 '계산된 제한전' 수준에 머물렀다면 향후 핵능력이 고도화되는 시점에 가서는 보다 '대담한' 방식으로 전환될 가능성이 있다.

2018년 이후 북한이 비핵화협상에 돌입하면서 한반도의 군사적 긴장완화와 평화 체제에 대한 기대가 높은 것이 사실이다. 하지만 2019년 하노이 정상회담의 결렬 이후 북미 간 비핵화협상이 교착 국면에 빠져들면서 향후 '비핵화 프로세스'에 대한 전망이 불투명해졌고, 이로써 향후 북한 군사전략의 향방이 그 어느 때보다 불확실한 것도 사실이다. 이렇듯 복잡하고, 비예측적이며, 불확실한 미래 상황을 모두 포착하여 북한의 군사전략 경로를 유추하는 것은 불가능에 가깝다. 그럼에도 필자는 이 글의 말미에서 가장 가능성 있는 '완전한 비핵화'의 모습을 가정해 보고, 그 가정을 기초로 '비핵화 프로세스'하에서 추구할 수 있는 북한의 군사전략 양상과 군사력 건설 방향을 간략히 제시해 보았다. 그리고 그러한 전망이 우리에게 그다지 낙관적인 상황이 아니라는 사실도 도출했다. 북한의 군사전략은 대체로 우리들의 기대와 달리 예상을 초월하는 속도로 진화하고, 그 능력은 급격한 성장을 일구어냈다는 과거의 교훈이 우리의 우려를 증폭시킨다.

무엇보다 우리의 진정한 우려는 북한이 어떤 선택을 하더라도 한반도에 커다란 '위험'이 발생할 수 있다는 데 있다. 만약 북한이 우리가 바라는 '핵 폐기'와 '평화 체제' 구축의 기회를 거부하고, 국가 차원의 자원제약에도 불구하고 앞으로도 계속해서 군사 자원을 전방위적으로 증강하려 한다면 국가 자원의 고갈을 초래하여 체제 붕괴를 촉진시킬 가능성도 배제할 수 없다. 그리고 그 이면에는, 만약 북한의 정권 붕괴가 자연사로 끝나지 못한다면 핵무기를 앞세운 군사력으로 한반도에 파란을 일으킬 위험이 숨어 있음을 명심할 필요가 있다. 북한의 군사전략은 그처럼 모순 속에서 선택되고 끊임없이 그 형태를 바꾸는 카멜레온과도 같은 것이다.

참고문헌

고영환. 2013. 「김정은 정권 2년 평가와 북한체제 변화 가능성」. 『김정은정권 2년 평가와 전망』. 국가안보전략연구소.

국가안보실. 2014. 『국가안보전략: 희망의 새 시대 』. 국가안보실.

국가안보전략연구원. 2016a. 『김정은 집권 5년 실정백서』. INSS.

_____. 2016b. 『2015년도 정세평가와 2016년도 전망』. 국가안보전략연구원.

국방부. 2014. 『국방백서 2014』. 국방부.

_____. 2016. 『국방백서 2016』. 국방부.

국사편찬위원회. 2006. 『해외자료총서 11: 한국전쟁, 문서와 자료, 1950~1953』. 천세.

권양주. 2010. 『북한군사의 이해』. 한국국방연구원.

김갑식. 2016. 「조선노동당 제7차 대회분석(1): 총평」. 『Online Series CO16-12』. 통일연구원.

김광수. 2006. 「조선인민군 창설과 발전」. 『북한군사문제의 재조명』. 한울엠플러스.

김기호. 2014. 「김정일 최고사령관 시기 군사전략의 변화」. ≪국방연구≫, 제57권 2호. 국방대 안보문제연구소

김동식. 2013. 『북한 대남전략의 실체』. 기파랑.

김동엽. 2016. 「김정은시대 병진노선과 군사분야 변화」. 『2016 제3차 민화협 통일정책포럼: 김정은 체제 5년의 북한진단 그리고 남북관계』. 민족화해협력범국민협의회.

김병연. 2009. 「북한경제의 시장화: 비공식화 가설 평가를 중심으로」. 윤영관 엮음, 『7·1경제관리개선조치 이후 북한경제와 사회: 계획에서 시장으로』. 한울엠플러스.

김일성. 1954. 『김일성 선집』, 제3권. 평양: 조선로동당출판사.

_____. 1992. 『세기와 더불어』, 제2권. 평양: 조선노동당출판사.

김재엽. 2016. 「한반도 군사안보와 핵전략」. ≪국방연구≫, 제59권 2호. 국방대안보문제연구소.

김정은. 2016. "제7차 당대회 중앙위원회 사업총화보고 전문." 조선중앙통신.

김진무. 2003. 「최근 북러관계 추이를 통해 본 군사협력 전망」. ≪국방정책연구≫, 제59호. 한국국방연구원

김태현. 2015a. 「전쟁론 1편 1장에 대한 이해와 재해석: 전쟁의 무제한성과 제한성을 중심으로」. ≪군사≫, 95호. 국방부 군사편찬연구소.

_____. 2015b. 「북한군 군사전략 변화에 대한 연구: '전략불균형'에 대한 '위험관리'를 중심으로」. 『전략연구』. 한국전략문제연구소.

_____. 2015c. 「김정은 정권의 대남 강압전략」. ≪국방정책연구≫, 제31권 4호. 한국국방연구원.

_____. 2016. 「북한의 핵전략: 적극적 실존억제」. ≪국가전략≫, 제22권 3호. 세종연구소.

김한권. 2016. 「북한 제4차 핵실험 이후 북중관계 전망」. ≪주요 국제문제분석≫, No. 2016-02. 국립외교원.

나영주. 2016. 「중국 시진핑 정부의 대북정책과 북핵문제」. 『민족연구』.

도진순. 2001. 『분단의 내일 통일의 역사』. 당대.

문근식. 2015. 「북한의 SLBM사출시험, 그 위협과 대응방안」. ≪국방과 기술≫, 제436권. 한국방위산업진흥회.

박영자. 2015. 「김정은 정권의 대남정책 분석과 전망」. 북한연구학회 엮음, 『김정은 정권의 핵경제 병진노선 2년 평가와 남북관계 발전방향』.

박용환. 2016. 「북한군 특수전부대 위협 평가」. ≪국방연구≫, 제58권 2호. 국방대 안보문제연구소.

박창권. 2014. 「북한의 핵운용전략과 한국의 대북 핵억제전략」. ≪국방정책연구≫, 제30권 2호. 한국국방연구원.

신종호·이기현·박주화·김수암·김석진·정성윤·김상기·황태희. 2016. 『대북제재평가와 향후 정책방향』. 통일연구원.

예프게니 바자노프. 1997. 『소련의 자료로 본 한국전쟁의 전말』. 김광린 옮김. 열림.

오경섭. 2016. 「조선노동당 제7차 대회분석(3): 통일전략과 남북관계」. 『Online Series CO16-14』. 통일연구원.

이춘근. 2012. 『북한의 군사력과 군사전략: 위협현황과 대응방안』. 한국경제연구원.

임종인·권유중·장규현·백승조. 2013. 「북한의 사이버전력 현황과 한국의 국가적 대응전략」. ≪국방정책연구≫, 제29권 4호. 한국국방연구원.

장명순. 1999. 『북한군사연구』. 팔복원.

장준익. 1991. 『북한인민군대사』. 한국발전연구원.

전봉근. 2016. 『북한 핵교리의 특징 평가와 시사점』. 국립외교원.

전성훈. 2013. 「김정은 정권의 경제·핵무력 병진 노선과 4.1핵보유 법령」. ≪Online Series≫. 통일연구원.

정병준. 2007. 「북한의 한국전쟁 계획수립과 소련의 역할」. 『역사와 현실』.

정성임. 2015. 「남북군사회담의 제약요인과 가능조건」. ≪국가전략≫. 제21권 2호. 세종연구소.

정영철. 2012. 「김정일 시대의 대남인식과 대남정책」. ≪현대정치연구≫, 제5권 2호. 서강대 현대정치연구소.

정영태. 2014. 『북한의 핵전략과 한국의 대응전략』. 통일연구원.

정은이. 2016. 「북한주민생활의 변화상에 관한 고찰」. 2016년 대북지원 국제회의(10.17).
　　　http://www.tongilnews.com/news/articleView.html?idxno=118489.

지상현. 2013. 「반도의 숙명: 환경결정론적 지정학에 대한 비판적 검증」. ≪국토지리학회지≫,
　　　제46권 3호.

『조선민주주의인민공화국 사회주의 헌법』(2010년 4월 9일 개정).

조선인민군. 2006. 「조성된 정세의 요구에 맞게 자기부분의 싸움준비를 빈틈없이 완성할 데
　　　대하여」. 『학습제강(군관, 장령용)』. 평양: 조선인민군출판사.

중앙정보부. 1974. 『북괴군사전략자료집』. 중앙정보부.

＿＿＿. 1979. 『김일성 군사논선』. 중앙정보부.

통일연구원. 2014. 『북한이해 2014』. 통일연구원.

＿＿＿. 2016. 『북한이해 2016』. 통일연구원.

한국무역협회. 2015. 『최근 10년간 남북한의 대중국경제교류 추이 비교』. 북경: 한국무
　　　역협회.

한용섭. 2015. 『한반도 평화와 군비통제』 박영사.

＿＿＿. 2018. 『북한 핵의 운명』 박영사.

한국은행. 2017. 『2016년 북한 경제성장률 추정결과』. 한국은행.

홍민. 2016. 「조선노동당 제7차 대회분석(5): 전략적 노선과 정책」. 『Online Seires CO
　　　16-16』. 통일연구원.

『혁명의 위대한 수령 김일성 동지께서 령도하신 조선 인민의 정의의 조국해방전쟁사 I』.
　　　1972. 평양: 사회과학출판사.

Arreguin-Toft, Ivan. 2001. "How the Weak Win Wars: A Theory of Asymmetric Conflict."
　　　International Security, Vol.26, No.1.

Bermudez, Joseph S. 2006. "An Overview of North Korea's Strategic Culture." in Jeffrey A.
　　　Larsen(ed.). *Comparative Strategic Culture Curriculum Project*. Defense Threat
　　　Reduction Agency,

Brodie, Bernard. 1946. *The Absolute Weapon*. New York: Harcourt Brace.

Bundesminister der Verteidigung. 1992. *Militaerische Planungen des Warschauer
　　　Paktes in Zentraleuropas: Eine Studie*. Bonn: BMVg.

Clausewitz, Carl v. 1976. edited and translated by Michael Howard and Peter Paret. *On
　　　War*. Princeton: Princeton University Press.

Cohen, Avner. 2005. "Why Do States Want Nuclear Weapons?" *In The Cases of Israel and South Africa*. Oslo: Norgegian Institute for Defense Studies.

Cordesman, Anthony H. 2011. *The Korean Military Balance: Comparative Korean Forces and The Forces of Key Neighboring States*. Washington D. C.: Center for Strategic and International Studies.

CSIS. 2013. *The Evolving Military Balance in the Korean Peninsula and Northeast Asia: Volume I, Strategy, Resources and Modernization*. Washington D. C.: CSIS.

Department of State. 2016. "World Military Expenditures and Arms Transfer 2016," http://www.state.gov/t/avc/rls/rpt/ wmeat/2016/index.htm.

DIA. 2013. *Annual Threat Assessment*. Washington, D.C.: DIA.

_____. 2014. *Annual Threat Assessment*. Washington, D.C.: DIA.

DNI. 2014. *Statement for the Record: Worldwide Threat Assessment of the US Intelligence Community*. Washington, D.C.: DNI.

Drew, Denis M. Donald M. Snow. 2006. *Making Twenty-First-Century Strategy: An Introduction to Modern National Strategy Process and Problems*. Maxwell: Air University Press.

Fiala, Andrew. 2008. *The Just War Myth: The Moral Illusions of War*. New York: Rowman & Littlefield Publishers.

Flint, Colin. 2006. *Introduction to Geopolitics*. New York: Routledge.

Fotion, Nicholas. 2007. *War and Ethics: A New Just War Theory*. Manchester: Continuum.

Friedman, George. 2013. "Ferocious, Weak and Crazy: The North Korean Strategy." *Geopolitical Weekly*.

Griffith, Samuel B. 1961. *On Guerrilla Warfare*. New York: Praeger.

Hagerty, Devin T. 1996. "Nuclear Deterrence in South Asia: The 1990 Indo-Pakistan in Crisis." *International Secuirty*, Vol.20, No.3.

Handel, Michael. 1981. *Weak States in the International System*. London: Frank Cass.

http://beyondparallel.csis.org/view-inside-north-korea-meager-rations-banned-markets-and-gr owing-anger-toward-govt/

http://kosis.kr/bukhan/bukhanstats/bukhanstats_03_01list.jsp

http://news.chosun.com/site/data/html_dir/2016/10/20/2016102000285.html

http://www.rand.org/research/primiers/nuclear-north-korea.html

http://www.voakorea.com/a/3055095.html

http://www.ytn.co.kr/_ln/0101_201609280137233060

https://twitter.com/realdonaltrump/status/842724011234791424

https://www.amnesty.org/en/latest/news/2016/03/north-korea - connection - denied/

https://www.whitehouse.gov/the-press-office/2016/11/23/statement-nsc-spokes person-ned-price- japan-and-republic-korea-signing.

IISS. 2009. *The Military Balance 2009*. London: Routledge.

Muenkler, Herfried. 2003. *Ueber den Krieg: Stationen der Kriegsgeschichte im Spiegel ihrer theoretiscen Reflexion*. Verbrueck Wissenschaft.

Narang, Vipin. 2014. *Nuclear Strategy in the Modern Era: Regional Powers and International Conflict*. Princeton. NJ: Princeton University Press.

Person, James. 2010. *New Evidence on the Korean War*. Washington D. C.: NKIDP.

Roehrig, Terence. 2016. "North Korea, Nulcear Weapons and the Stability-Instability Paradox," *The Korean Journal of Defense Analysis*, Vol.28, No.2.

Scaparrotti, Curtis. 2014. *Statement of CDR UNC/CFC/USFK Before The Senate Armed Services Committee*. Washington, D.C.

Schmitt, Carl. 1963. *Der Begriff des Politischen Text von 1932 mit einem Vorwort und drei Corollarien*. Berlin: Dunker & Humbolt.

SIPRI. 2013. *SIPRI Year Book 2013: Military Expenditure Database*. Stockholm: SIPRI.

Smith, Shane. 2015. *North Korea's Evolving Nuclear Strategy*. US-Korea Institute at SAIS.

The White House. 2010. *National Security Strategy*. Washington, D.C.

_____. 2015. *National Security Strategy*. Washington, D.C.

UN Human Rights Office of the High Commissioner. 2014. *Report of the Commission of Inquiry on Human Rights in the DPRK: A/HRC/25/63*. UN. 2014.2.7.

UNSCR. 2015. "Resolution 2356 Adopted by the Security Council at its 7958th meeting, on 2 June 2017." http://unscr.com/en/resolutions/doc/2356

_____. 2016. "Resolution 2321 Adopted by the Security at its 7821st meeting, on 30

November 2016." http://unscr.com/en/resolutions/doc/2321

_____. 2017. "Resolution 2356 Adopted by the Security Council at its 7958th meeting, on 2 June 2017." http://unscr.com/en/resolutions/doc/2356

Washington Post. 2017.6.24. "Trump and China: The Honeymoon is Over."

_____. 2017.8.14. "Trump administration goes after china over intellectual property, advanced technology."

Weitsman, Patrica. 2004. *Dangerous Alliance: Proponents of Peace, Weapons of War.* Standford University Press.

"North Korea's Nuclear and Ballistic Missile Programs," *Congressional Research Service,* 2016.6 6.

"Security Council Strengthens Sanctions on DPRK, Unanimously Adopting Resolution 2321(2016)." http://www.un.org/press/en/2016/sc12603.doc.htm

10장

1970년대 한국 자주국방론의 전개와 군사전략의 확립

노영구 | 국방대학교 군사전략학과 교수

1. 머리말

자주국방(self defense)이란 한 국가가 스스로 내외부의 위협으로부터 자신을 보호할 수 있는 능력을 갖추는 것이라고 할 수 있다. 이를 위한 주요한 수단은 자국의 군사적 능력, 즉 군사력 건설이 될 것이다. 그러나 그 능력을 충분히 갖추었다고 해서 절대로 외부의 위협과 침략을 당하지 않는다는 보장은 없다. 또한 한정된 자원을 군사력 건설에 많이 할당할 경우 국가의 총체적 안보역량은 오히려 약화될 수 있는 문제점이 있다(한용섭, 2019). 따라서 자주국방만으로 국가의 안전보장을 담보할 수 있는 것은 아니며 다양한 국가안보전략 중에서 자주국방은 하나의 주요한 선택으로서 위치를 가지게 된다. 국가는 자신의 사활적·핵심적인 이익을 지키기 위해 힘 또는 협력에 의지하게 되는데, 자주국방은 동맹 결성과 함께 '힘'에 의한 안보전략의 하나로서 스스로의 힘에 주로 의존하는 안보전략이라고 할 수 있다(김재엽, 2007: 38~39). 최고의 권력을 가진 주권국가들 사이에서 문제가 발생했을 때 국가보다 위에 있는 조직이 없는 현대 국제정치 상황에서 자체의 능력을 바탕으로 한 자주국방은 한 국가가 가장 신뢰할 수 있는 국가안보전략이라고 할 수 있다.

국가의 생존을 위해 중요하게 고려할 점은 과도한 군사력의 확보나 대외지향적 전략의 채택이라는 극단적인 선택이 바람직한 것은 아니라는 점이다. 가장 중요한 것은 독자적 방어에 충분한 수준의 군사력 확보와 함께 이를 주체적이고 자주적으로 운용하고자 하는 국가안보전략, 즉 자주국방정책을 기본으로 채택하는 것을 들 수 있다. 나머지 국가안보전략은 이를 바탕으로 상황에 따라 유연하게 전개하면 되는 것이다.[1] 이런 맥락에서 정부 수립과 한국전쟁을 거친 이후 대한민국 정부가 대내외적으로 가장 심각하게 안보 위기를 겪었던 시기는 1960년대 말~1970년대 말에 이르는 10여 년 동안의 기간이었다.

　1970년대 대내외적인 위기상황 속에서 박정희 정부는 국가안보전략으로 자주국방을 표방하고 적극적인 군사력 건설과 함께 자주적 방위전략을 수립하는 등 적극적으로 대처했다. 자주국방에 바탕을 둔 국가안보전략의 채택과 적극적인 군사력 건설을 통해 1970년대 후반이 되면 독자적인 한반도 방위가 가능한 수준에 이르렀다. 이 시기 자주국방정책에 따라 채택된 군사전략과 군사력 건설 등의 방향은 이후 정권의 교체에 따른 변화와 왜곡이 나타나기도 했지만 지금까지 한국 국가안보전략의 주요한 한 맥락으로 자리 잡았음은 주목할 만하다. 따라서 한국 국가안보전략의 연원을 확인하고 아울러 그 맥락에 대한 이해는 매우 중요하다. 1960년대 말 한국이 직면한 대외적 위기상황에 따라 자주국방정책을 수립하고 실행해야 할 필요성이 매우 높았던 것은 사실이지만, 10년 전후의 단기간 내에 정치·경제적 어려움에도 불구하고 자주국방정책의 수립과 그 실행이 모두 가능했던 것은 다른 국가와 비교할 때 매우 이례적이라고 할 수 있다. 따라서 1960년대 후반의 대내외적인 상황의 급

---

1)　한반도 세력의 생존과 번영의 결정적 변수에 대해 일부 논자들은 주변 열강 중 하나와 어떤 식으로든 관계를 맺고 그 힘을 지혜롭게 활용하는 세력이 자주세력에 항상 승리한 역사이므로, 대외관계를 어떻게 형성하느냐 하는 외교에서의 통찰력과 책략이 한반도의 생존과 번영의 결정적 변수라고 주장하기도 한다(김종대, 2010: 154).

변과 이에 대한 대응이라는 측면에 국한하여 자주국방정책을 이해해서는 한계가 있다고 생각한다.

이 장은 1960~1970년대를 중심으로 박정희 정부의 자주국방정책의 형성과 전개를 살피는 것을 목적으로 한다. 이를 통해 최근 활발히 추진되고 있는 전시작전통제권의 환수와 주도적인 한반도 및 주변 지역 방위를 위한 합리적인 국방력 조정과 국방개혁을 위한 지혜를 찾는 데 조금이나마 도움이 될 것을 기대한다.

2. 1960년대 후반~1970년대 자주국방 체제 확립

1) 1960년대 말 안보환경 변화와 자주국방의 천명

1960년대 초부터 추진된 한국의 경제개발계획은 1964년 중반 이후 수출지향적 산업화를 모색하면서 빠른 성장을 이루기 시작했다. 1960년대 중반에는 중화학공업에도 눈을 돌리기 시작했다(이완범, 2006). 이에 따라 높은 경제성장률을 기록하면서 한국은 경제적인 측면에서 북한을 점차 앞지르기 시작했다. 육성된 중화학공업을 기반으로 방위산업 분야의 국산화 추진이 가능해졌고 경제력을 바탕으로 군사적 측면에서 북한에 맞대응하기 위한 노력이 추진되었다. 1970년대 자주국방의 본격 추진은 이런 국내적 상황의 변화에 기본적인 바탕을 두고 있다. 그렇지만 1960년대 말부터 자주국방을 강력하게 추진하게 된 직접적인 계기는 북한의 군사적 위협의 증대 및 국제정치의 체제 변화와 밀접히 관련된다.

1968년 1월 21일 일어난 북한 특수부대인 124군부대의 서울 침투와 청와대 습격 시도, 그리고 이틀 뒤 동해상에서 일어난 미 정보함 푸에블로호납치 사건은 한미상호방위조약에 입각한 집단 방위 체제상의 문제와 함께 북한의 게릴라전에 충분히 대응하지 못하는 우리의 국방상 큰 문제가 노출되었다. 이는 북한의 침투에 대비한 한국군 배치 및 경계 상황의 약점을 보여준 것이었다. 또 푸에블로호납치에 대해 주한 미 공군과 한국 공군력이 적절히 대처하지 못했던 점은 한미 연합방위력과 그 체제상 문제점이 적지 않았음을 보여주었다. 이에 미국은 한반도 주변에 군사력을 일시 증강했지만 베트남전의 확대와 대통령 선거에 따른 미국 국내 상황으로 인해 한국에서 분쟁이 일어나지 않기를 바라는 입장이었다. 따라서 미국은 북한에 대한 군사적인 보복 조치를 취하지 않고 푸에블로호 승무원의 송환에만 치중하면서 북한 특수부대의 서울 침투에 대해서는 언급을 회피했다. 북한에 대한 강경한 군사적 조치를 통해 도발 억제를 기대했던 한국정부는 연합 군사 체제의 한계를 심각하게 인식했다(국방군사연구소, 1995: 164~165).

1968년 2월 7일 경전선 개통식에서 박정희 대통령은 미군 중심의 의타적 국방 태세에서 자주적 국방 태세로의 전환을 천명하고, 향토예비군 250만 명의 무장화와 자체 무기생산 공장의 건설을 역설했다. 2월 26일 서울대학교 졸업식에서는 최초로 '국방의 주체성'과 '자주국방'이라는 용어를 사용하면서 자주적 국방 태세 확립의 중요성을 언급했고, 다음 날 육군사관학교 졸업식에서도 국방의 주체성을 다시 한번 강조했다(대통령비서실, 1969). 이와 함께 1969년 7월 25일 발표된 닉슨독트린과 이에 따른 1971년 초 주한 미 제7사단의 일방적 철수 통보와 철수 개시는 자주국방 의지를 다지고 자주적 국방 태세를 갖출 필요성을 재확인해 주었다.

닉슨 행정부가 출범하기 직전인 1968년 12월 23일 미 국무부는 「미국의 대한정책 검토보고서」를 작성했는데, 여기서 한국의 자체 방위력을 향상하고 주한미군을 점진적으로 감축하는 방안을 제기했다(박승호, 2009: 128~129). 이는 닉슨 행정부의 새로운 대아시아 정책과도 일맥상통하는 것이었다. 닉슨 대통령은 괌에서 발표한 닉슨독트린에서 미국의 아시아 지역 개입 축소와 아시아 동맹국의 책임분담을 강조했다. 이 선언에서 닉슨은 아시아 동맹국에 대한 방위 공약 준수 의지를 표명하면서도 핵무기 위협을 제외한 아시아의 방위는 1차적으로 아시아인들에 의해 이뤄져야 하고 미국의 역할은 지상군의 개입을 제외한 지원에 국한될 것이라고 역설했다.[2] 닉슨독트린은 중·소의 대립으로 세계가 다극화되어 가는 과정에서 미국의 역할을 재조정하고 이에 따른 동맹국의 책임분담을 요구하는 성격을 가진 것이었다. 즉 미국 외교정책의 데탕트 체제로의 전환과 관련을 가지는 것이었다(국방부 군사편찬연구소, 2002b: 661). 동시에 군사정책의 측면에서는 1960년대 미국의 유연반응전략 채택과 베트남전 개입으로 재래식전력 확대에 중점을 두면서 전략 핵전력이 1967년 이후 동결된 데 비해, 소련은 이 시기 전략미사일 증강을 본격적으로 시행하여 이 무렵 미국과 소련의 핵전력이 균형을 이루었던 상황의 반영이었다. 이에 미국의 외교정책은 이전에 비해 과감성을 상실했고 아울러 베트남 철수와 맞물려 미국의 안보 공약에 대한 동맹국의 신뢰 상실을 가져왔다(김수광, 2008: 55~56).[3]

닉슨독트린에 따른 한국 등 아시아 지역 주둔 미군의 감축으로 인해 한국 방어를 위한 한반도의 현존 전력과 증원 전력을 감소시키는 결과를 가져왔다.[4] 이에 비해 북한은 1962년 이후 4대군사노선과 3대혁명역량 강화를 토대로 군사정책을 '방위 태세 극대화'에서 '공격력의 극대화'로 전환하여 추진한 결과 1960년대 말에는 중국이나 소련의 지원 없이 2개월간 단독 작전을 수행할 수 있는 능력을 갖춘 것으로 평가되었다. 1960년대 말 북한의 일련의 무력 도발은 이런 배경하에서 이루어진 것이었다. 더구나 북한은 1960년대 중반

---

2) 닉슨독트린의 전체 내용에 대해서는 Kissinger(1995: 708) 참조.
3) 실제 한국처럼 미국과 양자동맹을 맺고 있던 호주도 닉슨독트린 이후 큰 충격을 받아 동맹정책의 틀 속에서 자주국방을 추진하게 되었다(Amponin, 2003: 2).
4) 닉슨독트린은 기본적으로 모든 동맹국에 적용되는 것이었지만 주로 아시아 지역에 중점을 두는 것이었다. 특히 미국의 전략상 아시아 지역에서 발발할 수 있는 미래의 전쟁에 미 지상군의 개입을 회피하는 것을 중시했다(Kissinger, 1979: 220~225).

이후 무기의 자체 생산능력의 증강에 총력을 기울여 1970년대에는 항공 및 유도무기를 제외한 본격적인 병기공업 체제를 완성하고 모방 생산 단계로부터 자체 개발 단계로 점차 이행하고 있었다(함택영, 1992: 26). 이에 비해 한국은 1960년대까지 한국군의 전력 증강과 운영유지를 상당 부분 미국의 지원에 의존하고 있었다. 1960년대 중반 경제개발 5개년 계획의 성과로 인해 한국 경제가 급성장하면서 다소 호전되었지만, 1969년까지도 전체 국방 재원에서 국내 재원이 차지하는 비중은 51.7%에 불과했다.

  1960년대 말부터 나타난 대외 환경의 급변, 즉 한미 관계의 변화, 북한의 위협 증대, 부족한 한국의 국방 능력에 따라 위기의식은 높아졌고 이에 대한 대응으로 새로운 국방정책에 대한 사회적 요구가 커졌다. 닉슨독트린에 대해 한국의 정치지도자들은 심각한 안보 위기로 받아들였는데, 1970년 7월의 긴급각료회의에서 한국정부는 닉슨독트린과 미군 감축을 '한국의 안전을 도외시하고 미국 정부가 국내 사정을 이유로 일부 병력을 철수시키는 것은 한국뿐 아니라 자유우방국에 대한 배신행위'로 규정했다. 이 시기의 안보 위기감은 정치지도자뿐만 아니라 일반 한국인들 사이에서도 보편적인 정서였다(정영국, 1999: 212). 이런 상황에서 독자적 방어 능력의 확보와 자주국방 체제의 확립 필요성이 제기된 것이다. 박정희 정부는 1970년대 한국 안보를 위협하는 문제의 원인을 대북 군사력 열세로 파악했고 아울러 그동안 한국이 선택했던 '한미연합방위체제'의 신뢰성에 대해 의문이 있음을 인식했다. 이런 문제 인식이 한미연합방위체제의 재검토와 자주국방으로 표출되었다. 1971년 2월 8일 주한 미7사단 철수가 확정된 이후 대통령의 특별 담화에서 자주국방을 공식적으로 선언한 것은 이런 상황의 반영이었다.

2) 1970년대 전반기 자주국방 체제의 확립

자주국방정책을 추진했던 1960년대 말 한국정부는 정부 시책 목표를 자주국방 태세의 확립과 안정 기조를 통한 경제건설로 설정했다. 이 목표에 입각해 점차 국방의 역량을 키워 어느 때에 가서는 타국의 도움 없이도 독자적인 힘으로 국가를 방어한다는 자주국방 개념에 따른 국방정책이 수립되었다. 이에 기존의 대미 의존적인 방위 태세와 빈약한 국력으로 인한 경제적·기술적 실현 가능성을 고려하여 향토예비군 창설, 전(全)전선의 철책화, 대간첩작전 지휘체계의 일원화, 수도권 방어 계획의 수정 및 전면전에 대비한 고수방어(固守防禦)로의 전환 등 실질적으로 달성 가능한 국방정책을 우선적으로 추진했다. 1971년 초 주한미군의 감축과 그해 연말 주월 한국군의 철군 개시로 그동안 브라운 각서에 의해 일단 중단되었던 미국의 대한 군사원조(對韓軍援) 이관이 재개됨으로써 국방비의 자기 부담률이 증가되었다. 이에 한국정부는 1971년도 국방정책을 '자주국방 태세의 확립'으로 결정하고 자주국방 체제를 정비·강화하기 위한 다양한 시책을 펴나갔다.

예를 들어 국방 기구의 통합·개편 및 주월 한국군 철수에 따른 병력 수준의 재조정, 북한 무장공비 및 간첩 활동에 대비한 대간첩 대비 태세의 강화, 그리고 수도권 방어 계획의 보강에 중점을 둔 대책을 마련했다(국방부 군사편찬연구소, 1990: 71~76). 아울러 육군본부는 1971년 9월 전략 기획을 지원하고 한국군의 독자적인 전쟁수행 능력을 진작시키기 위해 '전쟁기획위원회'를 설치했다. 10월에는 청와대 비서실에 방위산업을 전담하기 위한 경제 제2비서실이 신설되었다. 육군본부 전쟁기획위원회의 기능은 이듬해 육군본부 작전참모부의 전쟁기획실로 이관되어 연구가 계속 진행되었고 또한 한반도 안보문제에 대한 기초적인 연구 수행을 위해 국방대학원 부설기구로서 안보문제연구소가 발족되었다. 그러나 1970년대 초반까지 국방부는 일관된 국방 목표의 설정 없이 연도별 국방부 기본 시책에 의거 정책을 추진했다. 자주국방이 절실해지면서 1972년 12월 29일 국방 목표를 처음으로 제정하여 국방정책의 방향과 군사전략 수립의 기초로 삼았다. 이때 설정된 국방 목표의 내용은 ① 국방력을 정비 강화하여 국토와 민족을 수호한다. ② 적정 군사력을 유지하고 군의 정예화를 기한다. ③ 방위산업을 육성하여 자주국방 체제를 확립한다는 것이었다(국방부 군사편찬연구소, 2001: xi-xii).

국방 목표를 재정립함으로써 군의 역할과 군사력의 운용 개념 및 전시와 평시 군사력 사용에 대한 근거를 마련하여 독자적인 국방정책과 군사전략을 수립하는 데 명시적인 방향을 설정할 수 있었다. 이 국방 목표를 달성하기 위해 1970년 이후 독자적으로 국방 시책의 기본 방향을 각 연도별로 제시하고 국방정책에 대한 중단기 계획을 수립하는 한편 이를 합참에서 기획한 '합동기본 군사전략'과 연계시켜 국방의 전반적인 건설 및 운용을 국방 기획 및 전략 기획의 통합 차원으로 발전시켜 나갔다. 또한 자주국방 추진 과정에서 가장 중요하게 제기되었던 효율적인 국방예산의 편성을 위한 국방 기획 제도의 정립과 정신 전력 분야의 정책적 지원이 강화되었다. 이와 함께 독자적 군사력 건설이 구체화되었다. 1973년 4월 19일 을지연습 '73 상황을 시찰하던 자리에서 박 대통령은 자주국방과 관련된 다음과 같은 일련의 지시를 했다.

1. 자주국방을 위한 군사전략 수립과 군사력 건설에 착수
2. 작전지휘권 인수 시에 대비한 장기 군사전략의 수립
3. 중화학공업 발전에 따라 고성능 전투기와 미사일 등을 제외한 주요 무기, 장비를 국산화
4. 장차 1980년대에는 이 땅에 미군이 한 사람도 없다고 가정하여 독자적인 군사전략, 전력 증강 계획을 발전(국방군사연구소, 1995: 205~206)

이에 따라 우선 국방 목표 및 군사력 증강에 관한 기본 지침이 합참에 의해 수립되었으며 이듬해 7월에는 '합동기본군사전략'이 작성되었다. 이 합동기본군사전략은 한국 최초의 종합적인 독자적 군사전략 구상이었다. 이에 입각하여 이후 8개년을 대상으로 하는 '자주적 군사력 건설계획'을 마련하게 되고 이 안은 1974년 1월 16일 합동참모회의에서 의결되었다. 이를 토대로 국

방부는 제1차 전략증강 계획, 이른바 '율곡계획'을 수립해 대통령의 재가를 받았다.[5] 그 내용은 국방비 가용액은 GNP 4% 수준을 유지하고 투자비는 15억 2600만 달러로 계획하며, 전력 증강 투자를 위해 효율적인 국방관리를 통해 운영유지비를 최대로 절약하고 방위산업을 육성하여 자체 생산 기반을 구축한다는 것이었다. 전력 증강의 우선순위는 대공 및 대전차 억제 능력 향상, 공군력 강화, 해군력 증강, 예비군 무장화 순서로 정해졌다(육군본부, 1984: 40~41).

3. 1970년대 독자적 군사전략의 수립

1) 1960년대 후반 이후 수도 사수론과 적극 방어전략의 채택

자주국방 태세의 확립과 이에 따른 군사력 건설과 함께 독자적인 군사전략도 제시되었다. 한국전쟁 당시의 현 전선을 절대 고수한다는 방어 개념은 휴전협정 이후에 적의 남침 시 한강 선까지 단계적으로 철수하고, 상황에 따라 서울을 적에게 내어준 다음, UN군이 재집결해 반격해서 서울을 되찾는다는 개념으로 변경되었다(이병태, 2018: 175). 이 전략은 수도인 서울을 적군에게 허용하겠다는 것을 전제하고 있었기 때문에 한국에는 바람직한 전략개념이 아니었다. 따라서 한국의 독자적인 방어전략의 필요성이 제기되었다. 독자적 군사전략 마련의 필요성은 1968년 1·21사태와 닉슨독트린에 따른 미국의 대한반도 안보 공약의 약화에 대한 우려와 관련이 있었다.

1960년대 말 미 닉슨 행정부 출범 당시 유엔군의 작전계획은 1968년 작성

---

5) 이 '합동기본군사전략'과 율곡계획 수립은 당시 이병형 합동참모본부장의 주도하에 전략기획국장 이재전 장군과 임동원, 윤용남, 이재달 등의 장교들이 실무에 참여한 것으로 알려져 있다(임동원, 2008: 147~148).

된 태평양사령부의 작계27-69로서, 1단계는 전쟁 발발 초기부터 한국군, 미군, 유엔군이 반격 개시 준비를 할 때까지로 적의 공격을 격퇴시키고 기지와 지역을 보호하며 반격 작전을 준비하는 것이었다. 2단계는 한반도에서 적의 군사력을 파괴 또는 무력화하는 것이었다. 그 내용은 재래식 전력 중심으로 북·중 연합 공격 시에 미리 선정된 방어선을 따라 미 증원 전력이 도착할 때까지 지연작전을 실시하는 것이었다. 이 방어 개념은 수도 서울을 반드시 사수하는 것이 아니었으며 주로 한강 방어선을 반격작전의 출발선으로 계획했다(김수광, 2008: 151~152). 그러나 군사 계획상 서울을 포기할 수 있다는 것은 정치·경제적으로 단순한 것이 아니었다.

1960년대 산업화·도시화의 급속한 진전에 따라 1960년 244만 명이었던 서울의 인구는 10년이 지난 1970년에 2배 이상 증가하여 543만 명에 달하게 되었다. 이에 따라 서울은 단순한 정치적·행정적 중심이 아니라 사회적·경제적으로도 그 중요성이 매우 커졌다. 서울의 방어 문제는 단순한 군사상의 문제가 아닌 국가의 사활에 관련된 문제가 된 것이었다. 게다가 북한이 1960년대 후반 일부 부대를 기동성이 뛰어난 경보병, 게릴라 부대로 개편하여 새로운 유격 전술을 개발하자, 이에 대해 한국은 여러 전력을 입체적으로 종합 운영하여 초전 방어 후 반격하는 개념의 공세적 억제전략으로 전환했다(국방부 군사편찬연구소, 1990: 18). 1968년 5월 28일 한미국방장관회의에서 종전의 기동방어로부터 고수방어 개념으로 방위전략을 변경하여 수도 서울은 물론 모든 부대가 현 위치에서 국토를 사수한다는 원칙에 합의했고, 한강 이북 지역에 몇 개의 주 방어선을 구축하여 북한의 전면 침공에 대처하는 동시에 전방부대의 진지를 영구 유개화하는 등 보다 적극적인 방어 태세로 방향을 전환했다(육군본부, 1989: 172).

한편 1969년에 육군에서 작성된 '육군 방위 전략(71~75)'은 건군 이후 최초로 독자적인 방위전략 개념을 담았다. 이 구상은 주한미군의 점진적 철수를 가정하고 공세적 방어전략 기조 아래 37도선 이북지역에서 반격 및 공세 이전하되 장기 소모전을 회피하고 단기 결전주의 및 야전 병력 섬멸주의를 택하였다(육군본부, 1989: 260~261). 공세적인 군사전략의 수립과 함께 작전계획 면에서도 독자적인 계획이 수립되었다. 앞서 보았듯이 1960년대까지 한국의 방어 개념은 북한이 공격할 경우 한강 일대까지 단계적인 철수작전으로 공간을 양보하면서 미국 본토로부터 대규모 증원군이 도착할 시간을 벌면서 증원권과 함께 반격으로 전환해 휴전선을 회복한다는 개념이었다. 북한의 기습 공격으로 막대한 희생을 치른 후에 반격작전으로 휴전선을 회복하는 데 그치는 것은 한국군의 입장에서는 수용하기 어려운 것이었다. 만약 한반도에서 다시 전쟁이 일어난다면 반드시 국토 통일을 추구해야 한다는 것이 당시 군인과 국민들의 일반적인 생각이었다(조영길, 2019: 54~55).

한국 방어 계획의 문제점을 인식한 육군본부는 새로운 작전 개념을 구상했다. 1971년 9월부터 육군본부에서 연구한 '태극72계획'이 1973년 4월 을지·포커스렌즈 연습 시에 대통령에게 보고되었고, 이후 육군의 전 장군들의 중지를 집약하고 계획을 보완하기 위해 '무궁화회의'로 명명된 비밀회의를 거쳐 한국군의 독자적인 전략 구상으로 발전했다(육군본부, 2003: 163~165). 태극72계획[6]은 미군의 지원 없이 한국군만으로 전쟁을 수행하는 것을 가정한 계획으로 방어 단계와 반격 단계로 구분된다. 이 방어 계획은 수도권을 중심으로 3개의 방어선을 선정했고 수도권에 대한 방어가 1차적 관심이었다. 반격 계획은 북한 지역을 3단계로 구분하여 작전을 수행함으로써, 한반도 전 지역을 군사적으로 지배하려는 최초의 계획이었다. 이는 이전까지 한국군의 의식 구조와 전쟁수행 개념을 완전히 바꾸는 계기를 마련했고 1970년대 자주국방에 따른 군사력 건설의 방향과 국방 기술 개발에 큰 영향을 주었다.

이런 적극적인 작전 개념은 1973년 3월에 발행된 미8군 작계5027에도 반영되었다. 수도권 북방에 방어선을 새로 설정하고 작전 단계는 3단계로 구분

---

6) 세부적인 작전계획은 홍준기(2004: 25~26) 참조.

하여, 1단계에는 FEBA 전방에서 방어 전투를 승리하고 2단계는 반격 작전으로 현 휴전선을 회복하며, 3단계는 상황을 고려하여 반격을 지속하여 한반도에서 적을 격멸한다는 것이었다. 특히, 어떠한 상황에서도 서울이 적의 포 사정거리 내에 위치하지 않도록 최후 방어선은 서울 북방으로 설정했다(육군본부, 1981: 334).

이런 방어 개념의 전환을 더욱 현실화시킨 것은 1973년 여름 수도 서울의 전방을 담당하고 있는 한미1군단장으로 취임한 제임스 홀링스워츠(James F. Hollingsworth) 장군의 전진 방어 개념이었다. 그는 유엔군 사령부의 작전계획을 검토한 후 "이것은 전쟁에 이기기 위한 계획이 아니라 지지 않기 위한 계획"이라고 혹평했다. 제2차 세계대전 당시 패튼 장군 휘하의 북아프리카 전선에서 특수임무부대를 지휘하며 용맹을 떨쳤던 전형적인 공격형 군인이었던 홀링스워츠는 자신의 작전 구상을 구체화하여 이듬해 새로운 한국 방어 계획을 완성했다. 이것이 작전계획 5027-74였다. 이 계획의 기본 개념은 전진 방어와 공세 작전 그리고 단기 결전으로 정리된 수도 서울이 전 인구의 4분의 1이 밀집되어 있기 때문에 휴전선 이북 지역에서 단기적이고 섬멸적인 전투로써만 서울을 수호할 수 있다고 강조하면서, 한미연합군의 B-52 폭격기 등 항공기와 포병 화력을 집중하여 적의 공세를 전방에서 제압하고, 화력 지원하에 기습적으로 개성을 점령하여 북한 공격 제대의 균형을 와해시키고, 추가적인 증원 전력의 투입으로 최단시간 내에 평양을 점령하여 북한의 전쟁수행 능력을 파괴한다는 개념이었다. 작전 소요시간을 총 9일로 판단했기 때문에 일명 '9일 작전계획'이라고도 했다(오버도퍼, 2014: 111~112; 조영길, 2019: 57~58).

적극적인 군사전략으로의 변화에는 여러 원인이 있었지만, 특히 당시 미국의 군사교리인 '적극방어(active defense)전략'과 관련이 있다. 미군은 이전까지 대량 화력에 의한 소모전을 작전의 기본으로 삼아왔다. 1970년대 중반에 구상된 '적극방어전략'은 화력의 증대로 인해 초전의 결과가 거의 결정적이라는 인식에서 비롯된 것이며, 초기에 최대한 적을 저지·격퇴하고 이어서 반격으로 전환하는(최병갑, 1984: 21~22) 전략이다. 즉 '화력전에 의한 적 격멸'로서 각종 화력 특히 대전차무기의 최대 유효사거리를 이용하여 적 전차가 주 방어 진지에 접근해 오기 전에 원거리에서 격파하는 데 주안을 두고 있다. 종래의 미군 전략 개념인 대량보복전략은 미소 간의 핵 균형과 핵전으로의 확전 우려 등으로 한계가 노정되었고, 유럽에서는 서독의 영토 내로 전장이 확장되면 될수록 인구 밀집 지역과 생산 지역에 심대한 피해를 입히기 때문에 국경 지역에서 최대한 결전을 해야 할 필요성이 제기되었다. 또한 서독의 짧은 방어종심을 고려할 때 바르샤바조약군의 기습 공격을 방어하기에 부적절하다는 비판이 제기되어 적극방어전략이 등장했다(최병갑, 1984). 서독과 비슷한 전략적 환경인 한국의 경우에도 북한군의 선제 기습 공격 시 수도 서울의 안전을 장담할 수 없었고, 1968년 1·21 청와대 습격 사건으로 인한 한국 측의 강한 요구와 미 7사단의 철수에 따른 방어 공백 보강을 위해 미군의 적극방어전략이 유엔군의 한국 방위에 적용된 것이다.

적극방어전략은 당시 북한군의 급속한 성장에 대응하기 위한 것이기도 했다. 1960년대를 거치면서 북한군의 성장세는 뚜렷했다. 북한은 1961년 중국 및 소련과 각각 우호협력상호지원조약을 체결하여 공산주의 강대국들과 협력체계를 구축한 김일성은 이후 경제 및 군사 병진노선을 국가전략으로 추진했다. 특히, 군사 부문에서는 1962년 이른바 4대군사노선, 즉 전군 간부화·전군 현대화·전인민 무장화·전지역 요새화와 1964년 3대 혁명역량 강화, 즉 혁명 기지의 강화·남조선 혁명 역량 강화·국제적 혁명 역량 강화 등을 토대로 공격력 극대화의 군사정책을 추진하였다. 그 결과, 1960년대 말에는 중국이나 소련의 지원 없이도 2개월간 단독 작전을 수행할 수 있는 능력을 갖춘 것으로 평가되었다(홍준기, 2004: 19). 북한군의 규모도 증가했는데, 북한군 병력은 한국전쟁 이후 감소세에서 1960년대에는 증가세로 전환했고 1960년대 말에는 대략 한국전쟁 종료 직전 수준(약 40만 명)을 회복했다(이병태, 2018: 122~123). 1970년대에는 북한군 병력이 52만 명으로 증가했고, 전차 등도 계속 증강되어 전체적으로 한국군과 비교했을 때, 지상군 무기는 2 : 1, 제트전투기는 2 : 1, 해군 전투함정은 4 : 1 이상으로 앞서 있었다(이병태, 2018: 166). 또한 북한 군은 선제 기습 전략을 극단적으로 추구했다. 북한군은 '7일 만의 한국 압도 전략'이라는 이름으로 북한군의 군사적 장점들을 활용하여 남한을 공격할 수 있을 것으로 판단했다. 김일성은 선제 기습 전략에 추가하여 1969년부터는 독자적인 군사전략 개념인 배합전을 강조했다. 이는 한국전쟁을 통해 체득한 마오쩌둥식 '인민전쟁' 전략을 수용한 것이었다.

한편 1960년대 말부터 한국군의 군사기획 능력도 향상되기 시작했다. 베 트남전에서의 주월 한국군사령부의 독립적인 작전지휘 경험은 작전기획 능 력을 배양함과 동시에 미군과 대등한 입장에서 군사적 문제를 해결할 수 있게 했다. 아울러 작전 기간 내내 한국군의 대게릴라 작전과 민군 작전은 함께 참 전한 타 국가들에게 모범이 되었고, 이런 독자적인 작전 경험은 한국군의 자 신감 회복에 크게 기여했다(장용구, 2014: 154~155). 베트남전 파병의 정책 결 정과정에서 한국의 군사전략 능력은 획기적으로 발전했다. 월남 파병을 결 정하는 과정에서 한국은 미국을 상대로 국가이익을 증진하기 위해 미국의 영 향력으로부터 독립된 협상 능력을 발휘했고, 내부적으로는 국가전략과 군사 전략 간의 연결 및 정치·경제 등 전반적인 국익 문제가 파병 결정과정에서 논의·검토됨으로써 현대적 의미의 전략 체계를 경험할 수 있었다(이병태, 2018: 48).

월남 파병 이외에도 1971년 7월 한미 연합 부대 성격인 '한미제1군단사령 부'가 창설되었다. 이는 한미동맹 체제하에서 한국군과 미군을 최초로 통합 편성하여 운영했다는 점과 작전통제권 차원에서 대등한 위치로 참여하게 되 었다는 점에 의의가 있다. 군사기획 분야에서는 1968년 북한의 1·21 청와대 습격 사건 이후 한국의 수도권 방어력 보강 요구의 결과, 10월에 주한미군사 령부 내에 한미연합기획참모단을 설치하고 한국 방어 계획을 공동으로 발전 시키는 업무를 수행했다. 이때부터 비로소 한국군은 한국의 연합 방위 작전

기획에 참여할 수 있게 되었고 독자적인 작전기획 능력을 확보할 수 있는 토대가 마련되었다. 1973년경 합동참모본부는 독자적 군사전략을 담은 '합동기본군사전략'을 수립했다. 합동기본군사전략은 장래 한국의 군사력 건설 방향을 제시하기 위해 수립된 전략 구상으로 미군의 철수를 가정하고 1980년부터는 독자적인 전략을 구사해야 한다고 보았다. 그리고 1970년대는 방위전략, 1980년대는 억제전략, 1990년대에는 공세전략으로 개념을 설정하고 있다. 특히, 상당 기간 전쟁을 억제하는 데 주안을 두고 억제전력은 한미 연합전력으로 구성하되, 1980년대에는 한미동맹을 유지한 가운데 점차적으로 조기경보 능력과 핵 및 화학전 능력 등의 확보를 통한 독자적인 전력을 구축한다는 계획을 제시하고 있다(홍준기, 2004: 23; 육군본부, 1984: 99).

2) 1970년대 후반 독자적 군사전략 수립

한국의 독자적인 군사전략 수립은 1970년대 후반 이후에도 계속 이루어졌다. 특히 1975년 4월 남베트남의 공산화와 1977년 출범한 카터 행정부의 주한 미 지상군 철수 정책에 따라 한국은 독자적인 대북 억지력 확보를 더욱 적극적으로 모색했다. 1974년부터 추진된 전력 증강 사업인 제1차 율곡사업의 규모를 남베트남 패망을 계기로 크게 증가시켰으며, 그 기간도 1980년에서 1981년까지로 연장했다(국방부 군사편찬연구소, 2002a: 440~441). 대북 억지전력 확보 노력과 동시에 독자적인 군사전략 수립을 위한 노력은 계속되었다. 1977년 후반 육군본부에 전력증강연구위원회(일명 '80위원회')를 창설하여 1980년대를 지향하는 전략 및 정책에 대한 연구에 착수했다. 이 위원회는 '1980년대 육군발전계획'을 마련하여 독자적 군사전략을 수립했는데(임동원, 2008: 149~150), 1980년대 미군이 철수하는 상황이 온다는 가정하에서 자주적 억제력을 갖추기 위해 장기적 안목에서 국방을 기획한 최초의 시도였다(김종대, 2010: 157~158). 즉 1990년대를 목표로 향후 20여 년간 적용될 장기 전략을 마련한 것으로서, 이에 따르면 종전과 달리 방위 범위를 주변 강대국으로 확장했으며 이에 대응할 한국군의 군사전략 유형을 억제전략, 방위전략, 공세전략, 보복전략으로 구분하여 구체화했다. 즉 한국군의 방위력을 장차 한반도 영역 밖에서 그 영향력을 행사할 수 있도록 강화한다는 것으로 장기 목표를 설정했다(육군본부, 1989: 265~266).

1970년대 후반 주한미군 철수가 공식화됨에 따라 향후 한반도 방위에서 주한미군의 역할이 제한되는 상황을 전제하고 독자적인 한반도 방위를 위한 군사력 건설과 군사전략이 마련되고 있었다. 이런 자주국방 추진에 대한 정치권과 사회 일각의 불안감도 없지 않았다. 그러나 당시 한국군 고위인사들은 1974년 제기된 한미1군단의 해체와 이에 따른 서부전선의 독자적 방어 책임 전담에 대해 우려보다는 한국군의 자주국방 태세를 강화하고 한국군의 전문성을 향상시킨다는 점에서 적극 수용하는 분위기였다(김수광, 2008,: 260~261). 이는 1977년 주한 미 지상군 철수 계획이 발표되었을 때에도 비슷한 양상이었다. 주한 미 지상군 철수 계획이 한국정부에 적지 않은 충격을 주었음에도 불구하고 이미 자주국방을 위한 움직임이 본격화된 상황이었으므로 한국군 내부에서는 상당히 차분하게 대응하고 있었던 것으로 보인다. 주한 미 지상군이 4~5년이라는 비교적 긴 시간에 걸쳐서 철수할 뿐 아니라 철수 완료 이후에도 주한 미 공군은 계속 잔류하여 전략적 억제력을 행사하기로 되어 있었던 상황과 함께, 오히려 이 위기를 전화위복의 계기로 삼아 자주국방의 기틀 확보에 주력하고자 하는 입장이 적지 않았다(최창윤, 1977: 223~224).

실제 자주국방을 위한 다양한 주장이 나타났는데, 예를 들어 그동안 우리가 한국의 방위를 미국에 의존해 왔으므로 자주적인 전략 수립을 하지 못한 점을 비판하고 자주국방 체제를 확립하기 위해 우리에게 적합한 자주적인 전략, 전술, 교리의 연구를 강조하는 주장이 나타나기도 했다(박진구, 1978: 126). 이는 그동안 한국의 군사력 건설이 적극적으로 추진되었지만 1970년대 후반까지 한국과 북한 간에 군사적 불균형이 존재하는 것에 대한 반성의 과정에서 나타났다. 즉 한국은 그동안 군사보다 경제개발에 치중한 데다 미국의 대한 군사정책과 군사 자문 정책으로 인해 독자적인 계획 수립이 이뤄지지 못한 것을 군사적 불균형의 근본 원인으로 보았다. 이에 북한군의 전술, 조직, 화력에 대응하는 주체적인 전술 수립에 소홀하고 미국식 훈련에 치중했을 뿐 아니라 미국 무기 일변도의 구입과 미국식 군사 체제에 바탕을 둔 군사력 증강으로 한반도 상황에 적합한 군사력 건설을 이루지 못했다. 이런 모순으로 북한과의 군사적 불균형이 나타났다(최창윤, 1978: 226~227). 한국적 전술, 교리 개발의 필요성은 이러한 문제인식과 관련이 있다.

군사전략의 측면에서도 공세성, 기동성 등을 강조하는 입장이 적지 않게 나타났다. 예를 들어 공군 중령 김홍배의 다음 언급은 이를 잘 보여준다.

> 현시점에서는 다음과 같은 이유 때문에 국지전을 전개할 것으로 전망된다. …… 이에 대응하는 우리는 막강한 국력의 신장을 바탕으로 균형된 육해공군의 군사력을 건설 유지하고 동원 능력을 강화하여, 북괴가 도발을 감행하려 한다면 예방전쟁을 해서라도 이를 사전에 억제하겠다는 의지의 시현인 공세적 방어전략을 지향함으로써, 평화통일에 기여할 수 있는 전쟁 억지의 효과를 달성토록 해야하겠다(김홍배, 1978: 304).

즉 균형 있는 군사력 건설을 통해 예방전쟁을 불사하는 공세적 방어전략 마련을 촉구한 이 언급은 당시 한국의 독자적인 군사전략을 모색하던 상황과 상당히 유사하다. 이듬해 발표된 육군 중령 이용태의 논문에서도 비슷한 주장이 보인다. 그는 시공간적으로 극히 취약한 이스라엘이 선제 기습 역공으로 아랍의 공격 예봉을 꺾은 사례를 들며 우리도 자주적이고 능동적인 대응전략을 통해 일차적으로 적의 공격을 현 전선을 절대 고수하면서, 일거에 적의 공격 체계를 와해시킬 수 있는 '공세적 적극 방어전략' 채택을 주장했다. 그리고 전략목표 달성을 위한 적의 취약점을 타격하기 위한 무기체계는 심한 마찰이 예상되는 지상 기동보다 공중 공간을 효과적으로 이용할 수 있는 기동 및 타격 무기 개발에 힘쓸 것을 강조했다(이용태, 1979: 375).

흥미로운 점은 1970년대 후반 완전한 자주국방을 확보하기 위해 북한 및 주변 국가의 위협이나 간섭에도 굴복하지 않기 위한 거부 능력(Denial Capability) 확보가 강조되었다는 것이다. 이 시기 이상우 교수에 의해 소개된 이른바 '고슴도치 이론(the Pocupine Theory)'은 당시 상당한 영향을 미쳤다. 이는 강대국이 영향 능력을 발휘하여 얻어낼 수 있는 이득보다 더 큰 손실을 줄 수 있는 거부 능력을 갖추면 안전하다는 논리였다. 이 이론에 따르면 약소국이 유효한 거부 능력을 갖추기 위해 양적으로는 적더라도 신뢰도가 높은 공격 능력과 적 공격을 최대한 흡수할 수 있는 효과적 방어 능력을 갖추는 것이 중요했다. 특히 신뢰도 높은 반격 능력을 위해 대량파괴무기의 확보는 매우 필수적인 요소였다(이상우, 1977: 135~138). 이 이론에 동조한 최창윤은 한국은 소량의 정밀유도무기체계, 레이저를 활용한 정확하고도 파괴력이 강한 신무기 체계, 고성능 폭탄 혹은 핵무기를 적재할 수 있는 폴라리스잠수함, 소량의 핵무기 등을 개발하여 거부 능력을 확보할 필요성이 있음을 주장하였다(최창윤, 1978: 232).

온전한 자주국방을 위해 다양한 전략무기와 핵무기 등을 개발할 것을 주장한 인사들이 이상우, 최창윤만은 아니었다. 이호재 교수도 비슷하게 주한미군 철수가 한국 안보에 미치는 가장 중요한 영향은 통상 병력의 철수보다는 미국의 핵무기 철수에서 온다고 보고 한국은 핵폭탄을 제외한 핵력(核力) 개발에 최선을 다해야 한다고 주장하기도 했다(이호재, 1977). 이 시기 핵무기 개발 문제에 대해서는 미국에 대한 한국의 독자적인 자율성 확보를 위한 대미용이었다는 주장도 있지만(조철호, 2007: 369), 당시 자주국방을 모색하던 상황에서 핵개발은 거부 능력 확보의 측면에서 매우 진지하게 논의된 것은 분명한 사실로 보인다.

1970년대 후반의 자주국방을 위한 다양한 전략의 모색과 수립은 최초 주한 미 지상군이 없는 상황에서 북한의 단독 도발에 대하여 독자적으로 이를 저지할 수 있는 자주적인 능력의 확보와 전략의 개발에 그치는 것은 아니었다. 더 나아가 주변국의 위협으로부터 국가이익을 지킬 수 있는 최소한의 전략무기를 확보하는 방안까지 제시되고 있었다. 이 외에도 안보 외교의 측면에서 북한의 주요 지원국인 중국 및 소련과의 관계 개선을 통해 북한의 도발을 억지하는 방안도 강구되는 등 1970년대 후반 자주국방을 위한 전략 구축 노력은 매우 역동적으로 전개되었다.

4. 맺음말

1960년대 후반 본격화되는 자주국방의 모색과 군사력 건설은 1968년의 대내외적 위기상황과 관련하여 나타난 것이었다. 그러나 이는 1960년대 초부터 나타나기 시작한 국방의 주체성에 대한 다양한 논의로부터 역사적 연원을 가지고 있다. 1970년대까지 한국의 자주국방에 대한 논의와 자주국방을 위한 노력은 현대 한국군사상에서 몇 가지 주요한 현대적 함의가 있다고 생각한다.

먼저 국가안보를 위한 선택 중에서 자주국방의 개념을 정확히 이해하는 데 도움을 줄 수 있다. 2006년 이후 계속된 북한 핵실험과 군사적 위협하에서 한반도 안보상 '자주국방'보다 '한미동맹'의 중요성이 다시 강조되는 상황을 고려한다면, 자주국방과 한미동맹의 문제를 이전 시기 선택의 문제로서가 아니라 자주국방에 중심을 두고 동맹과 집단안보 등을 동시에 추구했던 경험으로서 진지하게 음미할 필요가 있다.

다음으로 미래 한국의 국가안보 전략 수립에 있어 사상적·역사적인 교훈을 줄 수 있다. 한국의 안보 현실에 맞는 자주국방 사상의 정립은 냉엄한 국제정치 현실과 유동적인 동북아 안보환경 속에서 한국이 나아갈 국가안보의 방향을 제시해 줄 수 있다.

셋째, 미래 한국의 국방개혁 방향에 있어 중요한 지침을 제공해 줄 수 있다. 국방개혁은 능력을 중시한 첨단 군사력의 확보뿐 아니라 자주국방에 대한 의지가 뒷받침될 때 성공적으로 성취될 수 있다. 또한 국방개혁은 국방의 측면에서 국가를 새로이 건설한다는 의미에서 국가 개혁과도 관련을 가진다. 자주국방의 정립은 군사력 건설에 있어 한국적인 군사전략 개발 노력의 필요성과 급변하는 안보환경에 자주적으로 대응할 수 있는 전략적 융통성을 제공해 준다. 특히 전략 기획의 특성상 현재 구상하는 전략과 군사력 수준은 향후 20~30년 후의 모습이고 1970년대 한국군에서 모색했던 전략 구상이 현재 거의 비슷하게 실현되었다는 것을 고려한다면 이에 대한 이해는 매우 중요하다.

마지막으로 자주국방의 개념을 정립하고 한국적 자주국방의 모습을 설계하는 데 도움을 줄 수 있다. 1980년대 전두환 정권의 출범 이후 자주국방의 왜곡된 모습이 나타나게 되고 그 과정에서 자주국방을 자력 국방, 독자 국방의 추구로 이해하는 경우가 적지 않았다. 따라서 자주국방은 애초 실현 불가능한 것이라는 패배주의적 의식이 많았던 것이 사실이다. 그러나 이는 자주국방에 대한 노력을 폄훼하고 동맹을 우선시하기 위한 수단으로 나타난 것이었다. 1960~1970년대 모색되었던 순수한 개념적 의미의 자주국방 사상과 정책적 모색을 정당하게 평가하기 위해서도 이에 대한 검토는 매우 중요하다.

참고문헌

국방군사연구소. 1995. 『국방정책변천사』. 국방군사연구소.
국방부 군사편찬연구소. 1990. 『국방사 제3권』. 국방부 군사편찬연구소.
_____. 2001. 『국방편년사(1971~1975)』. 국방부 군사편찬연구소.
_____. 2002a. 『국방사 제4권』. 국방부 군사편찬연구소.
_____. 2002b. 『한미 군사 관계사, 1871~2002』. 국방부 군사편찬연구소.

김수광. 2008. 「닉슨-포드 행정부의 대 한반도 안보정책 연구: 한국방위의 한국화 정책과 한미연합방위체제의 변화」. 서울대학교 박사학위논문.

김종대. 2010. 『노무현, 시대의 문턱을 넘다』. 나무와숲.

김재엽. 2007. 『자주국방론』. 선학사.

김홍배. 1978. 「북괴(北傀)의 군사전략」. ≪국방연구≫, 제21권 2호.

박승호. 2009. 「박정희 정부의 대미 동맹전략: 비대칭동맹 속 자주화」. 서울대학교 박사학위논문.

박진구. 1978. 「한국적 교리발전체제에 관한 연구」. ≪국방연구≫, 제21권 1호.

오버도퍼, 돈. 2014. 『두 개의 한국』. 길산.

대통령비서실. 1969. "서울대학교 졸업식 치사(1968. 2. 26)." 『박정희 대통령 연설문집 제5권』. 대통령비서실.

서춘식. 1996. 「자주국방의 개념정립 및 한국자주국방의 태세」. 『육군사관학교 화랑대연구소』.

육군본부. 1981. 『육군 제도사』. 대전: 육군본부.

_____. 1984. 『육군 발전사 제4권』. 육군본부.

_____. 1989. 『육군 40년 발전사』. 육군본부.

_____. 2003. 『육군기획관리 50년 발전사』. 육군본부.

이병태. 2018 『대한민국 군사전략의 변천 1945~2000』. 양서각.

이상우. 1977. 「약소국의 방어능력과 고슴도치이론」. ≪국제정치논총≫, 제16집.

이완범. 2006. 『박정희와 한강의 기적: 1차 5개년 계획과 무역입국』. 선인.

이용태. 1979. 「무기체계와 전략과의 상관관계」. ≪국방연구≫, 제22권 2호.

이호재. 1977. 「동북아국제질서, 핵무기, 그리고 한국」. ≪국제정치논총≫, 제17집.

임동원. 2008. 『피스메이커』. 중앙북스.

장용구. 2014. 『동맹과 한국의 군사적 자율성』. 한국학술정보.

정영국. 1999. 「유신체제 성립 전후의 국내 정치」. 『1970년대 전반기의 정치사회변동』. 백산서당.

조영길. 2019. 『자주국방의 길』. 플래닛미디어

조철호. 2007. 「박정희의 자주국방과 핵개발」. ≪역사비평≫, 제80호.

최병갑. 1984. 『미국의 전략개념이 한국에 미친 영향과 발전방향』. 국방대학교.

최창윤. 1977. 「軍事」. 『안보문제연구』. 국방대학교 안보문제연구소.

한용섭. 2019. 『우리국방의 논리』. 박영사.

함택영. 1992. 『남북한의 군비경쟁과 군축』. 경남대 극동문제연구소.

홍준기. 2004. 「한국 자주국방정책의 역사적 변천과정에 관한 연구: 1970년대 박정희 정부
　　　에서 김대중 정부까지를 중심으로」. 국방대학교 석사학위논문.

Amponin, K. F. 2003. "Achievability of self-reliance within an alliance framework defence
　　　policy." *GEDDES PAPER*.
Kissinger, Henry. 1979. *White House Years*. New York: Little Brown.
Kissinger, Henry. 1995. *Diplomacy*. New York: Simon & Schuster.

11장

한국의 한미동맹 전략과
남북 관계의 발전 병행 추진의 딜레마

한용섭 ㅣ 국방대학교 군사전략학과 교수

1. 머리말

2020년에 한미동맹은 67주년을 맞는다. 남북분단으로 인해 한국의 안보·국방 정책은 미국과 한미동맹을 결성하고 이를 지속적으로 강화시킴으로써 북한의 재침략 위협을 억제하는 데 중점을 두어왔다.

냉전시대 한미동맹의 특징은 강대국 대 약소국 간의 비대칭동맹에 근거하여 미국이 한국에 대해 안보를 제공하고 한국은 미국에 대해 자율성을 양보하는 형태를 보여왔다. 냉전이 미국과 자유세계의 승리로 끝나고 소련을 비롯한 공산 측이 해체 내지 붕괴됨에 따라, 한미동맹은 냉전기 한반도에서 전쟁을 성공적으로 억제했고 한국이 경제성장과 민주화를 동시에 달성함으로써 북한 체제를 훨씬 능가하는 데 큰 기여를 한 것으로 드러났다.

탈냉전이 시작되자, 한미 공통의 위협인 북한은 체제 붕괴의 위기를 벗어나고자 남북한관계 개선을 논의하는 남북고위급회담에 나오면서도, 체제 안보를 위해 비밀리에 핵무기 개발을 시작했다. 북한의 핵무기 개발을 막기 위해서 한미 양국은 정책 공조를 했으나, 그 과정에서 미국은 북한의 '선 비핵화

후 남북관계 개선'을 주문했고, 한국은 김대중 정부 이후 햇볕정책에 근거하여 '북한 비핵화와 남북관계 개선의 병행 추진' 정책을 채택했다.

이에 따라 한미 간에 북한 핵에 대한 위협 인식의 차이가 드러났고, 한미동맹은 도전에 직면하게 되었다. 한국의 국력 성장과 국민적 자주 의식의 상승결과, 한국은 한국의 자율성과 대등성이 보장되는 한미동맹관계를 요구하게 되었다. 한편 미국은 세계적 군사태세와 동맹의 재조정에 따라 한미동맹에 대한 변화 수요도 일어나게 되었다. 그 결과 탈냉전기에는 한미동맹이 변모하게 된다.

21세기에 북한이 핵보유국임을 자처하고 나서자, 한미동맹은 또 한 번 변화를 겪는다. 왜냐하면 북한이 사실상 핵보유국이 됨에 따라 한미동맹에서 미국이 담당해야 할 역할이 더 커질 수밖에 없었고, 한국의 남북한관계 개선 노력에도 더 큰 장애물이 생겼기 때문이다. 북핵에 대한 대처 방법을 두고, 한국의 국내에서는 진보세력과 보수세력이 양분되어 안보 이슈에 대해 양극화가 초래되었고, 북한 문제를 두고 국론의 분열현상이 심화되었다.

그러나 북핵에 대한 국방 차원의 대응에 있어서, 한국은 미국의 확장억제력 제공에 의존하는 길 외에 다른 방법이 없다. 아울러 한국이 독자적으로 북한을 비핵화할 수 있는 효과적인 대안과 수단이 없다. 이 두 가지 점에서 한국은 한미동맹의 결속력을 더욱 강화시키는 방법 외에 다른 방법이 없다. 한편 미국도 한미동맹을 포기하려고 하지 않는다. 그래서 북한의 비핵화를 위해서나 북한의 핵위협을 성공적으로 억제하기 위해서 한미동맹은 더욱 필요하다.

반면에 북한은 미국의 적대시 정책과 한미동맹에 의한 한반도 개입 내지 한반도에 대한 영향력 행사 자체를 위협으로 간주하고 있다. 또한 한국을 비난하는 수단의 하나로 한국의 대미 의존성과 자주성의 결여를 주장하지만, 사실상 북한의 남한 비하 내지 비난을 위한 선전 행위가 북한의 국익에 보탬이 되지 않는다는 것을 알고 있다. 북한은 한국을 제치고 미국과 직접 대화 내지 대결을 함으로써 핵문제를 타결하고자 한다. 이 과정에서 한국이 겪는 전략적 딜레마는 더 커져가고 있다.

한편 중국의 부상과 G2국가로서의 등장 이후 미국과 중국은 패권경쟁을 하고 있고, 미국은 한국에게 한미동맹에 근거하여 중국을 위협으로 간주할 것을 요구하고 있다. 한국은 '안보는 미국, 경제는 중국'이라는 프레임을 가지고 한미동맹을 유지하면서도 중국을 위협으로 간주하지 않고 한중관계를 다방면으로 발전시키기를 희망하고 있다. 이에 대해 중국은 한국에 "한미동맹은 냉전시대의 산물이므로, 한미동맹을 유지하는 것은 냉전적 사고방식"이라고 비판하면서, 미국의 '중국위협론'과 MD 배치 등에 가담하지 말 것을 요구하고 있다. 미국은 한미동맹을 한반도 외의 동북아시아로 확장하기를 바라고, 중국은 한미동맹 자체를 약화 내지 축소시키라고 요구하고 있는 가운데에 한국의 한미동맹 전략이 가진 어려움이 드러나고 있다. 어떻게 해야 한국이 한미동맹의 장점을 살리면서, 미중 간 갈등의 한복판으로 쓸려 들어가지 않고 미중 간의 갈등을 해소하는 데 건설적인 역할을 할 수 있을 것인가? 이처럼 한미동맹을 발전시켜 가자면, 적지 않은 전략적 딜레마가 우리를 둘러싸고 있는 것을 발견하게 된다.

이 글에서는 첫째, 국제정치의 양극체제하에서 북한과 공산권을 위협으로 간주하고 여기에 공동 대처하기로 하고 결성된 한미동맹의 탄생 이유와 진화 과정을 살펴본다. 둘째, 탈냉전기 공산권의 몰락과 더불어 붕괴 위험에 직면했던 북한을 평화공존의 파트너로 받아들이면서, 한국은 한미동맹과 남북한 관계의 병행 발전을 위해 노력했는데, 이 시기에 한국이 당면했던 한미 간의 균열 상황, 한미동맹의 구조적 변화를 살펴보려고 한다. 마지막으로 21세기에 북한은 핵무력을 더욱 강화하고 6차례의 핵실험과 수백 차례의 미사일 시험으로 한반도와 동북아의 정세를 긴장시키면서 전쟁 직전까지 몰고 갔으나, 2018년부터 국면을 전환하여 남북·북미 정상외교 등으로 긴장을 진정시키면서 변화를 시도하고 있는데, 북핵 시대의 한미 관계와 남북관계를 동시에 발전시킨다는 것이 얼마나 힘든 일인가에 대해서 살펴보려고 한다. 그리고 이를 극복할 방법이 있는지에 대해 살펴보기로 한다.

2. 냉전기 한미동맹의 탄생과 진화 과정

1948년 8월 정부 수립 이후 2년이 지나지 않은 1950년 6월, 북한 김일성 공산 집단의 남침으로 인한 6·25전쟁을 맞으면서 초대 이승만 대통령은 한국 혼자 힘으로는 안보와 국방을 도저히 달성할 수 없다고 인식하고, 자유세계의 지도 국가이던 미국과 동맹을 결성해야 한다고 결심했다.

1945년 8월 15일 해방과 함께 한반도가 미국과 소련에 의해 38도선으로 분단이 된 후, 미국과 소련이 남과 북에 각각 군대를 진주시켰다. 미국은 존 하지(John R. Hodge) 중장이 이끄는 극동군사령부 소속 제24군단 총병력 7만 7600명의 부대가 1945년 9월 8일 한국에 진주했다. 한편 미국보다 먼저 소련이 제25군 산하 총병력 15만 명을 8월 13일부터 북한으로 진주시켰다. 주한미군은 1949년 6월, 500여 명의 주한군사고문단(KMAG)을 남기고 철수할 때까지 한국 내에 점령군으로 주둔했다.

1948년 5월 31일 이승만 대통령은 제헌국회에서 행한 연설에서 "주한미 군은 한국의 국방군이 조직될 때까지 주둔해야 하며, 미군의 주둔은 한국의 안보적 목적에 의한 것이고, 결코 한국의 자주권의 행사를 방해해서는 안 된 다"라고 하면서, "한국 군대가 창설되고 견고해질 때까지 미군이 남아 있어야 한다"라고 주장했다. 만약 미국의 군대가 한국에서 철수하게 되면 북한이 침 략해 올 것이라고 생각한 이 대통령은 한국의 안보를 위해 미군이 계속 남아 있도록 만들기 위해 모든 수단과 방법을 동원했다.

당시 한국이 미국과 국제연합에 제출한 미군 철수 연기 요청은 다음과 같 다(≪서울신문≫, 1948.11.26). "본관은 한국정부가 1948년 11월 22일 현재 한 국이 자체 방위를 위해 군사적 준비가 완료될 때까지 주한미군의 철수를 연기하기를 요청하는 결의를 채택했음을 귀하에게 통고하고자 하는 바이다. 또한 본관은 한국 국회도 똑같은 취지의 결의안을 통과시켰다는 사실을 지적하는 바이다." 이렇게 이 대통령이 주한미군의 철수에 대한 반대 의사를 미국 정부와 국제연합에 제출했음에도 불구하고, 한국 내에서는 국회 소장과 의원들을 중심으로 주한미군의 철수를 주장하는 이도 있었으며, 미국과 소련의 군대 진주로 인해 남과 북이 분단되었으므로 미군이 철수하게 되면 한국의 분단 문제도 해결되지 않겠는가 하는 희망을 나타내는 국민들도 있었다. 이렇듯 당시 한국 내 여론은 미군의 지속적인 주둔과 철수에 대해서 통일된 의견을 갖지 못한 채 분열되어 있었다.

1949년 초반부터 미군의 철수가 분명해지자 이 대통령은 미국과 안보 협정을 체결하기를 희망했다. 주한미군은 500여 명의 군사고문단만 남기고 1949년 6월에 한국으로부터 완전히 철수했다. 당시 미국 정부는 "한국 지상군 6만 5000명에 대한 소요장비의 제공, 해군에는 약간의 무기와 함정의 제공 및 6개월분의 정비부품 제공, 한국군에 대한 군사원조와 훈련을 담당하기 위해 미국 군사고문단의 설치, 대한 군사원조를 지속적으로 제공하기 위해 미국 의회로부터 승인" 등의 내용을 포함한 원조 약속을 한국정부와 합의했다. 그러나 미국은 한반도의 전략적 가치를 낮게 평가했을 뿐만 아니라 이승만 정부를 불신하고 있었으므로 미국의 대한 군사원조 규모와 일반 원조 액수는 미미했다.

1950년 1월 12일 딘 애치슨(Dean Acheson) 미국 국무장관이 중공 문제에 대한 불간섭과 일본열도에 대한 안보 제공을 발표하면서 한국과 대만을 미국의 방어선으로부터 제외한다는 성명(Acheson Line Declaration)을 발표했다.[1] 이 대통령은 한국이 제의한 한·미 양국 간의 안보 협정 체결에 대해 미국이

---

[1] 1950년 1월 12일 미국 애치슨 국무장관은 내셔널프레스클럽에서의 연설을 통해, "미국의 아시아 방어선에서 한국을 제외한다"라고 발표했다. 그 직후인 1월 19일 미국 의회는 한국에 대한 6000만 달러의 원조 법안을 거부했다.

반대한다는 사실을 알게 된 이후 미국을 포함한 아시아·태평양 지역 14개국과 '태평양동맹조약'을 결성하고자 했다(연합신문, 1949.5.18; 이규원, 2011에서 재인용). 이것은 1949년 3월 18일 미국과 유럽의 16개국이 북대서양동맹(NATO)조약을 체결하고 북대서양동맹을 출범시킨 것과 비슷한 시기에, 필리핀의 엘피디오 퀴리노(Elpidio Quirino) 대통령의 특사가 3월 22일 한국을 방문하여 이 대통령과 회담을 갖고 아시아에서도 태평양동맹조약을 맺기를 제의함에 따라 이루어졌다. 이후 이 대통령은 미국이 미군 철수를 완료한 시점인 1949년 7월에 "태평양동맹은 각 후견국이 집단적 안전보장과 정의를 위해 혼연히 싸울 용의가 있음을 더 한층 강력히 표현해야 한다"라며 태평양동맹에 대한 추진 의지를 강력하게 시사했다.

이런 상황에서 미국의 애치슨선언이 나왔고, 필리핀 정부는 이 선언에 부응하여 태평양동맹이 결성되더라도 한국과 자유중국이 주장하는 군사동맹이나 반공 동맹이 아닌 문화적·경제적·정치적 동맹을 창설할 것이라면서 한국과 대만을 초청 대상에서 제외했다.

이러는 와중에 1950년 6월 25일 북한의 남침으로 한반도에서 전쟁이 발발했다. 북한의 김일성은 1949년 2월부터 소련의 이오시프 스탈린(Iosif Stalin)과 중공의 마오쩌둥(毛澤東)과 함께 남침 전쟁을 공모했다. 미국의 주한 미군 완전 철수를 본 김일성은 소련의 지원 아래 1950년 6월 25일 새벽 4시에 총병력 20만 1050명과 전차 242대, 장갑차 54대와 박격포 1770문 등 한국에 비해 월등히 우세한 병력과 무기를 가지고 기습 공격했다(당시 한국 병력 10만 5752명, 전차와 장갑차는 전무). 북한은 3일 만에 서울을 함락하고, 한 달 만에 낙동강 전선만 남기고 한국의 대부분을 점령했다.

미국의 해리 트루먼(Harry S. Truman) 대통령은 6월 30일 더글러스 맥아더(Douglas MacArthur) 극동군사령관의 건의를 받아들여 미국의 해군과 공군에게 38도선 이북의 적의 공격목표에 대한 공격을 허용하고 지상군의 투입을 명령했다. 한편 국제연합은 미국 뉴욕 시간으로 1950년 6월 25일, 안전보장이사회를 개최하여 북한의 남침을 국제연합 헌장의 '평화의 파괴'라고 규정하고 38도선 이북으로 북한군이 철수하기를 촉구하는 결의안(UNSC Res 82)을 통과시켰다. 이어 이틀 후인 27일 국제연합 총회에서 북한의 남침을 비난하고, 북한의 무력 공격을 격퇴하고 한국에서 안전보장을 확보하는 데 필요한 원조를 제공하도록 권고하는 결의안(UN Doc S/1511)을 찬성 57, 반대 1, 기권 2표로 통과시켰다(UN Doc S/1511. 1950.6.27).

이 결의에 의거하여 국제연합 회원국 16개국의 군대가 한국을 지원하러 왔다. 그리고 9월 15일 맥아더 국제연합군사령관이 인천상륙작전을 성공적으로 수행함으로써 불리했던 전세를 뒤집고, 10월 1일 38도선을 돌파하여 북한 공격에 나섰다. 이에 중공은 10월 중순 6·25전쟁을 '항미원조전쟁'이라고 명명하고 중국인민지원군을 보냄으로써 6·25전쟁은 북한·중공·소련 대 한국·국제연합군의 국제전쟁으로 비화되었다.

1129일에 걸친 6·25전쟁 동안 한국군과 국제연합군 측은 115만 명이 전사·부상·실종됐고, 공산군 측은 북한군 80만 명과 중공군 123만 명 등 약 200만 명이 전사·부상·실종됐다. 민간인 피해도 막대하여, 한국 99만 명, 북한 200만 명의 손실은 물론 피난 이재민 370만 명과 전쟁고아 10만 명이 발생했다. 6·25전쟁이 승자도 패자도 없이 이런 천문학적 피해를 낳았기 때문에 한국 국민은 다시는 이 땅에 전쟁이 있어서는 안 된다고 생각했으며, 이승만 정부 이후 모든 한국정부는 국가안보와 국방 목표를 북한의 재침략을 억제하는 데에 두어왔다.

이승만 대통령은 1948년 정부수립 직후부터 한미동맹을 원했지만, 미국이 한국의 전략적 가치를 낮게 평가해 동맹 결성은 이뤄지지 않았다. 이에 이 대통령은 6·25전쟁이 일어나자 전쟁이 끝나기 전에 반드시 이번에는 미국과의 동맹을 체결해야 한다고 마음을 먹었다. 또한 미국이 1951년 9월 샌프란시스코강화조약과 미일안전보장조약을 체결하고, 같은 해 8월 말 미국·필리핀 상호방위조약, 같은 해 9월 미국·호주·뉴질랜드 간 '태평양안전보장조약'을 체결하는 것을 참고하여, 이 대통령은 1949년과 1950년에 자신이 가졌던 태평양동맹에 대한 생각을 포기하고 한미상호방위조약을 체결하기로 결심했다.

한편 1950년 6·25전쟁이 발발하자 미국은 극동 전략을 대폭 수정하고 6월 30일 한국에 대한 파병 결정을 신속하게 내렸으며, 국제연합군사령부를 조직하여 미국의 지휘와 책임 아래 6·25전쟁을 치렀다. 이어서 6·25전쟁의 휴전과 함께 이승만 대통령이 줄기차게 요구해 왔던 한미상호방위조약을 체결하기로 합의했던 것이다.

한미동맹은 궁극적으로 이승만 대미외교의 승리의 산물이라고 할 수 있다. 왜냐하면 미국은 극동지역의 약소국이며, 소련·중공·북한과 같은 공산권과 근접해 있는 한국을 동맹의 파트너로 삼기를 회피해 오다가 이승만의 고집스런 한미동맹조약 체결 제의를 거절할 수가 없게 되었기 때문이었다. 이 대통령은 미국이 6·25전쟁의 조속한 휴전을 원한다는 것을 감안, 휴전 반대와 반공포로를 레버리지로 삼아 미국을 압박하면서, 결국 휴전에 동의해 주는 조건으로 한미 군사동맹 체결에 대한 미국의 양보를 받아냈다.

한미동맹 결성의 주요 동인을 한국 측 입장에서 살펴보면, 첫째로 한국은 6·25전쟁 이후 북한의 재남침 위협으로부터 한국의 안보를 미국이 보장해 주기를 원했다. 둘째, 6·25전쟁으로 인한 피해의 신속한 복구와 경제건설을 위해 미국으로부터 경제 및 군사원조를 받기 위해서였다. 셋째, 미국으로부터 안보를 보장받으면서 군사원조와 자문을 받아 현대적인 한국 군대를 건설하기 위해서였다. 넷째, 미국으로부터 지원을 받는다는 사실 자체가 이승만 정부의 정통성을 보강해 주는 역할을 했다. 이승만 대통령이 한미상호방위조약의 서명식 직후에 행한 연설에서 "한국 국민은 자손 대대로 한미동맹의 열매를 향유하게 될 것이다"라고 언급했는데, 이것은 한미동맹이 장기적으로 한국의 국익에 매우 유리할 것이라고 내다본 것이었다.

미국의 입장에서 동맹 결성의 이유를 살펴보면, 첫째로 동북아에서 공산주의의 팽창을 막고 미국의 대동북아 영향력을 극대화하기 위해서였다. 둘째,

한국에 대한 정치적 통제와 영향력을 유지하는 한편, 이승만 대통령의 무모한 북진통일 기도를 차단하기를 위해서였다. 셋째, 미군을 한반도에 배치함으로써 한반도와 일본에 대한 공산주의의 침략을 억제하고, 한국에 저렴한 비용으로 미군을 주둔시킴으로써 동북아에서 미국 중심의 안보 질서와 우세한 세력균형을 유지할 수 있다고 판단하였다.

북한이 정전협정을 위반하고 소련으로부터 미그(MIG)기 등 전투기와 신형 무기들을 도입하고, 1958년 중공군이 북한으로부터 철수함에 따라 정전협정 이후 한반도의 군사력 균형에 있어서 한국에게 매우 불리한 변화가 발생했다. 이에 미국은 한국 안보를 확고히 보장하고 이 대통령에게 약속한 72만 명의 군대 건설을 위한 군사원조를 제공하면서, 미국 정부의 재정적 한계를 고려하여 1958년부터 전술핵무기를 남한에 배치하기 시작했다.

이때로부터 한국은 미국의 핵억제력을 제공받게 되었다. 1960년대에 이르러 한미동맹은 1953년의 한미상호방위조약 체결에 더하여 큰 제도적 장치를 마련하게 된다. 1968년 1월에 북한이 남한의 청와대를 습격하고 미국 정보함인 푸에블로호를 납치하자, 미국은 한국의 대북한 보복공격을 말리면서도 비밀리에 북한과 교섭을 시작했다. 이에 분개한 박 대통령이 계속 북한에 대한 보복 공격의 필요성을 역설하고 나오자, 미국은 박정희의 자제를 설득하고자 한국군 현대화를 지원해 주겠다고 약속하는 한편, 매년 1회씩 한미 양국간 국방각료회담을 개최하기로 합의하여 국방정책과 군사협력, 북한의 군사동향에 관한 협의를 하게 되었다. 그 이전에는 미국이 대한반도 안보정책과 국방정책을 한국에 일방적으로 통보해 왔으나, 1968년부터 상호 협의 과정을 거치게 된 것이다.

1960년대 말과 1970년대 초반, 한국에서는 미국이 한국을 방기(abandonment)할지 모른다는 우려가 팽배했다(Snyder, 1997: 180~199). 1969년 미국의 닉슨(Richard M. Nixon) 대통령이 베트남전쟁의 상황을 반영하여 아시아에서 미군을 철수한다는 계획에 따라 "아시아의 안보는 아시아인의 손으로"라는 닉슨독트린을 괌에서 발표했다. 이에 따라 한국에서도 주한미군 1개 사단을 철수하기로 함에 따라 한국을 비롯한 일본, 동남아 국가들은 미국의 대아시아 방위 공약에 대한 의문을 제기하기 시작했다.

이런 상황에서 한국은 자주국방을 추진할 수밖에 없음을 대내외에 천명하고 자주국방을 추진하게 되었다. 하지만 이 전환기를 상호 원만하게 관리하기 위해 1968년부터 연례적으로 개최되어 왔던 국방각료회담을 1971년부터는 한미연례안보협의회의(Annual Security Consultative Meeting)로 명칭을 바꾸고, 이를 매년 개최하게 되었다.

한국이 베트남에 파병했음에도 불구하고 주한미군 1개 사단의 철수가 추진되자, 박 대통령은 "한국의 안보는 한국이 보장한다"라는 자주국방 노선을 추진하는 한편, 1975년 핵무기 개발을 시도했다. 하지만 미국의 강력한 반대에 부딪혀 1976년 1월 박 대통령은 핵무기 개발을 취소한다고 선언했다. 박 대통령은 핵개발 포기를 미국에 대한 협상카드로 사용하여 미국으로부터 한국군의 현대화에 필요한 지원과 미사일 개발에 대한 지원을 보장받기도 했다.

1977년 카터(Jimmy Carter) 미국 대통령이 대통령 선거 기간 중에 주한미군의 철수를 공약했다. 대통령 당선 이후 카터 대통령은 주한미군의 철수에 착수하려고 했으나, 미국의 의회 및 국방 공동체의 군인, 전문가들의 격렬한 반대에 부딪혔다. 카터는 주한미군 철수 계획을 백지화했으며, 1978년 7월 한미 양국이 제11차 한미연례안보협의회의와 제1차 한미군사위원회 회의를 개최하고, 한미 양국이 한미연합사령부를 구성, 운영하기로 합의했다. 이에 따라, 같은 해 11월 7일 한미연합사령부를 발족시켰다. 한미연합사령부의 창설은 한미 군사동맹의 체제를 갖추는 데에 가장 중요한 사건 중의 하나로 분류될 수 있다. 6·25전쟁 때부터 1978년 10월까지 60만 한국군에 대한 작전통제를 미군의 대장인 국제연합군 사령관이 해왔으나, 이제부터 한미연합군 사령관이 작전통제를 하게 된 것이다. 한미연합군 사령관은 서울 방어를 비롯한 한국 방어의 책임을 맡고, 전시 및 평시에 연합사령부와 예하 구성군 간의 지휘관계를 명시했고 군수지원은 각각 개별 국가의 책임임을 명시했다. 또한 한미 양국의 군사 지도자들이 공동으로 참여하여 군사전략과 작전계획을 수립하고, 한미연합사령부의 운영과 개선책에 대해서 정기적으로 논의할 수 있는 제도가 마련되었다.

1980년대에 이르러 한국의 대미 안보 의존도는 변화하게 되었다. 1970년 대 한국의 눈부신 경제발전에 따라 미국의 대한 무상 군사원조는 1984년에 종결되었다. 또한 미국의 한국에 대한 무기 판매 정책에 대해 1971년도부터 적용해 오던 군사 판매 차관 제도도 1987년에 종결되었다. 1954년부터 1984년 까지의 미국의 대한 군사원조는 총 56.4억 달러에 달했다. 이 중 국제 군사교 육훈련 원조는 예외적으로 1996년까지 계속되어 한국군 장교 연인원 3만 8527명이 1억 7500만 달러의 지원을 받아 미국의 선진 국방제도와 정책, 군 사전략과 무기체계, 교리와 전술에 대한 교육을 받을 수 있었다.

1990년 탈냉전을 맞아 미국이 세계 각국과 맺었던 몇 개의 동맹이 해체되 거나 약화되었던 데 반해 한미동맹은 미일동맹이나 북대서양조약 동맹처럼 견고해졌으며, 동맹 내에서의 한국의 책임과 역할이 점점 더 커졌다. 예를 들 면 미국과 필리핀 간의 양자동맹은 1991년 필리핀 주재 미군의 철수와 더불 어 군사동맹 관계가 약화되었고, 미국과 태국 간의 동맹도 변화하게 되었다. 한편 1980년대까지는 한미동맹이 강대국 대 약소국 간의 비대칭동맹, 미국 일변도의 일방적 동맹, 불평등 동맹 등으로 불렸으나, 1990년 탈냉전 이후 한 국이 그동안 성장한 국력에 걸맞게 미국에 대등한 대우를 요구함에 따라, 한 미 양국은 협의를 거쳐서 성숙한 동맹 혹은 수평적 동맹으로 변화하게 되었 다. 미국은 소련의 위협이 소멸됨에 따라 만성적인 재정적자를 해소하기 위 해 국방비를 삭감하여 경제발전으로 전용했으며, 한미동맹관계도 변화를 도 모했다.

1980년대 말 시작된 탈냉전시대를 맞이하여 미국은 안보전략과 해외 주 둔군 정책을 변화시키기 시작했다. 미소 군축 협상의 진전에 따른 세계적 긴장 완화 분위기와 탈냉전 분위기, 유럽에서 재래식 군비통제의 성공, 독일 통일 이후 주독일 미군의 규모 축소 등에 부응하여 유럽 주둔 미군의 규모를 3분의 1로 줄이면서 한반도에서도 주한미군의 규모를 감축하는 정책을 추구했다. 미국 국내에서 제기된 해외 주둔군 규모 축소 요구는 1980년대 쌍둥이 적자의 해소와 세계적 평화 도래에 따른 평화 배당금 분배 요구에 따른 것이기도 했다.

이런 배경하에서 미 의회는 미국의 해외 개입 전략을 대폭 수정할 뿐 아니라 유럽 주둔 미군 병력의 감축과 함께 아시아에 주둔하는 미군 병력의 규모도 재평가할 것을 미 국방부에 주문했으며, 특히 한국과 일본의 경제성장과 국민의식 성장에 따른 주한·주일 미군의 역할, 임무, 책임을 재고하도록 지시했다. 이런 미 의회 움직임은 구체적으로 1989년 8월 '넌·워너법'의 통과로 나타났으며, 미 국방부는 1990년 4월에 '21세기를 향한 아시아·태평양 전략 구상(A Strategic Framework for the Asia-Pacific Rim: Looking Toward the 21st Century)'이라는 이름의 보고서를 작성해 의회에 보고했다(The U. S. Department of Defense, 1990).

이 전략 구상은 주한미군의 3단계 감축을 담고 있었다. 즉 1990년부터 1991년까지 1단계로 7000명을 철수하기로 결정했고 이는 실현되었다. 그리고 1993년부터 1995년까지 총 6500명을 추가 철수하며, 1995년부터 2000년까지는 그때의 전략 상황을 고려하여 추가 감축을 추진하도록 되어 있었다. 관심을 끄는 대목은 주한미군 병력 감축의 단계와 휴전협정 관리 체제의 변화, 한미연합 지휘체제의 변화가 연동되었다는 것이다.

1993년부터 시작될 예정이던 2단계 추가 감축 계획은 1992년 10월 제24차 한미연례안보협의회의에서 북한이 핵문제에 대한 투명성을 보장하지 않는 것을 감안하여, '팀스피리트 연습' 재개 문제와 '넌·워너법'에 의한 주한미군 2단계 철수 계획의 진행 여부를 북한의 핵사찰 수용 여부와 연계함으로써, 무기한 연기되었다. 그 후 북미 간 핵협상을 원만히 진행하기 위해 한미 양국은

1994년과 1995년의 팀스피리트 연습을 취소하기로 결정했고, 북미 양측은 1994년 10월 제네바 합의로 북한 핵문제를 해결할 틀을 만들었다.

1993년에 등장한 클린턴 행정부는 전임 공화당의 정책을 계승하지 않고, 1995년 2월 27일 동아시아에 주둔하고 있는 미군의 규모를 10만 명으로 묶어둔다는 것을 골자로 하는 '신동아시아·태평양 전략'을 발표했다(The U. S. Department of Defense, 1995.2). 이로써 미국은 아태지역에 대한 지속적인 개입을 당연시하고, 신속하고 신축적인 범세계적 위기 대응 능력을 보장하고, 역내 패권국가의 등장을 저지함으로써 안정에 기여하며, 미국 내에 전력을 유지하기보다 동아시아에서 전력을 유지함으로써 부대 유지비용을 절감하는 한편, 전진배치 전력을 이용하여 실제적이고 가시적인 미국의 이익을 대변하면서 영향력 강화의 수단으로 활용한다는 계산이 있었다고 볼 수 있다.

한편 한국에서는 1988년 서울올림픽의 성공적인 개최와 세계적 차원의 탈냉전을 고려하여 소련, 중국과 국교를 정상화하기 위한 북방정책, 북한의 전략적 고립을 고려한 남북한관계의 개선 등을 추진했다. 동시에 주한미군의 3단계 감축안을 보면서 그동안 성장한 민족의식과 경제력을 바탕으로 작전통제권의 환수를 추진했다. 한미 간 협상의 결과 용산에 있는 골프장의 교외 이전, 평시작전통제권 환수 등을 성사시킴으로써 한미 관계를 성숙한 동반자 관계로 전환하는 데 성공했다. 북방정책의 성공과 남북한관계 개선, 한미 군사관계의 재조정 등은 한국이 미국의 허락을 받아서 한 게 아니라, 탈냉전 추세에 부응하여 한국이 미국과 상호 협의하면서 자주적이고 적극적으로 안보·국방 정책을 추진한 결과라고 할 수 있다. 평시작전통제권은 한국의 합참의장이 행사하고, 전시작전통제권은 한미연합사령관이 보유한다는 것이었다. 그러나 평시작전통제권 중에서 전시와 관련이 있는 사항은 연합사령관이 그대로 행사한다는 합의를 하는데, 이것을 '연합권한위임사항(CODA: Combined Delegated Authority)'이라고 부른다. 그 위임 사항의 내용은 연합사령관이 한미연합군을 위한 전시 연합작전계획의 수립 및 발전, 한미 연합 군사훈련의 준비 및 시행, 한미연합군에게 조기경보 제공을 위한 연합 군사정보의 관리, 위기관리 및 정전협정 유지 내용 등의 권한을 한미연합사령관이 보유한다는 것이었다.

한편 1989년부터는 한국정부가 주한미군의 발생 경비에 대한 방위비 분담을 하게 되었다. 더욱이 1994년 북미 제네바 핵 합의 결과 한국은 북한이 영변 핵시설을 동결하는 조건으로 경수로 건설을 지원하는 경비의 70%를 부담하게 되었다. 미국의 클린턴 행정부는 이것을 '평화 비용부담'이라고 불렀다. 따라서 한미동맹관계는 한국이 미국으로부터 일방적인 수혜를 받던 관계에서 한국이 '줄 것은 주고, 받을 것은 받는 상호 호혜적·동반자적 관계'로 전환했다고 볼 수 있다.

냉전기 한국의 한미동맹 전략은 성공적이었다고 할 수 있다. 한국정부는 미국이 한반도 안보 보장자로서 북한의 온갖 도발과 위협으로부터 한반도의 평화와 안정을 지켜주었기 때문에 국방력 건설에 투자를 덜 하고 경제 부문에 더 투자할 수 있게 되어서 경제성장에 도움이 되었다. 동맹국인 미국의 자유민주주의를 지속적으로 벤치마킹하여 민주주의의 발전도 도모함으로써 제2차 세계대전 이후 독립한 국가들 중에서 산업화와 민주화, 두 가지를 함께 달성한 국가가 될 수 있었다. 한미 양국 정부가 공히 한미동맹 전략은 성공적이라고 평가하고 있으며, 미국은 한미동맹을 가장 우수한 동맹 모델 중의 하나로 예를 들고 있을 정도이다.

북한도 한미동맹에 대한 부러움을 표시한 적이 한두 번이 아니다. 북한이 그토록 한미동맹의 폐기와 주한미군의 철수를 부르짖고 있는 이유는 북한에게는 한미동맹이 위협임과 동시에 부러움의 대상이기 때문이다. 북한의 원동연(전 조평통위원장)은 1997년 '중국 북경 남북한 학술회의'에서 만난 필자에게 "한 선생, 한미동맹 자랑하지 마시오. 북한이 1990년대에 못살게 된 것은 북한의 동맹국인 소련이 망했기 때문이오. 반면에 남한이 잘사는 것은 남한의 친구이며 세계 유일의 초강대국인 미국이 무너지지 않고 계속 번영하고 있기 때문이 아니오? 그러니 남조선은 미국이라는 친구를 잘 만나서 친구 덕분에 잘살고 있는 것이지 남한이 잘나서 그런 게 아니니 자랑하지 마시오"[2]라고, 북한이 사실 한미동맹을 부러워하고 있음을 필자에게 말한 적이 있다. 중국도 한미동맹을 부러워하면서도 시기하고 있다. 한미동맹에 근거하여 주한미군이 바로 중국의 옆구리에 주둔하고 있으며, 한미동맹은 북중 동맹보다 훨씬 더 막강할 뿐만 아니라 중국이 한국을 무시하지 못하는 이유가 한미동맹의 미국 때문인 것은 널리 알려진 사실이다.

3. 탈냉전기 한국의 한미동맹과 남북 관계 발전 병행 추진 과정에서 나타난 한미동맹의 균열상

탈냉전기 초반에는 한미 양국이 북한의 핵개발을 최대 위협으로 간주하고, 북한 비핵화를 위한 정책 공조를 견고하게 유지함에 따라 한미 간에 위협 인식과 북한을 비핵화하기 위한 대북정책에서 큰 차이가 노정되지 않았다. 1993년 제1차 북핵 위기를 맞았을 때 김영삼 정부와 클린턴 행정부 사이의 입장 차이는 크지 않았다. 그러나 한국의 김대중 정부가 햇볕정책에 근거하여 대북한 포용 정책을 추진하면서 한미 간에 북핵 위협 인식에 차이가 커지기 시작했으며, 노무현 정부에 이르러 그 인식 차이는 최고조에 달했다.

따라서 2000년대에는 한미동맹관계에 두 가지 도전과 시련이 불어닥쳤다고 할 수 있다. 첫째, 김대중 대통령은 북한을 위협(threat)이라기보다 협력의 당사자(a partner for cooperation)이자 같은 민족으로 보고 대북 포용정책을 구사한 반면에 미국은 여전히 북한을 위협으로 간주하고 북한 비핵화를 위해서는 제재 및 압박을 구사해야 한다고 주장했다. 둘째, 한국 사회의 민주화의 결

---

2) 필자와 원동연의 인터뷰, "북경 남북통일학술회의"(1997년 8월)에서.

과, 한국의 국내에서 한미동맹관계를 보호자·피보호자, 지배자·피지배자의 종속적 관계로 보는 인식이 증가하고 한미 관계를 시정하자는 요구가 점증하여, 한미동맹은 재조정을 겪지 않으면 안 되었다.

1) 한미 간의 안보 위협 인식에 대한 균열

동맹은 "2개 이상의 국가들이 공통의 위협에 대해서 공동으로 대처하자고 하는 공식적 혹은 비공식적 합의"라고 정의되듯이, 한미동맹은 북한을 공통의 위협으로 인식한 바탕 위에서 시작되었고 발전되어 왔다.

그러나 1990년대 말부터 김대중 정부와 클린턴 행정부 간에 북핵을 보는 인식에 차이가 생기기 시작했다. 김대중 정부는 "북한이 핵개발을 하는 이유는 미국과 한국의 보수 정권이 북한을 적대시하고 북한에 대해 대화보다는 압박과 제재를 가했기 때문이다. 특히 보수 정권은 미국의 대북정책인 '선 비핵화, 후 남북관계 개선'을 추종했기 때문에 남북관계의 진전도 북한 비핵화의 진전도 없었다"라고 전제하고, 진보 정권은 "비핵화와 남북관계 개선을 병행 추진할 것이며, 북한에게 경제적 혜택을 제공함으로써 화해와 협력의 필요성을 느끼게 만들고 한반도 냉전 구조를 해체하여 평화 분위기를 만들어나가면, 결국은 북한이 핵무기 개발을 스스로 그만둘 수 있는 환경을 만들 수 있다"(임동원, 2008: 400~406)라고 전제하고 대북한 햇볕정책을 개시했다. 결국 비핵화 문제는 미국이 북한과 협상하여 해결하게 하고 한국은 남북관계 개선과 재래식 군사문제를 전담한다는, 한미 간에 임무와 역할을 분담한다는 형식을 취했다.

2002년 말 제네바 핵 합의 체제가 와해되고 제2차 북핵 위기가 발생할 때 등장한 노무현 정부는 햇볕정책을 계승한다고 발표하고, 남북한관계 개선을 지속해 나가기로 결정했다. 하지만 제2차 북핵 위기를 해소하기 위해 북미회담은 절대로 안 된다는 미국의 부시 행정부의 주장을 감안하여, 북핵문제를 해결하기 위한 미국, 중국, 남북한, 일본, 러시아가 참가하는 6자회담이 개최되었다. 6자회담에서 2005년 9·19공동성명, 2007년 2·13 합의 및 10·3합의가 도출되었으나, 북한의 핵능력은 날로 증가하여 2006년 10·9 제1차 핵실험, 2009년 5·25 제2차 핵실험이 있었고, 북핵문제는 6자회담으로 해결되지 못하고 2010년대에는 북한이 사실상의 핵보유국으로 등장하게 되었다.

한편, 한국의 국내에서는 햇볕정책의 지속적 추진을 주장하는 진보세력과 그와 반대되는 입장인 보수세력으로 양분되었다. 김대중 정부의 대북한 햇볕정책을 지지하는 진보세력은 북한을 위협이 아닌 협력의 대상자로 보는 시각을 견지했다. 진보세력은 "북한의 군사위협이 변하지 않고 오히려 심각해졌다"라고 주장하는 미국 정부와 한국의 보수세력을 불신했다. 게다가 미사일 방어체제(MD: Missile Defense) 구축을 시도하고 일방적 안보전략을 추진하는 미국이 6·15 공동선언에 입각해 교류협력의 활성화를 추구하는 한국에게 방해가 된다고 생각했다. 한국 내 NGO들은 미국의 대북한 강경정책과 MD 추진에 강력한 반대 의사를 나타냈다. 또한 미국이 한국에게 대북 강경정책을 강요한다고 생각했다.

미국의 부시 행정부와 한국 내 보수세력은 북한의 핵문제는 실존하고, 북한의 대량살상무기 문제 해결을 위해서는 외교적 수단과 군사적 수단 모두를 고려해야 한다고 주장했다. 만약 북한이 핵 계획을 폐기하지 않는다면 북한 체제 붕괴를 비롯한 모든 수단을 다 고려해야 한다고 보았다. 이로써 남한 내에서는 "북한을 어떻게 보고 어떤 대응 수단을 사용해야 하는가?"라는 문제에 대해서 남남갈등이 심화되었다.

결국 한국정부는 북한 핵문제에 독자적 목소리를 냈는데, 이것은 미국의 정책을 무조건 추종할 경우 한반도에서 전쟁이 발생할 가능성이 높다고 판단한 데 따른 것으로 미국과 연루(entrapped)됨으로써 생길 폐해를 벗어나고자 하는 의도였다. 그리고 6자회담에서 미국과 북한 사이를 중재하고자 노력했다.

다음으로 한미 간의 입장 차이는 동북아의 안보 정세 전망과 중국을 어떻게 인식하는가에서 나타났다. 미국은 중국의 반테러 연합전선에 대한 기여는 인정하지만, 중국이 민주화되지 않는 한 미국에 대한 군사적 경쟁자가 될 가능성에 더 초점을 맞췄다. 부시 행정부에서는 세계 전략의 일환으로 동북아에서 미국 중심의 미사일방어체제 구축을 추진했으며, 대만의 자주적 방위 능력 건설에 지원을 약속했다. 중국을 경쟁자로 간주하는 것은 오바마 행정부의 '아시아에로의 회귀(pivot to Asia)'와 '아·태 재균형(rebalancing to Asia-Pacific)' 전략으로 나타났다. 마침내, 트럼프 행정부에서는 중국과 러시아를 '수정주의 세력'이라고 명명하고, 중국을 미국의 패권에 도전하는 위협 국가로 명시하게 되었다(The U. S. White House, 2017.12: 25).

반면에 한국은 동북아에서 중국의 부상과 지역적 역할에 대해 미국보다는 더 긍정적으로 평가하는 경향을 보였다. 동북아에서 중국의 경제적 지위를 인정하며, 한·중 간의 경제협력관계를 중시하고 있다. 2010년대 중반에 한·중 간의 교역량은 미국과 일본을 합친 교역량보다 2배 이상이 되었다(이희옥 외, 2017: 46~50).[3] 그래서 한국의 국내에서는 '안보는 미국, 경제는 중국'이란 인식이 증대했다. 한국의 한 국내 여론조사에서 "미국을 중국보다 위협으로 간주"하는 응답이 더 많이 나타나기도 했다. 또한 한국은 한국의 대북정책에 대한 중국의 지지를 높게 평가하고, 한반도의 안정과 북한에 대한 영향력 행사 면에서 중국의 역할에 큰 기대를 걸었다. 미국의 미사일방어체제 구축에 대해서 미국의 편을 들기보다는 중국과 북한의 미국 MD에 대한 우려에 더 큰 관심을 보였다. 노무현 정부에서는 미국의 '중국위협론'에 대한 동조를 하지 않았기 때문에, 한미 공동으로 하는 '지역안보 위협평가서'의 작성을 미루었다. 또한 동북아 국가 간에 기존의 안보 질서에 대한 현상유지보다는 경의선 및 동해선 연결을 통해 북한과 러시아로 이어지는 동북아 경제협력의 활성화

---

3) 이 책에서 2016년 기준으로 한·중 양국의 무역총액은 2525억 달러로서 중국이 한국의 최대 무역 대상국이 되었다고 지적하고 있다.

를 통해 동북아 중심 국가로 도약하는 것을 구상했다.

따라서 한미 간에 무엇을 동맹의 목적인 위협으로 간주할 것인가에 대한 시각차가 커져서 한미동맹의 균열이 나타났다. 스티븐 월트(Stephen M. Walt)가 지적한 대로, "동맹국들 간에 위협에 대한 인식 차이가 커질수록 동맹의 균열은 커지고 이를 잘 다루지 못하면 결국 동맹의 와해를 겪게 된다"(Walt, 1997: 156~179)라는 주장이 현실화될 가능성이 커졌다. 그러나 북핵문제가 더욱 심각해져 가자 2008년부터 한미 간에 북한 핵에 대한 시각차가 좁혀지기 시작했다. 2017년 등장한 문재인 정부 시기부터 북한 핵에 대한 시각차와 접근 방식에 대한 입장 차이가 다시 조금 나타나기는 했으나 워낙 북핵 위협이 커져서 한미의 위협 인식에 큰 차이는 보이지 않는다. 그러나 북한 비핵화에 대한 해결방식을 둘러싸고 한미 간에 큰 간격이 존재하고 있다.

2) 한미동맹관계에서 점증하는 한국의 자율성 요구

1990년대 후반부터 한국의 국내로부터 한미동맹관계에 대한 변화 요구가 일어났다. 한국의 국력 성장과 시민사회의 성장으로 인해 국민의 자주 의식이 증가했다. 그 결과 한국의 국내에서 그동안 한미 간 비대칭동맹관계하에서 미국으로부터 안보 제공을 받는 조건으로 미국에게 양보했던 자율성(autonomy) 내지 자주성(independence)[4]을 인정받고 회복하자는 국민적인 요구가 날로 증가했다.

---

4) 제임스 모로(James D. Morrow)는 "강대국과 약소국 간의 동맹관계에서 약소국은 자율성을 강대국에게 양보하고, 대신에 강대국은 약소국에게 안보(security)를 제공한다"라는 이론을 주장했다. 그러나 약소국의 시민운동그룹을 중심으로 "약소국이 강대국에게 양보하는 것은 자주성(independence)"이라는 용어 구사를 하는 것을 볼 수 있는데, 이것은 엄격하게 말해서 법률적·학문적 용어는 아니다. 자주는 독립과 비슷한 말로서 자주성이 없으면 주권과 독립이 없다는 것을 의미하기 때문에, 학문적이고 법률적인 의미로서 자율성이라는 용어를 널리 사용한다(Morrow, 1991: 904~933).

노무현 정부 시기 각종 시민단체에서는 제임스 모로(James D. Morrow)의 안보·자율성 교환모델(security and autonomy tradeoff model)을 인용하여, 1953년 한미상호방위조약의 체결 때로부터 1990년대 말까지 한국은 북한과의 군사력 균형에서 불리한 점을 극복하기 위해 미국으로부터 안보 보장을 제공받는 한편 자율성을 미국에 양보해 왔다며, 한미동맹관계에 대한 문제 제기를 하기 시작했다. 1990년대 중반까지는 국민 여론이 미국에 대한 한국의 자율성 양보를 대체로 수용해 왔다(한용섭, 2004).[5]

그러나 1990년대 후반 특히 김대중 정부의 햇볕정책 추진과 노무현 정부가 햇볕정책을 계승함으로써 북한을 협력 대상자로 간주하면서, 한국의 민주화 이후 활성화된 시민사회에서는 한국의 군사주권 회복과 자주성 회복에 대한 주장이 크게 증가했다(정욱식, 2005: 149~156; 강정구 외, 2005: 105~142).

이것의 주된 원인은 1990년대 한국의 정치가 민주화되고 문민정부가 등장하면서 그동안 금기시되었던 군사 영역에 대한 민간의 참여가 증가함에 따라 자연스레 한미 군사관계에서 평등한 한미 관계 정립과 한국의 자주성 확보 요구가 커진 것이다. 주한미군의 범죄와 환경오염, 6·25 때 노근리 학살, 매향리 공군 사격장 등에서 나타난 바와 같이, 주한미군이 한국 안보에 기여한다는 긍정적 이미지보다는 주한미군이 한국 사회에 미치는 부정적 이미지가 더 크다고 지적하는 사회운동이 벌어지기 시작했다. 이에 따라 미국의 4성 장군이 보임된 한미연합사 사령관의 작전통제권 보유 문제도 한국의 자주성 상실의 대표적인 예로 지적되었다.

국내의 NGO들이 네트워크를 구성하여 주한미군 환경오염 문제 해결과 주한미군지위협정(SOFA) 개정, 주한미군 범죄 근절과 나아가서는 주한미군의 철수까지 요구하는 활발한 활동을 전개했다. 이런 요구를 받아들여 2001년에

---

5) 이 책은 21세기 한국의 국내에서 전개된 자주와 동맹의 상호 보완성과 대립성에 대한 시대적 고뇌를 해결하기 위해 국내 저명학자 11명이 모여서 1년간 광범위한 토론을 거쳐 출판되었다.

한미 양국 정부는 SOFA를 개정했다. 그런데 한미 간에 불평등을 시정해야 한다는 요구는 2002년 11월 주한미군의 훈련 중 발생한 여중생 사망사고의 책임자인 미군에 대해 미군 당국이 무죄 평결을 내림으로써 이에 대한 불만이 전국적인 반미 촛불시위로 번졌다.

일부 전문가는 반미감정이나 반미운동은 적절한 용어가 아니고, 한미 간의 불평등 시정을 요구하는 정당한 것이며, 주한미군과 그를 옹호하는 미국정부에 대한 규탄(American bashing)이지 일반적인 반미(anti-Americanism)가 아니라고 주장하고 있다(Glosserman, 2003.2.13). 그러나 반미감정이 범국민적인 촛불시위로 진화하면서, 한미동맹은 필요 없고 자주를 추구해야 한다는 주장으로 확산되었다.

그런데 2002년 한국의 대규모 촛불시위, 반미 데모와 주한미군에 대한 폭력 행사 등을 경험한 미국 정치권에서도 주한미군 철수와 감축 논쟁이 거세게 일었다. 대표적으로 도그 밴도우(Doug Bandow)는 "한국의 국력이 북한의 20배를 초과한 지금, 한국이 독자적으로 북한과 싸울 수 있음에도 한국 국민의 자주적 결단과 자주국방을 저해하고 미국에 대한 영구적인 의존을 조장하고 있다는 것과 한반도 유사시 3만여 명에 달하는 주한미군이 생명을 잃을 가능성이 있다는 것과 남한의 전략적 가치는 미국 군대와 자원을 희생시킬 정도로 크지 않다는 것"(Bandow, 1996) 등을 이유로 내세우면서 한미동맹의 파기와 주한미군의 철수를 주장했다.

2002년 말과 2003년 초에 한미동맹의 신뢰 관계에 위험신호가 켜졌고, 다시 한미 관계를 대등한 관계 혹은 수평적 관계로 만들어야 한다는 주장과 함께 자주국방이란 용어가 다시 사용되기 시작했다. 이 논란을 정리하기 위해 노무현 정부에서는 미국을 배척한 한국의 독자적 국방이 아닌 한미동맹을 인정한 가운데 한국의 독자적 정책결정권과 군사력 사용권을 회복해야 한다는 요구로 정리하고 참여정부의 한미동맹정책을 자주국방과 함께 병행 발전을 도모한다는 "협력적 자주국방(cooperative and self-reliant defense)"(청와대 국가안전보장회의, 2004)이라고 정의를 내렸다.

또한 2003년 5월 노무현 대통령과 부시 대통령 간에 정상회담이 개최되어, 정상회담 공동선언문에서 "한미 양국이 과거의 군사 위주의 동맹관계를 민주주의, 인권, 시장경제의 가치 증진, 한반도와 동북아의 평화와 번영을 위한 포괄적인 동맹과 동맹의 현대화를 통한 역동적인 동맹으로 바꿔나가기로 합의했다"라고 발표했다. 이것은 미국의 군사 변환 요구와 한국의 자율성의 증진, 자주국방의 추진 의지 등을 타협한 산물로서, 한반도 안보는 오히려 강화하면서 한미 간에 새로운 임무와 역할을 맡아서 이행하자는 약속이었다. 또한 노무현 정부에서는 한미동맹관계에서 한국의 자율성 증대를 위해, 군사 주권의 회복이란 차원에서 전시작전통제권의 환수를 추구했다. 한미 국방 당국은 2007년 2월 한미연례안보협의회의에서 "양국 장관은 한미연합사령부를 해체하고 2012년 4월 17일부로 전작권을 한국군에게 전환하는 데 합의"했다.

그러나 북한의 지속적인 핵무기 개발과 천안함 도발, 북한 급변사태 등의 위기 발생 가능성 등에 대한 우려의 목소리가 제기되는 것과 함께, 한미 양국의 정치 일정을 고려하여 2010년 6월 26일 이명박 대통령과 오바마 대통령은 전작권 전환의 시기를 2015년 12월 1일로 연기하는 데 합의했다.

2014년 10월 박근혜 정부는 북한의 연이은 핵실험에 대응하여 전작권 전환시기를 또 한 번 연기했다. 이 전작권 전환은 조건(conditions)에 기초한 전환이라고 정의하고, 그 조건은 "첫째, 한반도 및 역내 안보환경이 안정적인가? 둘째, 한국군이 독자적으로 북한 핵에 대한 군사능력을 갖췄는가? 셋째, 한국군이 한미연합군을 주도할 핵심 군사 능력을 갖췄는가?"라고 규정했다. 이에 따라 한미 양국의 군사 당국이 공동 점검을 통해 이 세 가지 조건이 충족되었다고 판단할 경우에 전작권을 전환한다고 합의했다.

2017년에 문재인 정부는 "한미 간 협의를 통해 전작권 전환에 대한 준비 상황을 주기적으로 평가하여, 전작권 전환 조건을 조기에 충족시키면서도 안정적인 전환 추진을 위해 긴밀히 협력하기로 합의"했다고 발표했다(국방부,

2018: 133). 그리고 전작권이 한국군으로 전환된 이후에는 현재의 '미군 사령관, 한국군 부사령관' 체계를 '한국군 사령관, 미군 부사령관' 체계로 변경할 것이라고 했다. 이렇게 되면 군사력 사용권 분야에서 자주권은 완전하게 갖춰지게 될 것이다. 여기서 전작권 전환을 안정적으로 추진한다는 뜻은 전작권의 전환에 따른 국민적 안보 불안감 해소와 한국군의 작전지휘 능력의 보강을 위해 필수적인 사항을 빈틈없이 준비하고 시행하겠다는 것이다. 여기에는 한국군이 미군을 대상으로 전쟁지휘 능력을 갖춰야 함은 물론 미국의 전구급 전쟁수행 체계와 무기체계를 숙지하고, 한국군이 한미연합 C4ISR체계에 대한 운영 능력을 획기적으로 개선해야 함을 의미한다. 이를 차질 없이 준비하기 위해 한국 국방부는 모든 능력을 갖추기 위해 국방비의 증액 및 전력기획과 훈련연습을 착실하게 해나갈 것이라고 발표했다. 이로써 사실상 한미동맹은 상호보완성을 발전시켜 가면서 포괄적 전략 동맹으로 발전하고 있으며, 그 속에서 한국의 자율성은 전작권 전환을 포함하여 전진하고 있다고 평가해도 무방할 것이다.

4. 북핵 시대 한국의 한미동맹 전략과 남북한관계 개선 정책의 동시 추구 딜레마

1) 북핵시대 한미동맹의 대응과 미국의 대한국 확장억제력 강화

2006년 이래 북한의 핵무기 위협이 가시화됨에 따라, 한국은 북한핵의 위협을 억제하고 한국의 국방 목표를 달성하기 위해 한미동맹에 근거하여 미국이 제공하는 확장억제력에 의존할 수밖에 없었다. 왜냐하면 핵보유국으로부터 오는 핵위협을 억제하기 위해서는 핵무기로 보복을 위협하는 것이 억제의 가장 효과적인 방법인데, 한국은 핵무기가 없을 뿐만 아니라 국제 핵 비확산

〈표 11-1〉 북한의 핵 도발과 한미 협의를 통한 미국의 억제력 강화 조치에 관한 일정표

시기	북한의 도발 행동	한미협의를 통한 미국의 대한국 억제력 강화 조치
1993.1~ 1994.10.21	제1차 핵 위기~ 북미 제네바 합의	● 미국이 북한에게 소극적 핵안보장 약속 ● 한국에 대한 핵우산 보장
2006.10.9	북한 제1차 핵실험, 자위적 핵억제력 보유 과시	● 2006.11. 미국의 "핵우산을 포함한 확장억제력 제공" 을 약속
2009.5.25	북한 제2차 핵실험	● 한국의 PSI 가입 ● 2009년 10월, 미국의 "핵우산, 재래식 타격능력 및 MD 포함, 모든 범주의 군사능력을 운용하는 확장억제력을 한국에게 제공" 약속 ● 한미 확장억제정책위원회 출범
2013.2.12	북한 제3차 핵실험, 미국 본토 공격 위협	● 2013년 10월, 미국의 "핵우산, 재래식 타격능력 및 MD 포함, 모든 범주의 군사능력을 운용하는 확장억제력을 한국에게 제공" 약속 ● 북한의 미사일 위협에 대한 〈탐지, 방어, 교란, 파괴〉 대응전략을 한미 공동 발전 합의
2014	북한 미사일 시험	● 위와 동일 ● 한국, 독자적 북핵 미사일 대응위해 Kill-Chain, KAMD 의 발전 약속
2016년 1월, 9월	북한, 제4, 5차 핵실험, 북한, 공격적 핵 협박 시사	● 확장 억제 공약 동일 ● 한미 억제전략공동위원회 출범 ● 미국 전략 자산 순환배치 ● THAAD 필요성 합의
2017년 8월, 9월	북한, 괌 미군기지에 대한 공격협박 북한, 제6차 수소탄 실험	● 확장억제 공약 동일 ● 2017년 10월, 미국은 "북한의 핵개발 계속 시 북한 종 말" 협박 ● 한미 확장억제전략협의체(EDSCG)의 정례화

자료: 한용섭, 『북한 핵의 운명』(박영사, 2018). 155쪽.

체제의 모범 준수국으로서 핵개발을 할 수도 없기 때문이다. 따라서 한미동
맹의 존재 이유가 미국이 억제력을 과시함으로써 북한의 위협으로부터 한국
을 보호하는 것이기 때문에 한국은 미국의 맞춤형 억제전략에 의존할 수밖에
없는 것이다.

이로써 한국은 한미동맹관계에서 자율성을 날로 증대시켜 가고 있던 중
에, 또 다시 미국에게 안보를 더욱 의존할 수밖에 없는 사태가 전개된 것이다.

〈표 11-1〉에서 보듯이, 북한이 2006년 9월의 제1차 핵실험부터 2017년 9월의 제6차 핵실험에 이르기까지 한미 간에 긴밀한 협의를 통해 미국이 확장억제력을 더욱 강화시켜 나가기로 합의하는 것을 알 수 있다.

2006년 10월의 북한의 제1차 핵실험 때는 미국 정부가 "핵우산을 포함한 확장억제력 제공"을 한국정부에게 약속했다. "핵우산을 포함한 확장억제력 제공"이 그 이전의 "핵우산 제공" 약속보다 그 내용과 강도에 있어 차이가 있는가에 대해서 한국 내에서 논쟁이 일기는 했으나, 내용이 확대된 것은 확실하다.

2013년 2월 12일에 북한의 제3차 핵실험이 성공하자, 한반도에서는 긴장이 더 고조되었다. 북한의 핵실험의 폭발력이 12킬로톤 정도로 엄청났기에, 한미 양국은 긴장할 수밖에 없었다. 특히 박근혜 정부가 '남북한 신뢰프로세스'를 내걸고 남북한 간의 신뢰구축을 시도하기 직전에, 북한이 엄청난 핵실험으로 한반도와 동북아에 공포와 긴장을 고조시켰기 때문에, 한국정부는 미국에게 확장억제력의 현시를 요구하게 되었다. 미국은 "핵우산, 재래식 타격능력 및 MD를 포함하는 모든 범주의 군사능력을 운용하는 확장억제력을 한국에게 제공"한다고 약속했다. 그리고 북한의 미사일 위협에 대해 한미 양국은 '탐지, 방어, 교란, 파괴'의 대응전략을 공동으로 발전시켜 나가기로 합의했다.

2016년 1월과 9월에 북한은 제4, 5차 핵실험을 각각 실시했다. 아울러 김정은은 핵무기를 가지고 남한과 미국을 공격하겠다고 하는 핵 협박을 시작했다. 이때에 한국과 미국은 북한에게 대화를 통한 핵문제 해결을 제안할 수도 없었고, 오로지 북한의 점증하는 핵 협박과 공갈에 대해서 한층 더 강화된 억제전략을 수립하고 구사할 수밖에 다른 도리가 없었다. 한국 국내에서는 "한국 단독으로 핵무장하자"라는 여론이 증가했고, 2016년 10월에 한국정부는 한미연례안보협의회에서 "북한의 핵미사일 위협에 대응하는 독자적 핵심 군사능력으로서 동맹의 체계(사드 및 패트리어트 미사일)와 상호 운용 가능한 킬체인(Kill-Chain)을 개발하고 한국형 미사일 방어체계를 2023년까지 지속적으로 발전시켜 나갈 것"이라고 발표했다. 미국은 동 한미연례안보협의회에서 "한미 억제전략공동위원회를 출범시키고, 미국의 전략 자산을 한반도에 순환 배치하며, 한미 양국이 THAAD(Terminal High Altitude Area Defense, 종말고고 도지역방어) 배치의 필요성에 합의"했다. 2017년 북한의 제6차 핵실험 이후 한미 양국은 한미 간에 확장억제전략협의체(EDSCG)의 개최를 정례화한다고 발표했다. 이로써 한국은 북한의 핵위협을 억제하기 위해 한미동맹에 근거하여 미국이 제공하는 확장억제력을 더욱 가시화하고, 신뢰성 있게 만들기 위해 노력하고 있는 것이다.

북핵 위협이 가시화되지 않았다면, 한국은 21세기를 맞아 대미 의존도를 줄이면서 전작권을 환수받고, 양국이 상호 실질적으로 대등한 관계에서 한미동맹의 군사적 성격을 탈색시키고 정치외교적 성격을 더 짙게 만들며, 한미가 공동으로 북한을 평화와 협력의 동반자로 수용함으로써 한반도에서 평화 체제를 구축하자는 희망적인 계획을 갖고 있었다. 그러나 북한이 생존전략 및 대미 대결 전략의 일환으로 공식적인 핵보유국으로의 전환을 시도하자 한국의 대미국 의존도가 높아질 수밖에 없는 상황이 전개됨으로써, 다시 한번 한미동맹 대 북한이라는 대결 구도가 심화될 수밖에 없는 상황이 벌어지게 되었다.

그러나 북핵 위협에 대해 한국이 미국의 확장억제력 제공에만 의존하는 전략은 취약점이 있다. 미국 중심주의에 입각하여, 트럼프가 한국에 대해서 주한미군 주둔에 따르는 안보 비용뿐만 아니라 전략 자산 전개 및 한반도 주변의 미군 활동 등에 따르는 비용까지 한국에게 전가시키기 위해 한국의 방위비 분담액의 대폭 증액을 압박하고 있기 때문이다. 이것은 국내외적으로 한미동맹의 유지와 발전에 대한 도전 요소가 증가하고 있다는 것을 말해주고 있다.

2) 북핵 시대 한국의 남북한관계 발전 시도와 그 함의

2017년에 미국에서 트럼프 행정부가 출범하고 한국에서 문재인 정부가 출범했다. 한편 북한의 핵위협이 최고조에 이름에 따라, 한반도에는 일촉즉발의 핵전쟁 위기가 도래했다. 김정은이 북미 핵 대결도 불사하겠다는 자세로 나왔다. 이에 대응하여 트럼프는 "화염과 분노(Fire and Fury)"(Wolff, 2018: 292)를 외치면서 핵공갈을 일삼는 김정은에게 "세계가 이전에 보지 못했던 화염과 분노와 힘으로 대응해 주겠다"라고 하며 전쟁의 문턱까지 다가갔다. 이때에 문재인 정부가 "한반도 평화 독트린"을 내걸고 등장했으나, 김정은·트럼프의 대결로 인해 엄청난 난국을 맞게 되었다.

하지만 2018년 평창동계올림픽을 계기로 문재인 정부가 중재 외교를 시작하여, 남북한 정상회담과 북미정상회담, 북중 정상회담이 개최됨으로써 한반도에서는 국면의 대전환이 시작되었다. 2018년 4.27 판문점 선언에서 남북 군사적 긴장완화 및 신뢰구축을 위한 실질적 추진방향이 제시되었고, 2018년 6월과 7월에 남북 장성급 군사회담이 개최되어 9월 19일 남북 정상회담에서 평양공동선언과 '판문점선언 이행을 위한 군사분야합의서'가 체결되었다. 이로써 남북한 간에 운용적 군비통제조치가 합의되어 그 일부가 이행되고 있다.

한편 2018년 6월 12일 싱가포르 북미정상회담에서 "북미 관계개선, 한반도 평화 체제 구축, 한반도의 완전한 비핵화, 미군 유해송환" 등이 합의되었다. 그러나 2019년 2월 베트남의 하노이에서 제2차 북미정상회담이 개최되었으나 아무런 결과 없이 끝나 북미 관계는 결렬상태에 이르렀다. 2020년에는 김정은이 "새로운 길을 가겠다"라고 선언하고 다시 한반도와 북미 관계에 긴장을 조성하고 있다.

우선 9·19 남북군사합의를 살펴봄으로써 남북한관계가 어떤 상태에 와 있는지를 분석해 볼 필요가 있다. 군비통제는 신뢰구축, 군사 제한조치, 군축 등 세 가지로 구분할 수 있다(Darilek, 1987: 5~6). 유럽에서는 신뢰구축, 제한조치,

군축이 단계적으로 이행되는 것이 바람직하다고 보았고, 실제로는 신뢰구축이 먼저 이뤄지고, 소련의 붕괴라는 역사적 대전환기에 군축이 합의되고 시행되었기 때문에, 제한조치는 극히 일부분만 수용되었다. 이와는 대조적으로 남북한 간의 9·19군사합의는 군사 제한조치가 먼저 합의되고 이행되는 과정에 있다. 따라서 한반도의 군비통제는 군사 제한조치부터 시작하고 있는 점에서 유럽의 군비통제와 다르다. 그것은 한반도에서 남북한 간 군사 충돌이 수차례 발생했기 때문에 이를 방지하는 것이 더 시급하다고 생각되었기 때문이다. 아울러 북한이 핵문제에 대해서는 미국과만 협상하고, 재래식 군사긴장 문제는 남한과 협상하려고 하는 의지를 나타냈기 때문에 이런 제한조치가 합의되었다고 볼 수 있다. 문재인 정부의 한반도 평화 구축에 대한 정치적 의지를 북한의 김정은 위원장이 수용하고, 이 과정에서 남한으로부터 교류와 협력의 당근을 받으려는 북한의 정치적 의지가 반영되었다고 볼 수 있을 것이다.

9·19군사합의의 요체는 상호 대치하는 남북한 군대를 비무장지대와 서해 NLL을 중심으로 지리적·공간적으로 격리시키고, 훈련과 배치를 제한하면서, 합의사항의 이행 기간 동안 군대의 운용과 작전에 제한을 가함으로써 완충지역 내에서 군사력의 사용가능성과 준비 태세를 약화시키고 결국 우발적 충돌과 전쟁 가능성을 감소시키자는 것이다. 따라서 9·19군사합의는 남북한 간의 긴장완화와 평화공존에 기여한다고 할 수 있다.

전체적으로 보아, 북한 비핵화 문제가 북미정상회담 채널을 통해 다시 전쟁 위기로 확장되지 않고 상호 협의를 통한 해결 방향으로 나아가고 있는 한, 9·19군사합의는 남북한 간에 재래식 군사 긴장완화와 신뢰구축의 기회를 제공한다. 군비 제한조치가 대치하고 있는 적대적인 군대를 일정 거리 이격시키거나 그 제한지역에서 훈련과 기동, 사격과 비행 혹은 항해를 금지시킴으로써 상호 충돌을 방지한다는 차원에서 긴장완화와 평화구축의 필요조건은 될 수 있다(한용섭, 2019: 377~409).

한편 9·19군사합의보다 3개월 전인 2018년 6월 12일 트럼프·김정은 북미

정상회담에서 트럼프 미국 대통령은 북한의 군사위협 인식을 수용하여 키리졸브 한미 연합훈련을 포함한 일체의 한미연합 군사훈련을 중단하겠다고 선언했고, 그 이후 각종 한미연합 군사훈련은 중단되었다. 이것은 북미정상회담 공동성명에는 명기되지 않았으나, 일종의 정치적 신뢰구축과 군사적 제한조치의 일환으로 미국이 북한의 핵 및 미사일 모라토리엄을 긍정적으로 생각하면서 그 대가로 한미연합 군사훈련을 중지시킨 것이다.

하지만 군사 제한조치 위주의 9·19군사합의에는 문제점이 있다. 유럽의 군사적 신뢰구축은 "접촉을 통한 변화"라는 가정에 기초하고 있으며, 군사회담의 정례화와 제도화, 상호 의사소통과 확인을 위한 직통전화의 개설, 훈련과 기동에 대한 상호 초청과 참관 및 대화와 접촉을 통한 신뢰구축을 추진했다는 점을 명심할 필요가 있다. 9·19군사합의는 남북한 사이에 연속적인 상호 소통과 대화와 접촉이 없고, 상호 검증과 확인 장치 없이 그냥 남북한 군대를 격리시키면서 군사 제한조치의 이행을 일방의 의지에만 맡겨놓았기 때문에, 소극적인 신뢰 조성은 될지 모르나 적극적이고 지속적인 신뢰구축은 되기 어렵다.

9·19군사합의가 내용과 효과가 제한적이었다는 것은 그 이후 전개된 남북한관계를 보면 드러난다. 남북 간에 약속한 군사공동위가 구성·출범되지 않았고, 북한은 유해 공동 발굴에도 응하지 않았다. 그 대신 남한의 대북정책에 대한 불만을 토로하면서 단거리 미사일과 발사체 실험을 계속했다. 또한 트럼프에 대한 불만을 쏟아내며 긴장을 고조시키고 있다. 2020년 6월에는 남북 직통전화 채널을 닫고, 개성공단 해체를 협박했으며, 급기야 남북공동연락사무소를 폭파하고 남북관계를 과거의 적대관계로 환원시키겠다고 어름짱을 놓은 바 있다.

이렇게 볼 때, 9·19군사합의의 군사 제한조치는 비핵화가 진행되지 않고 있는 상황에서도 북한이 비행금지구역이나 서해완충구역에서 도발행위를 하지 않고 있으면, 일정 부분 한반도의 안보와 평화에 기여할 수 있다. 왜냐하면, 북한의 핵무장이 강화될수록 북한은 재래식 위협과 공갈을 통해 남한을 강압하거나 강제할 수 있다고 생각할 수 있기 때문이다. 하지만 9·19군사합의에서 그동안 발견된 문제점을 조속히 해결하기 위해 남북군사당국간에 회의를 개최하여 논의하고 보완조치를 취하지 않으면 9·19군사합의 자체가 무용지물이 될 가능성도 있음을 명심해야 할 것이다.

만약 북미 간에 비핵화 회담의 진전이 없어서 다시 한번 한반도에서 전쟁 위기가 발생하거나 북한이 남한을 상대로 도발을 감행한다면, 한국은 한미동맹에 근거하여 미국의 확장억제력 제공이 항상 현실화될 수 있도록 한미 간에 정책 협의를 지속하는 한편, 한국이 자체적으로 제4차 산업혁명 기술을 활용하여 대북한 전쟁억지력을 획기적으로 강화할 수 있는 방안을 모색해야 한다. 또한 북한 비핵화가 북미 협상에서 해결의 기미가 보인다고 할지라도, 북한의 비핵화 과정은 매우 오랜 시간에 걸쳐 진행될 가능성이 크므로, 한국은 북한의 핵위협과 도발 가능성을 저지할 수 있는 독자적 억제 역량을 획기적으로 양성해야만 할 것이다.

5. 맺음말

냉전시대 한미동맹의 특징은 강대국 대 약소국 간의 비대칭동맹, 자주와 안보의 교환 모델에 의한 한국의 대미 의존성이었다고 할 수 있다. 한국의 급속한 경제성장과 민주화의 성공으로 1980~1990년대의 한미동맹은 성숙하고 대등한 동맹, 2000년대에는 포괄적 협력 동맹, 21세기에는 전략 동맹 및 포괄적 전략 동맹으로 발전해 가고 있다.

국제정치에서 "동맹이란 동맹에 소속한 국가들이 국가이익을 추구하기 위해 정책적 결단으로 결성하고, 유지 및 발전시키는 것"이기 때문에 설사 동맹이 냉전기에 형성되었을지라도 탈냉전 이후에 동맹이라는 전략적 자산과 가치를 더욱더 활용함으로써 국익을 증진시켜 나가면 되는 것이다. 남의 이목이나 근거 없는 비판이 두려워 우리가 가진 한미동맹이라는 귀중한 전략적 자산을 포기한다면 역사적으로나 안보·외교적으로 큰 어리석음을 범하는 것이다.

그렇다면 한국은 한미동맹으로부터 어떤 국익을 얻었는가? 크게 보아 네 가지로 정리할 수 있다.

첫째, 한미동맹의 목적이 북한의 재침략을 억제함으로써 한반도에 평화와 안보를 유지하고 한국이 독자적으로 북한을 방어하는 데 부족한 군사력을 미국으로부터 지원받는 것이었는데, 한미동맹은 지난 70년간 이런 목적을 잘 달성했다고 볼 수 있다. 특히 1990년대 이후 지금까지 북한이 핵무기를 비롯한 대량살상무기를 증강시켜 왔는데, 핵무기가 없는 한국으로서는 미국의 핵무기, 첨단 재래식무기, 미사일방어체제 등 미국의 확장억제력을 제공받아 한반도의 평화와 안정을 달성하여 왔다는 것을 장점으로 들 수 있다.

둘째, 한국의 국방이 선진국 수준으로 발전하는 데 미국과의 군사동맹이 제일 큰 역할을 했다. 한국은 제2차 세계대전 이후 세계 제일의 군사강대국이자 선진국인 미국의 국방정책과 국방 제도를 벤치마킹함으로써 세계 어느 중진국가도 갖추지 못한 선진 일류 국방 제도와 국방 체제를 갖추게 되었다. 세계의 유수한 다자 국방 협력 회의에서 한국이 국방정책과 개혁 방향을 소개하면 많은 나라들이 벤치마킹 내지 배우려는 자세로 임하는 것을 본다. 이것은 한국의 국방 체제가 미국을 벤치마킹하여 잘 토착화한 결과라고 보아도 무방하다.

셋째, 한미동맹을 통해 미국이 한국에게 필요한 대북 억제력과 방위력을 제공함에 따라, 한국은 정해진 국방비 내에서 중국과 일본 등 주변국 위협에 대비한 방위력을 확충할 수 있었다. 한국이 독자적으로 북한을 억제하고 방어하기에도 국방비가 부족한 형편인데, 미국의 대한국 방위력 제공 덕분에 한국은 주변국에 대비하는 방위력 증강을 위해서도 투자할 수 있었다.

넷째, 미국이 주한미군 철수 등 주한미군 정책을 변화시키면 한국은 미국에 대한 안보 의존에서 벗어나 자주국방 하려는 노력을 했다. 한국의 국력 성장과 함께 미국의 대한 안보 지원과 제공이 줄게 되면 한국은 대미 의존에서 벗어나 스스로 국방하려는 노력을 기울였던 것이다. 이것은 한국이 미국의 대한반도 정책의 변화를 적극적으로 수용하고 자주국방 하려는 계기로 활용하게 되었음을 의미한다.

반면에 한미동맹이 한국에 항상 이로운 것만은 아니었다. 때로는 기회비용과 손실이 발생했는데, 이 또한 네 가지로 요약될 수 있다.

첫째, 미국의 대한반도 전략과 정책이 급속하게 변화함으로써 한국정부와 국민은 충격을 받게 되고, 안보가 불안해지는 현상이 발생했다. 이것을 '동맹의 방기 딜레마'라고 부른다.

둘째, 한국의 미국에 대한 안보 의존이 단기적 현상을 넘어 장기적으로 체질화됨에 따라 혹자가 지적하는 '종속(dependency)'현상을 초래함으로써 한국 국방의 자주적 정체성 확립에 장애요인이 되었다.

셋째, 반미 감정의 구조화로 어떤 주한미군 관련 사건이 발생할 경우 반미 감정의 폭발로 한미동맹이 크게 손상될 가능성이 있다.

넷째, 한국이 한미동맹 때문에 미중 및 미일 관계 등의 대강대국 정치에서 미국의 입장을 추종하다가 미국에 연루되어, 다른 강대국의 희생물이 될 가능성이 있다. 이것을 동맹 딜레마 중에서 '연루의 딜레마'라고 부른다. 미중 패권경쟁에서 희생양이 될 가능성을 늘 염두에 두어야 한다는 것이다.

그러면 한미동맹 관계를 포괄적 전략 동맹 및 동반자 관계로 계속 발전시켜 가면서, 한국이 국가이익을 최대한 확보하는 방법은 무엇인가? 이것은 동맹의 중장기 발전전략이기도 한데, 다음 세 가지를 대표적인 정책 방향으로 제시할 수 있다.

첫째, 동북아의 전략적 대전환기를 맞아 불확실성 속에서 한미동맹 발전전략을 구상하고, 한미 양국 간 상호 중층적 협의 채널을 풀가동하여, 양국의 국익을 최대화하는 방향으로 한미동맹을 운영할 필요가 있다. 한미 정상회담의 정례화, 2+2 채널(외교+국방장관 회의) 연례화, SCM과 MCM의 활성화, 그리고 외교·군사·원자력·FTA·경제 등에 관한 전략 대화를 지속하면서 전략적으로 중요한 이슈를 모두 포괄적으로 다루는 협의체를 정례적으로 가동해야 한다.

둘째, 한미 양국은 각국의 국내에서 한미동맹에 대한 대중적 지지를 확보하기 위해 양국 간 신뢰증진 프로그램을 만들고, 공공외교, 교육, 다층적 교류 협력 채널을 발전시켜야 한다. 특히 양국의 젊은 세대 간의 다각적인 교류 협력 채널을 제도화해야 한다.

셋째, 한미 양국은 공동의 가치를 증진하기 위한 공동의 어젠다를 개발하고, 경제적 유대를 강화해야 할 것이다. 한미 양국이 공동으로 지향하는 가치는 자유민주주의, 인권, 법치주의, 그리고 시장경제, 범죄·마약·테러·전염병 등 초국가적 안보 위협으로부터의 자유 등이다. 이를 한미 양국의 외교관계와 문화에 정착시키고, 이런 가치를 북한과 중국, 러시아에 확장할 수 있도록 양국은 공동의 정책을 구사해야 할 것이다.

넷째, 한국은 한층 더 현명하고 강력한 대미 협상력을 발휘할 수 있도록 해야 한다. 한국은 미국의 세계적 차원의 군사 변환에 대처하여 주한미군의 감축 규모와 시기를 지연시키고자 하는 기술적 차원의 문제뿐만 아니라, 북한 비핵화와 한반도 평화 체제 구축을 위한 향후 한미동맹의 임무와 비용 분담, 한미동맹과 미일동맹의 상호 관련성, 한미동맹과 중국 및 러시아와의 관계 정립 등에 관한 전략적 의제를 활발하게 토론하고 협의하며, 이런 과정에서 한국의 안보적·경제적 이익을 더 확보할 수 있도록 협상력을 제고해야 할 것이다.

한미동맹의 형성과 발전은 20세기와 21세기 초반 세계에서 가장 호전적이고 모험적인 북한의 위협에 대응하여 한국의 안보를 확고하게 담보할 수 있는 정책과 전략이 되어왔다. 하지만 중요한 북핵 위협에 대응함에 있어서 한국이 동맹 파트너인 미국에 너무 의존한 결과, 급속한 안보환경의 변화, 중국의 부상과 그에 따라 치열해지는 미중 패권 경쟁, 북한의 핵과 미사일 능력의 급격한 증가 등에 대해서 한국은 수동적으로 대응하는 자세를 보이고 있다는 문제점이 있다. 한국의 국방이 능동적으로 선제적인 정책과 전략을 구사함으로써 우리가 바라는 방향으로 북한을 유도할 수 있는 영향력을 기를 뿐만 아니라 한국의 국익에 유리한 주변 안보환경을 조성할 수 있도록 한미동맹을 적극적으로 활용하고 발전시켜 나가려는 자세가 요구되고 있다.

결론적으로, 북한 핵시대에 한국은 '한미동맹이냐? 남북한관계 발전이냐?'라는 두 가지 전략 선택지 중에서 어느 한 개만 선택하는 것이 정답이 될 수 없다. 한미동맹과 남북한관계 발전은 동시에 추진해야 할 국가안보 전략이다. 하지만 북핵 위협이 상존하는 한, 한미동맹에 의한 미국의 핵억제 전략에 의존할 수밖에 없는 것이 비핵 정책을 고수하는 남한의 형편이며, 한국이 국가안보를 고려할 때에 북핵 위협은 한국에게 주어진 가장 큰 제약 조건이며 상수라는 데에 문제가 있다. 북핵문제가 대화로 잘 해결될 가능성을 보일 때에, 한미동맹과 남북한관계 발전은 선순환관계를 보일 수 있다. 만약 해결되지 않는다면 악순환 관계에 직면할 수도 있다.

북한의 비핵화를 위한 북미회담에서 한국은 아무런 역할이 없는 것이 아니다. 한국의 국익을 반영한 협상 대안들을 제시하고 한국의 국익을 최대화할 수 있는 협상 결과가 나오도록, 북미 협상 과정을 제대로 지속적으로 관리해 나가기 위한 국민적 지혜를 총동원하여 북미의 협상 과정에 반영시킬 필요가 있다. 이 과정에서 남남갈등을 최소화하려는 노력이 꾸준히 병행되어야 한다. 그래야만 북한의 핵위협을 제대로 관리해 나갈 수 있고, 북한을 우리가 원하는 방향으로 리드해 나갈 수 있을 것이다. 과거의 북미 제네바 합의 프로세스를 잘 분석하여 그보다 더 나은 북한 비핵화 합의가 나올 수 있도록 한미 간에 긴밀한 협의와 정책 공조를 지속적으로 견지해 나갈 필요가 있다.

참고문헌

강정구·고영대·고케츠 아츠시·김승국·김진환·박기학·서보혁·서재정·이재봉·이철기·최
　　철영·한호석·허영구·평화통일연구소. 2005.『전환기 한미 관계의 새판 짜기』. 한울
　　엠플러스.

국방부. 2018.『국방백서 2018』. 국방부

이희옥·문홍화·서정경·구화비·조성렬·류위·조양현·왕경빈·양평섭·류건·임대근·려예.
　　2017.『한중관계의 새로운 모색』. 다산출판사.

임동원. 2008.『피스메이커』. 중앙북스.

정욱식. 2005.『동맹의 덫』. 삼인.

청와대 국가안전보장회의. 2004.『참여정부의 안보정책구상: 평화번영과 국가안보』. 청와
　　대 국가안전보장회의.

한용섭. 2018.『북한 핵의 운명』. 박영사.

＿＿＿. 2019.『우리 국방의 논리』. 박영사.

한용섭 편. 2004.『자주냐 동맹이냐』. 도서출판 오름.

이규원. 2011.「이승만 정부의 국방체제 형성과 변화에 관한 연구」. 국방대학교 박사학위
　　논문.

≪서울신문≫. 1948.11.26."장택상 외무부장관, 미국 마샬 국무장관에게 미군 철퇴 연기 요
　　청 전문을 발송".

≪연합신문≫. 1949.5.18."이승만 대통령, 한미상호방위협정과 태평양 조약 등 3개항을 미
　　국에 요구하는 담화발표".

Bandow, Doug. 1996. *Tripwire: Korea and U.S, Foreign Policy in a Changing
　　World*. Washington, D.C.: CATO Institute.

Darilek, Richard. 1987. "The Future of Conventional Arms Control in Europe: A Tale of
　　Two Cities, Stockholm and Vienna." *Survival,* Vol.29, No.1.

Glosserman, Brad. 2003.2.13. "Making Sense of Korean Anti-Americanism." *Pacific
　　Forum CSIS, PacNet 7.*

Morrow, James D. 1991. "Alliances and Asymmetry: An Alternative to the Capability
　　Aggregation Model of Alliances." *American Journal of Political Science,* Vol.35,
　　No.4.

Snyder, Glenn H. 1997. *Alliance Politics*. New York: Cornell University Press.

The U. S. Department of Defense. 1990.9. *A Strategic Framework for the Asia-Pacific Rim: Looking for the 21st Century*.

_____. 1995. *United States Security Strategy for the East Asia-Pacific Region*. February 1995.

The U. S. White House. 2017.12. *National Security Strategy of the United States of America*.

UN Doc S/1511. Resolution Concerning The Complaint Upon Aggression on the Republic of Korea Adopted at the 474th Meeting of the Security Council on. 27 June 1950.

Walt, Stephen M. 1997. "Why Alliance Endure or Collapse." *Survival*, Vol.39, No.1.

Wolff, Michael. 2018. *Fire and Fury: Inside the Trump White House*. New York: Henry Holt and Company.

인명

용어

지은이

박영준

국방대학교 군사전략학과 교수.

연세대학교 정외과와 서울대학교 대학원 외교학과를 졸업했고, 일본 도쿄대학에서 국제정치학 박사학위를 취득했다.
2003년 국방대학교 교수 임용 이후 일본 정치외교, 동북아 국제관계, 국제안보 등의 분야에서 『제국 일본의 전쟁,
1868~1945』(2020), 『한국 국가안보전략의 전개와 과제』(2017), 『해군의 탄생과 근대일본』(2014), 『안전보장의
국제정치학』(편저, 2010), 『제3의 일본』(2008) 등 다수의 저서와 논문을 발표해 왔다.

기세찬

국방대학교 군사전략학과 교수.

육군사관학교를 졸업하고 2010년 고려대학교에서 「중일전쟁시기(1937~1945) 국민정부의 대일군사전략」으로 박
사학위를 받았다. 저서로는 『중일전쟁과 중국의 대일군사전략(1937~1945)』(2013), 『개혁개방기 중국공산당』(공
저, 2014), 역서로는 『하버드 중국사 청: 중국 최후의 제국』(2014), 『중일전쟁』(2020) 등이 있다.

박민형

국방대학교 군사전략학과 교수.

육군사관학교를 졸업하고, 영국 리즈대학교에서 국제정치학 박사학위를 취득했다. 국방대학교 안보문제연구소 군사
전략연구 센터장, 동북아연구 센터장 등을 역임했으며, 최근 연구로는 『북한이 핵보유국이 된다면 어떻게 달라지는
가』(공저, 2020), 『대한민국 국방사』(공저, 2018), 「전시작전통제권 전환을 위한 조건 형성」(2019), 「쿠바 미사일위
기의 재고찰」(2019) 등이 있다. 주요 관심 분야는 국방정책, 군사전략, 위기관리 등이다.

손한별

국방대학교 군사전략학과 교수.

서울대학교에서 학사 및 석사, 국방대학교에서 군사학 박사학위를 취득했다. 합동참모본부 전략 기획부 군사전략과
및 전략무기 대응과에서 실무자로 근무했으며, 스톡홀름국제평화연구소(SIPRI)에서 연수했다. 2017년부터 국방대
학교 군사전략학과에서 전략 기획론, 전쟁론, 제4세대전쟁 등을 강의하고 있다. 주요 논문으로 「인도의 국방개혁:
전문성과 합동성 추구의 역사」(2019), 「미국의 남아시아 전략과 선택적 비확산정책」(2019), 「북핵억제전략의 재검
토: 전략불균형 해소를 통한 위험관리」 2018) 등이 있다.

손경호

국방대학교 군사전략학과 교수.

1971년 강릉에서 출생하여 1993년 육군사관학교를 졸업하고 2002년 일본 방위대학교에서 국제관계학 석사학위를 취득한 뒤 육군사관학교에서 전쟁사 강사로 잠시 근무한 이후 2008년 미국 오하이오주립대학교에서 역사학으로 박사학위를 취득했다. 국방대학교 군사전략학과에 2008년 12월부터 근무하며 6·25전쟁과 서양 전쟁사 및 테러리즘을 연구하며 강의해 오고 있다. 『동북아 국가들의 6·25전쟁 정책과 전략』(2015) 등의 저서와 "The Establishment And the Role of the State-Joint Chiefs of Meeting during the Korean War"(2020) 등 다수의 논문을 발표했다.

이병구

국방대학교 군사전략학과 교수.

육군사관학교 졸업, 국방대학교 군사전략학 석사, 미국 캔자스주립대학교에서 정치학 석박사학위를 받았다. 현 한국국방정책학회 이사, 전 합동참모본부 정책자문위원, 미국 존스홉킨스 대학 한미연구소 방문학자(2016.7~2017.7)를 역임했다. 주요 논문으로 「미국의 INF 조약 탈퇴 선언과 동아시아 안보의 미래」(2019), 「A2/AD와 Counter A2/AD: 일본과 대만의 Counter A2/AD와 한국 안보에 대한 함의」(2019), 「군사혁신의 잘못된 약속과 이라크전쟁의 난항: 미국의 군사혁신은 어떻게 미국을 이라크전쟁의 수렁으로 이끌었는가?」(2019), 「21세기 안보환경 변화와 미국의 핵전략: 제한핵전쟁에 대한 미국의 정책변화를 중심으로」(2018), 「1970년대 미국의 안보 위기와 미 의회 개혁: 본인-대리인 이론을 중심으로」(2018) 등 다수가 있다.

박창희

국방대학교 군사전략학과 교수.

육군사관학교를 졸업하고 미 해군대학원(Navla Postgraduate School)에서 국가안보 석사, 고려대학교에서 정치학 박사학위를 취득했다. 중국 군사, 군사전략, 전쟁 및 전략 등의 분야에서 『한국의 군사 사상』(2020), 『손자병법』(2017), 『중국의 전략문화』(2015), 『군사전략론』(2013), 『현대 중국 전략의 기원』(2011), 『군사 사상론』(공저, 2014) 등 다수의 저서와 논문을 발표해 오고 있다.

김영준

국방대학교 군사전략학과 교수.

육군사관학교, 영국 런던대학교 킹스칼리지와 미국 캔자스주립대학교에서 국제정치사를 공부하고, 루틀리지(Routledge)에서 저서 *Origins of the North Korean Garrison State: People's Army and the Korean War*를 출간했다. 현재 청와대 국가안보실 정책자문위원, 통일부 정책자문위원, 한미연합사령관 전략자문단위원, 국방부 군비통제 한미공동연구총괄, 외교부 한미 핵 정책네트워크 총괄, 국방홍보원 정책자문위원, 한국핵 정책학회 총무이사, 한국비확산원자력저널(외교부 후원) 편집장을 역임하고 있다.

김태현

국방대학교 군사전략학과 교수.

육군사관학교, 독일 육사(OAL/ OSH) 졸업, 독일 헬무트슈미트대학교(함부르크) 정치학 석사, 국방대학교 군사학 박사학위를 취득했다. 북한 군사안보, 독일 통일연구, 전쟁과 전략 분야에서 「군사력 균형 평가도구로서 net assessment」(2020), 「미국의 대중국 군사전략: 경쟁전략과 비용부과」(2020), 「총괄평가의 필요성과 한국군 적용방안」(2020), 「적대관념과 정권 안보」(2019), 「북한의 공세적 전략문화와 지정학」(2019), 「이스라엘 핵전략과 군사력 건설」(2018), 「핵무장국가의 군사전략과 전력기획」(2018), 「북한의 국경독재체제와 핵전략」(2017), 「북한의 공세적 군사전략」(2017) 등 다수의 논문을 발표해 왔다.

노영구

국방대학교 군사전략학과 교수.

서울대학교 국사학과를 졸업하고 동 대학원에서 석박사학위를 받았다. 2005년 국방대학교 교수 임용 이후 전근대 한국전쟁사, 한국군사사상, 군사제도사 등 분야에서 『조선후기의 전술』(2016), 『연병지남: 북방의 기병을 막을 조선의 비책』(2017), 『조선후기 도성방어체계와 경기도』(2018), 『한국군사사 7』(공저, 2012), 『동아시아의 근세』(역서, 2018) 등 다수의 저서와 역서, 논문을 발표해 왔다.

한용섭

국방대학교 군사전략학과 교수.

서울대학교 정치과와 서울대학교 대학원, 미국 하버드대 정책학 석사, 미국 랜드대학원 정책학 박사학위(안보정책 전공)를 취득했다. 국방정책, 군비통제, 핵 비확산과 원자력정책, 한미동맹, 북한 핵문제, 위기관리 등의 분야에서 『우리 국방의 논리』(2019), 『북한 핵의 운명』(2018), 『한반도 평화와 군비통제』(2015), 영어 논저로는 *Peace and Arms Control on the Korean Peninsula* (2005), *Sunshine in Korea* (2002), *Nuclear Disarmament and Nonproliferation in Northeast Asia* (1995) 등 다수의 국·영·중·일 논문과 『미·일 중·러의 군사전략』(2018), 『동아시아 안보공동체』(2005), 『자주냐 동맹이냐』(2004) 등 공저를 저술해 왔다.

한울아카데미 2250
국방대학교 군사전략학과 전략연구총서 1
현대의 전쟁과 전략

© 국방대학교 군사전략학과, 2020

엮은이 | 국방대학교 안보대학원 군사전략학과
지은이 | 박영준·기세찬·박민형·손경호·손한별·이병구·
　　　　박창희·김영준·김태현·노영구·한용섭
펴낸이 | 김종수
펴낸곳 | 한울엠플러스(주)
편집책임 | 정은선·최진희

초판 1쇄 인쇄 | 2020년 10월 8일
초판 1쇄 발행 | 2020년 10월 20일

주소 | 10881 경기도 파주시 광인사길 153 한울시소빌딩 3층
전화 | 031-955-0655
팩스 | 031-955-0656
홈페이지 | www.hanulmplus.kr
등록 | 제406-2015-000143호

Printed in Korea.
ISBN 978-89-460-7250-3 93390 (양장)
　　　 978-89-460-6935-0 93390 (무선)

* 책값은 겉표지에 표시되어 있습니다.